建设工程施工技术与总承包管理系列丛书

城市地下综合管廊关键施工技术及总承包管理

Key Construction Technology and General Contract Management for Urban Underground Utility Tunnel

编委会主任　侯玉杰　邓伟华

主　　　编　余地华　叶　建　李　鸣

中国建筑工业出版社

图书在版编目（CIP）数据

城市地下综合管廊关键施工技术及总承包管理 = Key Construction Technology and General Contract Management for Urban Underground Utility Tunnel / 余地华，叶建，李鸣主编. —北京：中国建筑工业出版社，2020.9

（建设工程施工技术与总承包管理系列丛书）

ISBN 978-7-112-25509-2

Ⅰ.①城… Ⅱ.①余… ②叶… ③李… Ⅲ.①市政工程—地下管道—管道工程—工程施工②市政工程—地下管道—承包工程—工程管理 Ⅳ.①TU990.3

中国版本图书馆 CIP 数据核字（2020）第 185440 号

本书总结了城市地下综合管廊关键施工技术及总承包管理经验，包括概念和意义、发展历程、规划与设计简介、工程特点、施工重难点分析及策略、地下综合管廊专项工程施工技术、总承包管理等方面。其中地下综合管廊专项工程施工技术比较详细地介绍了基坑支护施工技术、降排水施工技术、地基处理施工技术、现浇结构施工技术、预制结构施工技术、管廊暗挖施工技术、管廊桥施工技术、管廊防水施工技术、管廊附属设施施工技术、入廊管线施工技术、BIM 技术应用。总承包管理方面比较全面地介绍了施工总承包管理概述、组织管理、总平面管理、计划管理、商务合约管理、技术管理、征拆与协调管理、验收与移交管理、信息与沟通管理、入廊管理、日常运营管理、廊体及设施维护等。本书编制借鉴中建系统近 30 余个地下综合管廊工程施工及管理经验，书中所列专项技术为项目一线人员参与编写，是一部城市地下综合管廊工程施工理论技术与总承包管理为一体的专业参考书。

责任编辑：朱晓瑜
责任校对：张　颖

建设工程施工技术与总承包管理系列丛书

城市地下综合管廊关键施工技术及总承包管理

Key Construction Technology and General Contract
Management for Urban Underground Utility Tunnel

编委会主任　侯玉杰　邓伟华
主　　　编　余地华　叶　建　李　鸣

*

中国建筑工业出版社出版、发行（北京海淀三里河路 9 号）
各地新华书店、建筑书店经销
北京红光制版公司制版
北京中科印刷有限公司印刷

*

开本：787 毫米×1092 毫米　1/16　印张：23¾　字数：545 千字
2020 年 11 月第一版　2020 年 11 月第一次印刷
定价：**80.00** 元

ISBN 978-7-112-25509-2
（36524）

《城市地下综合管廊关键施工技术及总承包管理》

编委会

序　言

FOREWORD

线形系统工程在人类社会发展中并不鲜见，其承担着一定区域的空间界定功能或人员、信息、能源、资源等各种要素的传输，为社会的运转与治理发挥着重大功用，如古代的长城、驿道、大运河、秦直道，现代的公路、铁路、高铁、特高压传输系统等，都是线形系统工程的典型应用。进入现代，随着社会经济科技的发展，城市边界大为扩展，生产能力大幅提高，其内部人员、信息、能源、资源等各类生产要素的交流运输更为频繁，促使服务于城市内部运转的各类线形系统工程应运而生。其中城市地下综合管廊便是典型应用，类似于城市地表皮肤下的血管与经络，为承载城市内部信息和能量运行的各类管线提供了安全空间和有序的集约化管理。

自 2015 年国务院推动全国首批地下综合管廊试点城市以来，我国城市地下综合管廊建设步入了快车道，中国建筑集团有限公司亦顺势而为，把握机遇，积极参建了一大批国内城市地下综合管廊工程。据不完全统计，截至 2019 年，中国建筑集团有限公司共承建国内三分之一的城市地下综合管廊，积累了不俗的业绩和宝贵的经验。

将城市地下综合管廊关键施工技术及总承包管理进行系统总结梳理、成书出版，很有必要。该书由中建三局集团有限公司单独编写完成。

全书共分 5 篇 31 个章节，包括概述，工程特点、施工重难点分析及策略，关键施工技术，施工总承包管理，运维管理五个版块内容。依托于中国建筑集团有限公司丰富的综合管廊建设经验，详细、全面地总结了管廊工程施工过程中各类关键施工技术和管理办法，为后续管廊工程建设提供了参考和借鉴。

该书是一部集城市地下综合管廊设计、施工、运维于一体的专业参考书，期待在我国综合管廊建设过程中，积极发挥作用。

中国工程院院士　陈湘生

2020 年 10 月 23 日

前　言
Preface

本书总结了城市地下综合管廊施工关键技术及施工总承包管理要点，包括概述，工程特点、施工重难点分析及策略，关键施工技术，施工总承包管理，运维管理等方面。其中第三篇比较详细地介绍了管廊施工过程中的基坑支护施工技术、降排水施工技术、地基处理施工技术、现浇结构施工技术、预制结构施工技术、暗挖施工技术、管廊桥施工技术、防水施工技术、附属设施施工技术、入廊管线施工技术、管廊BIM技术应用等关键施工技术工艺流程、施工要点及验收标准。第四篇比较全面地介绍了管廊工程建设过程中的组织管理、总平面管理、计划管理、商务合约管理、技术管理、征拆与协调管理、验收与移交管理、信息与沟通管理等总承包管理经验。

本书编写过程中融合了中建三局集团有限公司工程总承包公司在城市地下综合管廊工程方面的施工及管理经验，项目的骨干技术人员及管理人员也参与了相关章节的编写，是一部集城市地下综合管廊施工理论技术与实践经验总结为一体的专业参考书。可供地下管廊工程施工人员、技术人员、管理人员、设计人员、运维人员、工程监理单位、建筑材料供应商、建筑设备供应商，以及相关的研究人员参考使用。限于编者经验和学识，本书难免存在不当之处，真诚希望广大读者批评指正。

目　录
Contents

5

第 1 篇

概　述

第 1 章　概念和意义

1.1　城市地下综合管廊概念

城市地下综合管廊是指建于城市地下，容纳两类及以上城市工程管线的构筑物及附属结构，这些管线包括通信、电力、燃气、热力、给水、雨水及污水等。随着科技进步和社会发展，地下综合管廊在各个国家得到有效推广（图 1-1）。

城市地下综合管廊属于城市地下空间中的线状网络空间，形式上与城市地下轨道交通系统、地下物流系统类似，只是功能各有侧重。综合管廊作为城市内部物质、能量、信息的高速公路，是城市运转的神经网络和大动脉。

地下综合管廊包括干线型综合管廊、支线型综合管廊和缆线型缆沟。

图 1-1　城市地下综合管廊剖面图

1.2　城市地下综合管廊建设意义

1.2.1　现实意义

随着城市现代化快速推进，城市内各类市政管线日益增多，诸多管线纵横交叉、错综复杂，“马路拉链”“空中蜘蛛网”等问题日益凸显。传统直埋式管线无法进行实时监控，维修及日常维护困难。城市地下综合管廊作为一种合理利用地下空间、集约容纳各类管线的地下构筑物，能很大程度上节约资源，减少道路反复开挖，增加经济效益，保障城市安全，提升城市综合治理水平。

自改革开放以来，中国经济飞速发展，城市现代化、智慧化持续快速推进，各地新兴建筑井喷式涌现。传统的直埋式城市管网各行其道，在建设过程难以保护，且管线一旦出现问题，就需要进行道路开挖，导致交通拥堵、市民出行困难以及破坏城市美观性等问题。每年各城市因管线破坏支出的维修费用均是不菲。地下综合管廊可有效解决上述问题，应用综合管廊技术，地上大部分管线可以入廊，减少架空线路、道路两侧的杆柱以及各类管线的检查井，避免“空中蜘蛛网”现象，可化解架空线路与绿化之间的矛盾，有效地改善城市的形象（图 1-2）。

图 1-2　城市综合管廊应用效果图

1.2.2　地下综合管廊建设的历史意义

1. 地下综合管廊是城市发展的必经阶段

从城市发展历史阶段上讲，城市空间是按照“点-线-面-体”逐步拓展的：

1）最初围绕固定的交换场所而聚居形成点状分布；

2）在资源逐步集合、点与点之间的交流加强的过程中便会沿道路逐步拓展成街道式的线状分布；

3）再进一步发展，街道间相互连接形成广域的面状城市雏形。

中国城市呈现出大杂居、小聚居的现象，中国目前人口的迁移多为单向流动，主要向已形成规模的一二线城市流动，而一二线城市发展受土地规划、交通距离限制，城市建设已逐步向地上、地下拓展，形成立体空间，地下空间的开发将是今后城市空间开发的重点方向。

由于建造成本相对较高、对城市空间布局及功能影响较大，凡是涉及大面积城市地下空间的基础设施项目开发，大部分还是由政府组织资源进行统一规划利用。作为城市有机体的内部经络、血管，地下综合管廊能够保证城市内部信息、物质、能量的有序运转，是城市发展首先考虑建设的地下基础设施之一。

综上所述，地下综合管廊是城市发展到高级形态的必然产物，符合经济社会的发展规律。

2. 未来智慧城市的标配

智能化在21世纪将是一个超“硬核”话题，发展智慧化城市将是世界所有国家的努力方向。

未来智慧城市将借助互联网、物联网、大数据以及云计算技术，将城市内部存纳的各类资源要素进行整合与运用，可成倍提升城市内部各项活动运转的效率、提高资源利用率，实现有限资源条件下城市的集约化管理，更好地承担其在社会发展中的作用。

在智慧城市的成熟阶段，城市内部的各项资源要素间的互动将更加频繁，届时必须要有一个有序、安全、大容量的信息、物质、能量通道作为传输承载体。管廊是保障城市内部信息、物质、能量的有序循环运转的重要基础设施，从这个方面讲，地下综合管廊是未来智慧城市的标配。

第 2 章　发展历程

2.1　国外发展历程

地下综合管廊发展至今已有近 190 年历史，其中以作为发源地的欧洲各国发展最早，一些欧洲以外的国家在 20 世纪以后也相继开始了综合管廊的建设。地下综合管廊作为一种有效整合城市管线、高效利用地下空间的建筑形式，在各国城市建设的过程中不断发展。部分国家、地区以及世界知名城市综合管廊发展时间轴如图 2-1 所示。

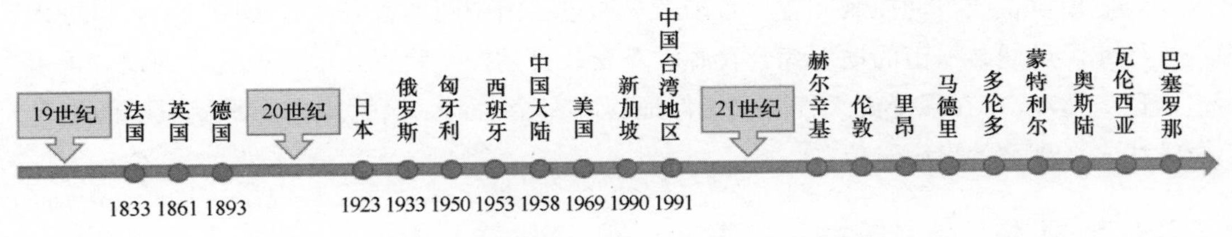

图 2-1　各国家及地区城市综合管廊发展时间轴

现选取国外一些典型国家的管廊发展历程进行阐述。

2.1.1　法国

法国巴黎是综合管廊发展的起源地，促成巴黎建设综合管廊的因素主要有两个：一是巴黎曾在 19 世纪发生大规模霍乱，为减少传染病的感染，巴黎的水务人员提出了规划城市用水的建议，将脏水从巴黎城区排出而不是依照以往的惯例将脏水排入塞纳河后再从塞纳河取水饮用，巴黎市开始规划大规模的地下排水系统；二是巴黎的地势西高东低，城市地下遍布采石矿道，这为巴黎修建地下排水系统提供了优良的条件。

伴随现代城市的加速建设，巴黎人开始考虑利用排水系统的可利用空间，在排水隧道上方增设供水、供电及通信等管线，逐渐形成了综合管廊的雏形。巴黎经过长期的发展，目前综合管廊的长度已达 2400km。

20 世纪 60 年代，巴黎拉德芳斯区域开发公司（EPAD）开始统筹规划该地区的开发建设，地下综合管廊因为在城市管线系统中的作用越来越明显，逐渐被人们重视起来。该区域占地面积约 $60hm^2$，但是在该区域规划设计的综合管廊长度却有十几公里，考虑到未来的长期发展，该公司还在综合管廊内部预留了部分空间可以作为交通运输使用，该区域开发公司设计的综合管廊一般是在基础设施下层敷设封闭的矩形钢筋混凝土管廊，与城市交通运输系统共同位于城市地下空间的较低层。该综合管廊的建设在一些区域采用了先行布设下部管廊，再安装顶部盖板的施工工艺。该综合管廊的内部容纳了电力、通信、供水、供暖、制冷、排污等管道，并安装有物体检测器、接触探测、火灾检测报警系统、应急排水泵、平推杆式防火逃生门、警示标识、日常与应急照明系统等安全设施，这些设施均由控制中心统一控制，以保证管廊内部安全与正常运行。

作为地下综合管廊的发源地，法国大多城市的综合管廊建设都比较早，同样在 20 世纪 60 年代，法国贝桑松市规划出来的优先城市化地区的柏兰莱斯城区也开始了综合管廊的建设。柏兰莱斯作为新开发的城市新区，其区域内规划了生活垃圾焚烧处理厂与一个区域供热系统，柏兰莱斯的综合管廊与其他管廊不同的是，它设计了两条相对独立的管廊，一些较为重要的管线整合到一条较大的管廊内，称为干线综合管廊，另一部分管线则纳入另一条管廊内称为支线综合管廊。支线综合管廊的另一个作用是保证干线综合管廊与建筑物之间的连接。贝桑松市的地下综合管廊自 1965 年开工，经历了 15 年的建设后竣工并投入运营，到 2003 年止，其综合管廊长度已经突破 11km。值得一提的是，贝桑松市的地下综合管廊内部并未安装监控设备或自动控制装置，管理人员通过道路中间的窨井或管廊两端的入口进入管廊进行作业。虽然桑松市的地下综合管廊没有安装自动控制装置，但是该管廊的设计可承受污水水位高达 1m，在强降雨天气下仍能保证管廊安全运行，该管廊也能承受短时间上升至热力管线之下高度的更高水位。

2.1.2 日本

日本的地下综合管廊又称共同沟，最早是在 1919 年的政府规划文件中提出的，原文件提出要在东京建设长达 509km 的综合管廊，但由于资金问题一直搁置。

1923 年发生关东地震，在灾后重建过程中，日本土木学会在会议上再次提出建设综合管廊的建议，理由是综合管廊的建设可以有效减少路面反复开挖频率，避免因电线杆损坏带来的次生灾害，将灾后重建的难度降到最低。最初的综合管廊采用试点建设模式，在九段坂、滨松金座、八重洲三处建设综合管廊，计划将供水、供电、电信、煤气等市政管线纳入综合管廊，但最终却因为电力企业与通信企业之间始终未能协调下来而再次搁置。

20 世纪五六十年代，日本经济高速发展，带来的一些负面影响就是道路下管线数量越来越多，以东京为例，东京每公里的国道下方埋入的各类管线长度超过 33km，管线埋地引发的道路反复开挖和交通拥堵情况十分严重。为解决上述问题，日本在 1963 年，颁布了《关于建设共同沟的特别措施法》，从法律层面划定综合管廊为道路附属物，综合管廊建设及维护等相关费用由管线施工方承担转变为道路管理方承担。1986 年又颁布了《共同沟设计指针》，对综合管廊的内径尺寸、覆土深度、与各类构筑物的距离、平面线形、纵断面线形、主体结构设计以及通风排水等设计要素进行了明文规定，提出了综合管廊在建设过程中交叉作业或同步建设时应采取的安全措施，明确了建设综合管廊的手续流程、费用分摊方式等，为日本的共同沟发展建设提供了全面的技术指南。

日本临海副都心的地下综合管廊长度达 16km，根据所纳入管线种类的不同，整个综合管廊产生了 5 种不同的截面形式，其中标准断面的宽度为 19.2m，高度为 5.2m，采用开槽方式施工，管廊与上方道路平行布置，埋入道路下方5～6m。该综合管廊内容纳的管线有供电、供热、供冷、供水、中水、污水、通信、燃气和垃圾输送管道等，不同管道在管廊内的位置都是固定的，在容纳了如此多的管线之外该管廊还预留了部分管线位置供后期管道扩增。运营方拟采用信息化技术运营综合管廊，建设时期在综合管廊的出入口及管沟内部装设了一定数量的探测仪，将管廊内的情况实时传送到控制中心，使综合管廊运营情况一目了然。得益于感应器和探测仪，进入管廊内的人或动物会明显地标记出来。信息化的综合管廊能够自动监控管廊内的工作环境，对于管廊内发生的非正常情况如水管道泄漏、管沟进水、沟内空气含氧量下降等，会自动启动综合管廊的抽水泵或通风系统。日本的抗震思想也体现在综合管廊的设计建设上，管廊内管道均采取了防震措施，管道采用柔性接口，管道固定时均已预留震动空间。

2.1.3　美国

在20世纪70年代之前，美国的一些学校和机构研究院在修建时为了便于管线安装、检查、维修、扩建及更换，避免传统管线敷设时产生的交通、立面交叉问题，以及美观因素修建了许多地下管廊，其管廊主要容纳热力、燃气、供水、供电、通信、排污、灌溉水管等。其管线中以供电线路最多，几乎遍布所有管廊，供水、通信其次，而排污、燃气管道入廊比较慎重。

综合管廊的结构形式多采用矩形钢筋混凝土结构，且以现浇为主，也有少部分管廊采用预制钢筋混凝土结构，部分用于化学管线、穿越铁路和人行通道的管廊采用钢结构形式。断面以圆形和矩形为主，圆形断面由隧道法施工形成，矩形断面管廊开挖方式多样。管廊的盖板通常与管廊主体形成整体结构，但也有部分盖板可开启的，这部分的综合管廊不允许人员通行。综合管廊内部照明系统几乎是全覆盖，各种管线并存时，如供电线、蒸汽管线共存，则需采用自然通风或机械通风方式来保证管廊内部安全。

在这一阶段，美国地下管线的铺设方式一般有三种，分别是同沟敷设、多孔管道以及地下综合管廊。这三种管线铺设方式均可适用于城市道路地下埋设，它们各自的特点可归结如下：

（1）同沟敷设方式，即在一条开挖的沟槽内敷设多种管线，占用土地面积小，施工方便，对周边环境和交通影响小，管线敷设和维护费用较低。但是需要一个管线单位牵头，各管线单位相互协调，合理分摊成本。

（2）多孔管道敷设，相较于同沟敷设，它更适用于电力通信类管线，避免线路相互干扰，与传统的电力通信管线各自敷设相比更节省空间，成本及扩容成本也更低，施工、扩容和检修较为方便。缺点是同样需要一个管线单位牵头，各管线单位相互协调，存在各单位分摊成本的问题。

（3）地下综合管廊的占用空间在这三种管线铺设方式中最小，管廊内纳入的各类管线位置明确，管线入廊、安装、检修、扩容方便，各管线施工相互干扰最小，对于城市长期发展作用显著。地下综合管廊也存在发展制约因素，如建设成本高、附属设施要求高，对位置要求高，对较容易产生相互影响的管线如供电、蒸汽管道等需要设计一定间距，且综合管廊需有较强实力的单位在建设规划时进行牵头协调，在建设完成后制定长期维护程序，以保证管廊正常运营。

2.2 国内管廊发展历程

国内第一条综合管廊建于1958年，位于北京市天安门广场下，长1076m，内部设计供热、供电和通信等管线，并规划有自来水管位置。

我国综合管廊发展可分为4个阶段：

(1) 概念阶段。1978年前，我国基础设施建设处于摸索阶段，该部分设计规范也较为混乱。在此时期，国外一些成熟综合管廊建设经验已引入国内，但此时国内基础设施建设还相对落后且综合管廊建设非当时发展主流。可见我国管廊建设在当时处在萌芽状态，仅部分一线城市如北京、上海开展了试验性建设。

(2) 停滞阶段。1978～2000年，改革开放使中国经济迅速发展，城市化登上历史主流舞台。在政府推动下，国内城市基础设施逐步完善，综合管廊发展似乎也将步入正轨，但却因为种种现实性因素，综合管廊并未得到真正发展。尽管国内众多专家纷纷呼吁，但综合管廊仍旧处于停滞状态。在此期间，仅部分一线城市开始进行综合管廊建设，其中部分管廊也初具规模且开始正规运营。

(3) 稳步发展阶段。2001年后，我国综合管廊建设步入正轨，开始稳步发展，在此阶段，中国经济迅速发展，一跃成为世界第二大经济体，国内城市也向国家化、现代化迈进，此时综合管廊终于出现在大众眼中。结合国外管廊建设经验及技术，国内专业技术人员大胆进行管廊规划设计，完成了大批城市综合管廊建设工作。

(4) 快速发展阶段。2011年后由于政府部门在基础设施建设投入力度加大，使得综合管廊因此受益。以近十年的综合管廊设计建设经验为基础，国务院发布一系列相关法规，提倡社会资本加入城市基础设施尤其是综合管廊建设，综合管廊建设在政府政策引导之下开启了新篇章。综合管廊类项目数量在此期间快速增长。截至2018年底，从我国综合管廊建设成果和在建项目数量上看，我国毫无疑问成为综合管廊建设超级大国。

2015年，国家将包头、沈阳、哈尔滨、苏州、厦门、十堰、长沙、海口、六盘水、白银十个城市作为地下综合管廊试点建设城市；2016年又新增郑州、广州、石家庄、四平、青岛、威海、杭州、保山、南宁、银川、平潭、景德镇、成都、合肥、海东十五个地下综合管廊试点建设城市。

截至2020年9月，全国城市地下综合管廊建设长度累计接近10000km，总投资约10000亿元。

第3章 发展趋势

3.1 法律法规及建设标准

1. 法律法规

2005年，建设部在工作纪要中提出："研究开挖率，推广共同沟和地下管廊建设和管理经验"；2006年，《城市市政工程综合管廊技术研究与开发》成为国家"十一五"科技支撑计划一大课题开展研究；之后为配合城市现代化建设，国务院、财政部、住房和城乡建设部、发展改革委等部委相继颁布一系列政策法规，从规划编制、建设区域、科技支撑、投融资、入廊收费等方面为综合管廊建设提出详细指导意见，对我国综合管廊发展起到极其重要的引路作用。

部分部委颁布政策法规见表3-1。

相关政策法规表 **表3-1**

序号	名 称	编 号
1	《城市地下综合管廊建设专项债券发行指引》	发改办财金〔2015〕755号
2	《城市管网专项资金管理暂行办法》	财建〔2015〕201号
3	《关于开展中央财政支持地下综合管廊试点工作的通知》	财建〔2014〕839号
4	《国务院办公厅关于加强城市地下管线建设管理的指导意见》	国发办〔2014〕27号

2. 建设标准

我国综合管廊建设标准、规范数量不多，综合管廊建设速度远超标准制定速度。目前有关综合管廊建设的标准规范见表3-2。

综合管廊建设主要标准规范 **表3-2**

序号	名 称	编 号
1	《城市综合管廊工程技术规范》	GB 50838—2015
2	《城镇综合管廊监控与报警系统工程技术标准》	GB/T 51274—2017
3	《综合管廊工程总体设计及图示》	17GL-101
4	《现浇混凝土综合管廊》	17GL-201

续表

序号	名　称	编　号
5	《预制混凝土综合管廊》	18GL-204
6	《综合管廊热力管道敷设与安装》	17GL-401
7	《综合管廊通风设施设计与施工》	17GL-701
8	《综合管廊监控及报警系统设计与施工》	17GL-603

为应对即将出现的各种综合管廊建设及运营问题，国家的标准和行业规范仍需不断完善，为综合管廊发展指明前进方向。

3.2 建设模式

早期综合管廊建设模式较为简单，大概可归结为三类：一是为了解决关键道路交通问题，如北京天安门广场的建设可避免交通问题；二是特定结构功能需求；三是以综合管廊建设方向及建设积累经验为依据解决城市发展需求。

综合管廊作为基础设施建设重要一级，继承基础设施建设特点，但随着建设工程技术不断进步，综合管廊建设模式逐渐区别于传统施工总承包建设模式。目前综合管廊建设模式常见的有 EPC 模式及 BT 模式，典型项目如海南三亚海榆东路综合管廊 EPC 项目、珠海横琴管廊 BT 项目，此类模式综合管廊建设数量约占综合管廊项目数量 10%左右。

除上述建设模式，目前应用最广泛的综合管廊建设模式为 PPP 模式。2014 年《国务院关于创新重点领域投融资机制鼓励社会投资的指导意见》（国发〔2014〕60 号）中倡导社会资本参与市政基础设施建设运营。紧随其后《国务院办公厅关于推进城市地下综合管廊建设的指导意见》（国办发〔2015〕61 号）提出鼓励以 PPP 模式进行综合管廊建设，鼓励以移交—运营—移交（TOT）模式建设城市综合管廊。以目前综合管廊市场而言，PPP 模式占综合管廊项目数量 70%以上。但综合管廊建设运营目前仍处于较不明确状态，建设公司组成复杂，收益具有较大不确定性，兼具其他市场性因素，极少有民营企业参与综合管廊建设，因此，我国管廊建设运营主体仍为国有企业。

3.3 建造过程

从技术层面看，我国综合管廊在数十年建设发展中取得了较大技术进步，从建造过程而言，主要体现在以下三个方面：

1. 设计施工阶段

早期城市综合管廊规划缺乏长远考虑，以致影响后期地铁、地下商场等地下建设项目，或是约束地上结构可建设空间。综合管廊规划设计在城市整体规划基础之上完成，统筹规划很大程度上能够避免分散规划产生的节点冲突及周边环境保护等问题。北京市中关村西区综合管廊项目首次将综合管廊、地下交通和地下商业区统筹规划设计，西安昆明东路综合管廊项目首次将综合管廊、排水通道、地铁、立交系统统筹规划设计，目前看来均取得极佳效果。

2. 实体建造阶段

我国综合管廊建设从最初脱胎于民用建筑的建造技术，不断革新产生了诸多综合管廊建造新兴工艺工法。主体结构建造方式可分为现浇与预制两种，现就基于两种建造方式产生的新兴建造技术举例。

1）整体模板滑移技术

整体模板滑移技术对长度较大的线性地下结构有诸多优点，相较传统施工工艺，应用此技术能较好地改善模板脚手架投入大、现场劳动力需求大、现场施工条件不佳、成本较高等弊端。目前国内已研发多种形式模板滑移技术，如单舱滑模、多舱滑移台车、整体移动模板台架等，均在实操中取得显著效果。

2）预制装配成套技术

管廊常年位于地下，周边水质条件复杂，加之地面荷载多变，采用预制装配施工时结构及施工工艺要求更高。上海世博园项目参考预制排水管做法，首创节段预制拼装技术，施工效果较好，得到行业认可，并在国内预制管廊施工项目中迅速推广。山东天马和大连明达科技最早从日本引进上下分体预制装配技术并进行推广。目前叠合装配技术应用最为广泛，已在诸多工程中推广。

3. 信息建造阶段

BIM 技术已应用在综合管廊规划设计和施工阶段，BIM 技术在信息处理方面的突破性进步在管廊运营管理阶段展现出来，通过 BIM 能很快发现管廊内部问题并加以修正。在诸多管廊项目采用 PPP 模式情况下，全寿命周期 BIM 应用技术变得更具可实施性，它将在管廊后期运营管理与智慧化城市建造过程中发挥不可替代作用。目前杭州创博、江苏斯菲尔、苏州光格等企业正大力研究综合管廊智能管控系统，并在多个管廊项目进行试应用，相信不久之后我们就能在各个管廊运营管理中见到真正基于 BIM 的全寿命周期的管控系统运行。

3.4　尚需解决问题

目前国内综合管廊建设项目数量与日俱增，设计方工作量也随之增加，管廊建设规模日趋庞大，给城市建设规划带来巨大挑战。这些年管廊建设过程中涌现出很多成功案例，但从整体看，综合管廊规划设计仍存在规划不合理、规范不足够、防水不统一等一系列问题。具体可归结为以下几个方面：

（1）建设任务接连不断，专业设计人员数量与建设速度无法匹配，整体水平参差不齐。

2015年后，综合管廊类项目数量迅速增加，规划设计任务饱满，可国内设计院与市政院综合管廊设计经验不足，精通管廊设计专业人员数量少，整体设计水平有待提升。除部分在20世纪就已接触综合管廊设计并积累一定设计经验的设计院外，其他设计院对综合管廊设计还处于学习和实践阶段，尚不成熟。

(2) 相关部门对综合管廊整体规划缺失系统性理论，综合管廊规划较为混乱。综合管廊规划非常依赖城市总体规划，一个城市总体规划成熟能够避免产生综合管廊二次拆改，但城市总体规划具有很强的行政特点，目前国内除少数城市整体规划囊括地下空间规划，多数城市总体规划均有待优化。

(3) 目前国内仍然缺乏综合管廊建设标准化体系，该体系建立需大量工程设计实践并投入大量人力，综合管廊标准化道路任重道远。2015年《城市综合管廊工程技术规范》在标准化方面有更细致规定，但在具体实施过程中仍有多方面难以实施，传统埋地式管线的验收规范是否适用于综合管廊实施标准仍需仔细推敲。综合管廊建设标准化体系包括断面设计标准化、节点设计标准化、防水设计标准化及附属设施标准化等。综合管廊标准化体系建设极其重要，想走好综合管廊发展之路不能为标准而建标准。

(4) 对防水设计争议较大。考虑综合管廊建于地下，常年遭受地下水侵蚀，《城市综合管廊工程技术规范》GB 50838—2015规定城市综合管廊本体使用寿命为100年，防水等级设计为二级。但目前已运营综合管廊渗漏水现象普遍，防水体系并未达到预期效果。另一方面，纳入管廊公共管线尤其是电力、通信管线对防水要求较高，保证管廊防水质量是目前管廊发展急需解决的问题。

(5) 管廊运营问题。"十四五"时期综合管廊建设平稳发展，但随着诸多管廊工程从建设阶段转为运营维护阶段，各种运营管理问题将逐渐出现。PPP平台公司需理顺与政府、管线单位、施工方、银行等单位和群体之间的关系，分析管廊运行大数据，并不断优化自身体系。如何走好运营管理道路必将成为下一阶段综合管廊发展应重点讨论的问题。

第4章 规划与设计简介

4.1 规划原则

1. 因地制宜原则

综合管廊开发运行虽利于城市建设，但管廊建设投资大，建设费用高，回款慢，并不适用经济欠发达以及常住人口较少地区。应参照房地产行业“一城一策”原则，根据不同城市经济发展程度、常住人口数量及管廊建设难易程度等因素进行综合考虑，因地制宜，合理进行城市规划，减少建设盲目性，树立城市建设长远性与大局观。

2. 远近结合、统一规划原则

随着科技发展进步，人们对地下空间应用日益重视，综合管廊建设作为城市地下空间建设重要一环，对整个地下空间开发利用具有重要意义。

城市地下空间规划应充分考虑综合管廊、地铁等相关地下空间建设组成位置关系及使用周期，进行统一规划，遵循“一张蓝图干到底”的原则，注重近期规划与远期规划协调统一，使综合管廊建设具有良好的拓展性。

3. 规划设计主体形式

城市规划设计主体形式一般分为两种：一为全面规划建设；二是从点做起，逐渐完善线与面。

不同规划设计形式适用于不同城市，第一种规划形式适用于如雄安新区这般新兴城市，新城规划可在初始阶段便进行相应布局考虑，进而有条不紊地建设，保证建设合理性；而已初具规模城市则适用于第二种规划形式，点状综合管廊作为综合管廊最基本构成要素，由各种城市中占用较小平面范围地下空间形成，分散于城市各处，偏重与地下商业街、地下人行通道、地下车库、地下广场等共同建设。线状地下空间是相对于城市地下空间总体形态而言，是点状空间在水平方向延伸或连接。面状综合管廊的形成是城市管廊形态趋于成熟的标志，是城市综合管廊发展到一定阶段的必然结果，即多个线状管廊相互连通成面。

各城市管廊专项规划形式有网格交叉状、放射状、环状、环形放射状、干枝状等（图4-1～图4-4）。

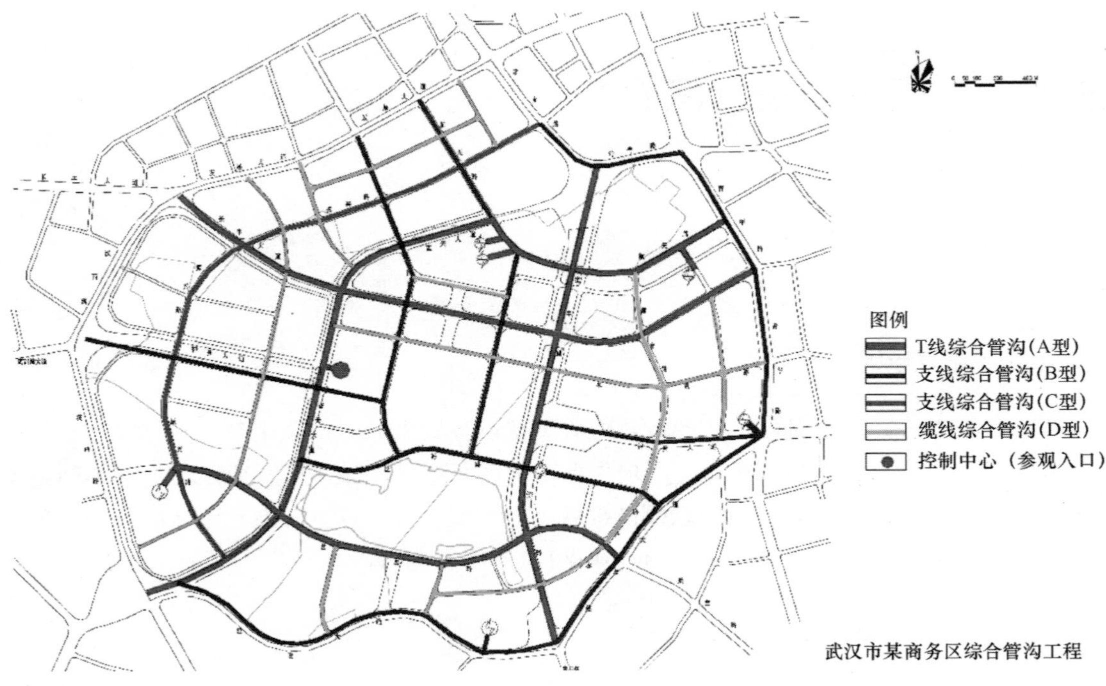

图 4-1　网格交叉状综合管廊

图 4-2　放射状综合管廊

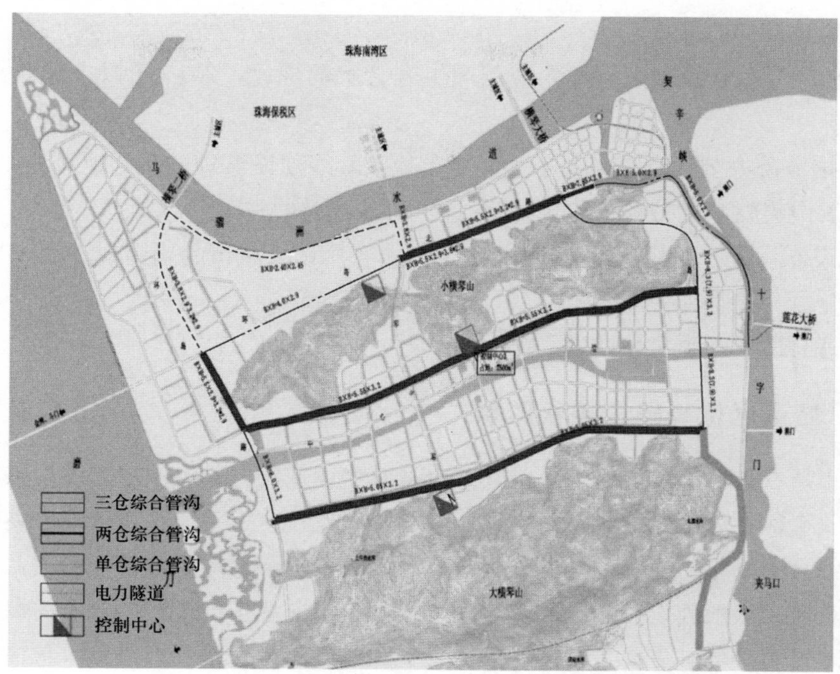

图 4-3　环状综合管廊

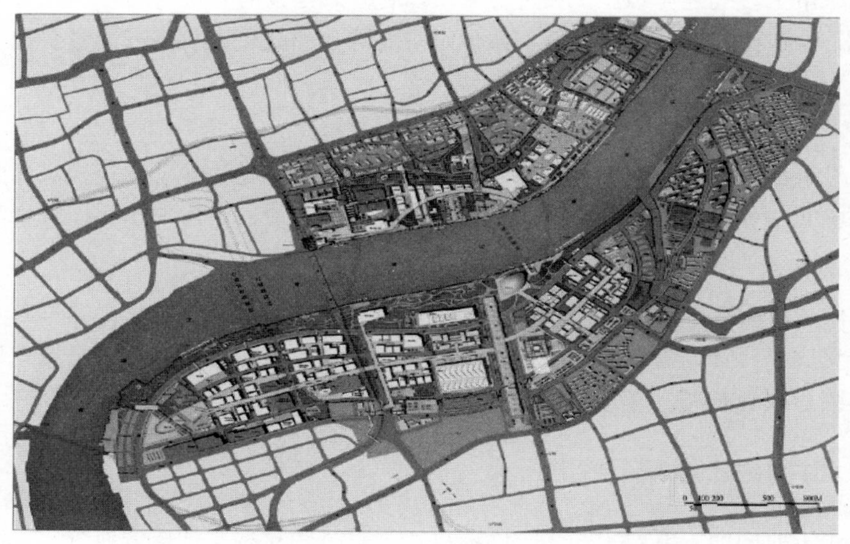

图 4-4　干枝状综合管廊

4.2 规划设计影响因素

4.2.1 政策影响

综合管廊耗资巨大，多为政府投资建设，需自上而下的政策扶持，政策支持引导是城市发展综合管廊建设的前提。

国家近些年开始重视地下空间的应用与综合管廊的建设，2014 年以来频频出台相关政策进行扶持。

2014 年国务院办公厅发布《关于加强城市地下管线建设管理的指导意见》，同年紧随发布《关于开展中央财政支持地下综合管廊试点工作的通知》；

2015 年发布《关于组织申报 2015 年地下综合管廊试点城市的通知》；

……

政策扶持有助于管廊建设推进。

4.2.2 城市区位与建设现状影响

一个城市所在位置与发展潜力决定其综合管廊建设规模，一个城市建设现状决定管廊建设位置及投资金额。如平原地区与山川地区综合管廊建设技术手段与建设难度差异较大，不同地势决定综合管廊重力流管道是否入廊，发展潜力大小决定综合管廊的规模。

城市综合管廊一般埋设在主干路及支线道路下，走向基本与道路一致，需规避周边建筑物桩基础和地下室外墙。主要行车路下敷综合管廊时，需考虑将管廊通风口与检修口设于道路旁绿化带中；在初具规模城市中建设综合管廊时，应合理规避已运行的暗埋地下管线，尤其需对既有城市主管线进行避让。在进行城市综合管廊建设时，最好考虑与相关大型配套设施一起建设，如地铁、大型地下商场、地下停车场等，如此可节省部分建设费用。

4.2.3 上下结合与管道需求

城市建设上部规划决定城市功能性需求，地下空间定位是为地上建筑提供功能辅助，因此，综合管廊乃至地下空间规划建设应与上部建筑相辅相成，由地上功能性建筑决定综合管廊走向与布设。

综合管廊主要功能是容纳城市工程管线，因此，相关管线布设也是综合管廊布设走向的重要因素。建设综合管廊前，应重点梳理各类功能性管线及相关能源通道特点，根据其密度与需求进行综合规划布局。

4.2.4 时间因素影响

综合管廊生命周期一般为 100 年，因此进行综合管廊建设布局至少需考虑百年以上城市规划。综合管廊建设必须配合城市远期规划，如果城市规划因经济政策或其他因素频繁调整，则此城市并不适于建设综合管廊。

4.3 典型设计断面

城市综合管廊横断面内容包含横断面形式、横断面大小以及横断面功能分区。国外早期综合管廊主要以单仓圆形为主，后期经过发展，逐渐根据功能分仓，截面形式也由圆形演变为矩形、圆形矩形结合以及其他异形形状结构。

4.3.1　横截面形式

1. 圆形截面

圆形截面是综合管廊建设过程中最早出现的截面形式，圆形截面可配合盾构等施工方法，施工较为便利，受力结构较为合理，但圆形截面空间利用率低。

世界上第一条综合管廊（巴黎地下综合管廊）采用的截面形式就是圆形截面（图4-5、图4-6）。

如今部分城市进行地下综合管廊建设时依然会采用圆形截面。

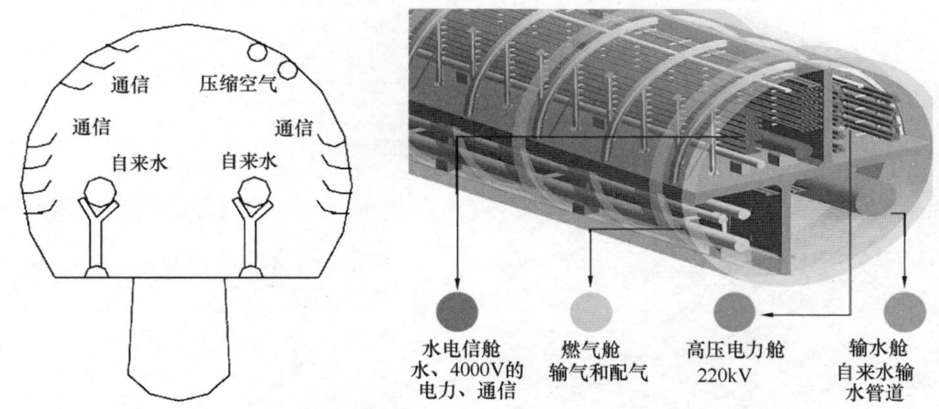

图4-5　巴黎地下综合管廊截面形式　　图4-6　典型圆形截面形式

2. 矩形截面

矩形截面综合管廊可提高约20%的使用效率，更便于空间分割以及管线排布（图4-7）。

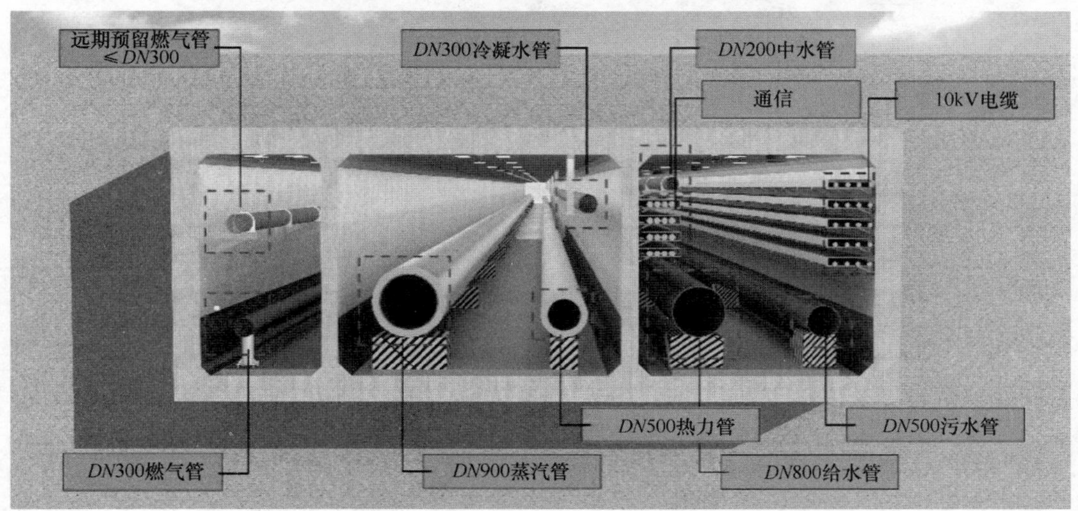

图4-7　典型矩形截面

3. 其他形状截面

除圆形截面和矩形截面外，综合管廊还有半圆形、马蹄形、圆形矩形结合等形式（图 4-8、图 4-9）。

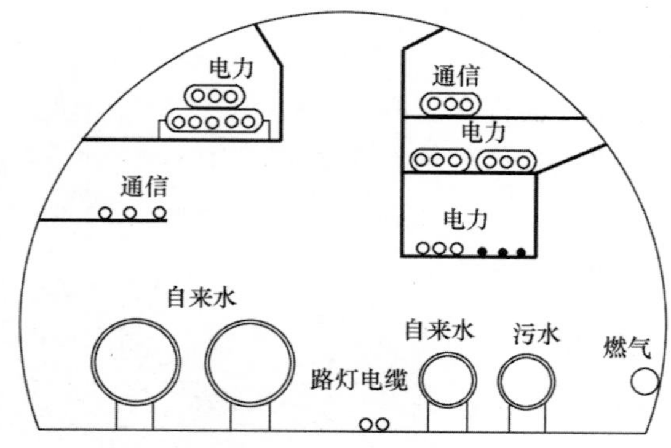

图 4-8　半圆形综合管廊截面

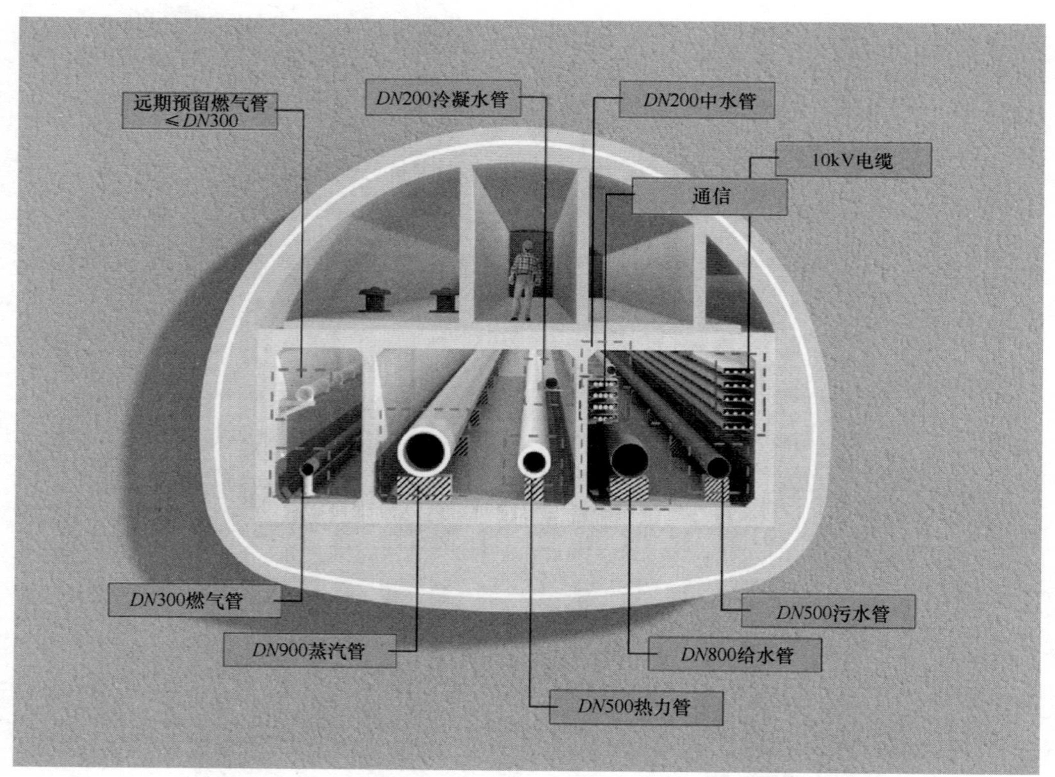

图 4-9　马蹄形管廊截面

4.3.2　横截面大小与功能分区

综合管廊按照仓数分为单仓、双仓、三仓以及多仓，根据物理分隔将不同功能管线进行分仓敷设，可避免不同功能管线之间相互干扰（图 4-10～图 4-13）。根据各类功能管线的不同要求，应合理优化分仓布局以及各功能管线使用空间，确保能够最大效率地利用综合管廊各个仓室，合理利用土地空间资源，避免浪费。

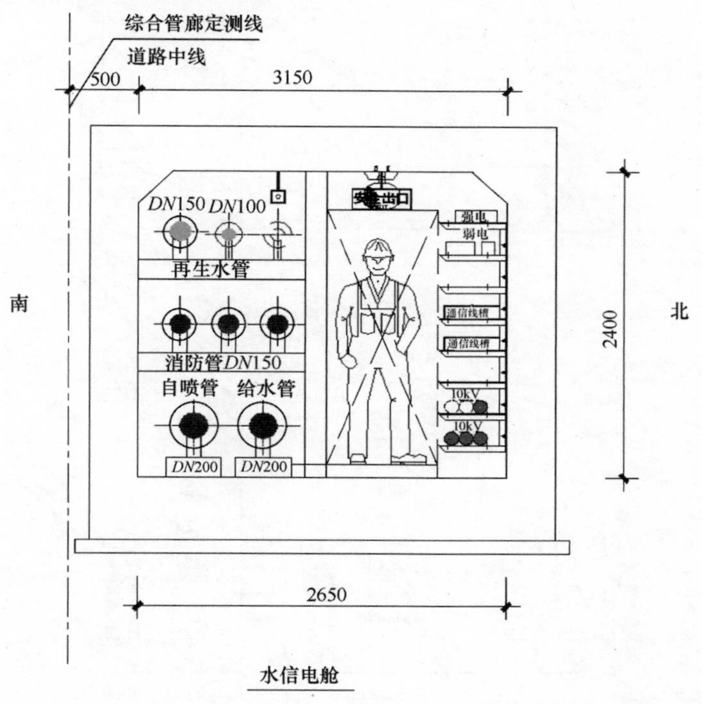

图 4-10 单仓综合管廊典型截面

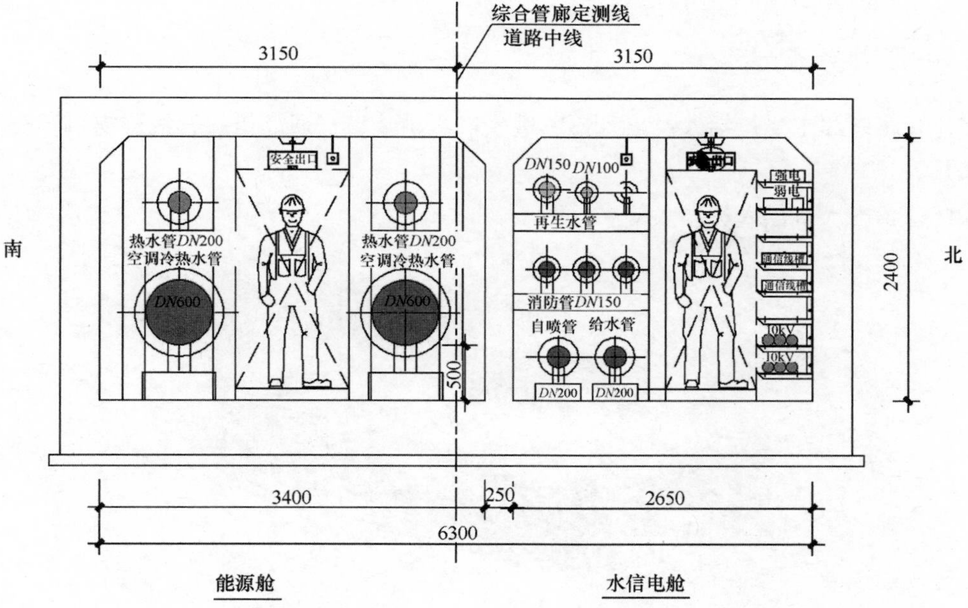

图 4-11 双仓综合管廊典型截面

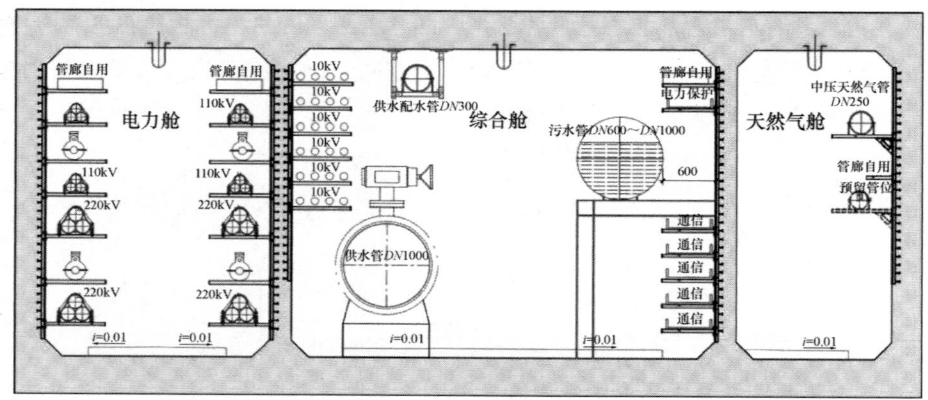

图 4-12　三仓综合管廊典型截面

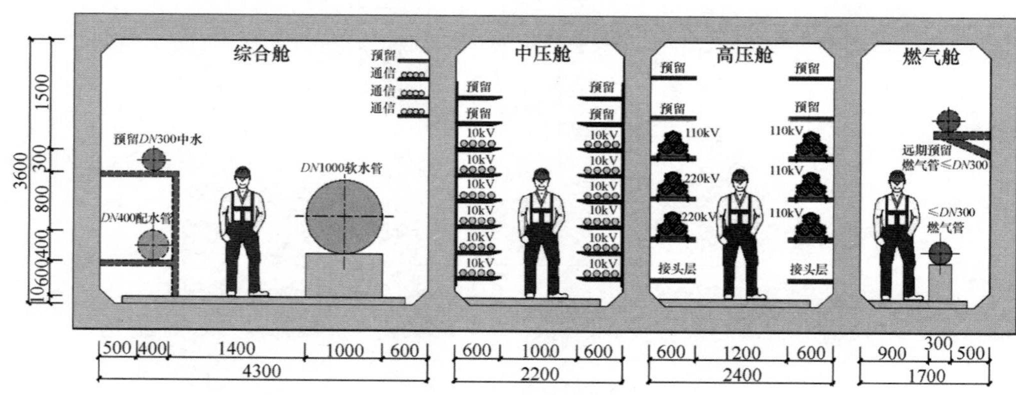

图 4-13　多仓综合管廊典型截面

4.4　口部设计类型

综合管廊口部主要包括人员出入口、逃生口、吊装口、通风口、管线分支口、交叉口以及端部井等。

综合管廊出入口供人员出入使用（图 4-14）。

图 4-14　综合管廊出入口

综合管廊逃生口主要功能是管廊内部发生事故时，作为廊内工作人员迅速撤离通道（图 4-15）。

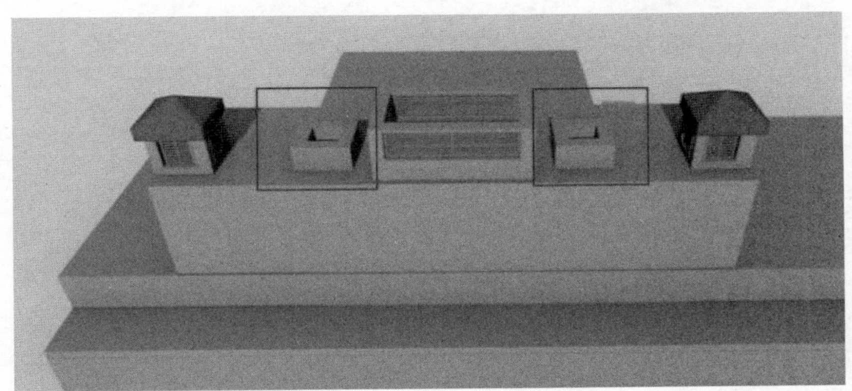

图 4-15 综合管廊逃生口示意图

综合管廊吊装口一般布置在道路人行道或非机动车道内，作为材料垂直运输通道（图 4-16）。

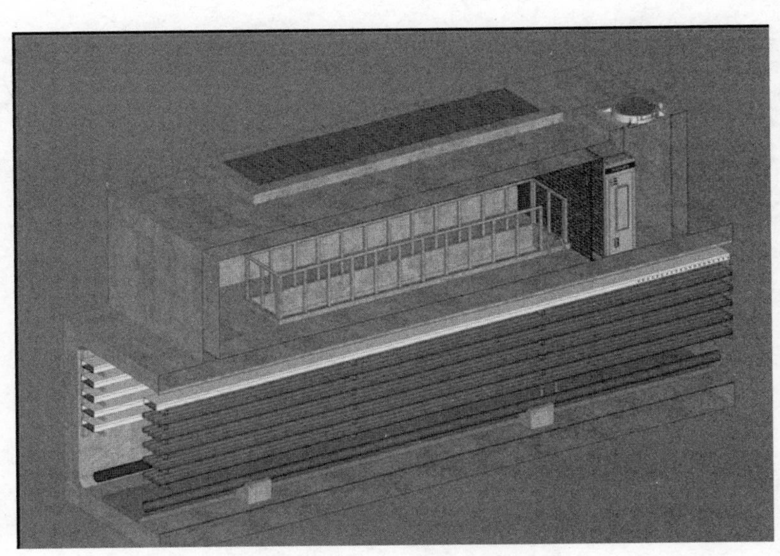

图 4-16 综合管廊吊装口示意图

综合管廊通风口主要功能是消除管廊内有害气体，确保管廊内空气质量达标（图 4-17）。

综合管廊管线分支口主要功能是方便管廊内各类管线引出至用户界面（图 4-18）。

综合管廊管线交叉口设置在综合管廊交叉位置，通过设置双层节点，使管廊内管线与人员能互相连通（图 4-19）。

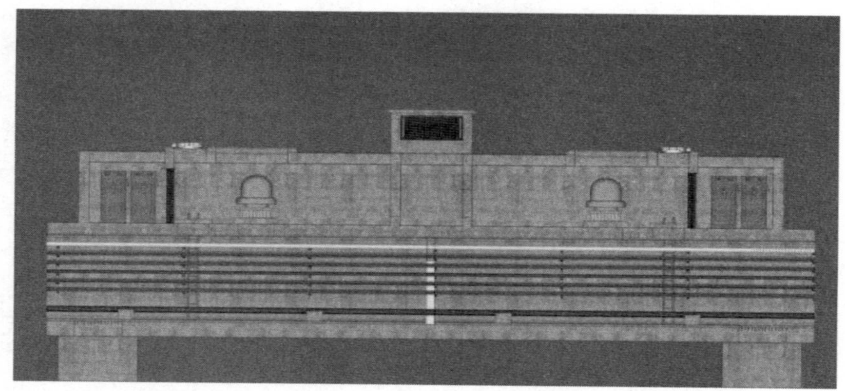

图 4-17　综合管廊通风口示意图

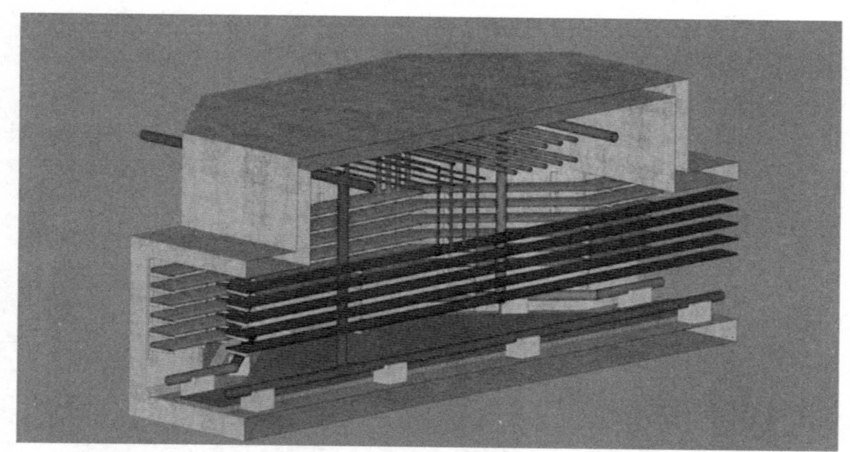

图 4-18　综合管廊分支口示意图

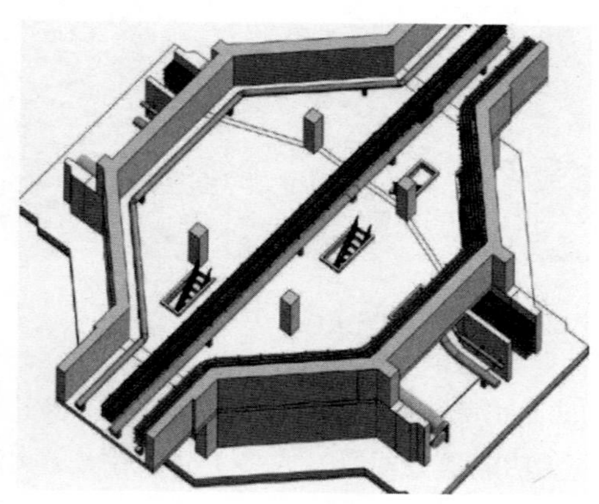

图 4-19　综合管廊交叉口示意图

综合管廊在起止点设置端部井，管线经端部井进入和引出管廊（图 4-20）。

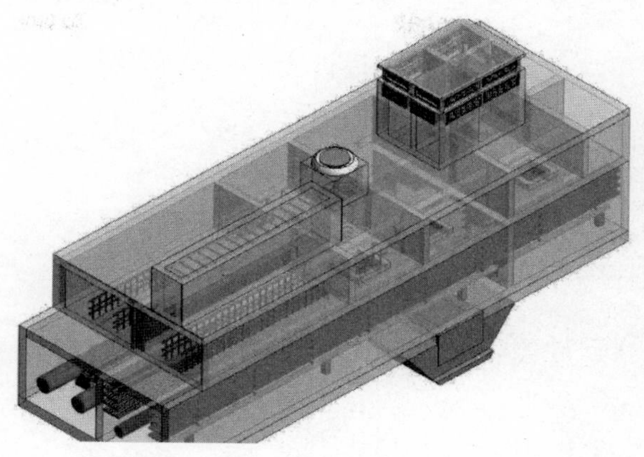

图 4-20 综合管廊端部井示意图

第2篇

工程特点、施工重难点分析及策略

第5章 工程特点

城市综合管廊工程属于典型的市政线性工程，具备普通线性市政道路施工特点外，还兼备地下工程施工特点，具有施工战线长、点多面广、施工交叉作业多等特点。

城市地下综合管廊工程具有施工工艺种类多、附属设施系统繁杂等特点。工艺种类包含明挖、地下暗挖、盾构法、顶管法等多种施工工艺；附属设施系统一般包含监控中心、消防系统、通风系统、供配电系统、照明系统、监控与报警系统、排水系统以及标识系统等。

城市综合管廊工程受工程地质条件影响较大。城市建成区主要受征地、管线迁改等影响较大，而城市新开发区域相对影响较小。

第 6 章　施工重难点分析及策略

1. 空间跨度大，施工难度高

综合管廊工程空间跨度大，沿线地质情况变化大，基坑支护形式多样，施工难度大；穿越众多居民区、厂房、农田及林地等，征地拆迁问题杂多；施工战线长，总平面布置、打围封闭、安全防控等总承包管理难度大。

对策：

1）项目前期进行详细踏勘，掌握周边环境及地质条件；同时积极与勘察及设计单位对接，争取以基坑形式设计方便施工。

2）项目部设置迁改协调部，项目经理牵头负责征地拆迁工作。加强与当地各级政府沟通协调，积极协助政府做好拆迁人员的安置工作，多与被拆迁人员沟通，了解被拆迁人员的真实需求，宣传政府拆迁政策，争取拆迁户的理解。

3）依据周边环境、工程特点及征拆情况，将工程划分为若干工区，实施“总包部＋工区”的管理模式。各工区根据工程进度动态调整打围封闭区域，同时加强现场安全巡检。

2. 作业面多，施工组织难度高

地下综合管廊项目施工作业面多，现场组织管理、质安管控、资源调配难度大。

对策：

1）建立精益建造管理体系，以管廊节段作为精益建造结构单元，合理组织施工及工序穿插，按精益建造流水施工时间线调配资源。

2）严把质量、安全关，每一项工序均进行质量、安全验收，验收不合格禁止进入下一步工序施工。

3. 属地下工程，防水质量要求高

管廊构筑物设计使用年限一般为 100 年，结构防水施工质量是重点，直接影响工程施工质量验收；管廊结构变形缝、施工缝、阴阳角众多，防水质量控制难度大。

对策：

1）根据设计图纸，制定科学详细的防水施工方案。

2）现场施工管理、材料进场把关、事后质量检测采取行之有效的措施。

3）防水施工作业选择具备相应资质的专业队伍施工，确保管廊结构防水质量。

4）加强现场质量巡检及工序验收，尤其是变形缝、施工缝、阴阳角等节点质量管控。

4. 附属结构多，异形结构繁杂，交叉作业多

管廊附属设施系统多，各系统单独成套设置，交叉作业面多；管廊防火分区要求不大于200m，且每舱需单独配置口部节点，导致异形结构繁杂，分舱越多，管廊口部异形结构越多。

对策：

1）召集各附属专业施工队开展碰头会，整合各方需求并合理组织各附属结构施工。

2）项目前期积极与设计沟通对接，优化设计，尽量减少复杂的异形结构种类及数量。

3）选择专业的附属系统施工队，做好优化设计及预埋工作。

5. 与既有道路交叉施工，交通疏解难度大

目前地下综合管廊多规划于城市建成区或路网已成型的待开发区，较多情况下需横穿或紧邻既有道路，导致交通保障及管线迁改难度大。

对策：

1）与当地交管部门密切合作。

2）采取切实可行的交通疏解方案，利用既有道路作为交通疏解道路，以便于进场后即能展开施工。

3）积极对接各管线权属单位，保证管线能及时安全地进行迁改。

4）快速推进交叉口综合管廊施工，尽量将影响时间降至最低。

第3篇

关键施工技术

第7章　基坑支护施工技术

管廊基坑支护类似于房屋建筑工程基坑支护，其目的是确保施工期间管廊沿线既有管线和基坑的稳定性和安全性。综合管廊的埋深、穿越区域的水文地质条件、管廊与道路及周边建（构）筑物的平面位置关系都是影响管廊基坑支护选型的重要因素，因此根据管廊基坑所处周边环境、水文地质和基坑大小等因素，要做到具体问题具体分析，从而选择经济适用的支护形式。通常管廊标准段的基坑开挖深度为5～15m，常用基坑支护结构形式包括：

（1）放坡开挖；

（2）锚喷防护和土钉墙；

（3）水泥土桩墙；

（4）排桩墙；

（5）地下连续墙。

7.1　放坡开挖

7.1.1　概述

放坡开挖适用于场地周边开阔，无重要建（构）筑物，基坑只求稳定，对位移控制无严格要求的区域。放坡开挖费用较低，但土方回填方量较大。当边坡高度大于4m时，一般采用分级放坡，分级高度为3～4m，根据边坡水文地质情况选用不同的坡比，坡面多采用锚喷、土钉等方式进行防护加固（图7-1）。

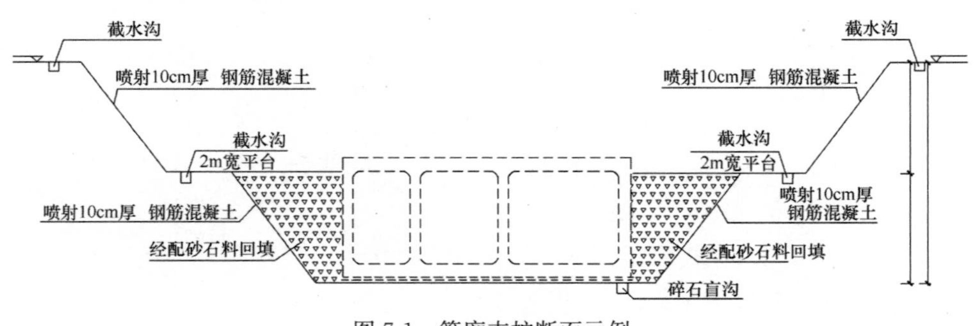

图7-1　管廊支护断面示例

7.1.2　关键技术

1. 放坡开挖工艺流程

放坡开挖工艺流程见图7-2。

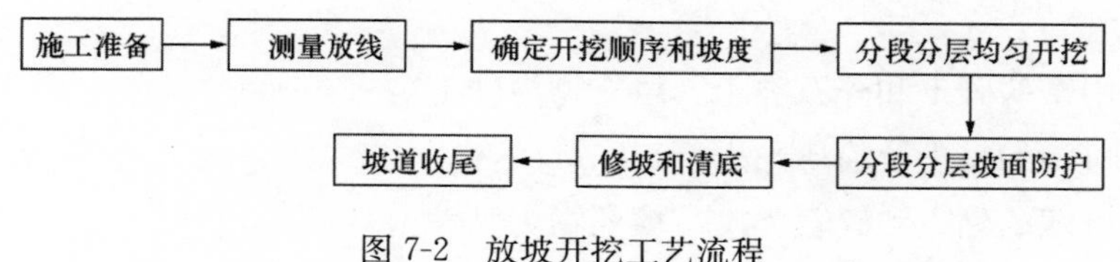

图 7-2 放坡开挖工艺流程

2. 施工准备

1）土方开挖前，应详细查明施工区域内的地下、地上障碍物，核对基坑影响范围内既有管线和建（构）筑物资料，确定已按照保护方案迁改和保护到位。

2）核查地质资料，结合设计参数，选择合适的施工机械和施工方法。

3）控制坐标和水准点，按设计要求引测到现场，并在工程施工区域设置测量控制网，包括控制基线、轴线和水平基准点，定出边坡的边桩，并做好施工护桩。

4）采用机械对零散的滚石进行清除，对开挖范围之内的树木进行挖除，对地面的草皮以及附着物进行清除。

5）准备好坡面防护的材料、机具。

6）夜间施工，应设有足够的照明设施，在危险地段应设置明显标志，并设计合理的开挖顺序，防止错挖或超挖。

7）在机械无法作业的部位，应配备人工修整边坡坡度以及清理槽底等作业。

8）当开挖深度范围内遇到地下水时，应根据当地工程地质资料采取相应措施来降低地下水位。一般应降至开挖面 0.5m 以下，方可进行土方开挖作业。同时做好施工场地排水防涝工作，严格控制各部分标高，保证施工场地排水通畅，同时场地周围应设置必要的截、排水沟。

9）在施工现场内修筑车辆通行坡道，坡度应小于 1∶6。当坡道路面强度偏低时，应在坡面铺填适当厚度的碎石或渣土，以免陷车。

3. 主要机具设备

1）挖土机械：推土机、铲运机、挖掘机（包括正铲、反铲、拉铲、抓铲等）、装载机等。

2）坡面防护机械：混凝土喷射机、空压机、风钻、钢筋切断机、电焊机等。

3）辅助工具：测量仪器、铁锹、手推车、锤子、梯子、铁镐、撬棍、龙门板、线、钢卷尺、坡度尺等。

4. 施工要点

1）开挖坡度的确定：基坑开挖应先测量定位、抄平放线定出开挖宽度，然后根据放线分块（段）分层挖土。根据土质和水文情况，采取四侧或两侧直立开挖或放坡开挖形式：

（1）在天然湿度的土中开挖基槽和管沟时，当挖土深度不超过下列数值规定时，可不放坡，不加支撑。

① 密实、中密的砂土和碎石类土（填充物为砂土）：1.0m。

② 硬塑、可塑的粉土及粉质黏土：1.25m。

③ 硬塑、可塑的黏土和碎石类土（填充物为黏性土）：1.5m。

④ 坚硬的黏土：2.0m。

（2）当土质为天然湿度、构造均匀、水文地质条件良好（即不会发生坍塌、移动、松散或不均匀下沉）且无地下水时，开挖基坑亦可不放坡，采取直立开挖不加支护，但挖方深度应按表 7-1 规定，基坑宽应稍大于基础宽。如超过表 7-1 规定的深度，但不大于 5m 时，应根据土质和具体施工情况进行放坡，以保证不塌方，其最大容许坡度按表 7-2 采用。放坡后基坑上口宽度由基础底面宽度及边坡坡度确定，坑底宽度每边应比基础宽出 30～50cm，以便于施工操作。

基坑（槽）和管沟不加支撑的允许深度　　表 7-1

项次	土的种类	允许深度（m）
1	密实、中密的砂子和碎石类土（充填物为砂土）	1.00
2	硬塑、可塑的粉质黏土及粉土	1.25
3	硬塑、可塑的黏土和碎石类土（充填物为黏土）	1.50
4	坚硬的黏土	2.00

深度在 5m 内的基槽管沟边坡的允许坡度　　表 7-2

土的类别	边坡坡度容许值（高：宽）		
	坡顶无荷载	坡顶有静载	坡顶有动载
中密的砂土	1：1.00	1：1.25	1：1.5
中密的碎石类土（填充物为砂土）	1：0.75	1：1.00	1：1.25
硬塑的粉土	1：0.67	1：0.75	1：1.00
中密的碎石类土（填充物为黏土）	1：0.50	1：0.67	1：0.75
硬塑的粉质黏土、黏土	1：0.33	1：0.50	1：0.5
老黄土	1：0.10	1：0.25	1：0.33
软土（经井点降水后）	1：1.00	—	—

2）在工程施工区域设置测量控制网，应包括控制基线、轴线和水平基准点；做好轴线控制测量的校核。控制网应该避开建筑物、构筑物、土方机械操作及运输线路，并有保护标志；场地整平应设 10m×10m 或 20m×20m 方格网，在各方格点上布置控制桩，并测出各标桩处的位置及标高，作为计算挖土方量和施工控制的依据。基坑（槽）和管沟开挖，上部应有排水措施，防止地面水流入坑内冲刷边坡造成塌方和破坏基底土。

3）开挖基坑（槽）或管沟时，应合理确定开挖顺序、路线及开挖深度，分段分层均匀开挖。

4）坡面锚喷或土钉防护施工应紧跟土方开挖随挖随做，其分段长度一般不超6m，分层高度不超4m，基坑施工过程中随时监测坡面情况，出现防护开裂或其他异常状况时应补喷混凝土或其他加强处理。锚喷或土钉施工技术详见7.2章节。

对于采用锚喷形式的开挖坡面，一般采用C20细石混凝土喷射，配合使用锚筋锚固的双向钢筋网片共同作用。锚筋主要为ϕ12mm的螺纹钢，其间距控制在200mm×200mm左右，埋入边坡深度不小于1.5m。在实际喷射作业过程中，往往需要分段施工，应在坡面之上设置厚度控制标识，确保喷锚厚度均匀，喷锚作业应是从下到上实施。喷射作业时，射流管需与喷射面相互垂直，射距控制在0.8～1.5m。在设置钢筋网片后需要实施二次喷射，二次喷射之前需对表面的松散碎石进行清理，并用水润湿表面；完成喷锚作业后应做好相应的保护工作，养护时间根据实际的气温以及外界环境条件来确定。钢筋与坡面之间的距离应大于30mm。钢筋网片采用绑扎的方式进行搭接，搭接长度应大于等于300mm。

5）采用挖土机开挖大型基坑（槽）时，应从上而下分层分段，按照坡度线向下开挖，严禁在高度超过3m或在不稳定土体之下作业，每层的中心地段应比两边稍高一些，以防积水。

6）在挖方边坡上如发现有软弱土、流砂土层，或地表面出现裂缝时，应停止开挖，并及时采取相应的补救措施，以防止土体崩塌与下滑。

7）采用反铲、拉铲挖土机开挖基坑（槽）或管沟时，其施工方法有下列两种：

（1）端头挖土法：挖土机从基坑（槽）或管沟的端头，以倒退行驶的方法进行开挖，自卸汽车配置在挖土机的两侧装运土。

（2）侧向挖土法：挖土机沿着基坑（槽）边或管沟的一侧移动，自卸汽车在另一侧装土。

8）挖土机沿挖方边缘移动时，机械距离边坡上缘的宽度不得小于基坑（槽）和管沟深度的1/2，如挖土深度超过5m时应按专业施工方案来确定。

9）机械开挖基坑（槽）和管沟，应采取措施防止基底超挖，一般可在设计标高以上暂留300mm一层土不挖，以便经抄平后由人工清底挖出。

10）机械挖不到的土方，应配以人工跟随挖掘，并用手推车将土运到机械能挖到的地方，以便及时挖走。

11）修帮和清底。在距槽底实际标高500mm槽帮处，抄出水平线，钉上小木橛，然后用人工将暂留土层挖走。同时由两端轴线（中心线）引桩拉通线（用小线或铅丝），检查距槽边尺寸，确定槽宽标准，修整槽边，最后清理槽底土方。槽底修理铲平后进行质量检查验收。

12）开挖基坑（槽）的土方，在场地有条件堆放时，应留足回填良性土；多余土方应一次运走，避免二次搬运。

13）雨期、冬期施工

（1）土方开挖一般不宜在雨期施工，如必须在雨期施工时，开挖工作面不宜过大，应逐段、逐片分期完成。

雨期施工开挖基坑（槽）或管沟时，应注意边坡稳定，必要时可适当放缓边坡坡度或设置支撑对坡面进行保护。同时应在坑（槽）外侧围筑土堤或开挖水沟，防止地面水流入。经常对边坡状态及排水情况进行检查，发现问题要及时处理。

(2) 土方开挖不宜在冬期施工。如必须在冬期施工时，其施工方法应按冬期施工方案进行。

采用防止冻结法开挖土方时，可在冻结以前，用保温材料覆盖或将表层土翻耕耙松，其翻耕深度应根据当地气候条件确定，一般不小于300mm。施工过程中每天均应对施工面采取防冻措施，施工接近基底标高时应预留适当厚度的松土或用保温材料覆盖，应防止保温材料受水浸湿。

施工时若引起邻近建筑物的地基和基础暴露时，应采取防冻措施，以防产生冻结破坏。

5. 质量通病控制方法

1）挖方边坡塌方：根据不同土层土质和开挖深度，确定适当的挖方坡度或设适当支护；做好地面排水措施，基坑开挖范围内有地下水时，应采用降排水措施，将水位降至基底以下0.5m；避免在靠近坡顶附近弃土、堆载、行驶挖土机械及车辆；土方开挖应自上而下分段、分层依次进行，避免先挖坡脚造成边坡失稳。

2）场地积水：场地内填土应认真分层回填压（夯）实，使密实度不低于设计要求，减少渗水；按要求做好场地排水坡和排水沟，做好测量复核，避免出现标高错误。

3）边坡超挖：采用机械开挖，预留0.2～0.3m厚土层，人工修坡；松软土层应避免外界机械车辆等的振动，并采取适当保护措施；加强测量复测，严格定位。

4）基坑（槽）泡水：在开挖的基坑（槽）周围设排水沟或挡水堤；地下水位以下挖土时，应设排水沟和集水井，采用水泵抽排，使水位降至开挖面以下0.5～1.0m。

5）流砂及管涌：坑内出现流砂现象时，应增加坑内排降水措施，将地下水位降低至基坑开挖底以下0.5～1.0m；基坑开挖后，可采取加速垫层浇筑或加厚垫层的办法“压住”流砂；管涌严重时可在坡前打设一排钢板桩，再进行注浆。

6）邻近建筑与管线位移：基坑开挖应加强观测，当建筑物、管线位移或沉降量到规范允许值后，立即跟踪注浆加固，但注浆压力不宜过大。对基坑周围管线可采取在管线靠基坑的一侧打设树根桩封闭或挖隔离沟。当地下管线离基坑较近，打设封闭桩、挖隔离沟困难时，可采取将管线架空的办法使管线与基坑边坡土体分离。

7.1.3 验收

质量验收及标准：

1）开挖标高、长度、宽度、边坡均应符合设计要求。

2）施工过程应保持基底清洁无冻胀、无积水，并严禁扰动。

3）开挖过程中应检查平面位置、水平标高、边坡坡度、压实度、降排水系统等，杜绝隐患。

4）基面平整度符合规范要求，基底土质应符合设计要求。

5）土方开挖工程质量检验标准见表 7-3。

土方开挖工程质量检验标准　　表 7-3

项目类别	序号	检查项目	允许偏差或允许值（mm）			检验方法
			桩基基坑、基槽	机械挖方场地平整	管沟	
主控项目	1	标高	−50	±50	−50	水准仪
	2	长度、宽度（由设计中心线向两边量）	+200 −50	+500 −150	+10 0	经纬仪，用钢尺量
	3	边坡	设计要求			观察或用坡度尺检查
一般项目	1	表面平整度	20	50	20	用 2m 靠尺和楔形塞尺检查
	2	基底土性	设计要求			观察或土样分析

7.2　锚喷或土钉墙

7.2.1　概述

土钉墙支护工艺适用于基坑侧壁安全等级宜为二、三级的非软土场地，地下水位以上或经人工降低地下水位后的人工填土、黏性土且深度不大于 12m 的基坑支护或边坡加固，当土钉墙与有限放坡、预应力锚杆联合使用时，深度可适度增加。锚喷支护常用于放坡开挖中的边坡防护，两者施工工艺类似（图 7-3）。下面以钢筋土钉墙支护为例作简要说明。

图 7-3　基坑边坡锚喷支护图例

7.2.2 关键技术

1. 土钉墙支护工艺流程图

土钉墙支护工艺流程如图 7-4 所示。

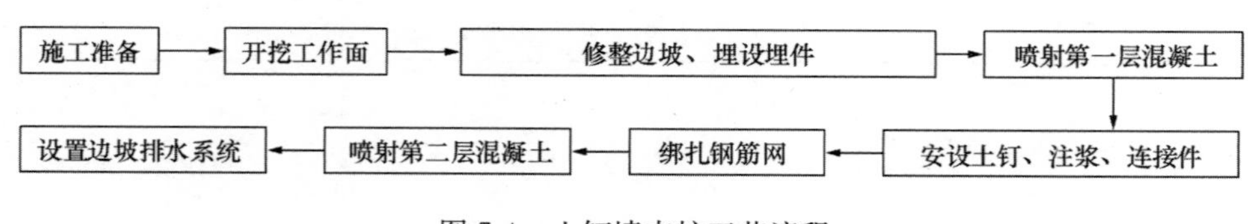

图 7-4 土钉墙支护工艺流程

2. 施工准备

1）土钉施工前应清楚施工场地的土层分布和各土层的物理力学特性。

2）进行场地平整，拆迁施工区域内的报废建（构）筑物和挖除地面以下 3m 内的障碍物，保证水电畅通。在施工区域内已设置临时设施，修建施工便道及排水沟，各种施工机具已运到现场，并安装维修试运转正常。

3）已进行施工放线，土钉孔位置、倾角已确定；各种备料已到场并经复验合格。

4）已采取降排水措施排除地表水、地下水，满足施工作业条件。

3. 材料要求

1）土钉：土钉有钢筋土钉和钢管土钉，常用土钉钢筋宜采用 HPB300、HPB400 级，直径宜为 ϕ16～ϕ32mm，并有出厂合格证和现场复试的试验报告。

2）喷射混凝土：强度等级不宜低于 C20，面层厚度不宜小于 80mm。

3）注浆材料：宜采用水泥浆或水泥砂浆，强度等级不宜低于 M10。

4. 主要机具设备

1）成孔机具设备：冲击钻机、洛阳铲等；在易塌孔的土体钻孔时宜采用套管成孔或挤压成孔设备。

2）注浆机具设备：注浆泵、灰浆搅拌机等。

3）混凝土喷射机具：混凝土喷射机、空压机等。

5. 施工要点

1）在钻孔过程中，应认真控制钻进参数，合理掌握钻进速度，防止埋钻、卡钻、塌孔、掉块、涌砂和缩径等各种通病的出现，一旦发生孔内事故，应尽快进行处理。

2）钻机拔出钻杆后要及时安置土钉，并随即进行注浆作业。

3）土钉安设应按设计要求，正确组装，认真安插，确保安设质量。

4）注浆应按设计要求，严格控制水泥浆、水泥砂浆配合比，做到搅拌均匀，并使注浆设备和管路处于良好的工作状态。

5）施工中应对土钉位置，钻孔直径、深度及角度，土钉插入长度，注浆配比、压力及注浆量，喷射混凝土厚度及强度等进行检查。

6）每段支护体施工完成后，应检查坡顶或坡面位移，坡顶沉降及周围环境变化时，如有异常情况应及时采取措施，恢复正常后方可继续施工。

7.2.3 验收

质量验收及标准：

1）钢筋、水泥、砂、石等原材料应满足设计要求。

2）土钉抗拔试验数量为土钉总数的1%，且不少于三根，抗拔力平均值应大于设计极限抗拔力，抗拔力最小值应大于设计抗拔力的0.9倍。

3）土钉墙支护质量标准见表7-4。

土钉墙支护质量标准　　表7-4

项目类别	序号	检查项目	允许偏差或允许值		检查方法
			单位	数值	
主控项目	1	土钉长度	mm	±30	用钢尺量
	2	土钉承载力	设计要求		现场实测
一般项目	1	土钉位置	mm	±100	用钢尺量
	2	钻孔倾斜度	度	±1	测钻机倾角
	3	浆体强度	设计要求		试样送检
	4	注浆量	大于理论计算浆量		检查计算数据
	5	土钉墙面厚度	mm	±10	钻孔检测
	6	墙体强度	设计要求		试样送检

7.3 水泥土桩墙

7.3.1 概述

水泥土桩墙支护一般分为水泥土搅拌桩和高压旋喷桩（图7-5），适用于加固淤泥、淤泥质土和含水量高的黏土、粉质黏土、粉土等土质，可直接作为基坑开挖重力式围护结构，用于较软土的基坑支护时，深度不宜大于6m；对于非软土的基坑支护，支护深度不宜大于10m；作止水帷幕时，常与灌注桩等其他支护形式配合，受到垂直度要求的控制。水泥土桩施工范围内地基承载力不宜大于150kPa，局部钻进困难时可辅助引孔措施。

水泥土围护墙优点：由于坑内一般无支撑，便于机械化快速施工，具有挡土止水的双重功能，较为经济，施工中振动、噪声较小，对土体扰动较小，因此在闹市区内施工更显出优越性。其缺点：一是相对位移较大，尤其对长大基坑而言尤为显著，可采取中间加墩柱、起拱等措施以限制过大的位移；二是加固厚度较大，只有在工程红线和周边环境允许时，才考虑使用。水泥搅拌桩污染较小，但高压旋喷桩施工中有大量泥浆排出，易引起污染，施工期间要密切注意防止影响周围环境，需做好施工组织策划。

图 7-5 水泥土复合式围护墙图例

7.3.2 关键技术

水泥土搅拌桩工艺流程详见 9.5.6 节。

高压旋喷桩工艺流程详见 9.5.7 节。

1. 施工准备

1）施工机具已运至现场并安装检修、试运转正常，检查桩机运行和输料管畅通情况，施工现场的水电应满足施工要求。

2）深层搅拌机或钻机定位时，必须经过技术复核确保定位准确。

3）施工前应确定灰浆泵输送量、灰浆经输送管到达喷浆口的时间和起吊设备提升速度等施工工艺参数，并根据设计要求试验确定搅拌材料的配合比。

4）采用旋喷法施工时必须事先确定水泥浆的水灰比。

5）施工现场应具备满足施工要求的测量控制点，并做好材料、机具摆放规划，使水泥浆输送距离最短。

2. 材料要求

1）水泥：宜选用 42.5 级普通硅酸盐水泥，要有出厂合格证和检测报告，并要复验。若在有硫酸盐的区域要采用深层搅拌加固，不宜选用矿渣硅酸盐水泥。

2）砂子：选用中砂或粗砂，含泥量小于5%。

3）外加剂：塑化剂采用木质素磺酸钙，促凝剂采用硫酸钠、石膏，应有产品出厂合格证，掺量通过试验确定。

3. 主要机具设备

1）水泥土搅拌桩法：深层搅拌机、灰浆搅拌机、灰浆泵、机动翻斗车、导向架、集料斗、磅秤、提速测定仪、电气控制柜、铁锹、手推车等。

2）高压喷射注浆桩法：高压泵、钻机、浆液搅拌器等；辅助设备包括操纵控制系统、高压管路系统、材料储存系统以及各种管材、阀门、接头安全设施等。

4. 施工要点

1）水泥必须经强度试验和安定性试验合格后才能使用。砂子应严格控制含泥量，外加剂应在保质期内。

2）水泥土桩墙采用格栅布置时，水泥土置换率相对于淤泥不宜小于0.8；淤泥质土不宜小于0.7；一般黏性土及砂土不宜小于0.6；格栅长宽比不宜大于2m。

3）水泥土桩与桩之间的搭接宽度应根据挡土及截土要求确定，考虑截水作用时，桩的有效搭接宽度不宜小于200mm。

4）当变形不能满足要求时，宜采用基坑内侧土体加固或水泥土墙插筋加混凝土面板及加大嵌固深度等措施。

5）当水泥土桩墙需设置插筋时，桩身插筋应在桩顶搅拌完成后及时进行。插筋材料、插入长度和露出长度等均应符合设计要求。

6）水泥土桩墙工程施工前，必须具备完整的地质勘查资料及工程附近管线、建筑物、构筑物和其他公共设施的构造情况的资料，必要时应进行施工勘察和调查以确保工程质量及附近建筑的安全。

7）施工过程中出现异常情况时，应立即停止施工，由监理或建设单位组织勘察、设计、施工等有关单位共同分析，消除隐患，并应形成文件资料后方可继续施工。

8）加筋水泥土桩是在水泥土搅拌内插入劲性材料如型钢、钢板桩、混凝土板桩、混凝土工字梁等。这些劲性材料可以拔出，也可不拔，视具体条件而定。如要拔出，应考虑相应的填充措施，而且应同步拔出，以减少周围的土体变形。

7.3.3 验收

质量验收及标准：

1）水泥土桩墙所用材料必须符合设计要求，并严格按规定抽样检验。

2）水泥土桩墙墙体结构的检验应按成桩施工期、基坑开挖前、基坑开挖期三个阶段进行。在基坑开挖期，主要通过直观观察以检验开挖面桩体的质量以及墙体和坑底渗漏情况，如不符合设计要求，应立即采取补救措施，以防出现质量事故。

3）构成水泥土桩墙的水泥土搅拌桩和高压喷射注浆桩的质量检验应符合表 7-5、表 7-6 要求，加筋水泥土桩应符合表 7-7 的规定。

水泥土搅拌桩质量检验标准 **表 7-5**

项目类别	序号	检查项目	允许偏差或允许值		检查方法
			单位	数值	
主控项目	1	水泥及外加剂质量	符合设计要求		抽样复验
	2	水泥用量	设计要求		查看流量计
	3	桩体强度或完整性检验	设计要求		按规定办法
一般项目	1	钻头提升速度	m/min	≤0.5	量测上升尺寸及时间
	2	桩底标高	mm	±200	量测钻头下降总尺寸
	3	桩顶标高	mm	+100；−50	水准仪
	4	桩位偏差	mm	<50	用钢尺量
	5	垂直度	%	≤1.5	经纬仪
	6	桩径	mm	<0.04D	用钢尺量，D 为桩径
	7	搭接	mm	>200	用钢尺量

高压喷射注浆桩质量检验标准 **表 7-6**

项目类别	序号	检查项目	允许偏差或允许值		检查方法
			单位	数值	
主控项目	1	水泥及外加剂质量	符合设计要求		抽样复验
	2	水泥用量	设计要求		查看流量计
	3	桩体强度或完整性检验	设计要求		按规定方法
一般项目	1	钻孔位置	mm	≤50	用钢尺量
	2	钻孔垂直度	%	≤1.5	经纬仪
	3	孔深	mm	±200	用钢尺量
	4	注浆压力	按设定参数		查看压力表
	5	桩体搭接	mm	>200	用钢尺量
	6	桩径	mm	<50	开挖后用钢尺量
	7	桩身中心允许偏差	mm	≤0.2D	D 为桩径，开挖后桩顶下 500mm 处用钢尺量

加筋水泥土桩（SMW 工法墙）质量检验标准 **表 7-7**

序号	项目类别	允许偏差或允许值		检查方法
	检查项目	单位	数值	
1	型钢长度	mm	±10	用钢尺量
2	型钢垂直度	%	<1	经纬仪
3	型钢插入标高	mm	±30	水准仪
4	型钢插入平面位置	mm	10	用钢尺量

7.4 排桩墙

7.4.1 概述

排桩墙支护是利用各种常规桩体，如钻孔灌注桩、钢板桩、预制桩、混合式桩等，按一定间距或连续咬合排列而形成的支护结构，适用于基坑侧壁安全等级为一、二、三级的工程基坑支护，可用于开挖深度5～20m的基坑围护。不同的组合形式可起到挡土或止水的作用，或挡土与止水兼而有之，常用排桩组合形式有钻孔灌注桩、钢板桩（图7-6）、预制桩、钻孔灌注桩＋搅拌桩（或旋喷桩）、预制桩＋搅拌桩（或旋喷桩）。根据基坑深度和围护结构受力不同，排桩墙有悬臂式支护结构、拉锚式支护结构、内撑式和锚杆式支护结构几种形式，其中悬臂式结构在杂软土场地中不宜大于5m。

图7-6 钢板桩图例

7.4.2 关键技术

1. 工艺流程

1）钢板桩墙支护工艺流程图，见图7-7。

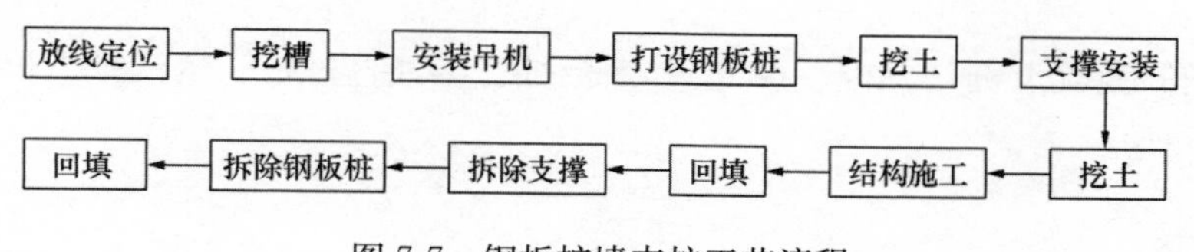

图7-7 钢板桩墙支护工艺流程

2）预制桩（方桩、板桩）排桩墙流程图，见图7-8。

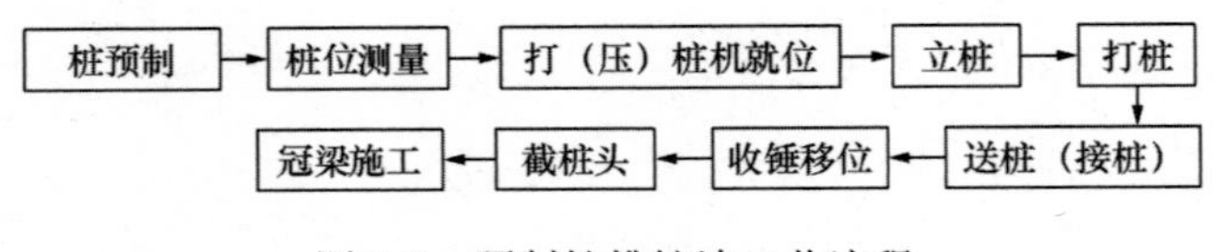

图 7-8 预制桩排桩墙工艺流程

2. 施工准备

1）排桩墙支护的基坑，应先支护后开挖。内支撑施工应保证基坑变形在设计要求的控制范围内。

2）场地应满足泥浆排放条件。在含水层范围内的排桩墙支护基坑，应有可靠的止水措施，确保基坑施工和相邻建筑物的安全。

3）施工现场应具备满足施工要求的测量控制点。

3. 材料要求

1）水泥：宜采用 42.5 级水泥，具有出厂合格证和检测报告，水泥重量允许偏差不超过±2％。

2）石子：宜使用材质坚硬、级配良好、5～40mm 的卵石或碎石，含泥量不大于 2％，质量符合相关规范规定。

3）砂：宜使用含泥量不超过±3％的中砂或粗砂，质量符合相关规范要求。

4）外加剂：可使用速凝剂、早强剂、减水剂、塑化剂，外加剂溶液允许偏差不超过±2％。

5）水：混凝土拌合用水应符合现行国家标准《混凝土拌合用水标准》的有关规定。

6）钢材：主筋宜用 HRB335、HRB400 级热轧带肋钢筋，箍筋宜使用 $\phi6$～$\phi8$ 圆钢，型钢应满足有关标准要求。

7）钢板桩、预制混凝土方桩、预制混凝土板桩的规格、型号按设计要求选用。

4. 主要机具设备

1）钢筋混凝土灌注桩：冲击式钻机、冲抓锤成孔机、回转式钻孔机、潜水钻机、振动沉管打桩机等。

2）预制钢筋混凝土桩（方桩、板桩）、钢板桩：柴油打桩机、蒸汽打桩机、振动打拔桩机、静力压桩机等。

5. 施工要点

1）各种桩原材料质量应满足设计和规范要求，外加剂应与水泥相适应。

2）预制桩长度应满足设计要求。一般不应采用接桩的方法达到其长度要求，必须接桩时，应采用焊接法，不宜采用浆锚法，且在排桩同一标高位置接头数量不应大于总桩数的

50%，并应交错布置，当桩下沉困难时，不应随意截桩。预制桩排桩墙内支撑点位置应准确，支撑应及时。

3）灌注桩成桩不应有断桩现象，且嵌固桩长应满足设计要求。

4）腰梁位置及与桩的连接应满足设计要求，冠梁施工前，应将桩头凿除并清理干净，桩顶露出的钢筋长度应满足设计要求。

5）施工现场应平整、夯实，施工期间不产生危及施工安全的沉降变形。

7.4.3 验收

灌注桩、预制桩的检验标准应符合规范规定。钢板桩均为工厂成品，新桩可按出厂标准检验，重复使用的钢板桩应符合表 7-8 的规定，混凝土板桩应符合表 7-9 规定。

钢板桩检验标准　　**表 7-8**

序号	检查项目	允许偏差或允许值		检查方法
		单位	数值	
1	桩垂直度	%	<1	用钢尺量
2	桩身弯曲度	%	<2	用钢尺量
3	齿槽平直度及光滑度	无电焊渣或毛刺		用 1m 长的桩段做通过试验
4	桩长度	不小于设计长度		用钢尺量

混凝土板桩制作标准　　**表 7-9**

项目类别	序号	检查项目	允许偏差或允许值		检查方法
			单位	数值	
主控项目	1	桩长度	mm	10	用钢尺量
	2	桩身弯曲度	%	<1	用钢尺量
一般项目	1	保护层厚度	mm	±5	用钢尺量
	2	横截面相对两面之差	mm	5	用钢尺量
	3	桩尖对桩轴线的位移	mm	10	用钢尺量
	4	桩厚度	mm	10	用钢尺量
	5	凸凹槽尺寸	mm	±3	用钢尺量

7.5 地下连续墙

7.5.1 概述

常用围护结构中地下连续墙墙体刚度大，用于基坑开挖时，可承受很大的土压力，但其造价高、工期长，适用于工程中采用地下连续墙作为地下结构外墙，或深基坑、竖井及邻近建筑物基础的支护等，特别适用于作挡土、防渗结构，地下连续墙深度一般在 50m 以内（图 7-9）。

图 7-9 地下连续墙图例

7.5.2 关键技术

1. 地下连续墙工艺流程图

地下连续墙工艺流程见图 7-10。

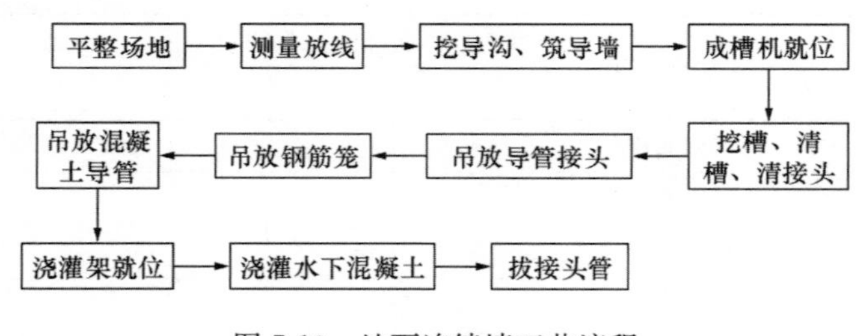

图 7-10 地下连续墙工艺流程

2. 施工准备

1）施工场地应做到“三通一平”，并对松软地面进行碾压或夯实处理，以保证施工机械行走的平稳和安全。

2）选择适宜的位置设置泥浆设备及泥浆材料堆放场，搭设钢筋笼绑扎平台和钢筋制作机械棚。

3）对周围建筑物及地下管线进行调查，清除或改移完地上、地下管线及其他障碍物，对不能改移的障碍物必须标识，并采取保护措施。

3. 材料要求

1）水泥：应优先用强度等级为 42.5 级或 52.5 级的普通硅酸盐水泥或矿渣硅酸盐水泥，

水泥进场应有产品合格证和出厂检验报告，进场后应对强度、安定性及其他必要的性能指标取样复验。当对水泥质量有怀疑或出厂超过三个月时，应进行复验，并按复验结果使用。

2）石子：宜采用卵石或碎石，石子的质量符合现行《普通混凝土用碎石或卵石质量标准及检验方法》的规定，进场后应取样复验合格。石子最大粒径不应大于导管内径的 1/6 和钢筋最小间距的 1/4，且不大于 31.5mm。含泥量小于 2%，针片状含量不大于 5%，压碎值不小于 10%，石料的抗压强度不应小于所配混凝土强度的 1.3 倍。

3）砂：应采用中砂或粗砂，其细度模数应控制在 2.3～3.2 范围内，不宜采用细砂。砂的质量符合国家现行标准《普通混凝土用砂质量标准及检验方法》的规定，进场后应取样复验合格。

4）外加剂：混凝土外加剂应符合现行国家标准《混凝土外加剂》《混凝土外加剂应用技术规范》《混凝土外加剂中释放氨的限量》的规定，外加剂应有产品说明书、出厂检验报告及合格证、性能检测报告、与水泥适应性的检测报告，进场应复验。

5）钢筋：其品种、级别、规格和质量应符合设计要求。钢筋进场应有产品合格证和出厂检验报告，进场后，应按现行国家标准《钢筋混凝土用热轧带肋钢筋》等的规定抽取试件做力学性能检验，当采用进口钢筋或加工过程中发生脆断等特殊情况，还需做化学成分检验。钢筋应平直、无损伤，表面不得有裂纹、油污、颗粒状或片状老锈。钢筋笼的尺寸应符合设计要求，并绑扎（焊接）牢固。

6）膨润土、黏土：拌制泥浆使用的膨润土，细度应为 200～250 目，膨润率 5～10 倍，使用前应取样进行泥浆配合比试验。如采取黏土制浆时，应进行物理、化学分析和矿物鉴定，其黏粒含量应大于 50%，塑性指数大于 20，含砂量小于 5%。

7）掺和料：分散剂、增粘剂（CMC）等，掺和料的选择和配方须经试验确定。

8）水：宜采用饮用水。若采用非饮用水，水质应符合国家现行标准《混凝土拌合用水标准》的规定。

4. 主要机具设备

1）成槽设备：液压抓斗成槽机、冲击式成槽机、多头钻成槽机、钻抓成槽设备等。

2）制浆机具：泥浆搅拌机、泥浆泵、空压机、水泵、泥浆比重秤、泥浆检测仪、振动筛、漏斗黏度计、秒表、量筒或量杯、失水量仪、静切力计、量筒或量杯、含砂量测定器、pH 试纸等。

3）混凝土浇灌设备：混凝土浇灌架、混凝土导管等。

4）吊放钢筋笼及槽段接头设备：吊车、接头管、接头箱、拔管机等。

5）吸泥渣设备：潜水砂石泵、真空泵等。

6）其他机具设备：钢筋对焊机、钢筋弯曲机、切断机、交直流电焊机、平锹、各种扳手、全站仪、经纬仪、水准仪等。

5. 施工要点

1）地下连续墙幅间缝

(1) 地下连续墙幅间接缝下部有豁口时会漏水漏泥砂，并在基坑开挖时会造成大量涌泥涌水，如遇此类情况，应及时回填原状土或回装土草包、尼龙包，堵塞豁口，同时在墙后对应位置设置旋喷桩形成隔水挡砂帷幕，使大涌转为小渗漏，再通过基坑开挖，进行小渗漏治理。

(2) 地下连续墙幅间缝混凝土松动并夹有泥砂等造成渗漏时，应剔除劣质混凝土及其夹杂物，用无收缩快硬水泥（必要时掺入聚合物改性乳液）堵漏，也可以对渗漏水用垂直栏缝的埋管引出，并通过这些埋管灌注超细水泥或聚氨酯浆液来进行堵水。

2）地下连续墙身：当地下连续墙墙面暴露的钢筋锈蚀或混凝土严重缺损时应进行凿除加固，凿除深度不小于4cm，重新悬挂金属网片或绑扎钢筋层，再抹砌聚合水泥砂浆等作防水防腐处理。

3）导墙施工是确保地下墙的轴线位置及成槽质量的关键工序。土层性质较好时，可选用倒"L"形导墙或预制钢导墙，采用"L"形导墙时，应加强导墙背后的回填夯实工作。

4）泥浆配方及成槽机选型与地质条件有关，常发生配方或成槽机选型不当而产生槽段塌方的事例，因此一般情况下应试成槽，以确保工程的顺利进行。

5）地下连续墙的接头部位在抗渗方面常是薄弱环节，质量要求应严格。

6）地下连续墙是永久结构，与廊体结构等构成整体，工程中必须对接驳器的外形及力学性能进行复验，保证满足设计要求。

7）泥浆护壁在地下连续墙施工时是确保槽壁不坍塌的重要措施，应经常检验泥浆指标，以保证施工质量。

8）检查槽段的宽度及倾斜度宜用超声测槽仪。

7.5.3 验收

1）施工前应检验进场的钢材和电焊条。已完工的导墙应检查其净空尺寸、墙面平整度与垂直度。检查泥浆用的仪器、泥浆循环系统应完好。地下连续墙施工应用商品混凝土。

2）施工中应检查成槽的垂直度、槽底的淤积物厚度、泥浆相对密度、钢筋笼尺寸、浇筑导管位置、混凝土上升速度、浇筑面标高、地下墙连接面的清洗程度、商品混凝土的坍落度、锁口管的拔出时间及速度等。

3）成槽结束后应对成槽的宽度、深度及倾斜度进行检验，重要结构每段槽段都应检查，一般结构可抽查总槽段数的20%，每槽段应抽查1个断面。

4）永久性结构的地下连续墙，在钢筋笼沉放后，应作二次清孔，沉渣厚度应符合要求。

5）每50m^3地下连续墙应做1组试件，每幅槽段不得少于1组，在强度满足设计要求后方可开挖土方。

6）地下连续墙钢筋笼质量检验标准见表7-10，地下连续墙质量检验标准见表7-11。

地下连续墙钢筋笼质量检验标准 表7-10

项目类别	序号	检查项目	允许偏差或允许值（mm）	检查方法
主控项目	1	主筋间距	±10	用钢尺量
	2	长度	±100	用钢尺量
一般项目	1	钢筋材质检验	设计要求	抽样送检
	2	箍筋间距	±20	用钢尺量
	3	直径	±10	用钢尺量

地下连续墙质量检验标准 表7-11

项目类别	序号	检查项目		允许偏差或允许值		检查方法
				单位	数值	
主控项目	1	墙体强度		设计要求		查试件记录或取芯试压
	2	垂直度：永久结构 临时结构			1/300 1/150	超声波测槽仪或成槽机上的监测系统
一般项目	1	导墙尺寸	宽度	mm	W+40	用钢尺量，W为地下墙设计厚度
			平整度	mm	<5	用钢尺量
			导墙平面位置	mm	±10	用钢尺量
	2	沉渣厚度：永久结构 临时结构		mm mm	≤100 ≤200	垂球测或沉积物测定仪测
	3	槽深		mm	+100	垂球测
	4	混凝土坍落度		mm	180～220	坍落度测定仪
	5	钢筋笼尺寸		见表7-10		见表7-10
	6	地下墙表面平整度	永久结构	mm	<100	用钢尺量
			临时结构	mm	<150	用钢尺量
			插入式结构	mm	<20	用钢尺量
	7	永久结构时的预埋件位置		水平向	≤10	用钢尺量
				垂直向	≤20	水准仪

7.6 管廊监测

7.6.1 概述

目前管廊监测没有相关规范，但可以参照同一城市地下管道构筑物相关的技术规范要求，《城市轨道交通工程监测技术规范》GB 50911—2013指出城市轨道交通工程施工及运营期间，应对其线路中的隧道、高架桥梁、路基和轨道结构及重要的附属结构等进行竖向位移监测，必要时还应对隧道结构进行净空收敛监测。

管廊监测可分为两个阶段：施工期监测和运营期监测，施工期监测主要包括管廊基坑、结构监测及周边环境含土体、管线、建（构）筑物监测；运营期监测主要包括管廊结构监测及廊内管线监测。按《建筑基坑工程监测技术规范》GB 50497—2019，建筑基坑开挖深度大于等于5m或开挖深度小于5m但现场地质情况和周围环境较复杂的基坑工程以及其他需要监测的基坑工程应实施基坑工程监测。施工期监测有施工方自行监测和第三方监测两部分，施工方自行监测由施工单位根据设计要求组织实施，第三方监测由建设单位委托具备相应资质的第三方进行基坑监测。

7.6.2 管廊施工监测

1. 主要目的

1）监测基坑稳定和变形情况，验证支护结构的设计效果，保证基坑稳定、支护结构稳定、地表建筑物和地下管线的安全。

2）提供判断基坑、结构和周边环境基本稳定的依据。

3）通过监测，了解施工方法和施工手段的科学性和合理性，以便及时调整施工方法，保证施工安全。

4）通过量测数据的分析处理，掌握管廊结构、基坑和围岩稳定性的变化规律，修改或确认设计及施工参数。并为今后类似工程的建设提供经验。

2. 一般流程

根据工程监测技术要求和现场施工具体情况，监测方案一般遵循以下原则：

1）以管廊项目基坑施工区域范围内设计要求的地下管线、建构筑物、周边土体和支护结构本身作为工程监测及保护的对象。

2）设置的监测内容和监测点须满足设计和符合有关规范规程的要求，并能全面反映工程施工过程中周边环境和基坑支护体系的变形情况。

3）监测过程中，采用的监测方法、监测仪器及监测频率应符合设计和规范要求，能及时、准确地提供数据，满足信息化施工的需要。

4）监测数据的整理和提交需满足现场施工及建设单位的要求。

5）为保证市政管网的安全运营，保证周边建（构）筑物的安全，减小其受施工的影响，保证施工的顺利进行，施工中应加强周边管线及建（构）筑物监测，以便有关部门及时汇总分析监测数据，进行预测，指导各项施工措施及保护措施的实施，有效地实现信息化施工。管廊施工监测流程如图7-11所示。

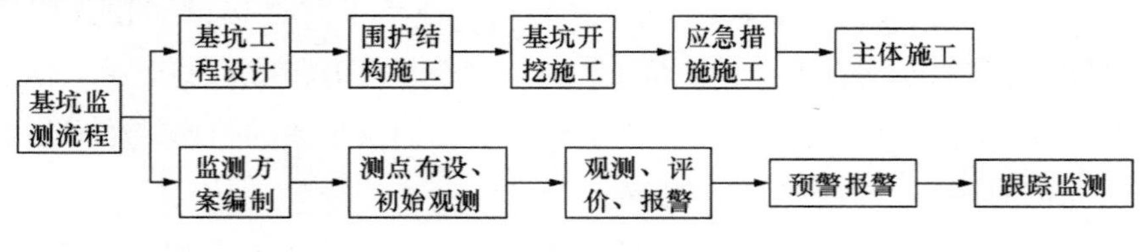

图7-11 管廊监测工作流程图

3. 监测内容

管廊施工监测内容一般包括以下内容：

1）边坡水平位移；

2）周边地表竖向位移；

3）支撑内力；

4）工地巡检；

5）管廊结构竖向位移；

6）桥梁墩台竖向位移、墩柱倾斜；

7）隧道监测：洞内观察、地表沉降、拱顶下沉、水平收敛位移、建筑物沉降及裂缝观察、锚杆或锚管轴力、围岩与混凝土喷层间接触压力；

8）地面建（构）筑物沉降及裂缝观察、地下管线竖向位移等。

4. 监测仪器

根据监测内容和技术要求，选择适用的布点方式和测量仪器，常用监测仪器包括：经纬仪、全站仪、水准仪、刻度计、液位测控仪、测斜仪、轴力计、应力盒、收敛计、铟钢尺等。

第 8 章 降、排水施工技术

8.1 概述

管廊工程基坑降水是保证基坑安全和基础质量的重要工序，参照房屋建筑工程基坑的降、排水设计，综合管廊基坑降、排水设计应充分考虑管廊场地条件、地下水含水层类型、厚度、含水土层渗透系数、地下水的补给排泄径流等因素，并结合地区经验，必要时应作现场抽水试验加以确定。管廊基坑降、排水可分为明沟加集水井降水法和井点降水法。

8.2 关键技术

8.2.1 明沟加集水井降水法

明沟加集水井降水是一种人工排降法，也是综合管廊施工时的常用方法。它是在基坑开挖过程中，在基坑坡顶和平台设置截水沟，截流坡面汇水、防止汇水流入基坑，在坑底设置集水井，必要时坡顶和放坡平台亦需设置，沿坑底周围或中央开挖排水沟，汇水引流入集水井中，采用水泵集中抽排，抽排水经沉淀后排入市政管网，防止倒流。这种方法主要用于排除地下潜水、施工用水和雨水，在地下水较丰富地区，基坑边坡渗水较多，若单独采用这种方法降水，锚喷网支护施工难度加大，因此，这种降水方法一般不单独应用于高水位地区基坑支护中。

1）明沟和集水井的设置

一般基坑坡顶四周及平台设置截水沟和 2%反向坡进行疏排，防止地表汇水流入基坑，截水沟截面尺寸一般选取 300mm×300mm。基坑底部在基础范围外设置集水井，集水井的直径或宽度一般为 0.7～0.8m，深度保持低于坑底土面 0.8～1m，可沿坑底四周设置一条排水沟，将排水沟内的水导入集水井，集中抽排，集水井的数量根据现场实际情况设置，间距一般不超过 50m（图 8-1）。

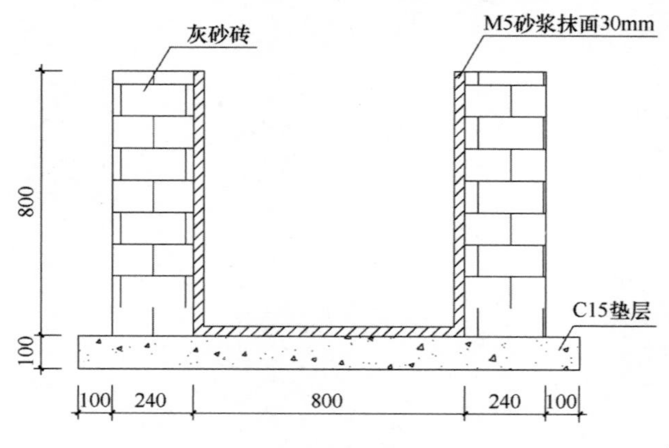

图 8-1 参考集水井大样图

2）所有排水沟、集水井中的水需

经沉淀达到排放标准后才能排入市政排水设施中，以防造成环境污染。

3）集水井定期由专人进行清理。

4）水泵选用根据每个集水井的排水流量和吸水扬程来配置（图 8-2）。

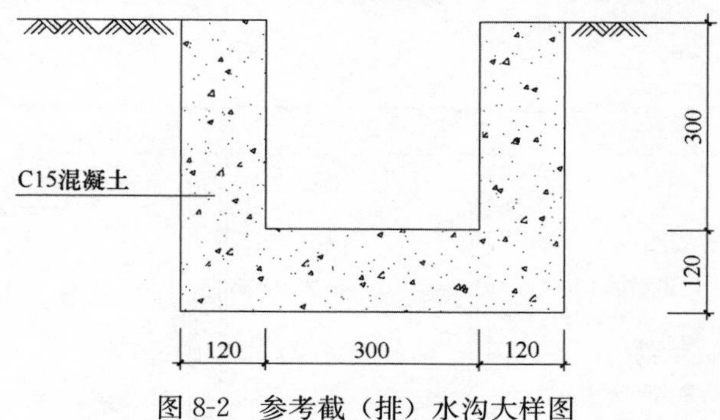

图 8-2　参考截（排）水沟大样图

8.2.2 井点降水法

井点降水法是在基坑开挖前，预先在基坑四周埋设一定数量的滤水管（井），利用抽水设备从中抽水，使地下水位降至坑底以下，确保所挖的土始终保持干燥状态，从而防止流砂、管涌、坑底隆起等现象发生。

井点降水法分为轻型井点、喷射井点、电渗井点、管井井点、深井井点等，可根据土的种类、土层的渗透系数、透水层位置、厚度、水的补给源、要求降水深度、邻近建筑及现场地下管线、工程特点及设备条件等综合选用。各井点降水法的适用情况如下：

1）轻型井点降水适用于基坑面积不大、降低水位不深的场合（图 8-3）。该方法降低水位深度一般在 3～6m 之间，若要求降水深度大于 6m，理论上可以采用多级井点系统，但要求基坑四周外有足够的空间，以便于放坡或挖槽。

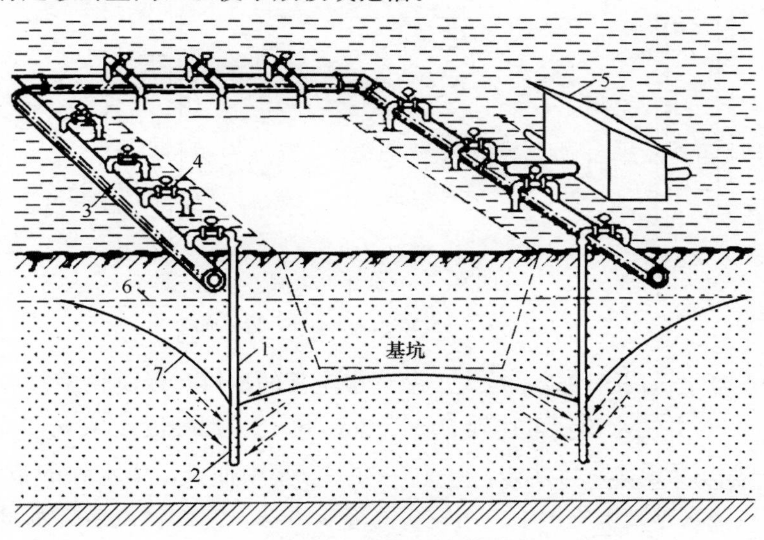

图 8-3　轻型井点示例

1—井点管；2—滤管；3—总管；4—弯联管；5—水泵房；6—原有地下水位线；7—降低后地下水位线

2）喷射井点系统能在井点底部产生250mm水银柱的真空度，其降低水位深度大，一般在8～20m范围（图8-4）。它适用的土层渗透系数与轻型井点一样，一般为每日0.1～50m。但其抽水和喷射井管系统组成复杂，运行故障率较高，且能量损耗较大，所需费用比其他井点法要高。

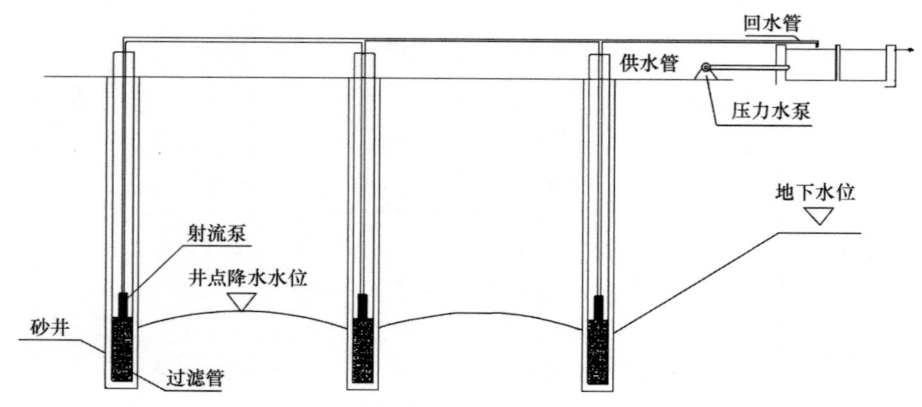

图8-4　喷射井点示例

3）电渗井点降水适用于渗透系数很小的细颗粒土，如黏土、亚黏土、淤泥和淤泥质黏土等（图8-5）。这些土的渗透系数小于每日0.1m，它需要与轻型井点或喷射井点结合应用，其降低水位深度决定于轻型井点或喷射井点。

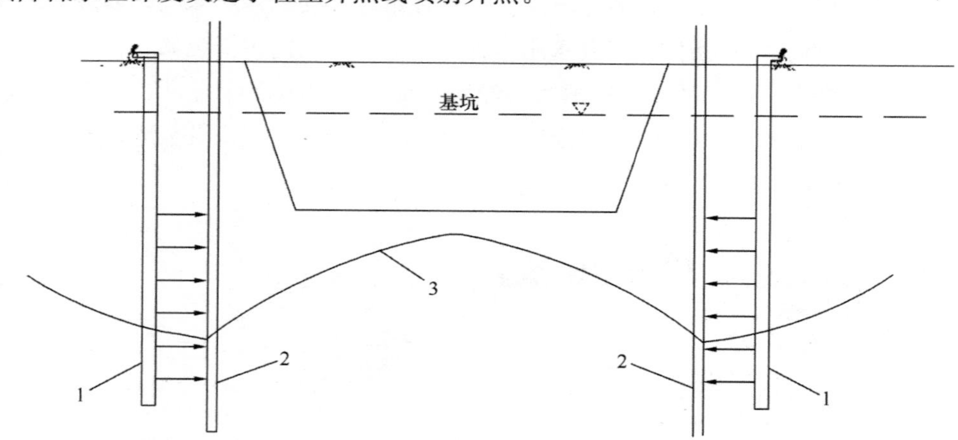

图8-5　电渗井点示例

1—井点管；2—金属棒；3—地下水降落曲线

4）管井井点降水适用于渗透系数大、地下水丰富的地层，以及轻型井点不易解决的场合（图8-6）。每口管井出水流量可达到50～100m^3/h，土的渗透系数在每日20～200m范围内，这种方法一般用于潜水层降水。

5）深井井点降水是基坑支护中应用较多的降水方法，它的优点是排水量大、降水深度大、降水范围大等（图8-7）。对于砂砾层等渗透系数很大且透水层厚度大的场合，一般采用轻型井点和喷射井点等方法不能奏效，采用此法最为适宜。

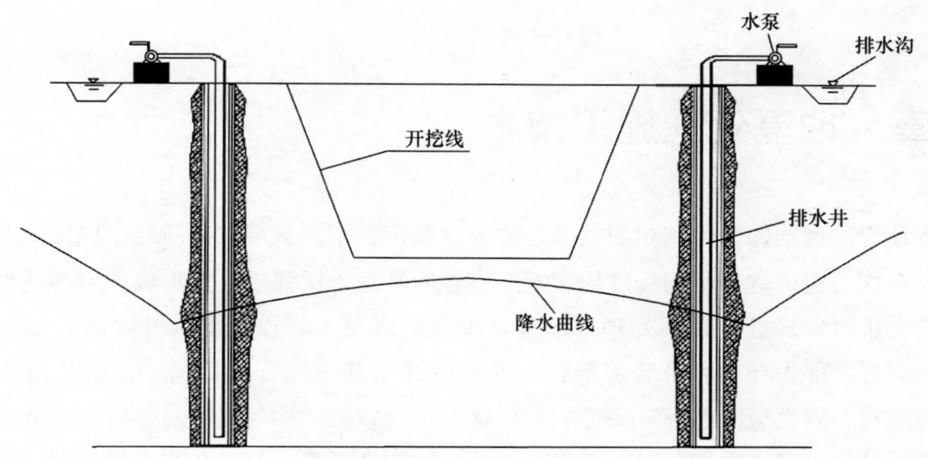

图 8-6　管井井点示例

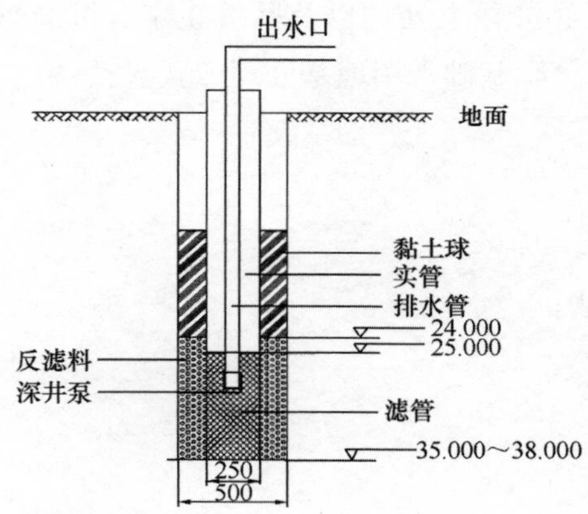

图 8-7　深井井点示例图

第9章　地基处理施工技术

管廊作为线形结构，因其功能要求，需经过城市各不同区域，其所经不同区域的水文地质对其安全性、稳定性有不同程度的影响。在管廊基底土层强度、变形性质或渗透性质不能满足规范要求时，需进行地基处理。地基处理除应满足工程设计要求外，尚应做到因地制宜、就地取材、保护环境和节约资源，经处理后的地基应符合现行国家标准规范的有关规定。管廊结构节段尤应注意其基底地层的软硬不均导致的不均匀沉降对管廊结构和防水的破坏性影响，基底出现地质变化时可考虑设置管廊结构变形缝，并对防水作加强处理。

选择地基处理方式时应充分参照地质勘查资料，考虑基坑开挖的需求，并综合考虑管廊地基承载力、沉降控制、基底液化土处理以及基坑止水、坑底抗隆起等需求，选用技术可行、经济合理的处理方式。管廊基础常用地基处理方式包括：

1）换填垫层法；

2）夯实地基法；

3）排水固结法；

4）土工合成材料加筋法；

5）振密、挤密法；

6）水泥土搅拌桩；

7）高压旋喷桩；

8）化学加固法。

要说明的是，很多地基处理方法具有多重加固处理的功能，例如碎石桩具有置换、挤密、排水等多重功能。为表述和理解方便，本书仅做了简单的归纳。

因此，对于每一工程应进行综合考虑，通过方案的比选，选择一种技术可靠、经济合理、施工可行的方案，既可以是单一的地基处理方法，也可以是多种处理方法的综合。

9.1　换填垫层法

9.1.1　概述

当管廊基础下的持力层比较软弱，不能满足上部荷载对地基的要求时，常采用换填垫层法来处理软弱地基。换填垫层法施工工艺适用于管廊基坑浅层软弱地基（不超过3m）及不均匀（含其下有暗沟、暗塘）的地基处理，经过河塘等浅层淤泥质地段时，也常用抛石挤淤方法。换填垫层法是先将基础底面以下一定范围内的软弱土层挖去，再回填强度较高、压缩性较低，且没有侵蚀性的材料，如中粗砂、碎石或卵石、灰土、素土、石屑、矿渣等，再分层夯实后作为地基的持力层。换填垫层按其回填的材料可分为灰土垫层、砂垫层、碎（砂）石垫层等。

1. 灰土垫层

灰土垫层是将基础底面下一定范围内的软弱土层挖去，用按一定体积比配合的石灰和黏性土拌合均匀后，在最优含水率情况下分层回填夯实或压实而成。适用于地下水位较低，基槽经常处于较干燥状态下的一般黏性土地基或膨胀土地基的加固。

2. 砂垫层和砂石垫层

砂垫层和砂石垫层是将基础下面一定厚度软弱土层挖除，然后用强度较高的砂或碎石等回填，并经分层夯实至密实，作为地基的持力层，以起到提高地基承载力、减少沉降、加速软弱土层排水固结、防止冻胀和消除膨胀土的胀缩等作用。

9.1.2 关键技术

1. 换填垫层法工艺流程

如图 9-1 所示。

测量 → 分层铺填检验过的换填料 → 分层压实 → 找平收层

图 9-1　换填垫层法工艺流程

2. 施工准备

1）基坑（槽）内换填前，应先进行钎探，并按设计和勘察单位的要求处理完基层，办理基坑（槽）隐蔽验收手续。当底部存在古井、古墓、洞穴、旧基础、暗塘等不均匀部位时，应根据建筑物对不均匀沉降的要求予以处理，合格后方可施工。

2）基础外侧换填前，应对基础、防水层、保护层进行检查，发现损坏时应及时修补，并办理隐蔽验收手续。

3）当地下水位高于基坑（槽）底时，应采取排水或降水措施，使地下水位保持在基底以下 500mm 左右，并在 3 日之内不得受水浸泡。

3. 材料要求（根据地质条件，选用换填材料）

1）粉质黏土：土料不得含有松软杂质并应过筛，其颗粒不得大于 15mm，不宜使用块状黏土，当含有碎石时，其粒径不宜大于 50mm。土料含水量应控制在最优含水量范围内，误差不得大于±2％。粉质黏土适用于淤泥、淤泥质土、湿陷性黄土、素填土、杂填土地基的处理。

2）灰土：土料宜用粉质黏土，不宜使用块状黏土，不得含有松软杂质，并应过筛，其颗粒不得大于 15mm；石灰宜用新鲜的消石灰，其颗粒不得大于 5mm。灰土的含水量，以手紧握土料成团，两指轻捏能碎为宜，灰土应拌合均匀，颜色一致，其配合比 2∶8 或 3∶7 灰土，适用于深 2m 以内，地下水位以上的一般黏性土地基处理。

3）砂、砂石：宜选用碎石、卵石、角砾、圆砾、砾砂、粗砂、中砂或石屑（粒径小于 2mm 的部分不应超过总重的 45%）。砂石的最大粒径不宜大于 50mm，含泥量不宜超过 3% 且不含植物残体、垃圾等。人工级配的砂、石材料，应级配良好、拌合均匀。砂、砂石适用于处理 2.5m 以内软弱地基，不宜用于湿陷性黄土地基。

4. 主要机具设备

包括平碾、平板振动器、振动碾或羊足碾、木夯、铁夯、石夯、蛙式或柴油打夯机、推土机、压路机（6～10t）、手推车、筛子、标准斗、靠尺、耙子、铁锹、胶皮管、小线和钢尺等。

5. 施工要点

1）为防止换填垫层局部或大面积下沉，换填料应分层铺设夯实；每层换填料检验合格后方可进行上层施工；回填标高相差较大时，应先夯填低的部位；按规范要求分段碾压，边角部位应用动力夯或人力夯夯实；冬期换填的底槽如受冻，应清除冻层后再换填。

2）严格换填材料质量检验，材料含水量不合格不允许下槽。机械开挖至接近设计标高时，应预留 200～300mm 厚土层，用人工开挖，以防形成橡皮土或超挖。

3）为防止换填地基密实度不够，施工中应严格操作要求和质量管理，例如：排除积水，清除淤泥，疏干槽底，再进行分层回填夯实；需降水时，应换填完毕再停止降水；如排除积水有困难，也应将淤泥清除干净，再分层回填砂或砂砾，在最优含水量下进行夯实。

9.1.3 验收

（1）质量检验必须分层进行，只有每层的分层厚度、分段施工时搭接部分的压实情况、含水量、压实遍数、压实系数均符合要求后，才能铺填上层土。

（2）换填用的原材料质量、配合比必须符合要求，且应拌合均匀。

（3）施工结束后应检验换填地基承载力。

（4）不同材料的换填地基质量检验标准见表 9-1～表 9-3。

粉质黏土（掺灰改良）换填地基质量检验标准　　表 9-1

项目	序号	检查内容	允许偏差或允许值		检查方法
			单位	数值	
主控项目	1	地基承载力	符合设计要求		按规定方法
	2	配合比	符合设计要求		按规定方法
	3	压实系数	符合设计要求		现场实测

续表

项目	序号	检查内容	允许偏差或允许值		检查方法
			单位	数值	
一般项目	1	石灰粒径	mm	≤5	筛分法
	2	土料有机物含量	%	≤15	试验室焙烧法
	3	土颗粒径	mm	≤15	筛分法
	4	含水量（与最优含水量比较）	%	±2	烘干仪
	5	分层厚度偏差（与设计要求比较）	mm	±50	水准仪

砂、砂石换填地基质量验收标准　　**表 9-2**

项目	检查内容	允许偏差或允许值	检查方法
主控项目	地基承载力	符合设计要求	按规范方法
	配合比	符合设计要求	按拌和时的质量或体积比
	压实系数	符合设计要求	现场实测
一般项目	砂石料有机物含量（%）	≤5	焙烧法
	砂石料含泥量	≤5	筛分法
	石料粒径（mm）	≤100	筛分法
	与最优含水量差值（%）	±2	烘干法
	与设计要求分层厚度差值（mm）	±50	水准仪

粉煤灰换填地基质量检验标准　　**表 9-3**

项目	序号	检查项目	允许偏差或允许值		检查方法
			单位	数值	
主控项目	1	压实系数	符合设计要求		现场实测
	2	地基承载力	符合设计要求		按规定方法
一般项目	1	粉煤灰粒径	mm	0.01～2.00	筛分法
	2	氧化铝和二氧化硅含量	%	≥70	试验室化学分析
	3	烧失量	mm	≤12	试验室烧结法
	4	每层铺筑厚度	%	±50	水准仪
	5	含水量（与最优含水量比较）	mm	±2	取样后试验室确定

9.2 夯实地基法

9.2.1 概述

夯实地基法包括重锤夯实法和强夯法，锤击加固土层的厚度与单击夯击能有关。重锤夯实法由于锤轻、落点低，只能加固基土表面；强夯法根据锤重和落点距离，可加固 5～10m

深的基土。夯实完成后均要进行压实系数检测，合格后方能停止作业。

1. 重锤夯实法

重锤夯实是用起重机械将夯锤提升到一定高度后，利用自由下落时的冲击能重复夯打击实基土表面，使其形成一层比较密实的硬壳层，从而使地基得到加固。适用于处理高于地下水位 0.8m 以上稍湿的黏性土、砂土、湿陷性黄土、杂填土和分层填土地基的加固处理。

2. 强夯法

强夯法是用起重机械将重锤（一般 8～30t）吊起从高处（一般 6～30m）自由落下，对地基反复进行强力夯实的地基处理方法。适用于处理碎石土、砂土、低饱和度的黏性土、粉土、湿陷性黄土及填土地基等的深层加固，在高填方地段建造管廊常采用此法。

强夯所产生的振动和噪声很大，对周围建筑物和其他设施有影响，在城市中心不宜采用，必要时应采取挖防震沟（沟深要超过基础深）等防震、隔振措施。

9.2.2 关键技术

下面以强夯法为例：

1. 强夯法施工工艺流程

强夯法施工工艺流程如图 9-2 所示。

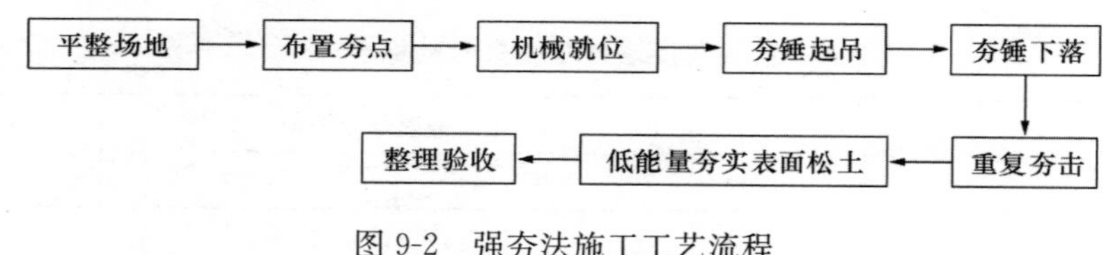

图 9-2　强夯法施工工艺流程

2. 施工准备

1）场地已平整，机械设备进出场道路已铺设完毕，表面松散土层已经预压。

2）根据各地土层性质不同，强夯正式施工前需要做试夯以确定关键工艺参数。

3）现场积水已排除，满足机械行走作业。

4）熟悉工程地质勘查报告、强夯场地平面图及设计对强夯的效果要求等技术资料。

5）进行测量基准交底、复测及验收工作，并编制施工方案。

6）测量放样，用灰线标示夯实范围和夯坑位置。

7）人员和机械准备到位。

3. 主要机具设备

1）推土机、起重机械、夯锤、自动脱钩装置。

2）检测设备：水准仪、钢尺、标准贯入度、静力触探或轻便触探等设备以及土工常规试验仪器。

4. 施工要点

1）施工场地应平整并能承受夯击荷载，施工前必须清除所有障碍物及地下管线。

2）强夯机械必须符合夯锤起吊重量和提升高度要求，并设置安全装置，防止夯击时起重机臂杆在突然卸重时发生后倾和减少臂杆振动。

3）施工时必须严格按照试验确定的技术参数进行控制。夯击深度应用水准仪测量控制。

4）每夯击一遍后，应测量场地平均下沉量，然后用土将夯坑填平，方可进行下一遍夯实，施工平均下沉量必须符合设计要求。

5）强夯时，首先应检验夯锤是否处于中心，若有偏心时，应采取在锤边焊钢板或增减混凝土等办法使其平衡，防止夯坑倾斜。

6）夯击时，落锤应保持平稳，夯位正确。如错位或坑底倾斜度过大，应及时用砂土将坑整平，予以补夯后方可进行下一道工序。

7）夯击点宜距现有建筑物15m以上，否则，可在夯击点与建筑物之间开挖隔振沟带，其沟深要超过建筑物的基础深度，并有足够的长度，或把强夯场地包围起来。

9.2.3 验收

1）施工前应检查夯锤重量、尺寸，落距控制手段，排水设施及被夯地基的土质。

2）施工中应检查落距、夯击遍数、夯点位置、夯击范围。

3）施工结束后，检查被夯地基的强度并进行承载力检验。

4）强夯地基质量检验标准见表9-4。

强夯地基质量检验标准　　表9-4

项目	序号	检查项目	允许误差或允许值		检查方法
			单位	数值	
主控项目	1	地基强度	设计要求		按规定方法
	2	地基承载力	设计要求		按规定方法
一般项目	1	夯锤落距	mm	±300	钢索设标志
	2	锤重	kg	±100	称重
	3	夯击遍数及顺序	设计要求		计数法
	4	夯点间距	mm	±500	用钢尺量
	5	夯击范围（超出基础范围距离）	设计要求		用钢尺量
	6	前后两遍间歇时间	设计要求		现场计时

9.3 排水固结法

9.3.1 概述

排水固结法是对天然地基，或先在地基中设置砂井（袋装砂井或塑料排水板）等竖向排水体，然后根据上部荷载重量，在结构建造前在场地上先行加载预压，使土体中的孔隙水排出，逐渐固结，地基发生沉降，同时强度逐步提高，形成的地基土经固结压密后的地基。按预压方法可分为堆载预压或真空预压，或联合使用堆载和真空预压，其适用于淤泥质土、淤泥和充填土等饱和黏性土地基。

9.3.2 关键技术

1. 真空预压法施工工艺流程

真空预压法施工工艺流程见图 9-3。

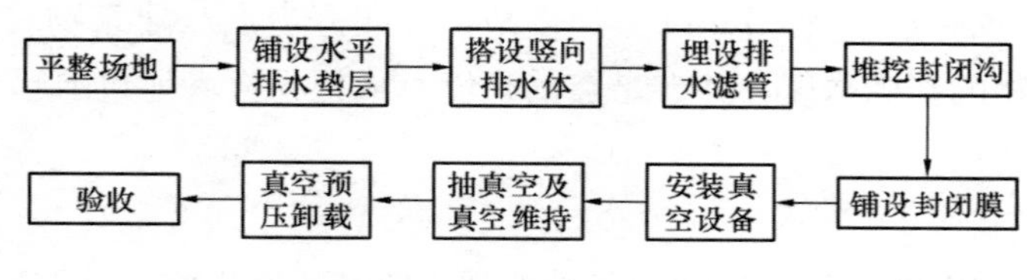

图 9-3 真空预压法施工工艺流程

2. 堆载预压法施工工艺流程

堆载预压法施工工艺流程见图 9-4。

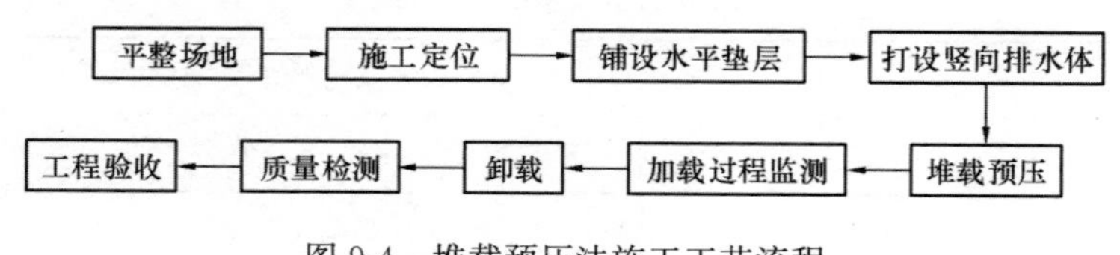

图 9-4 堆载预压法施工工艺流程

3. 施工准备

1）认真熟悉图纸和施工技术规范，编制施工方案并进行技术交底。

2）搜集详细的工程地质、水文地质资料，邻近建筑物和地下设施的类型及分布和结构质量等情况。

3）施工前应进行工艺设计，包括管网平面布置、排水管泵及电器线路布置、真空度探头位置、沉降观测点布置以及有特殊要求的其他设施的布置等。

4）基准点复测及办理书面移交手续。

4. 材料要求

1）普通砂井用中粗砂，含泥量不大于3%。

2）袋装砂井用的装砂袋，要有良好的透气、透水性，有足够的抗拉强度和一定的抗老化、耐腐蚀性能。常用的有玻璃丝纤维布、聚丙烯编织布、黄麻布、再生布等。

3）钢管（打砂井用，直径略大于砂井）。

4）塑料排水板。

5）真空预压密封膜。

6）堆载用散料（如土、砂、石子、石块、砖等）。

5. 主要机具设备

1）砂井成孔钻机；

2）插板机；

3）射流真空泵及管路连接系统。

6. 施工要点

1）真空预压法施工要点

（1）真空分布管的距离要适当，使真空度分布均匀，管外滤膜渗透系数不应小于2～10cm/s。

（2）泵及膜下真空度应达到96kPa和60kPa以上的技术要求。真空预压的真空度可一次抽气至最大，当连续5d实测沉降小于2mm/d或固结度大于等于80%，或符合设计要求时，可停止抽气。

（3）塑料膜下料时应根据不同季节预留伸缩量，在夏季或冬季施工时应采取防晒、防冻措施。

2）堆载预压法施工要点

（1）施工前，在地下预埋孔隙水压计测定孔隙水压的变化；在堆载区周边的地表设置位移观测桩，用精密测量仪器观测水平和垂直位移；在堆载区周边的地下安装钻孔倾斜仪或其他观测地下土体位移的仪器，测量地基土的水平位移和垂直位移。

（2）预压期间应及时整理变形与时间、孔隙水压力与时间等关系曲线，推算地基的最终固结变形量、不同时间的固结度和相应的变形量，以便分析地基处理的效果并为确定卸载时间提供依据。

（3）预压后的地基应进行十字板抗剪强度试验及室内土工试验等，以便检验处理效果。

（4）对于以抗滑稳定控制的重要工程，应在预压区内选择代表性地点预留孔位，在加载不同阶段进行不同深度的十字板抗剪试验和取土进行室内试验，以验算地基的抗滑稳定性，并检验地基的处理效果。

9.3.3 验收

1）施工前应检查施工监测措施，沉降、孔隙水压力等原始数据，排水措施，砂井（包括袋装砂井）、塑料排水带等位置。塑料排水带的质量标准应符合《建筑地基基础工程施工质量验收标准》GB 50202—2018 附录 B 的规定。

2）堆载施工应检查堆载高度、沉降速率。真空预压施工应检查密封膜的密封性能、真空表读数等。

3）施工结束后，应检查地基土的强度及要求达到的其他物理力学指标，必要时应做承载力检验。

预压地基和塑料排水带质量检验标准见表 9-5。

预压地基和塑料排水带质量检验标准　　表 9-5

项目	序号	检查项目	允许误差或允许值		检查方法
			单位	数值	
主控项目	1	预压载荷（或真空度降低值）	%	≤2	水准仪
	2	固结度（与设计要求比）	%	≤2	按设计采用不同的方法
	3	承载力或其他性能指标	设计要求		按规定方法
一般项目	1	沉降速率（与控制值比）	%	±10	水准仪
	2	砂井或塑料排水带位置	mm	±100	用钢尺量
	3	砂井或塑料排水带插入深度	mm	±200	插入时用经纬仪检查
	4	插入塑料排水带时的回带长度	mm	≤5000	用钢尺量
	5	塑料排水带或砂井	mm	≥200	用钢尺量
	6	插入塑料排水带的回带根数	%	<5	目测

9.4 土工合成材料加筋法

9.4.1 概述

土工合成材料加筋地基，是在土工合成材料上覆土（砂土料）构成的地基，土工合成材料可以是单层，也可以是多层，一般为浅层地基。其适用于加固软弱地基，使之形成复合地基，可提高土体强度，显著地减少沉降，提高地基的稳定性。

土工合成材料包括土工织物、土工膜、土工复合材料和土工特种材料等，不同的材料种类分别具有隔离、加筋、反滤、排水、防渗、防护等功能。

1. 土工合成材料的分类

土工合成材料的分类见图 9-5。

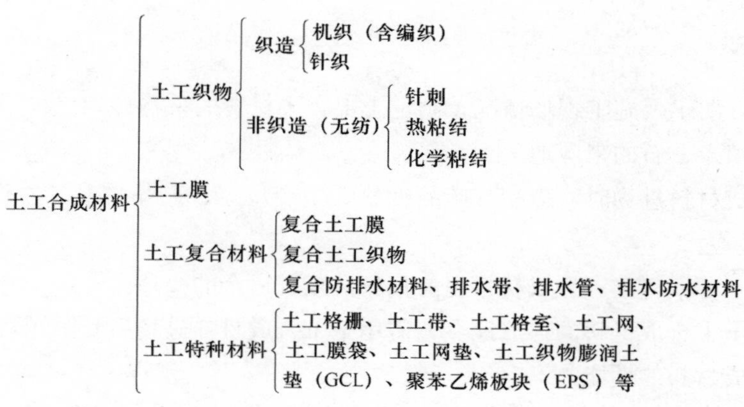

图 9-5 土工合成材料的分类

2. 各类土工合成材料应用中的主要功能

土工合成材料主要功能见表 9-6。

土工合成材料主要功能表 **表 9-6**

类型 \ 功能	土工合成材料的功能分类					
	隔离	加筋	反滤	排水	防渗	防护
土工织物（GT）	P	P	P	P	P	S
土工格栅（GG）		P				
土工网（GN）				P		P
土工膜（GM）					P	S
土工垫块（GCL）					P	
复合土工材料（GC）	P或S	P或S	P或S	P或S	P或S	P或S

注：P表示主要功能，S表示辅助功能。

9.4.2 关键技术

1. 施工准备

1）施工前应对土工合成材料的物理性能（单位面积的质量、厚度、相对密度）、强度、延伸率以及土、砂石料等做检验，合格后方可投入使用。

2）根据设计文件，准确理解设计采用土工合成材料在地基加固中的作用；根据地质勘查报告，了解原地基土层的工程特性、土质及地下水对拟使用的土工合成材料的腐蚀和施工影响。

3）根据设计要求和土工合成材料特性及现场施工条件编制施工方案，对工人进行施工技术交底。

4）土工合成材料铺设基层处理合格。

2. 材料要求

1）根据设计要求及施工现场情况，制定土工合成材料的采购计划。

2）选择回填土、石的来源地。

3）土工合成材料进场时，应检查产品标签、生产厂家、产品批号、生产日期、有效期限等，并取样送检。

4）根据施工方案将土工合成材料提前裁剪拼接成适合的幅片。

5）准备好土工合成材料的存放地点，避免土工合成材料进场后受阳光直接照晒。

6）土工合成材料的性能

（1）土工合成材料的性能指标包括其本身特性指标及其与土相互作用指标。后者需模拟实际工作条件由试验确定（该指标主要用于初步设计时参考）。

（2）土工合成材料自身特性指标包括下列内容：

① 产品形态指标：材质、幅度、每卷长度、包装等；

② 物理性能指标：单位面积（长度）、质量、厚度、有效孔径（或开孔尺寸）等；

③ 力学性能指标：拉伸强度、撕裂强度、握持强度、顶破强度、胀破强度、材料与土相互作用的摩擦强度等；

④ 水力学指标：透水率、导水率、梯度比等；

⑤ 耐久性能：抗老化、化学稳定性、生物稳定性等。

7）土工合成材料应按设计指定产品选择，设计没有明确指定时，应选用抗拉强度大、延伸率较小的产品。土工格栅应有较大糙度；土工织物、土工膜应有较高的刺破、顶破、握持强度，其性能指标应满足设计要求。

8）土工合成材料的抽样检验可根据使用功能进行试验项目选择，见表9-7。

土工合成材料试验项目选择表　　表9-7

试验项目	使用目的		试验项目	使用目的	
	加筋	排水		加筋	排水
单位面积质量	√	√	顶破	√	√
厚度	○	√	刺破	√	○
孔径	√	○	淤堵	○	√
渗透参数	○	√	直接剪切摩擦	√	○
拉伸	√	√			

注：√为必做项，○为选做或不做项。

3. 主要机具

1）土工合成材料拼接机具。

2）回填土、石料运输机具。

3）回填层夯实、碾压机具。

4）水准仪、钢尺等。

4. 施工工艺

1）工艺流程

土工合成材料地基的施工工艺流程见图 9-6。

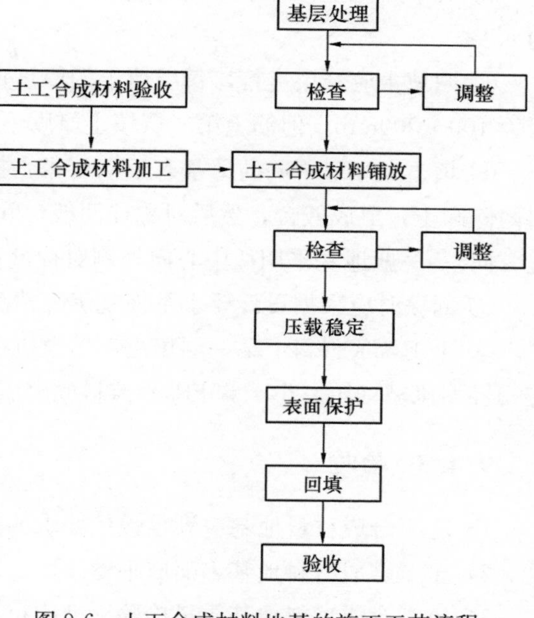

图 9-6　土工合成材料地基的施工工艺流程

2）操作工艺

（1）基层处理

① 铺放土工合成材料的基层应平整，局部高差不大于 50mm。清除树根、草根及硬物，避免损伤破坏土工合成材料。

② 对于不宜直接铺放土工合成材料的基层应先设置砂垫层，砂垫层厚度不宜小于 300mm，宜用中粗砂，含泥量不大于 5%。

（2）土工合成材料铺放

① 应检查材料有无损伤破坏。

② 土工合成材料须按其主要受力方向铺放。

③ 铺放时应用人工拉紧，没有皱折，且紧贴下承层，应随铺随及时压固，以免被风掀起。

④ 土工合成材料铺放时，两端须有富余量，富余量每端不少于 1000mm，且应按设计要求加以固定。

⑤ 相邻土工合成材料的连接，对土工格栅可采用密贴排放或重叠搭接，用聚合材料绳或棒或特种连接件连接。对土工织物及土工膜可采用搭接或缝合连接。

⑥ 当加筋垫层采用多层土工材料时，上下层土工材料的接缝应交替错开，错开距离不小于 500mm。

⑦ 土工织物、土工膜的连接可采用搭接法、缝合法和胶结法。连接处强度不得低于设计要求的强度。

（3）回填

① 土工合成材料垫层地基，无论是使用单层还是多层土工合成加筋材料，作为加筋垫层结构的回填料，材料种类、层间高度、碾压密实度等都应由设计确定。

② 回填料为中、粗、砾砂或细粒碎石类时，在距土工合成材料（主要指土工织物或土工膜）80mm 范围内，最大粒径应小于 60mm，当采用黏性土时，填料应能满足设计要求的压实度，并不含对土工合成材料有腐蚀作用的成分。

③ 当使用块石作土工合成材料保护层时，块石抛放高度应小于 300mm，且土工合成材料上应铺放厚度不小于 50mm 的砂层。

④ 对于黏性土，含水量应控制在最佳含水量的±2%以内，密实度不小于最大密实度的95%。

⑤ 回填土应分层进行，每层填土的厚度应随填土的深度及所选压实机械性能确定。一般为100～300mm，但筋上第一层填土厚度不小于150mm。

⑥ 填土顺序对不同的地基有不同要求：极软地基采用后卸式运土车，先从土工合成材料两侧卸土，形成戗台，然后对称往两戗台间填土。施工平面应始终呈“凹”形（凹口朝前进方向）；一般地基采用从中心向外侧对称进行。平面上呈“凸”形（突口朝前进方向）。

⑦ 回填时应根据设计要求及地基沉降情况，控制回填速度。

⑧ 土工合成材料上第一层填土，填土机械只能沿垂直于土工合成材料的铺放方向运行。应用轻型机械（压力小于55kPa）摊料或碾压。填土高度大于600mm后方可使用重型机械。

9.4.3 验收

1）土工合成材料地基应满足设计要求的地基承载力。

2）土工合成材料地基表面应平整。

3）土工合成材料地基质量检验标准应符合表9-8的规定。

土工合成材料地基质量检验标准 **表9-8**

项目	序号	检查项目	允许误差或允许值		检查方法
			单位	数值	
主控项目	1	土工合成材料强度	%	≤5	置于夹具上做拉伸试验（结果与设计标准比）
	2	土工合成材料延伸率	%	≤3	置于夹具上做拉伸试验（结果与设计标准比）
	3	地基承载力	设计要求		按规定的方法
一般项目	1	土工合成材料搭接长度	mm	≥300	用钢尺量
	2	土石料有机质含量	%	≤5	焙烧法
	3	层面平整度	mm	≤20	用2m靠尺
	4	每层铺设厚度	mm	±25	水准仪

9.5 振密、挤密法

振密、挤密法是指采用爆破、夯击、挤压和振动等方法，使土体密实、土体抗剪强度提高、压缩性减小的一类地基处理方法。挤密和振密作用分为纵向和横向两种。常用的方法有振动水冲法（振冲法）、挤密砂石桩法、石灰桩挤密法、土和灰土桩挤密法、水泥粉煤灰碎石桩法（CFG法）等，下面分而述之。

9.5.1　振冲法

1. 概述

振冲法是采用振冲器水平振动和高压水共同作用下，将松散土层密实的处理地基方法，适用于处理砂土、粉土、粉质黏土、素填土和杂填土等地基。对于处理不排水抗剪强度不小于20kPa的饱和黏性土和饱和黄土地基，应在施工前通过现场试验确定其适用性。不加填料振冲加密适用于处理黏粒含量不大于10%的中砂、粗砂地基。

2. 关键技术

1）振冲法施工工艺流程如图9-7所示。

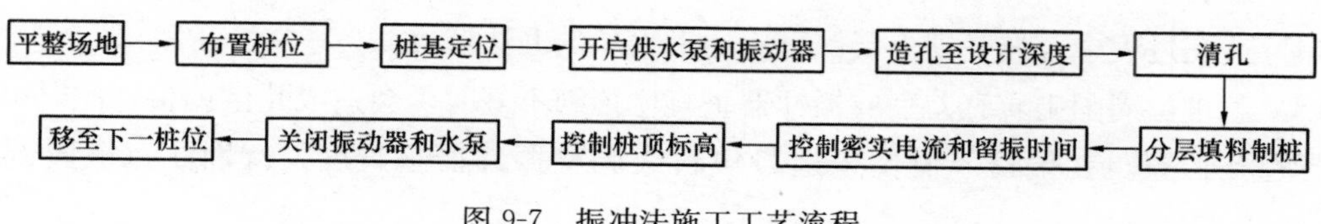

图9-7　振冲法施工工艺流程

2）施工准备

（1）施工图纸已通过审查，施工场地“三通一平”已完成，人员、设备已到位。

（2）施工材料已复检，保证符合设计与规范要求。

（3）已对施工人员进行全面的安全技术交底，并对设备进行了安全可靠性及完好状态检查，确保施工设备完好。

（4）施工现场已做好材料、设备机具摆放规划，以使材料运输距离最短。

（5）开挖泥浆沉淀池，泥浆池个数、大小依据实际排放量进行设置；设立泥浆排放系统，保证泥浆排放畅通，或组织运浆车将泥浆运到预定地点，不得通过公共排水系统直接排放。

（6）查清施工场地及临近区域内的地下及地上障碍物的分布情况并加以处理。

3）材料要求

（1）桩体材料：可用含泥量不大于5%的碎石、卵石、矿渣或其他性能稳定的硬质材料，不宜使用风化易碎的石料。常用的填料粒径为：30kW振冲器20～80mm；55kW振冲器30～100mm；75kW振冲器40～150mm。

（2）褥垫层材料：宜用碎石，级配良好，最大粒径不大于50mm。

4）主要机具设备

（1）振冲器：目前常用的有30kW、75kW两类振冲器。

（2）起吊机具：汽车吊车、履带吊车或自行井架式专用车。

（3）填料机具：装载机或人工手推车。用装载机时，30kW振冲器宜配0.5m^3以上的装载机，75kW振冲器宜配1m^3以上的装载机。

（4）电器控制设备：手控式或自控式控制箱。为保证施工质量不受人为因素影响，宜选用自控式控制箱。

（5）其他设备：供水泵（要求压力 0.5～1.0MPa，供水量 20～40m^3/h）、排浆泵、电缆、胶管、水管、修理机具等。

5）施工要点

（1）在正式施工前应通过现场试验确定其处理效果。

（2）每根桩的填料总量和密实度必须符合设计要求或施工规范和规定。一般每米桩体直径达 0.8m 以上所需碎石量为 0.6～0.7m^3。

（3）振冲施工对原土结构造成扰动，强度降低。因此，施工结束后，除砂土地基外，应间隔一定时间方可进行质量检验。对黏性土地基，间隔时间为 3～4 周；对粉土、杂填土地基为 2～3 周。

（4）造孔过程中若遇坚硬土层，可用加大水压的办法解决。

（5）若桩位周围土质有差别或振冲器垂直度控制不好时，会造成孔位偏移，此时可调整振冲器造孔位置，在偏移一侧倒入适量填料或调整振冲器垂直度，特别注意减震部位垂直度。

（6）若遇到强透水性砂层或孔内有堵塞的情况，会出现孔口返水现象，此时可加大供水量或清孔，增大孔径，清除堵塞。

（7）若出现填料不畅现象，可能是因为孔口窄小，可用振冲器扩孔口，铲去孔口泥土；若孔中有堵塞，可能是石料粒径过大，可换用粒径小的石料；若填料过快、过多，会把振冲器导管卡住，填料下不去，此时可暂停填料，慢慢上下活动振冲器直到消除石料抱导管，然后再继续施工。

（8）若振冲器密实电流上升慢，可能是因为土质软，填料不足，此种情况下可加大水压，继续填料。

（9）若振冲器密实电流过大，可能是遇到硬质土质，此时可加大水压，减慢填料速度，放慢振冲器下降速度。

（10）若出现串桩现象，要及时查明原因，随时处理。常见原因有土质松软或桩距过小或成桩直径过大，可采用跳打、加大桩距或减小桩径的方法解决。被串桩应重新施工，施工深度应超过串桩深度。当不能贯入重新施工时，可在旁边补桩，补桩长度应超过串桩深度，补桩方案须经设计同意。

（11）冬期施工时应采取防冻技术措施，每作业班施工完毕应及时将供水管和振冲器水管内积水排净，以免冻结，影响施工作业。

3. 验收

1）施工前应检查振冲器的性能，电流表、电压表的准确度及填料的性能。

2）施工中应检查密实电流、供水压力、供水量、填料量、孔底留振时间、振冲点位置、振冲器施工参数等（施工参数由振冲试验或设计确定）。

3）施工结束后，应在有代表性的地段做地基强度或地基承载力检验。除砂土地基外，应间隔一定时间后方可进行质量检验。对粉质黏土地基间隔时间可取 21～28d，对粉土地基间隔时间可取 14～21d。

4）振冲地基质量检验标准见表 9-9。

振冲地基质量检验标准　　表 9-9

<table>
<tr><th rowspan="2">项目</th><th rowspan="2">序号</th><th rowspan="2">检查项目</th><th colspan="2">允许误差或允许值</th><th rowspan="2">检查方法</th></tr>
<tr><th>单位</th><th>数值</th></tr>
<tr><td rowspan="3">主控项目</td><td>1</td><td>填料粒径</td><td colspan="2">设计要求</td><td>抽样检查</td></tr>
<tr><td>2</td><td>密实电流（黏性土）
密实电流（砂性土或粉土）
（以上为功率 30kW 振冲器）
密实电流（其他类型振冲器）</td><td>A
A
A</td><td>50～55
40～50
（1.5～2.0）A_0</td><td>电流表读数
电流表读数
电流表读数，A_0 为空振电流</td></tr>
<tr><td>3</td><td>地基承载力</td><td colspan="2">设计要求</td><td>按规定方法</td></tr>
<tr><td rowspan="5">一般项目</td><td>1</td><td>填料含泥量</td><td>%</td><td><5</td><td>抽样检查</td></tr>
<tr><td>2</td><td>振冲器喷水中心与孔径中心偏差</td><td>mm</td><td>≤50</td><td>用钢直尺量</td></tr>
<tr><td>3</td><td>成孔中心与设计孔位中心偏差</td><td>mm</td><td>≤100</td><td>用钢直尺量</td></tr>
<tr><td>4</td><td>桩体直径</td><td>mm</td><td>≤50</td><td>用钢直尺量</td></tr>
<tr><td>5</td><td>孔深</td><td>mm</td><td>±200</td><td>量钻杆或重锤测</td></tr>
</table>

9.5.2 砂石桩挤密法

1. 概述

砂石桩挤密法是碎石桩法和砂桩法的合称，其采用振动、冲击或水冲等方式在软弱地基中成孔后，再将碎石或砂挤压入土孔中，形成大直径的碎石或砂所构成的密实桩体，具有挤密、排水降压和提高抗液化能力的作用。适用于挤密松散砂土、粉土、黏性土、素填土、杂填土等地基。对饱和黏土地基上对变形控制要求不严的工程，也可采用砂石桩置换处理。砂石桩法也可用于处理可液化地基。

2. 关键技术

1）砂石桩法施工工艺流程如图 9-8 所示。

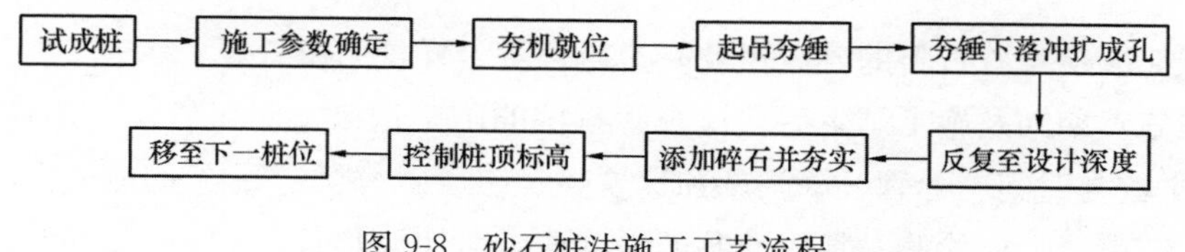

图 9-8　砂石桩法施工工艺流程

2）施工准备

（1）应具备详细的岩土工程地质及水文地质勘查资料、管廊平面位置图、基础平面图及剖面图、砂石桩复合地基处理施工图及工程施工组织设计。

（2）收集建筑场地工程地质、水文地质资料，熟悉砂石桩的设计图纸和技术要求。

（3）进行施工放样，放线应将地基处理范围用白灰划出，对控制点埋设木桩。

（4）起重设备进场后应及时进行安装与调试，保证起重机行走运转正常；起吊挂钩锁定装置应牢固可靠，脱钩自由灵敏，与钢丝绳连接牢固；柱锤重量、直径、高度应满足设计要求，柱锤挂钩与柱锤整体应连接牢固。

（5）补充设计、施工所需要的有关资料，包括砂土的相对密度、砂石料特性、可采用的施工机具及性能等。

3）材料要求

桩体材料可用碎石、卵石、角砾、圆砾、砾砂、粗砂、中砂或石屑等天然级配的砂石混合物，含泥量应小于5%，最大粒径不宜大于50mm。已风化的石块或含草根、垃圾等有机杂质的砂石料不得使用。

4）主要机具设备

（1）机械设备：振动（或锤击）沉管打桩机（或汽锤、落锤、柴油打桩机）、履带（或轮胎）式起重机、机动翻斗车等。

（2）主要工具：桩管（带活瓣桩尖）、装砂石料斗、铁锹、手推胶轮车、测绳、水准仪、经纬仪等。

5）应注意的问题

（1）对大型的、重要的或场地复杂的工程，在正式施工前，应在有代表性的场地上进行试验。

（2）用自动脱钩下落夯锤的方法施工时，应设有导正架限制其侧向倾倒。

（3）用钢丝绳悬吊下落夯锤的方法施工时，应经常检查钢丝绳磨损及钢丝绳与柱锤连接牢固情况，防止钢丝绳断裂或连接处松开导致夯锤伤人。

（4）桩体施工的关键是分层填料量、分层夯实厚度及总填料量。填料充盈系数不宜小于1.5，如密实度达不到设计要求，应空夯夯实。

（5）当土的含水量偏低、遇到坚硬土层或砖渣堆积层时，会造成沉管困难。对此应分清原因，分别采取适量浸水、开挖排除或引孔等方法进行处置，以确保施工顺利进行。

3. 验收

1）施工前应检查砂石料的含泥量及有机质含量、样桩的位置等。

2）应在施工期间及施工结束后，检查砂石桩的施工记录。对沉管法，尚应检查套管往复挤压振动次数与时间、套管升降幅度和速度、每次填砂石料量等项施工记录。

3）施工结束后，应检验被加固地基的强度或承载力，但应间隔一定时间方可进行质量检验。对饱和黏性土地基应待孔隙水压力消散后进行，间隔时间不宜少于28d；对粉土、砂土和杂填土地基，不宜少于7d。

4）砂石桩地基质量检验标准见表9-10。

砂石桩地基质量检验标准 **表9-10**

项目	序号	检查项目	允许误差或允许值		检查方法
			单位	数值	
主控项目	1	灌砂量	%	≥95	实际用砂量与计算体积比
	2	地基强度	设计要求		按规定方法
	3	地基承载力	设计要求		按规定方法
一般项目	1	砂石料含泥量	%	≤3	试验室测定
	2	砂石料有机质含量	%	≤5	焙烧法
	3	桩位	mm	≤50	用钢直尺量
	4	砂石桩标高	mm	±150	水准仪
	5	垂直度	%	≤1.5	用经纬仪检查桩管垂直度

9.5.3 灰土挤密桩

1. 概述

灰土挤密桩是利用锤击将钢管打入土中，侧向挤密土体形成桩孔，将管拔出后，在桩孔中分层回填一定比例的灰土并夯实而成，与桩间土共同组成复合地基以承受上部荷载。

其适用于处理地下水位以上、天然含水量12%～25%、厚度5～15m的素填土、杂填土、湿陷性黄土以及含水率较大的软弱地基等，可处理地基的深度为5～15m。当以消除地基土的湿陷性为主要目的时，宜选用土挤密桩法；当以提高地基土的承载力或增强其水稳定性为主要目的时，宜选用灰土挤密桩法；当地基土的含水量大于24%、饱和度大于65%时，不宜选用土或灰土挤密桩法进行地基处理。

2. 关键技术

1）灰土挤密桩法施工工艺流程如图9-9所示。

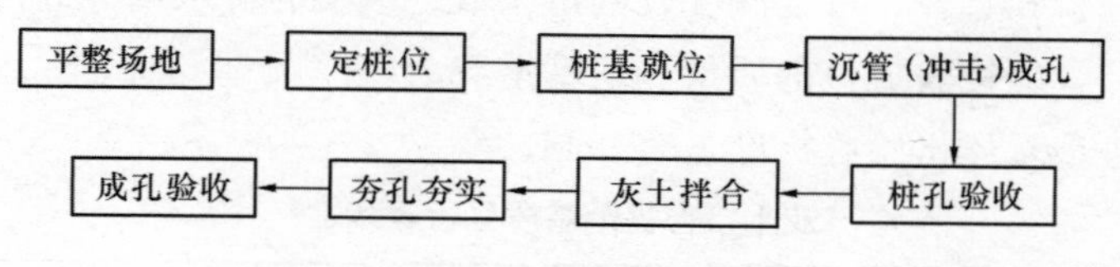

图9-9 灰土挤密桩法施工工艺流程

2）施工准备

（1）施工前场地达到“三通一平”。场地内妨碍施工的高架线路、地下管线应迁移，地下构筑物应挖除，对邻近的危房、精密车间等敏感物进行调查。

（2）已对施工人员进行全面的安全技术交底，并对设备进行了安全可靠性及完好状态检查，确保施工设备完好。

（3）已按基础平面图测设轴线及桩位，并经项目自检验收合格后，报甲方或监理办理完预检签字手续。

（4）场地平整，有困难时可用木排或枕木等搭设稳固的施工平台。

3）材料要求

（1）土料：配制灰土的土料宜选用纯净的黄土、一般黏性土或 $I_p>4$ 的粉土，其有机质含量不得超过5%，也不得含有杂土、砖瓦块、石块、膨胀土、盐渍土和冻土块等。土块的粒径不宜大于15mm。

（2）石灰：应选用新鲜的消石灰，颗粒直径不得大于5mm。石灰的质量不应低于Ⅲ级标准，活性CaO+MgO的含量（按干重度）不少于50%。

4）主要机具设备

（1）主要设备：振动沉管打桩机、锤击沉管打桩机、冲击成桩机。

（2）辅助设备：装载机、偏心轮夹杆式夯实机或卷扬机提升式夯实机、机动小翻斗车或手推车；钢尺、测绳、线坠、孔径仪、水准仪、经纬仪；料斗、盖板、铁锹等。

5）施工要点

（1）施工中应严格控制夯填质量，回填料应拌和均匀，其含水量接近最优含水量，每根桩孔的回填料应与桩孔计算量相符，并适当考虑1.1～1.2的充盈系数，以防止出现桩身疏松、缩颈、夹有生土、断裂、出现孔隙等。

（2）桩管沉入设计深度后应及时拔出，不宜在土中搁置时间过长，以免摩擦阻力增大后拔管困难；拔管确实困难时，可采取管周浸水或设法转动桩管的方法减少土中阻力。

（3）冬期施工应制定有效的冬期施工方案，防止灰土和土料冻结。

（4）雨期施工应采取防雨措施，防止灰土和土料受雨水淋湿。为防止基土沉陷、桩机倾斜，雨期施工现场必须有排水设施，防止地面雨水流入孔内。

3. 验收

1）施工前应对土及灰土的质量、桩孔放样位置等进行检查。

2）施工中应对桩孔直径、桩孔深度、夯击次数、填料的含水量等进行检查。

3）施工结束后，应检验成桩的质量和地基承载力。

4）灰土挤密桩地基质量验收标准见表9-11。

灰土挤密桩地基质量验收标准 **表9-11**

项目	序号	检查项目	允许误差或允许值		检查方法
			单位	数值	
主控项目	1	桩体及桩间土干密度	设计要求		现场取样检查
	2	桩长	mm	+500	测桩管长度或垂球测孔深
	3	地基承载力	设计要求		按规定的方法
	4	桩径	mm	−20	用钢尺量

续表

项目	序号	检查项目	允许误差或允许值		检查方法
			单位	数值	
一般项目	1	土料有机质含量	%	≤5	试验室烘烧法
	2	石灰粒径	mm	≤5	筛分法
	3	桩位偏差	满堂布桩≤0.40D 条形布桩≤0.25D		用钢尺量，D为直径
	4	垂直度	%	≤1.5	用经纬仪观测
	5	桩径	mm	−20	用钢尺量

注：桩径允许偏差负值指个别断面。

9.5.4 水泥粉煤灰碎石桩（CFG桩）

1. 概述

水泥粉煤灰碎石桩（简称CFG桩），是在碎石桩的基础上掺入适量石屑、粉煤灰和少量水泥，加水拌和后制成的具有一定强度的桩体。适用于处理黏性土、粉土、砂土和已自重固结的素填土等地基，对淤泥质土应按地区经验或通过现场试验确定其适用性。

2. 关键技术

1）水泥粉煤灰碎石桩（CFG桩）施工工艺流程如图9-10所示。

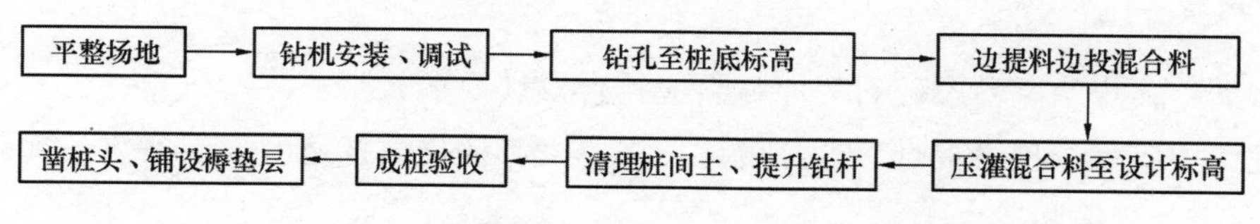

图9-10 水泥粉煤灰碎石桩施工工艺流程

2）施工准备

（1）施工图纸已通过审查，施工场地“三通一平”已完成，人员、设备已到位。

（2）水泥、砂、石子、粉煤灰、外掺剂等已送检，同时进行配合比试验。

（3）已对施工人员进行全面的安全技术交底，并对设备进行了安全可靠性检查，确保设备完好。

（4）施工现场已做好材料、机具摆放规划，使混合料输送距离最短，且输送管铺设时拐弯最少。

3）材料要求

（1）水泥：宜选用42.5级普通硅酸盐水泥或矿渣硅酸盐水泥。

（2）砂：中砂或粗砂，含泥量不大于5%，且泥块含量不大于2%。

（3）石子：卵石或碎石，粒径5～20mm，含泥量不大于2%。

（4）粉煤灰：宜选用Ⅰ级或Ⅱ级粉煤灰，细度分别不大于12%和20%。

（5）外掺剂：泵送剂、早强剂、减水剂等，根据施工需要通过试验确定。

4）主要机具设备

（1）主要设备：长螺旋钻机、强制式搅拌机、混凝土输送泵、高强输送管。

（2）辅助设备：溜槽或导管、手推车或机动小翻斗车、磅秤、盘秤等。

5）施工要点

（1）混合料下到孔底后，每打泵一次提升200～250mm，均匀提钻并保证钻头始终埋在混合料中。

（2）施工中应避免出现混合料搅拌不均、混合料坍落度小、成桩时间过长、混合料初凝、水泥或粗骨料不合格、外加剂与水泥配比性不好等现象，以免发生混凝土堵管事故。

（3）当遇到饱和粉细砂及其他软土地基，且桩间距小于1.3m时，宜采取跳打的方法，以避免发生串桩现象。

（4）施工中应控制提钻速度，避免提钻速度过快，发生钻尖不能埋入混合料中的现象，从而导致缩颈夹泥现象。

（5）施工时若出现成桩中断时间超过1h或混合料产生离析现象，应重新钻孔成桩。

（6）如采用现场搅拌，要计量准确，保证搅拌时间不少于规定时间，以保证混合料的和易性、混合料坍落度满足设计要求。

（7）若采用沉管方法成孔，应注意新施工桩对已成桩的影响，避免挤碰。

3. 验收

1）水泥、粉煤灰、砂及碎石等原材料应符合设计要求。

2）施工中应检查桩身混合料的配合比、坍落度和提拔钻杆速度（或提拔套管速度）、成孔深度、混合料灌入量等。

3）施工结束后，应对桩顶标高、桩位、桩体质量、地基承载力以及褥垫层的质量进行检查。

4）水泥粉煤灰碎石桩复合地基质量检验标准见表9-12。

水泥粉煤灰碎石桩复合地基质量检验标准 **表9-12**

项目	序号	检查项目	允许误差或允许值		检查方法
			单位	数值	
主控项目	1	原材料	设计要求		查产品合格证书或抽样送检
	2	桩径	mm	－20	用钢直尺量或计算填料量
	3	桩身强度	设计要求		查28d试块强度
	4	地基承载力	设计要求		按规定的办法

续表

项目	序号	检查项目	允许误差或允许值		检查方法
			单位	数值	
一般项目	1	桩身完整性	按桩基检测技术规范		按桩基检测技术规范
	2	桩位偏差	满堂布桩≤0.40D 条基布桩≤0.25D		用钢尺量，D为桩径
	3	桩垂直度	%	≤1.5	用经纬仪测桩管
	4	桩长	mm	+100	测桩管长度或垂球测孔深
	5	褥垫层夯填度	≤0.9		用钢尺量

注：1. 夯填度指夯实后的褥垫层厚度与虚铺厚度的比值。

2. 桩径允许偏差负值是指个别断面。

9.5.5 夯实水泥土桩

1. 概述

夯实水泥土桩是用人工或机械成孔，选用相对单一的土质材料，与水泥按一定配比，在孔外充分拌和均匀制成水泥土，分层向孔内回填并强力夯实，制成均匀的水泥土桩。其适用于处理地下水位以上的粉土、素填土、杂填土、黏性土等地基。处理深度不宜超过10m。

2. 关键技术

1）夯实水泥土桩法施工工艺流程如图9-11所示。

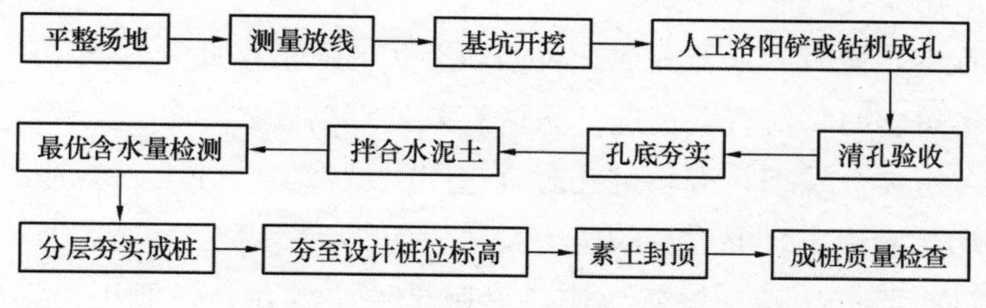

图9-11　夯实水泥土桩法施工工艺流程

2）施工准备

（1）熟悉施工图纸及场地的土质、水文地质资料。现场取土，确定原位土的土质及含水量是否适宜作水泥土桩的混合料。根据设计选用的成孔方法作现场成孔试验，确定成孔的可行性，并编制施工方案。

（2）水泥已送实验室复试，掺和料也已选定，并进行了室内配合比试验，用击实试验确定了掺和料的最佳含水量。对重要工程，在掺和料最佳含水量的状态下，还要在70.7mm×70.7mm×70.7mm的试模中制作几种配合比的水泥土试块，做3d、7d、28d的抗压强度试验，确定适宜的配合比。

（3）已对施工人员进行全面的安全技术交底，并对设备进行了安全可靠性检查，确保设备完好。

（4）已按基础平面图测设轴线及桩位，并经技术负责人、质检员、班组长等共同验收合格后，报甲方或监理办理完预检签字手续。

3）材料要求

（1）水泥：宜用 42.5 级普通硅酸盐水泥和 32.5 级矿渣硅酸盐水泥。进场水泥应进行强度和安定性试验，储存和使用过程中要做好防潮、防雨措施。

（2）土：宜优先选用原位土作混合料，土料中有机质含量不得超过 5%，不得含有冻土或膨胀土，使用时应过 10～25mm 筛，混合料含水量应满足土料的最优含水量、其允许偏差不得大于±2%。土料和水泥应拌合均匀，水泥用量不得少于按配比试验确定的重量。

（3）其他掺和料：可选用工业废料粉煤灰、炉渣作混合料。

4）主要机具

（1）主要设备：成孔机具有洛阳铲、长螺旋钻机、沉管打桩机、吊锤式夯实机、夹板锤式夯实机等。

（2）辅助设备：搅拌机、粉碎机、机动翻斗车、手推车、铁锹、盖板、量孔器、料斗等。

5）施工要点

（1）成孔施工应做到桩孔中心偏差不超过桩径设计值的 1/4，对条形基础不应超过桩径设计值的 1/6；桩孔垂直度偏差不应大于 1.5%；桩孔直径不得小于设计桩径；桩孔深度不应小于设计深度。

（2）垫层材料应级配良好，不含植物残体、垃圾等杂质。垫层铺设时应压（夯）密实，采用的施工方法应严禁使基底土层扰动。

（3）施工过程中，应有专人监测成孔及回填夯实的质量，并做好施工记录，如发现地基土质与勘察资料不符合时，应查明情况，采取有效处理措施。

（4）填料时一定要分层填，夯填桩孔时宜选用机械夯实。分段夯填时，夯锤的落距和填料厚度应根据现场试验确定，混合料的压实系数不应小于 0.93。

（5）若设计没有要求挤密和振密效应，可用排土法成孔，一般用长螺旋钻和洛阳铲成孔，孔深大时宜采用长螺旋钻成孔。

（6）若设计要求挤密和振密效应，可用挤土法成孔，一般选用锤击式打桩机或振动打桩机，也可采用钻孔重型尖锤强夯法。

（7）孔底如有积水可用干硬性混凝土夯填，桩体每次填料不能超量，以免夯压不密实。

（8）处理深度范围内的管道或墓穴等应予清除，并用土料分层回填夯实，经检验后，再重新布孔成桩，以免影响地基处理的整体质量。

（9）雨季或冬期施工时，应采取防雨、防冻措施，防止土料和水泥受雨水淋湿或冻结。

3. 验收

1）水泥及夯实用土料的质量应符合设计要求。

2）施工中应检查孔位、孔深、孔径、水泥和土的配合比、混合料含水量等。

3）施工结束后，应对桩体质量及复合地基承载力做检验，褥垫层应检查其夯填度。

4）夯实水泥土桩复合地基质量检验标准见表9-13。

夯实水泥土桩复合地基质量检验标准　表9-13

项目	序号	检查项目	允许误差或允许值		检查方法
			单位	数值	
主控项目	1	桩径	mm	−20	用钢尺量
	2	桩长	mm	+500	测桩孔深度
	3	桩体干密度	设计要求		现场取样检查
	4	地基承载力	设计要求		按规定的方法
一般项目	1	土料有机质含量	%	≤5	焙烧法
	2	含水量（与最优含水量比）	%	±2	烘干法
	3	土料粒径	mm	≤20	筛分法
	4	水泥质量	设计要求		查产品质量合格证或抽样送检
	5	桩位偏差	满堂布桩≤0.40D 条基布桩≤0.25D		用钢尺量，D为桩径
	6	桩孔垂直度	%	≤1.5	用经纬仪测钻杆或量孔器量测
	7	褥垫层夯填度	≤0.9		用钢尺量

注：1. 夯填度指夯实后的褥垫层厚度与虚体厚度的比值。
2. 桩径允许偏差负值是指个别断面。

9.5.6 水泥土搅拌桩

1. 概述

水泥土搅拌桩是用于加固饱和软黏土地基的一种常用方法，它利用水泥作为固化剂，通过特制的搅拌机械，在地基深处将软土和固化剂强制搅拌，利用固化剂和软土之间所产生的一系列物理化学反应，使软土硬结成具有整体性、水稳定性和一定强度的优质地基。水泥土搅拌法施工工艺分为浆液搅拌法（简称“湿法”）和粉体喷搅法（简称“干法”），其加固深度通常超过5m，干法加固深度不超过15m，湿法加固深度不超过20m。采用回转的搅拌叶片将压入软土内的水泥浆与周围软土强制拌和形成水泥加固体。

水泥土搅拌法适用于处理淤泥、淤泥质土、素填土、软—可塑黏性土、松散—中密粉细砂、稍密—中密粉土、松散—稍密中粗砂和砾砂、黄土等土层。不适用于含大孤石或障碍物较多且不易清除的杂填土、硬塑及坚硬的黏性土、密实的砂类土以及地下水渗流影响成桩质量的土层。当地基土的天然含水量小于30%（黄土含水量小于25%）、大于70%时不应采用干法。寒冷地区冬期施工时，应考虑负温对处理效果的影响。

水泥土搅拌法用于处理泥炭土、有机质含量较高或pH值小于4的酸性土、塑性指数大于25的黏土或在腐蚀性环境中以及无工程经验的地区采用水泥土搅拌法时，必须通过现场和室内试验确定其适用性。

水泥土搅拌法可采用单头、双头、多头搅拌或连续成槽搅拌形成水泥土加固体（图 9-12、图 9-13）；湿法搅拌可插入型钢形成排桩（墙）。加固体形状可分为柱状、壁状、格栅状或块状等。

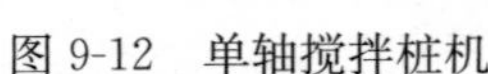

图 9-12　单轴搅拌桩机

图 9-13　三轴搅拌桩机

拟采用水泥土搅拌法处理的地基，除按现行规范规定进行岩土工程详勘外，尚应查明拟处理土层的 pH 值、有机质含量、地下障碍物及软土分布情况、地下水及其运动规律等。

2. 关键技术

1）水泥土搅拌桩施工工艺流程如图 9-14 所示。

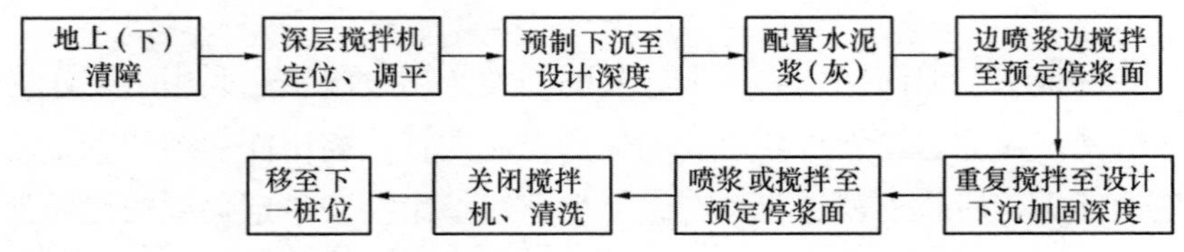

图 9-14　水泥土搅拌桩施工工艺流程

2）施工准备

（1）施工图纸已通过审查，施工场地“三通一平”已完成，人员、设备已到位。

（2）桩位处地上、地下障碍物已清除，场地低洼处已用黏性土料回填并夯实。

（3）设备已检修、调试，桩机运行良好、输料管完好畅通。

（4）水泥及外加剂已复验合格，各种计量设备完好（主要是水泥浆流量计和其他计量装置）。

3）材料要求

（1）水泥：采用强度等级为 42.5 级的普通硅酸盐水泥，要求无结块。

（2）砂子：用中砂或粗砂，含泥量小于 5%。

(3) 外加剂：塑化剂采用木质素磺酸钙，促凝剂采用硫酸钠、石膏，应有产品出厂合格证，掺量通过试验确定。

4) 主要机具

(1) 主要设备：深层搅拌机、起重机、灰浆搅拌机、灰浆泵、冷却泵。

(2) 辅助设备：机动翻斗车、导向架、集料斗、磅秤、提速测定仪、电气控制柜、铁锹、手推车等。

5) 施工要点

(1) 搅拌机预搅下沉时，不宜冲水，当遇到较硬土层下沉太慢时，方可适量冲水，但应考虑冲水成桩对桩身强度的影响。

(2) 深层搅拌桩的深度、截面尺寸、搭接情况、整体稳定和桩身强度必须符合设计要求，检验方法在成桩后3d内用轻便触探仪检查桩均匀程度，并用对比法判断桩身强度。

(3) 场地复杂或施工有问题的桩应进行单桩荷载试验，检验其承载力，试验所得承载力应符合设计要求。

3. 验收

1) 施工前应检查水泥及外掺剂的质量、桩位、搅拌机工作性能及各种计量设备完好程度（主要是水泥浆流量计及其他计量装置）。

2) 施工中应检查机头提升速度、水泥浆或水泥注入量、搅拌桩的长度和标高。

3) 施工结束后，应检验桩体强度、桩体直径和地基承载力。

4) 进行强度检验时，对承重水泥土搅拌桩应取90d后的试件。

5) 水泥土搅拌桩地基质量检验标准见表9-14。

水泥土搅拌桩地基质量检验标准　　表9-14

项目	序号	检查项目	允许误差或允许值		检查方法
			单位	数值	
主控项目	1	水泥及外掺剂质量	设计要求		查产品证书或抽样送检
	2	水泥用量	参考指标		查看流量计
	3	桩体强度	设计要求		按规定办法
	4	地基承载力	设计要求		按规定办法
一般项目	1	机头提升速度	m/min	≤0.5	量机头上升距离及时间
	2	桩底标高	mm	±200	量机头深度
	3	桩顶标高	mm	+100 −50	水准仪（最上部500mm）不计入
	4	桩位偏差	mm	<50	用钢直尺量
	5	桩径	<0.04D		用钢尺量，D为桩径
	6	垂直度	%	≤1.5	经纬仪
	7	搭接	mm	>200	用钢尺量

9.5.7 高压旋喷桩

1. 概述

高压旋喷桩是以高压旋转的喷嘴将水泥浆喷入土层与土体混合，形成连续搭接的水泥加固体（图 9-15）。其施工占地少、振动小、噪声较低，但易污染环境，成本较高，适用于处理淤泥、淤泥质土、流塑、软塑或可塑黏性土、粉土、砂土、黄土、素填土和碎石土等地基。当土中含有较多的大粒径块石、坚硬黏性土、含大量植物根茎或有过多的有机质时，应通过高压喷射注浆试验确定其适用性和技术参数。对基岩和碎石土中的卵石、块石、漂石呈骨架结构的地层，地下水流速过大和已涌水的地基工程及地下水具有侵蚀性时，应慎重使用。

图 9-15　高压旋喷桩机

2. 关键技术

1）施工工艺流程如图 9-16 所示。

2）施工准备

（1）场地应具备“三通一平”条件，旋喷钻机行走范围内无地表障碍物。

（2）按有关要求铺设各种管线（施工电线，输浆、输水、输气管）；开挖储浆池及排浆沟（槽）。

（3）已对施工人员进行全面的安全技术交底，并对设备进行安全可靠性及完好状态检

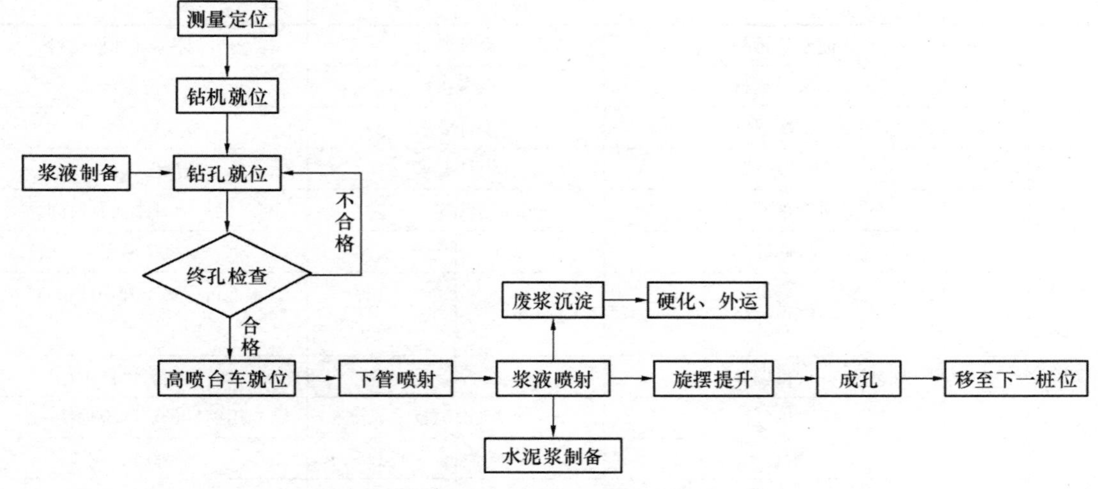

图 9-16　高压旋喷桩施工工艺流程

查，确保施工设备完好。

（4）已按基础平面图测设轴线及桩位，并经技术负责人、质检员、班组长等共同验收合格后，报甲方或监理办理完预检签字手续。

3）材料要求

（1）水泥：宜采用强度等级为42.5级以上的普通硅酸盐水泥，并应按有关规定对水泥进行质量抽样检测。

（2）水：搅拌水泥浆所用的水须符合混凝土拌合用水的标准。

（3）外加剂：包括速凝剂、早强剂（如氯化钙、水玻璃、三乙醇胺等）、扩散剂（NNO、三乙醇胺、亚硝酸钠、硅酸钠等）、填充剂（粉煤灰、矿渣等）、抗冻剂（如沸石粉、NNO、三乙醇胺和亚硝酸钠）、抗渗剂（水玻璃）。外加剂的使用必须按照设计要求，经复试合格后方可使用，使用量必须按试验资料或已有工程经验确定。

4）主要机具设备

（1）主要设备：钻机、高压泥浆泵、高压清水泵、空压机。

（2）辅助设备：浆液搅拌机、真空泵与超声波传感器等。

5）施工要点

（1）施工前应复核高压喷射注浆的孔位。

（2）单管法、双管法喷射高压水泥浆的压力不应低于20MPa。

（3）三管法喷射清水的压力也不应低于20MPa。

（4）喷射孔与高压注浆泵的距离不宜大于50m。

（5）分段提升喷射搭接长度不得小于100mm。

（6）单孔注浆体应在其初凝前连续完成施工，不得中断。由于特殊原因中断后，应采用复喷技术进行接头处理。

（7）单管法、双管法的水泥浆水灰比应按工程要求确定，一般采用0.8～1.5，常用1.0。

（8）水泥浆必须随搅随用，当水泥浆放置时间超过初凝时间后，不得再用于喷射施工。

（9）高压喷射用浆液必须搅拌均匀，每罐搅拌时间不得少于3min。浆液使用过程中应对浆液进行不间断的轻微搅拌，避免浆液沉淀。

（10）水泥浆液应经过筛网过滤，避免喷嘴堵塞。

（11）当局部须增大桩体直径和提高桩体强度时，可采用复喷。

3. 验收

1）施工前应检查水泥、外掺剂等的质量，桩位，压力表、流量表的精度和灵敏度，高压喷射设备的性能等。

2）施工中应检查施工参数（压力、水泥浆量、提升速度、旋转速度等）及施工程序。

3）施工结束后，应检验桩体强度、桩体平均直径、桩身中心位置、桩体质量及承载力等。桩体质量及承载力检验应在施工结束后28d进行。

4）高压喷射注浆地基质量检验标准见表 9-15。

高压喷射注浆地基质量检验标准 **表 9-15**

项目	序号	检查项目	允许误差或允许值		检查方法
			单位	数值	
主控项目	1	水泥及外掺剂质量	符合出厂要求		查产品合格证书和抽样送检
	2	水泥用量	设计要求		查看流量表及水泥浆水灰比
	3	桩体强度或完整性检验	设计要求		按规定方法
	4	地基承载力	设计要求		按规定方法
一般项目	1	钻孔位置	mm	≤50	用钢尺量
	2	钻孔垂直度	%	≤1.5	经纬仪测钻杆或实测
	3	孔深	mm	±200	用钢尺量
	4	注浆压力	按设定参数指标		查看压力表
	5	桩体搭接	mm	>200	用钢尺量
	6	桩体直径	mm	≤50	开挖后用钢尺量
	7	桩身中心允许偏差	mm	≤0.2D	开挖后桩顶下 500mm 处用钢尺量，D 为桩径

9.5.8 化学加固法

1. 概述

化学加固法是利用化学溶液或固结剂，灌入土中，将土粒胶结起来，以提高地基土稳定性和承载力。常用的化学浆液有水泥浆液、以水玻璃为主的浆液、以丙烯酸胺为主的浆液和以纸浆为主的浆液等。加固的施工方法有灌注法、旋喷法、搅拌法和电渗硅化法等。其中，较常采用灌注水泥浆液（单液）和水泥、水玻璃（双液），旋喷法如高压旋喷桩，搅拌法如水泥搅拌桩。高压旋喷桩和水泥土搅拌桩作为常用加固形式，详见 9.5.7 章节。本处就注浆加固地基进行介绍。

2. 关键技术

1）压密注浆加固施工工艺流程如图 9-17 所示。

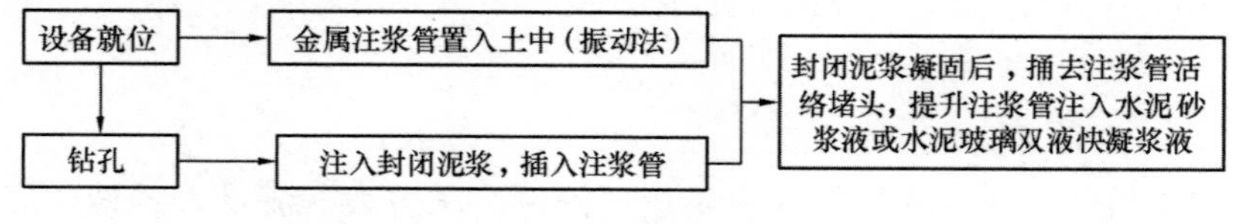

图 9-17 压密注浆加固施工工艺流程

2）施工准备

（1）按设计要求做好场地平整，并沿钻孔位置开挖沟槽和集水坑，清理地上障碍物，雨季施工应有排水措施。

(2) 场地内外通畅无阻，施工用临时设施须在施工前就绪，水泥等材料进场验收并复检。

(3) 编制施工组织设计，确定成孔及施工工艺和各项参数；编制施工作业计划、劳动组织规划和机械设备进厂计划，做好材料供应计划，编制室内浆液比和现场注浆实验方案，确定施工质量检验工具和方法。

3) 材料要求

(1) 水泥：水泥品种应按设计要求选用。宜采用42.5级普通硅酸盐水泥，注浆时可掺用粉煤灰代替部分水泥，掺入量可为水泥重量的20%～50%，严禁使用过期、受潮结块的水泥，水泥进厂需对产品名称、强度等级、出厂日期等进行外观检查，同时验收合格证，并进行复检。

(2) 砂：水泥中掺砂可提高砂浆的固体含量和抗剪强度、减少浆液流失、降低成本。注浆时，应根据地基岩土裂隙、空洞大小、浆液浓度和灌注条件选择砂的粒径。

(3) 水：适用饮用的自来水或清洁而未被污染的河水、湖水和地下水都可用于灌浆，不得采用pH值小于4的酸性水和工业废水。

(4) 外加剂：外加剂的性能应符合国家和行业标准质量要求，其掺量应经实验确定。

4) 主要机具

钻孔机械、注浆泵、搅拌机及配套机具等。

5) 作业人员

(1) 主要作业人员：机械操作工、运转工、钻探工、辅助工人。

(2) 机械操作人员必须经过专业培训，并取得相应资格证书，主要作业人员已经过安全培训，并接受了施工技术交底（作业指导书）。

6) 施工要点

(1) 钻机就位：根据设计的平面坐标位置进行钻机就位，要求将钻头对准孔位中心，同时钻机平面应放置平稳、水平，钻杆角度和设计要求的角度之间偏差应不大于1%～1.5%。

(2) 钻孔：在预定的桩位钻孔，钻孔的设备，可以用普通的地质钻机或旋喷钻机。

(3) 插管：钻孔达到设计深度时，即可开始插入注浆钢管；在插管过程中，为防止泥砂堵塞喷嘴，可以用较小的压力边下管边射水，或埋入袖阀管以作注浆之用。

(4) 注浆作业：试水正常，先用土或水泥、水玻璃混合料封闭注浆管与地面交接处，注浆时的注浆压力先小后大，一般每加深1m压力增大20～50kPa。最终压力通常为100～200kPa。灌注速度（与压力和土质有关）一般为2～5L/min。

(5) 拔管：注浆作业完成后，将注浆用无缝钢管拔出地面。如采用袖阀管可以压水清洗后封闭注浆口以备复注之用。

(6) 移开钻机：将钻机移到下一孔位。

(7) 浆液的配比应符合下列规定：

① 水泥浆的水灰比可取0.6～2.0，常用的水灰比为1.0。

② 封闭泥浆7d立方体试块（边长为7.07cm）的抗压强度应为0.3～0.5MPa，浆液黏

度应为 80～90s。

③ 根据工程需要，可在浆液拌制时加入速凝剂、减水剂和防吸水剂。

(8) 浆液沿裂隙或层面往上窜流，主要是由于岩土破碎、灌浆段位置较浅、灌浆压力过大等因素造成的。发生冒浆时采取降低灌浆压力、掺加速凝剂、限制进浆量，或者采取浇筑混凝土封盖后灌浆。

(9) 灌浆孔中的浆液从其他孔中流失。主要是由于岩土横向裂隙发育，贯通灌浆钻孔造成的。可采取适当延长相邻孔间施工间隔，串浆若为待灌孔，可同时并联灌浆。

(10) 由于地质条件差或浆液浓度太低，造成漏浆，可采取粒状浆液与化学浆液相结合灌注。

(11) 施工结束后，注浆检验应在注浆后 15d（砂土、黄土）或 60d（黏性土）进行。

3. 验收

1) 主控项目

(1) 水泥及外掺剂质量检验

进场的水泥及外掺剂必须出具产品合格证、出厂检验报告及进场的复验报告。

(2) 水泥用量检验

水灰比为 0.7～1.0 较妥，为确保施工质量，施工机具必须配置准确的计量仪表。强度及完整性检验和地基承载力检验要在施工结束 28d 后进行。检测点应布置在下列部位：

① 有代表性的孔位。

② 施工中出现异常情况的部位。

③ 地基情况复杂，可能对高压喷射注浆质量产生影响的部位。

④ 检测点数量为施工孔数的 1%并不应少于 3 点。

(3) 桩体强度及桩身完整性检验

加固体强度通过钻孔取芯来判断其完整性，并将所取岩芯做成标准件进行室内物理力学性质实验，以求得其强度特性。用透水实验可以测定排桩的完整性。

(4) 地基承载力检验

地基承载力的载荷实验必须在桩身强度满足实验条件时进行，检验数量为桩总数的 0.5%～1%，且每个单体工程不应少于 3 点。注浆复合地基承载力的检测应采用复合地基载荷实验，也可选用标准贯入实验、静力触探及十字板剪切强度等方法，或用旁压实验测定出高压喷射注浆加固桩间土质量。

2) 一般项目

(1) 施工前应掌握有关技术文件（注浆点位置、浆液配比、注浆施工技术参数、检测要求等）。浆液组成材料的性能应符合设计要求，注浆设备应确保正常运转。

(2) 施工中应经常抽查浆液的配比及主要性能指标、注浆的顺序、注浆过程中的压力控制等。

(3) 施工结束后，应检查注浆体强度、承载力等。检查孔数为总量的 2%～5%，不合格率大于或等于20%时应进行二次注浆。检验应在注浆后15d（砂土、黄土）或60d（黏性土）进行。

（4）注浆地基的质量检验标准应符合表9-16规定。

注浆地基质量检验标准　　**表9-16**

项目	序号	检查项目		允许偏差或允许值		检查方法
				单位	数值	
主控项目	1	原材料检验	水泥	设计要求		查产品合格证书或抽样送检
			注浆用砂：粒径	mm	＜2.5	实验室试验
			细度模数		＜2.0	
			含泥量及有机物含量	%	＜3	
			注浆用黏土：塑性指数		＞14	实验室试验
			黏粒含量	%	＞25	
			含砂量	%	＜5	
			有机物含量	%	＜3	
			粉煤灰：细度	不粗于同时使用的水泥		实验室实验
			烧失量	%	＜3	
			水玻璃：模数	2.5～3.3		抽样送检
			其他化学浆液	设计要求		查产品合格证书或抽样送检
	2	注浆体强度		设计要求		取样检验
	3	地基承载力		设计要求		按规定方法
一般项目	1	各种注浆材料称量		%	＜3	抽查
	2	注浆孔位		mm	±20	用钢尺量
	3	注浆孔深		mm	±100	量测注浆管长度
	4	注浆压力（与设计参数比）		%	±10	检查压力表读数

第 10 章　现浇结构施工技术

目前，明挖综合管廊结构施工大都采用现浇的方法，即在施工现场进行钢筋模板安装、混凝土浇筑等工作。综合管廊现浇施工除了传统的散支散拼的支架现浇技术，越来越多的施工单位开发和使用定型大模板＋组合支架整体滑移施工技术，如液压钢模台车和移动模架施工技术。

散支散拼的支架现浇技术非常成熟，技术难度较低，但这种全现浇技术存在一些问题，如混凝土外观质量较难控制，需投入大量模板、脚手架和人工等资源，同时侧墙和顶板浇筑后需等待拆模，导致无法进行快速作业。

为了克服散支散拼的支架现浇质量控制难、资源投入大、施工周期长等缺点，相关单位及技术人员研发出了定型大模板＋组合支架整体滑移技术，且在多个项目的工程实践中取得了良好的效果。

10.1　散支散拼施工技术

10.1.1　概述

传统散支散拼施工采用扣件式脚手架＋木模的施工方法，此方法人力物力投入较大。目前散支散拼较多采用铝模，本节以铝模施工为例，介绍此施工技术，其余散支散拼施工技术与之类似，仅支撑材料与模板材料不同。

综合管廊分标准段与非标准段，一般标准段采用铝模施工可发挥其最大优势。一般标准段 25m 为一个节段，故每套模板按一节标准段（25m）进行配模。具体采用多少套模板需根据标准节段数量、施工进度要求及铝模的周转次数来配置。

图 10-1　某管廊工程铝合金模板系统装配图

在实施过程中，根据管廊结构尺寸采用模数化组拼设计，并结合早拆体系及快拆装置实现模板的快速周转利用。铝合金模板系统先根据管廊结构设计图纸进行深化设计，经定型化设计和工业化加工定制，再制造所需的标准尺寸模板构件（占比约 90%）及与实际工程相配套使用的非标准构件（占比约 10%）。管廊结构形式较简单，只有墙及板，故标准板件占比较高（图 10-1）。

10.1.2 关键技术

1. 工艺流程

工艺流程见图10-2。

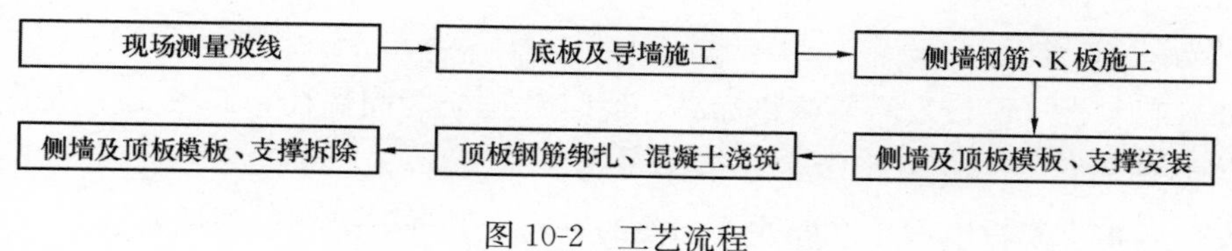

图10-2　工艺流程

2. 现场测量放线

1）装配底板模板之前，在装配位置进行底板防水保护层面标高水平测量。

2）底板外边线标高超出设计标高10mm的地方，应调整到不高于10mm。低于基准点的地方，需用胶合板或木头填塞模板至所需水平高度。角部及中部的低位必须要充分填塞。

3）底板模板线误差控制在1mm以内。

4）放样线应穿过开口、阳角等至少150mm，便于控制模板在浇筑前的正确位置。

3. 底板及导墙施工

在铝板和铝合金型材制作加工成型后，首先按设计图纸在工厂完成整体试拼装，将有可能出现的问题提前解决，待满足工程要求后，对所有的模板及构配件进行编号并分类打包转运到施工现场进行堆放。现场材料就位后，按模板的编号“对号入座”逐块安装。

底板及导墙模板一般设置起步板（K板），设置于导墙顶部。一般而言，外墙外模采用标准承接式K板＋普通标准板的组合，外墙内侧模及内墙两侧模板采用标准承接式K板＋腋角模板的组合。模板采用止水对拉螺杆加固，对拉螺杆设置时应注意避开施工缝处钢板止水带，背楞可采用双方钢进行加固。

图10-3　底板及导墙施工

钢筋模板验收合格后，进行底板及导墙混凝土浇筑（图10-3）。底板混凝土浇筑后，内、外墙起步板（K板）顶部需进行水平测量，平模外围起步板（K板）的水平度会引起结构偏离中心线，导致墙体模板不能保持其垂度。

4. 侧墙钢筋、K板施工

1）底板及导墙混凝土达到一定强度时，即可进行拆模、绑扎侧墙钢筋。拆模（保留K板）时将止水对拉螺杆处橡胶垫片拆除，螺杆割除后用防水砂浆封填并抹压密实。

2）通过观察偏差及用工具测量内、外墙起步板（K板）平整度，确定哪些位置需要进行修正工作。

3）如果起步板（K板）需要调整标高，逆时针拧松紧固螺栓，调整其至所需位置后再拧紧螺栓。

4）安装好垂直模板以后，立即检查阳模的垂直度并采取措施控制偏差。

5）除了起步板（K板）的标高外，可以用螺旋千斤顶和铁链来拉动模板校正墙面垂直度，也可用可调支撑控制墙面垂直度。

5. 侧墙及顶板模板、支撑安装

1）所有模板从转角或端部开始安装，使模板保持侧向稳定。

2）采用可调斜撑调整墙模板的垂直度、竖向可调钢支撑调整顶板模板的水平标高，利用止水对拉螺杆及背楞保证模板体系的整体稳定性。

3）板梁用于支撑板模，应按板模布置图组装板梁。用销子和两条加固条将板组合件中的支撑头同相邻的两个板支撑连接起来。顶板模板横向间隔一定距离设置一道铝梁龙骨，铝梁龙骨纵向间隔不大于800mm设置一道快拆支撑头（流星锤），便于顶板模板快拆。

4）把支撑钢管朝横板方向安装在预先安装好的横板组件上，当拆除支撑钢管时可保护其底部；用支撑钢管提升横板到适当位置，通过已在角部安装好的板模端部，用销子将板模连接。

5）同时安装多排模板，铺设钢筋之前在顶板模面上完成涂油工作。

6）顶板安装完成以后，应检查全部模板面的标高，如果需要调整则可转动支撑钢管调整梁板、顶板水平度。

侧墙及顶板模板、支撑安装以及快拆体系示意参见图10-4、图10-5。

图10-4 侧墙及顶板模板、支撑安装

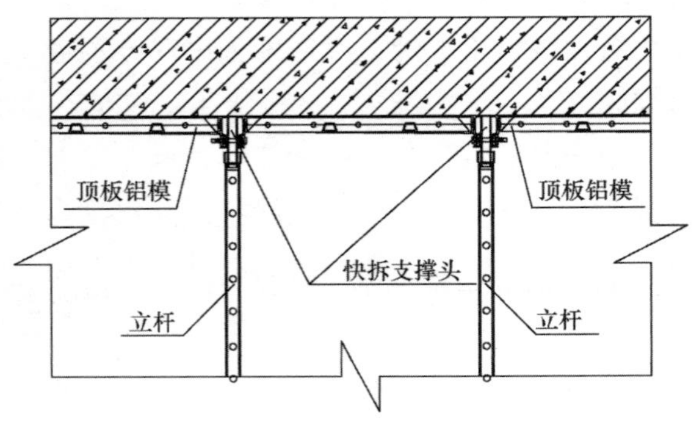

图10-5 快拆体系示意图

6. 顶板钢筋绑扎、混凝土浇筑

侧墙及顶板模板、支撑安装完成后，进行顶板钢筋绑扎和混凝土浇筑。混凝土浇筑期间至少要有两名操作工随时待命于正在浇筑的墙两边，检查销子、楔子及对拉螺杆的连接情况。销子、楔子或对拉螺杆滑落会导致模板的移位和模板的损坏，受到这些影响的区域需要在拆除模板后修补。

混凝土浇筑时的振动可能引起横梁、平模支撑头相邻区域的下降滑移。应保证特殊区域的支撑完好，特别是墙模及其支撑不能移位，随时注意开口处等位置是否有混凝土溢出。

7. 侧墙及顶板模板、支撑拆除

在综合管廊铝模早拆体系中，当管廊墙身混凝土强度达到 1.2MPa 时即可拆除侧模；顶板模板需在混凝土强度至少达到设计强度 50%～75%后方可拆除，具体时间根据现场留置同条件试块试压后决定。在拆除过程中，有托撑位置处不拆除，先拆除其余位置顶板模板，达到快拆目的。顶板混凝土强度达到设计强度的 100%时，方可拆除支撑杆。

1）铝合金模板拆除时，混凝土强度应达到表 10-1 的要求。

铝合金模板拆除时混凝土强度要求　　表 10-1

构件类型	构件跨度（m）	达到设计的混凝土立方体抗压强度标准值的百分率（%）
板	≤2	≥50
	>2，≤8	≥75
	>8	≥100
梁、拱、壳	≤8	≥75
	>8	≥100
悬臂构件	—	≥100

2）拆除墙模板

根据工程项目的具体情况决定拆模时间，一般情况下（天气正常）8～12h 后可以拆除墙模。拆除墙模板之前保证所有钉在混凝土板上的垫木、横撑、背楞、模板上的销子和楔子已拆除。

墙模板拆除应该从墙头开始，拆模前应先拆除止水对拉螺杆。止水对拉螺杆从墙上拆除后，应及时进行剔凿封堵，确保美观及结构自防水质量。

3）拆除顶模

拆除时间根据每个工程项目的具体情况来设定，但不能少于 36h。

拆除工作从拆除板梁开始，拆除销子和其所在的板梁上的梁模连接杆，紧跟着拆除板梁与相邻顶板的销子和楔子，然后拆除板梁。拆除下来的模板应立即进行清洁工作，拆除顺序按安装顺序摆放好。

10.1.3 验收

1. 钢筋工程

1）原材进场验收

钢筋应平直、无损伤，表面不得有裂纹、油污、颗粒状及片状老锈；进场时应出具合格证及复检报告。

2）钢筋加工验收（表 10-2～表 10-4）

受力钢筋：当设计要求钢筋末端作 135°弯钩时，HRB335、HRB400 级钢筋的弯弧内直径不应小于钢筋直径的 4 倍，弯钩弯后平直段长度应满足设计要求；钢筋作不大于 90°的弯钩时弯弧内直径不应小于钢筋直径的 5 倍。

箍筋：弯钩弯折角度对一般结构不应小于 90°，对有抗震要求的结构，应为 135°；箍筋弯后平直段长度，对一般结构，不宜小于箍筋直径的 5 倍，对有抗震要求的结构，不应小于箍筋直径的 10 倍。

钢筋加工质量验收标准 **表 10-2**

序号	检查项目	允许偏差（mm）	检查数量	检查方法
1	受力钢筋沿长度方向全长的净尺寸	±10	按每工作班同一类型钢筋、同一加工设备抽查不应少于 3 件	用钢尺量
2	弯起钢筋的弯折位置	±20		用钢尺量
3	箍筋内净尺寸	±5		用钢尺量

钢筋连接质量验收标准 **表 10-3**

验收项目			设计要求及规范规定	检查数量	检查方法
主控项目	1	钢筋的连接方式	符合设计要求	全数检查	观察，检查隐蔽工程验收记录
	2	机械连接和焊接接头的力学性能、弯曲性能	合格证明文件齐全，接头力学试验报告合格	全数检查	检查质量证明文件和抽样检测报告
一般项目	1	钢筋接头的位置	机械连接及焊接连接区段长度应不小于 35d 及 500mm	全数检查	观察、用钢尺量
	2	钢筋机械连接接头和焊接接头的外观质量	无裂纹、锈蚀、无焊接质量通病	符合《钢筋机械连接技术规程》JGJ 107—2016、《钢筋焊接机验收规程》JGJ 18—2012 规定	观察、用钢尺量
	3	机械连接接头和焊接的接头面积百分率	受拉区不宜大于 50% 及设计要求	在同一检验批内，对梁、柱、独立基础应抽查构件 10%，且不应少于 3 件；对墙和板，应抽查 10% 且不少于 3 间；对大空间结构，墙可按相邻轴线间高度 5m 左右划分检查面，板可按纵轴线划分检查面，抽查 10% 且不少于 3 面	观察、用钢尺量

续表

<table>
<tr><th colspan="3">验收项目</th><th>设计要求及规范规定</th><th>检查数量</th><th>检查方法</th></tr>
<tr><td rowspan="2">一般项目</td><td>4</td><td>当纵向受力钢筋采用绑扎搭接接头时，接头的设置</td><td>梁板墙不宜大于25%，柱不宜大于50%</td><td>在同一检验批内，对梁、柱、独立基础应抽查构件10%，且不应少于3件；对墙和板，应抽查10%且不少于3间；对大空间结构，墙可按相邻轴线间高度5m左右划分检查面，板可按纵轴线划分检查面，抽查10%且不少于3面</td><td>观察、用钢尺量</td></tr>
<tr><td>5</td><td>梁、柱类构件的纵向受力钢筋搭接长度范围内箍筋的设置</td><td>箍筋直径≥0.25倍搭接大直径钢筋，受压区箍筋间距不应大于搭接小直径钢筋10倍及200mm，受拉区箍筋间距不应大于搭接小直径钢筋5倍及100mm，当柱纵向受力钢筋直径大于25mm时，应在搭接区外100mm处各设置两道箍筋，间距宜为50mm</td><td>在同一检验批内，应抽查构件数量的10%且不少于3件</td><td>观察、用钢尺量</td></tr>
</table>

钢筋安装质量检验标准 表10-4

<table>
<tr><th colspan="4">验收项目</th><th>设计要求及规范规定</th><th>检查数量</th><th>检查方法</th></tr>
<tr><td rowspan="2">主控项目</td><td>1</td><td colspan="2">受力钢筋的牌号、规格和数量</td><td>满足设计要求</td><td>全数检查</td><td>观察、用钢尺量</td></tr>
<tr><td>2</td><td colspan="2">受力钢筋安装位置、锚固方式</td><td>满足设计要求</td><td>全数检查</td><td>观察、用钢尺量</td></tr>
<tr><td rowspan="14">一般项目</td><td rowspan="2">1</td><td rowspan="2">绑扎钢筋网</td><td>长、宽(mm)</td><td>±10</td><td rowspan="14">在同一检验批内，对梁、柱、独立基础应抽查构件10%，且不应少于3件；对墙和板，应抽查10%且不少于3间；对大空间结构，墙可按相邻轴线间高度5m左右划分检查面，板可按纵轴线划分检查面，抽查10%且不少于3面</td><td>用钢尺量</td></tr>
<tr><td>网眼尺寸(mm)</td><td>±20</td><td>用钢尺量连续三挡，取最大偏差值</td></tr>
<tr><td rowspan="2">2</td><td rowspan="2">绑扎钢筋骨架</td><td>长(mm)</td><td>±10</td><td>用钢尺量</td></tr>
<tr><td>宽、高(mm)</td><td>±5</td><td>用钢尺量</td></tr>
<tr><td rowspan="6">3</td><td rowspan="3">纵向受力钢筋</td><td>锚固长度(mm)</td><td>−20</td><td>用钢尺量</td></tr>
<tr><td>间距(mm)</td><td>±10</td><td rowspan="2">用钢尺量两端、中间各1点，取最大偏差值</td></tr>
<tr><td>排距(mm)</td><td>±5</td></tr>
<tr><td rowspan="3">纵向受力钢筋、箍筋的混凝土保护层厚度</td><td>基础</td><td>±10</td><td>用钢尺量</td></tr>
<tr><td>柱、梁</td><td>±5</td><td>用钢尺量</td></tr>
<tr><td>板、墙、壳</td><td>±3</td><td>用钢尺量</td></tr>
<tr><td>4</td><td colspan="2">绑扎箍筋、横向钢筋间距(mm)</td><td>±20</td><td>用钢尺量连续三挡，取最大偏差值</td></tr>
<tr><td>5</td><td colspan="2">钢筋弯起点位置(mm)</td><td>20</td><td>用钢尺量</td></tr>
<tr><td rowspan="2">6</td><td rowspan="2">预埋件</td><td>中心线位置(mm)</td><td>5</td><td>用钢尺量</td></tr>
<tr><td>水平高差(mm)</td><td>+3，0</td><td>塞尺量测</td></tr>
</table>

2. 模板工程

模板工程质量检验标准参见表10-5。

模板工程质量检验标准 表10-5

验收项目			设计要求及规范规定	检查数量	检查方法
主控项目	1	模板及支架材料的外观、规格和尺寸	满足设计要求	按国家现行相关标准的规定确定	检查质量证明文件，观察、用钢尺量
	2	模板及支架安装质量	具有足够承载力、刚度，良好的稳定性，能可靠地承受浇筑混凝土重量、侧压力及施工荷载	按国家现行相关标准的规定确定	按国家现行相关标准的规定执行
	3	后浇带处的模板及支架设置	单独设置	全数检查	观察
	4	支架竖杆和竖向模板安装在土层上的要求	无积水，承载力满足要求	全数检查	观察，检查土层密实度检测报告、土层承载力验算或现场检测报告
一般项目	1	模板安装的质量要求	模板表面应干净整洁，拼缝不漏浆，混凝土浇筑前应洒水湿润但不得积水，与混凝土接触面涂刷隔离剂	全数检查	观察
	2	隔离剂的品种和涂刷方法，避免隔离剂沾污造成污染	不得沾污钢筋和混凝土接槎处	全数检查	检查质量证明文件，观察
	3	模板起拱高度	跨度的1/1000～3/1000	在同一检验批内，对梁跨度大于18m时全数检查，跨度不大于18m时抽查构件10%且不少于3件；对板按有代表性自然间抽查10%且不少于3间，对大空间结构，板可按纵横轴线划分检查面，抽查10%且不少于3面	水准仪或用钢尺量

续表

验收项目					设计要求及规范规定	检查数量	检查方法
一般项目	4	预埋件和预留孔洞的安装允许偏差	预埋中心线位置（mm）		3	在同一检验批内，对梁、柱、独立基础应抽查构件 10%，且不应少于 3 件；对墙和板，应抽查 10%且不少于 3 间；对大空间结构，墙可按相邻轴线间高度 5m 左右划分检查面，板可按纵轴线划分检查面，抽查 10%且不少于 3 面	观察、用钢尺量
			预埋管、预留孔中心线位置（mm）		3		
			插筋	中心线位置（mm）	5		
				外露长度（mm）	+10，0		
			预埋螺栓	中心线位置（mm）	2		
				外露长度（mm）	+10，0		
			预留洞	中心线位置（mm）	10		
				尺寸（mm）	+10，0		
	5	模板安装允许偏差（管廊铝模）	轴线位置		3	在同一检验批内，对梁、柱、独立基础应抽查构件 10%，且不应少于 3 件；对墙和板，应抽查 10%且不少于 3 间；对大空间结构，墙可按相邻轴线间高度 5m 左右划分检查面，板可按纵轴线划分检查面，抽查 10%且不少于 3 面	用钢尺量
			底模上表面标高		±3		水准仪或拉线，用钢尺量
			模板内部尺寸	基础	±10		用钢尺量
				柱、墙、梁	±5		用钢尺量
				楼梯相邻踏步高差	5		用钢尺量
			垂直度	柱墙层高≤6m	8		全站仪或吊线、用钢尺量
				柱墙层高＞6m	10		全站仪或吊线、用钢尺量
			相邻两板表面高低差		2		
			表面平整度		5		2m 靠尺及塞尺量

3. 混凝土工程

混凝土工程及现浇结构质量检验标准参见表 10-6、表 10-7。

混凝土工程质量检验标准　　**表 10-6**

验收项目			设计要求及规范规定	检查数量	检查方法
主控项目	1	混凝土强度等级及试件的取样和留置	试件留置数量满足要求，试块抗压强度满足设计要求	对同一配合比混凝土，每拌制 100 盘且不超过 100m³时，每工作班拌制不足 100 盘时，连续浇筑 1000m³ 时，每 200m³取样、每一楼层取样均不得少于 1 次，每次取样至少留置 1 组试件	检查施工记录及混凝土强度试验报告
一般项目	2	混凝土浇筑完毕后的养护措施	保湿养护及冬季保温	全数检查	观察

现浇结构质量检验标准 表 10-7

验收项目					设计要求及规范规定	检查数量	检查方法
主控项目	1	现浇结构的外观质量不应有严重缺陷			无受力部位外观缺陷	全数检查	观察，检查处理记录
	2	现浇结构不应有影响结构性能或使用功能的尺寸偏差			尺寸满足设计要求	全数检查	量测，检查处理记录
一般项目	1	现浇结构的外观质量不应有一般缺陷			无一般部位受力缺陷	全数检查	观察，检查处理记录
	2	轴线位置（mm）	整体基础		15	在同一检验批内，对梁、柱、独立基础应抽查构件 10%，且不应少于 3 件；对墙和板，应抽查 10%且不少于 3 间；对大空间结构，墙可按相邻轴线间高度 5m 左右划分检查面，板可按纵轴线划分检查面，抽查 10%且不少于 3 面	全站仪及用钢尺量
			独立基础		10		全站仪及用钢尺量
			柱、墙、梁		8		用钢尺量
	3	垂直度（mm）	层高	≤6m	10		全站仪或吊线、用钢尺量
				>6m	12		全站仪或吊线、用钢尺量
			全高（H）≤300m		H/30000+20		全站仪及用钢尺量
			全高（H）>300m		H/10000 且≤80		全站仪及用钢尺量
	4	标高（mm）	层高		±10		水准仪或拉线、用钢尺量
			全高		±30		水准仪或拉线、用钢尺量
	5	截面尺寸（mm）	基础		+15，−10		用钢尺量
			柱、梁、板、墙		+10，−5		用钢尺量
			楼梯相邻踏步高差		6		用钢尺量
	6	表面平整度（mm）			8		2m 靠尺和塞尺量
	7	预埋件中心位置（mm）	预埋板		10		用钢尺量
			预埋螺栓		5		用钢尺量
			预埋管		5		用钢尺量
			其他		10		用钢尺量
	8	预留洞、孔中心线位置			15		用钢尺量

10.2 液压钢模台车施工技术

10.2.1 概述

钢模台车常用于隧道衬砌施工中，一般都由几大部分组成：模板部分、门架体部分、行走系统、支撑机构、平移系统及其他附属装置。与传统模板相比，钢模台车浇筑功效高，装模、脱模速度快，所用人工较少。

对综合管廊来说，采用的钢模台车与隧道的类似，一般为下行式模架（图10-6）。钢模台车作为一种可移动钢模架体系，能实现模板的快速移动及整体拆装。

图10-6　综合管廊钢模台车

10.2.2 关键技术

1. 工艺流程

工艺流程见图10-7。

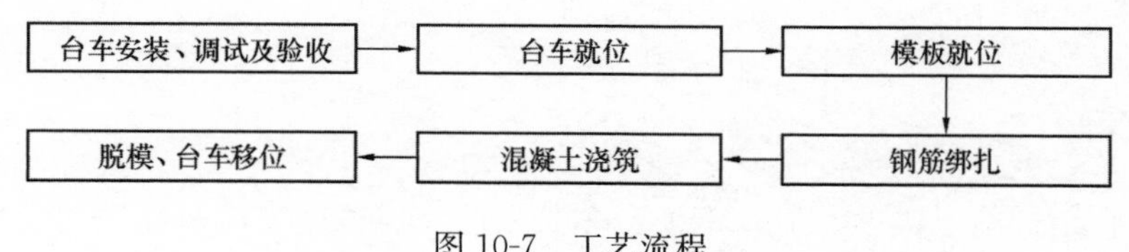

图10-7　工艺流程

2. 钢模台车的安装与调试

在已浇筑底板混凝土表面测量放出轨道线，用墨斗弹线定位，准确标识。轨道下每隔一定间距放置一根枕木，轨道放置在枕木上。采用人工配合汽车式起重机现场安装钢模台车。台车主桁架安装完成后，安装侧模和顶模，并装置螺旋丝杆和液压装置。液压钢模台车安装好后，进行使用前的调试，包括行走系统、液压系统、螺旋丝杆、内侧模收放、顶模升降等调试。

3. 台车就位

底板施工完成，待混凝土达到强度要求后，用卷扬机牵引台车，使台车沿轨道移动至设计位置。调整台车底部螺杆和制动装置，用夹轨器将台车与轨道固定。如图10-8所示。

4. 模板就位

校核模板高程和中心线位置。内顶模板高程调节到位后，应立即锁定顶部油缸，然后调节台车顶部螺旋丝杆，螺旋丝杆支撑就位，插好固定插销。顶板模板支设就位后，同时开启侧向油缸液压系统操作杆，使侧向油缸缓慢顶开侧墙钢模。

外侧墙模板就位（图 10-9）。外侧墙模板采用组合钢模板，人工搭设双排脚手架，采用汽车式起重机配合模板施工，外侧模底部支撑在钢管架上，安装时用对拉螺杆与内侧墙模板对拉对撑固定。对拉螺杆为三节式止水对拉螺杆，间距按设计验算。

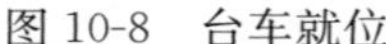

图 10-8　台车就位

图 10-9　模板就位

5. 钢筋工程

为加快管廊结构施工进度，应在钢模台车驶入前完成该施工段侧墙钢筋绑扎。顶板模板支设、校核完成后，进行顶板钢筋绑扎。

6. 混凝土浇筑

钢筋、模板、止水及其他埋件安装完毕并验收合格后进行混凝土浇筑作业。混凝土采用罐车运送至浇筑现场，混凝土汽车泵泵送入舱。混凝土下料自由高度小于 2m，防止骨料分离，混凝土振捣不得欠振、漏振及振捣过度，禁止用振捣器平仓。采用插入式振捣棒振捣，振捣时，要快插慢拔，每一插点要掌握好振捣时间，以混凝土表面呈水平、不大量返气泡、不再显著下沉、表面浮出灰浆为准。插棒间距 40cm 左右，以防漏振。上层混凝土振捣要在下层混凝土初凝之前进行，并要求振捣棒插入下层混凝土 5cm，以保证上下层混凝土结合紧密。止水带处要由内向外浇筑和振捣。

7. 脱模、台车移位

混凝土浇筑完成，养护一定的时间达到拆模条件后，方可进行模板拆模。模板拆除顺序如下：

1）拆除外侧墙止水对拉螺杆和外侧墙组合钢模板，外侧墙组合钢模板需堆放整齐。

2）外墙模板拆除：将一个施工节段的管廊外墙模板竖向分成若干节（20m标准段可分4～5节，模板水平连接螺栓均不用拆除），用龙门吊吊装整体向前移动到下一施工段，对接安装即可。

图10-10　钢模台车脱模

3）卸除内模螺旋丝杠，启动侧向油缸液压系统，缓慢收回油缸，收回内侧墙模板。

4）当顶板混凝土强度达到设计值的75%以上时，松开撑杆一端，拔掉顶部螺旋丝杆插销，卸掉顶板螺旋丝杆，使侧墙模板通过顶板倒角铰接端脱离侧墙混凝土，然后旋转移动台车底部调节螺杆，启动顶模油缸液压系统，降下顶模（图10-10）。

10.2.3　验收

（1）钢筋、混凝土质量控制及验收参考10.1.3节验收标准。

（2）液压钢模台车安装质量验收标准详见表10-8。

液压钢模台车安装质量验收标准　　表10-8

序号	项目		允许误差（mm）	检查方法及工具
1	承力杆件	承力杆件垂直度	±3	吊线、钢卷尺
2		承力杆件标高	±3	水准仪
3	门架垂直度		≤10	吊线、钢卷尺
4	钢模板	液压油缸标高	≤3	水准仪
5		模板轴线与结构轴线误差	≤3	吊线、钢卷尺
6		截面尺寸	≤3	钢卷尺
7		拼装大钢模板边线误差	≤5	钢卷尺
8		相邻模板拼缝高低差	≤3	平尺
9		模板平整度	≤3	2m靠尺
10		模板标高	±3	水准仪
11		模板垂直度	≤3	吊线、钢卷尺
12		背楞位置偏差	≤3	吊线、钢卷尺
13	台车净高		±3	钢卷尺

（3）模板工程验收标准，详见表10-9。

模板工程质量验收标准 表 10-9

序号	项目		允许偏差（mm）国家规范标准	检查方法
1	轴线位移		3	用钢尺量
2	底模上表面标高		±3	水准仪或拉线、用钢尺量
3	截面尺寸允许偏差		±3	用钢尺量
4	标高允许偏差		+3	
5	相邻两板表面高差		1	用钢尺量
6	表面平整度		2	靠尺、塞尺
7	垂直度		3	线尺
8	预埋铁件中心线位移		—	拉线、用钢尺量
9	预埋管、螺栓	中心线位置	3	拉线、用钢尺量
		螺栓外露长度	+10	
10	预留孔洞	中心线位移	+10	拉线、用钢尺量

10.3 移动模架施工技术

10.3.1 概述

对于场地条件好、平曲线变化小的明挖现浇综合管廊而言，移动模架法也是一种较好的施工方法。移动模架与液压钢模台车类似，属于滑模工法的一种，液压钢模台一般采用高大钢模板，而移动模架一般采用铝合金模板。移动模架体系包括墙体移动模架体系和顶板移动模架体系。

移动模架体系一般由架构系统、动力系统、导向系统、支撑系统、操作平台系统和提升系统六个系统构成（图 10-11）。

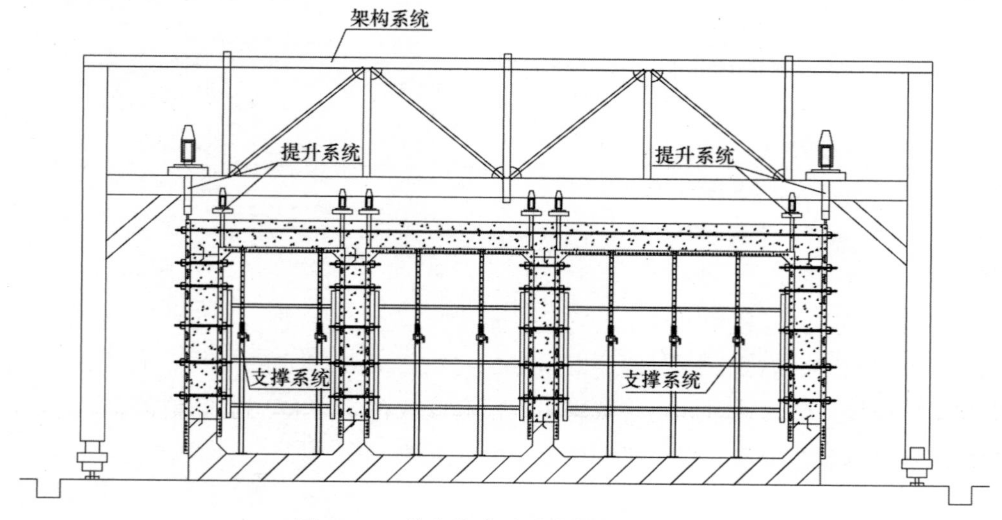

图 10-11 综合管廊移动模架施工示意图

10.3.2 关键技术

1. 施工工艺流程

移动模架施工工艺流程见图 10-12。

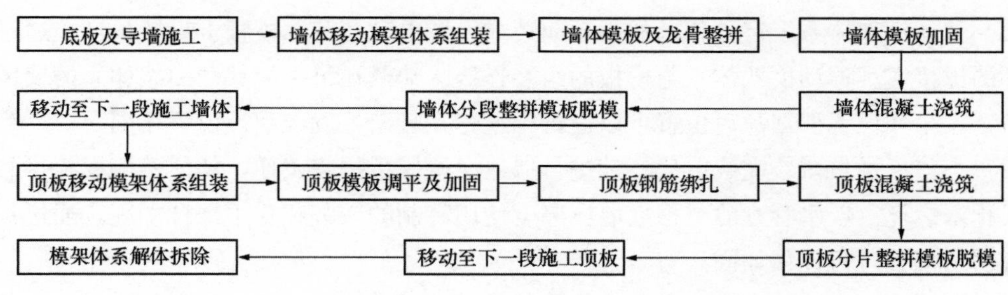

图 10-12　移动模架施工工艺流程

2. 施工要点

1）底板及导墙施工

在土方开挖、垫层、防水及保护层施工完成后进行底板钢筋绑扎及导墙插筋、底板及导墙模板支设、底板及导墙混凝土浇筑施工，确保导墙上口顺直、对齐（图 10-13）。

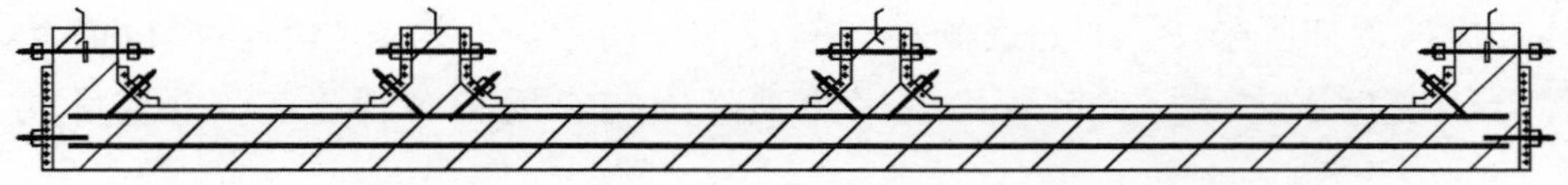

图 10-13　底板及导墙施工

2）移动模架体系组装

（1）移动模架体系整体安装采用自下而上的安装方式。首先进行移动模架体系运行机构与底梁的安装，包括主动轮安装与从动轮安装。

（2）主动轮安装：减速机与法兰板通过螺栓连接并放置于底梁上方，调节链条松紧度，在合适位置将法兰板进行固定。车轮与阶梯轴连接，阶梯轴两侧安装轴承并通过轴承座固定在底梁两侧。减速机输出轴与阶梯轴通过链条机构连接。

（3）从动轮安装：将轴承安装在从动轮上，穿入光轴。将光轴两侧固定在底梁上。考虑到管廊底板的平整度对移动模架体系在运行过程中的影响，移动模架体系采用双轮进行移动，增强移动模架体系在移动过程中的安全稳定性。

（4）移动模架体系运行机构与底梁安装完成以后，再通过起重装置竖起立柱，通过螺栓将底梁与立柱连接。然后通过起重装置将主梁吊起安放在立柱上，通过螺栓将立柱与主梁连接。最后将次梁吊起安放在主梁之间的指定位置，主梁与次梁通过螺栓连接。

（5）移动模架体系的立柱根据架体稳定性设置足够个数，立柱和廊壁的距离需保证移动模架体系安全稳定及施工作业的需求。

3）墙体铝模及龙骨整拼

（1）在移动模架体系组装完成以后便进行墙体模板及龙骨整拼。墙体模板拼装严格按照配模图进行施工。

（2）每块整板模板中的分片模板使用插销进行连接，然后再用钩头螺栓将背楞与模板进行连接加固。两块整板模板中间位置使用背楞连接件加固，以保证整拼模板的整体性。

（3）移动模架体系上有可移动的手动葫芦或设置电动葫芦，模板上设置吊环，通过葫芦与吊环的连接实现移动模架体系与模板的组装连接。葫芦在每一榀移动模架体系的墙体两侧分别布置。吊环位置根据葫芦位置可以进行调整，在竖向位置与葫芦位置相同。

（4）当整板模板拼装完成以后，就进行墙体两侧模板拼装工作，墙体两侧模板拼装采用三节式止水螺杆。涉水管廊舱室根据墙体厚度使用特制的三节式止水螺杆加固。通过钩头螺栓将背楞与模板进行连接加固。

（5）墙体截面尺寸一半靠止水螺杆控制，另一半依靠撑棍保证。撑棍与螺杆成梅花形布置，在确保支撑到位的情况下，也能保证撑棍与螺杆各自发挥、相辅相成。

4）墙体铝模加固

（1）舱内墙体模板加固

舱内墙体模板加固采用移动模架体系自有的斜支撑体系加固。移动模架体系自有斜支撑共有两道，一道支撑墙体模板最下方背楞，一道支撑墙体模板居中的背楞。

（2）墙体外侧模板加固

墙体外侧模板加固采用钢管进行斜撑，斜撑采用两道，一道支撑墙体模板最下方背楞，一道支撑墙体模板居中背楞。钢管一头采用顶丝固定在模板背楞上、一头垫木方撑在边坡上。

（3）墙体上口模板加固

墙体上口模板采用定型模板进行加固、调距，并沿管廊方向均匀布置，确保管廊净空尺寸和墙体模板的垂直度。

（4）墙体两侧模板加固

墙体两侧模板使用钢垫片替代山型卡通过止水螺杆加固龙骨，整板模板龙骨采用钩头螺栓加固。此种加固方法能有效保证整拼模板的刚性，提高整板的受力性能（图 10-14）。

图 10-14　墙体模板加固

5）墙体混凝土浇筑

当模板全部加固完成以后进行混凝土浇筑，浇筑混凝土时，施工人员直接在移动模架体系操作平台上施工作业（图 10-15）。若移动模架体系操作平台距墙体顶部距离过大，则在墙体混凝土浇筑时需设置挡板，挡板沿操作平台上的预留缝隙设置，确保混凝土浇筑能正常进行。

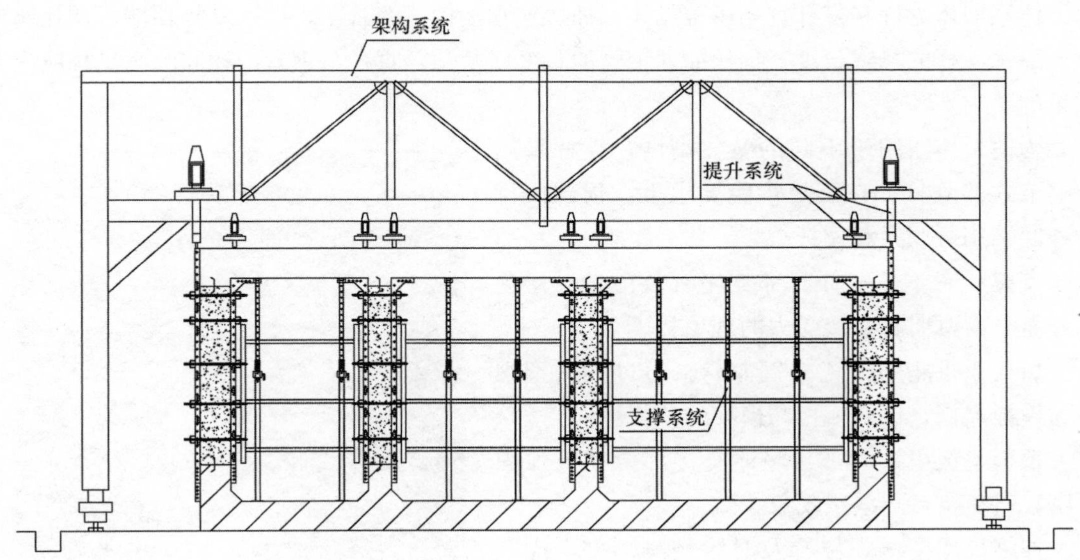

图 10-15　墙体施工

6）墙体分段整拼模板脱模

当混凝土达到拆模强度时进行模板脱模作业，整板模板仍为一体，模板与龙骨不分开。

模板脱模时只拆除止水螺杆，保留钩头螺栓，以保证模板和背楞仍连为一体，使整板模板不受破坏。随后使用手动葫芦将墙体竖向模板吊起一定的距离，通过移动模架体系上的滑梁将整拼模板滑离墙体，为下一步移动做好准备。

7）移动至下一段施工

当墙体混凝土强度达到拆模强度时即可进行整拼模板脱模，拆除止水螺杆后，移动模架体系便可带着整拼模板移动至下一段。

(1) 模板清模

模板清模工作由施工人员站在移动模架体系操作平台上进行，施工人员手持特制长柄铲刀，清理模板的浮浆、杂物等。

(2) 模板涂刷脱模剂

模板涂刷脱模剂工作由施工人员站在移动模架体系操作平台上进行，施工人员手持滚刷，进行模板脱模剂涂刷。

(3) 模板合模、加固、混凝土浇筑等后续工作

模板合模、加固、混凝土浇筑等后续工作与首段施工时的操作方法相同。

8）顶板移动模架体系组装

先将顶板移动模架体系的支撑系统和升降系统组装起来，然后安装顶板模板，安装完成后，将模板与龙骨固定，二次升降保证整拼模板和龙骨不分离。

根据舱体断面尺寸，配备足够数量的移动体系，保证独立支撑间距在 2m 以内，混凝土

强度达到设计强度的50%时，顶板模板实现早拆。

体系架体立杆和横杆宜采用碗扣式、插接式和盘销式钢管架，插入立杆顶端可调托座伸出顶层水平杆的悬臂长度、顶丝插入钢管的长度以及顶丝直径与钢管内径间隙满足相应模架体系的要求。

为使架体适用于不同的舱体高度，立杆采用伸缩节式的立杆，在满足步距要求下，顶部两排横杆间采用可调式斜拉杆。

支撑状态下，立杆底部支座有效落地，避免立杆悬空而万向轮直接受力的现象。

顶板模板底部设置方钢龙骨，通过钩头型螺栓与模板连接，保证模板与模架的整体性。

顶板模板组拼时，与墙体交接部位模板加固严密，避免错台、漏浆现象。

伸缩杆丝杠丝头位置及时涂刷隔离剂，浇筑混凝土前保护丝头部位，浇筑完成后及时清理。

9）顶板模板调平及加固

首次模板拼装完成后，通过立杆上下丝杠调节高度，使底部车轮悬空，确保模板平整度符合要求及架体牢固后绑扎钢筋（图10-16）。

图10-16　顶板模板调平、加固

10）顶板钢筋绑扎

在顶板模板调平之后进行顶板钢筋绑扎。

11）顶板混凝土浇筑

在顶板钢筋绑扎完成之后进行顶板混凝土浇筑（图10-17）。

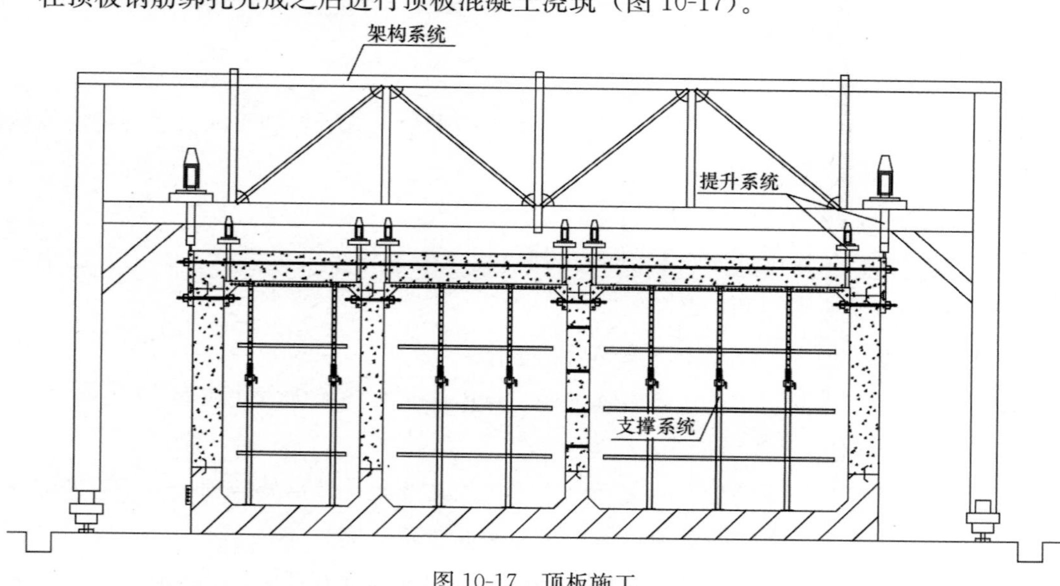

图10-17　顶板施工

12）顶板分片整拼模板脱模

混凝土强度满足要求后进行拆模，拆模时调节上下丝杠高度，使底部车轮着地，脱模后保证模板与架体不分离。

13）移动至下一段施工顶板

采用卷扬机牵引时，沿管廊长度方向，将每个分体的架体底部用钢管连接在一起，整体向前移动至下一段。

14）模板及移动体系解体

待移动模架体系最后一段墙体施工完成以后，便进行顶板移动模架体系的解体，解体之后吊装到指定位置以待其他部位使用。

10.3.3 验收

移动模架施工技术属于滑模施工技术的一种，需要按《滑动模板工程技术标准》GB/T 50113—2019 进行质量检查与控制。

1）钢筋、混凝土质量控制及验收参考 10.1.3 节验收标准。

2）移动模架模板工程质量满足表 10-10 要求。

移动模架模板工程质量验收标准　　表 10-10

<table>
<tr><th rowspan="2">序号</th><th rowspan="2">项目</th><th>允许偏差（mm）</th><th rowspan="2">检查方法</th></tr>
<tr><th>国家规范标准</th></tr>
<tr><td>1</td><td>轴线位移</td><td>3</td><td>用钢尺量</td></tr>
<tr><td>2</td><td>底模上表面标高</td><td>±3</td><td>水准仪或拉线、用钢尺量</td></tr>
<tr><td>3</td><td>截面尺寸允许偏差</td><td>±3</td><td rowspan="2">用钢尺量</td></tr>
<tr><td>4</td><td>标高允许偏差</td><td>+3</td></tr>
<tr><td>5</td><td>相邻两板表面高差</td><td>1</td><td>用钢尺量</td></tr>
<tr><td>6</td><td>表面平整度</td><td>2</td><td>靠尺、塞尺</td></tr>
<tr><td>7</td><td>垂直度</td><td>3</td><td>线尺</td></tr>
</table>

3）移动模架预留预埋质量满足表 10-11 要求。

移动模架预留预埋质量验收标准　　表 10-11

<table>
<tr><th colspan="2">项目</th><th>允许偏差（mm）</th><th>检查数量</th><th>检查方法</th></tr>
<tr><td colspan="2">预埋钢板中心线位置</td><td>3</td><td rowspan="8">在同一检验批内，对梁、柱、独立基础应抽查构件 10%，且不应少于 3 件；对墙和板，应抽查 10%且不少于 3 间；对大空间结构，墙可按相邻轴线间高度 5m 左右划分检查面，板可按纵轴线划分检查面，抽查 10%且不少于 3 面</td><td>全站仪或拉线、用钢尺量</td></tr>
<tr><td colspan="2">预埋管、预留孔中心线位置</td><td>3</td><td>全站仪或拉线、用钢尺量</td></tr>
<tr><td rowspan="2">插筋</td><td>中心线位置</td><td>5</td><td>用钢尺量</td></tr>
<tr><td>外露长度</td><td>+10，0</td><td>用钢尺量</td></tr>
<tr><td rowspan="2">预埋螺栓</td><td>中心线位置</td><td>2</td><td>用钢尺量</td></tr>
<tr><td>外露长度</td><td>+10，0</td><td>用钢尺量</td></tr>
<tr><td rowspan="2">预留洞</td><td>中心线位置</td><td>10</td><td>用钢尺量</td></tr>
<tr><td>尺寸</td><td>+10，0</td><td>用钢尺量</td></tr>
</table>

第 11 章 预制结构施工技术

地下综合管廊的预制装配技术发展迅速，目前出现了多种预制装配技术，如节段预制装配施工、分块预制装配施工、叠合预制装配施工等技术，各技术有其特点和适用范围，在具体实施时，需根据实际工程特点和要求进行选用。

11.1 节段预制装配施工技术

11.1.1 概述

节段预制装配即将综合管廊分为一定长度的节段，节段在预制厂生产成型，再运输至施工现场吊装拼接成型（图 11-1）。

管廊节段大量的钢筋混凝土工作在预制厂完成，结构成型质量好，亦可节省工程成本。节段现场拼装施工时间短，减少了基坑暴露时间，且施工现场无需大量现浇混凝土，粉尘噪声污染少，对城市道路交通影响小。但也存在不足之处，如：运输成本较高、节段间拼缝较多、渗漏隐患较大等。

图 11-1 预制管廊节段

节段预制装配技术适用于单舱或两舱、截面变化不大的明挖施工管廊，三舱及以上的综合管廊，由于截面大、节段吨位重而不宜采用。

11.1.2 关键技术

1. 工艺流程

节段预制装配式施工工艺流程如图 11-2 所示。

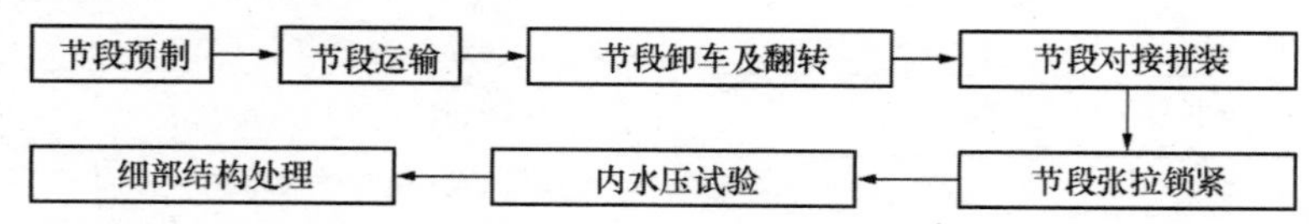

图 11-2 节段预制装配式施工工艺流程

2. 节段预制

节段预制方法主要有长线法匹配预制、整体模具预制等方法，长线法匹配预制方法与预制安装式桥梁类似，在此不再赘述，本节主要介绍整体模具预制法。

整体模具预制的生产工艺主要包括模具配置、混凝土生产、混凝土浇筑、混凝土振捣、混凝土养护、构件拆模及吊运等。

管廊模具选型主要由管廊的生产工艺确定。管廊的成型方法分为湿法与干法两种。湿法中分为卧式成型工艺与立式成型工艺。

湿法生产工艺装拆模是影响生产周期的重要因素，因而各个生产单位都在极力改进钢模设计，减少装拆模时间，提高工效。干法包括芯模振动工艺与高频竖向振动成型工艺。

1）浇筑（加辅助振动）成型工艺

管廊湿法生产即浇筑成型工艺，包括卧式成型工艺和立式成型工艺，优点为成型工艺简单、小批量生产灵活、产品外观光滑，可生产大规格和多孔方涵产品。缺点是规模生产时模具投入大、产能小、工人劳动强度大。

2）芯模振动成型工艺

芯模振动成型工艺采用干法生产，芯模高频率整体振动使混凝土液化密实，同时使水泥产生一定的活化以提高混凝土强度。混凝土密实度高可以立即脱模，大量减少了模具数量及总体费用，与湿法工艺相比，可减少原材料的成本和降低人工费用等。由于芯模振动成型原理为激振力横向传递、沿法线方向激振力衰减，在生产方形构件时混凝土所受激振力强度大小不一，四直角处所需振力要求最高，实际传递振力最小，通常芯模振动成型工艺不生产大口径的预制混凝土综合管廊，一般生产口径在2.5m×2.5m以下的单仓预制混凝土方涵。

图11-3　高频竖向振动成型图

3）高频竖向振动成型工艺

可预制混凝土检查井和箱涵，能成型大口径的多仓混凝土方涵，最大可达4m×3m×1.5m混凝土方涵。该工艺方式生产大小混凝土方涵的适应性强，模具费用低，但主机设备一次性投入较大（图11-3）。

各生产工艺对比如表11-1所示。

生产工艺对比表　　**表11-1**

序号	指标项	立式芯模振动	高频竖向振动	浇筑
1	生产效率	高	高	低
2	劳动强度	低	低	高
3	自动化程度	高	高	低

续表

序号	指标项	立式芯模振动	高频竖向振动	浇筑
4	产品规格	＜2500mm×2500mm，单舱	＜4000mm×3000mm，1～3 舱	大，多舱
5	生产占地面积	小	小	大
6	生产成本	低	低	高
7	设备一次投入	中	高	低
8	设备总投入	低	低	高
9	废浆、污水	无	无	多
10	模具数量	一套模具多个底托	一套模具多个底托	多
11	养护条件	可自然养护	可自然养护	蒸汽养护
12	产品质量	好	好	好
13	外观	一般	一般	好

结合工程设计及实际运用情况得出：

① 对于双舱截面及三舱截面，立式芯模振动成型工艺不适用，高频竖向振动成型工艺尺寸不能满足，只有浇筑振动成型工艺适用。

② 对于单舱截面，三种工艺均适用，但芯模振动和高频竖向振动设备一次投入高，而单舱工程量相对很小，不经济。

3. 节段运输

运输车辆根据节段规格选用，一般可采用 50t、长 14m、宽 2.5m 拖车，每车装 1 节预制管节运输。车辆行驶速度不超过 35km/h，在隧道内行驶速度不得超过 30km/h。并应满足道路、隧道等相关高度和宽度的限制要求。

4. 节段卸车及翻转

1）节段拼装主要机具，见表 11-2。

主要机具明细清单 **表 11-2**

序号	设备名称	单位	备注
1	运输车辆	台	根据工程构件尺寸、重量及现场施工条件综合考虑
2	汽车吊/龙门吊	台	
3	脱模吊具	套	
4	翻转吊具	套	
5	液压千斤顶	套	
6	油泵	个	
7	水压泵	个	
8	水准仪	台	

脱模吊具、翻转吊具与管廊节段相配套，一般采用钢板加工而成。吊具在加工前需进行受力验算，验算通过再进行加工和使用（图 11-4、图 11-5）。

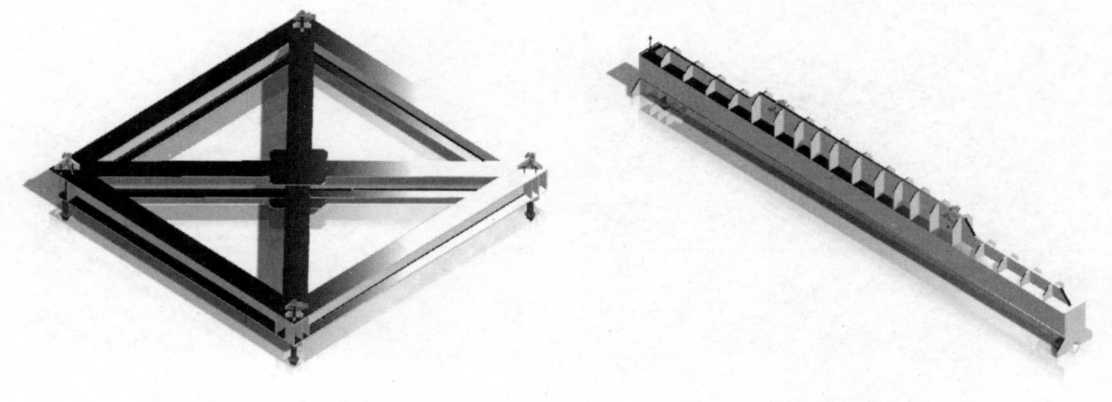

图 11-4　卸车吊具　　图 11-5　翻转吊具

吊装机械进场前，应进行场地交接检查，基槽由设计、施工、建设、监理共同验收通过，并有可供施工人员上下的施工马道。进行吊装施工前，基础防水保护层已完成，且防水保护层表面平整度要达到设计要求。

2）起重设备安装就位

起重设备安装就位流程如图 11-6 所示。

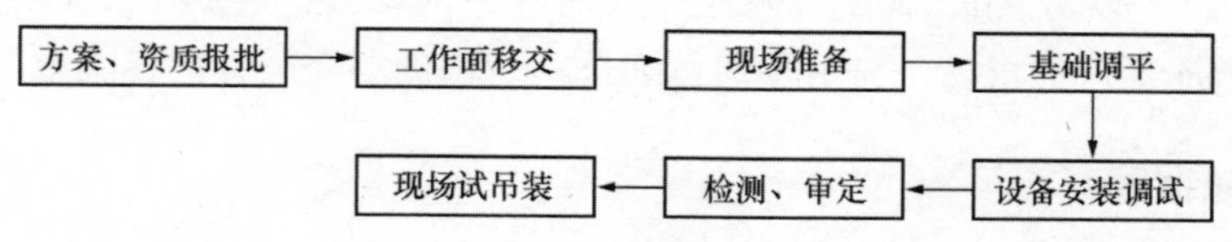

图 11-6　起重设备安装就位流程

设备安装前，根据预制管廊构件桩号进行测量放线，宜在基坑沿线标明桩号，确定吊装点的具体位置。

3）管节卸车

运输车辆停到指定位置，运输工人解除运输固定绳索，吊装工人换上专用吊具，确保吊装孔与插销连接稳定，然后用起重设备进行四点起吊（图 11-7）。预制管廊落地时，应在管廊四角底部垫木方，防止成品构件损伤。

4）管节翻转

管节翻转前将卸车吊具更换为翻转吊具，起吊时利用两点起吊并完成竖向偏心翻转（图 11-8）。管节翻转起吊时，在地面上沿管节长边方向均匀布置木枋，避免翻转时管节损坏。构件吊离地面（离地 2.5m 高左右）待其平稳后缓慢旋转吊臂将构件吊至基槽上方，然后缓慢下放吊绳将构件吊至基槽底部离地约 0.2m 处停止，此时安排现场安装人员下至基槽内对构件进行水平翻转并对正，翻转时构件两侧人员对向推动使构件水平旋转，并使旋转后的构件与已安装的构件承插相接。

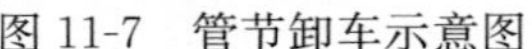
图 11-7　管节卸车示意图

图 11-8　管节翻转示意图

5. 管节对接拼装

将构件平稳吊至基坑内，沿管节安装方向间距 600～1000mm 布置，管节堆放的个数不得超出起重机械吊装范围。注意管节在基坑内排放的方向，安装方向为插口方向对承口方向，安装方向为由低处向高处进行。对接拼装前，应提前进行测量放线，在防水保护层上用墨线弹出管廊中心线以及两侧边线。根据场地平整度情况，在防水保护层上铺一层 5～10mm 厚的黄砂（中砂），用以找平和减小张拉时地面对构件的摩擦力。起重吊装设备操作应由专职信号指挥工负责指挥，与吊车司机配合，对构件空间位置进行调整（图 11-9）。

6. 管节张拉锁紧

管节对接后，检查轴线标高及拼缝距离的均匀性。满足要求后，组织施工人员对两节管进行预应力钢绞线张拉，张拉力的大小依次逐渐增加，直到管节间内封尺寸满足设计要求为止（图 11-10）。若管节间的间距不满足要求，应分开重新张拉，并分析原因，采取有效的解决措施，直到间距满足要求为止。

图 11-9　管节对接拼装

图 11-10　管节张拉

7. 内水压试验

根据设计要求，节段拼缝需进行水压试验，保证拼缝在设计压力下无漏水。

以承插式接口管廊拼缝为例，拼缝插口深度约100mm，接口防水采用2道防水橡胶，其中一道斜面橡胶为三元乙丙弹性橡胶，另一道为遇水膨胀弹性橡胶。预制管节接口如图11-11所示。

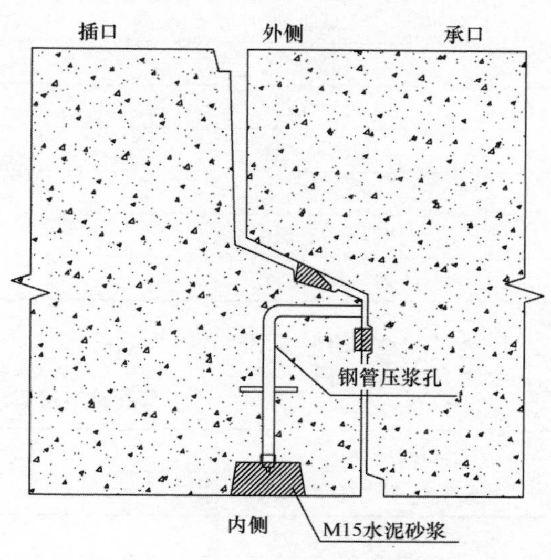

图11-11　预制管节接口图

8. 细部结构处理

一节管节安装完毕，组织下一节的安装。一段预制管廊完成后（长度不超过30m），按设计要求对接缝部位进行细部施工。包括拼缝处的聚硫密封膏密封处理、张拉手孔及吊装孔部位封堵处理、管节底部的黄砂注浆处理等。

11.1.3　验收

1. 节段预制验收标准

1）外观质量验收标准，见表11-3。

预制管节外观质量检查标准　　表11-3

序号	控制项目	验收标准	检验方法
1	内外表面	密实、光洁完好、无裂纹、蜂窝、麻面、气孔、水槽、露砂、露石、露浆及黏皮	观察法
2	承插口端面	光洁完好，无掉角、裂纹、露筋	观察法
3	承口粘贴胶条凹槽	平滑顺畅、纹路清晰、不应粘有浮浆及杂物	观察法
4	顶、底板内外表面	平整、无局部凹凸不平	观察法
5	侧壁预埋螺丝	牢固、丝路顺畅、排列整齐	观察法
6	张拉孔	顺畅、孔径一致，无歪斜偏离	观察法

2）节段尺寸偏差标准，见表11-4。

预制管节尺寸质量验收标准　　表11-4

序号	控制项目	允许偏差	检验方法
1	长度	（−2，0）mm	钢尺
2	宽度、壁厚	（0，+5）mm	钢尺
3	高度	±5mm	

续表

序号	控制项目	允许偏差	检验方法
4	侧向弯曲	$L/1500$ 且≤6mm	拉线、直尺测量最大侧向弯曲处
5	翘曲	$L/1000$	四角拉线测量
6	表面平整度	≤3mm	2m 靠尺和塞尺
7	对角线差	≤5mm	钢尺
8	轴线偏移量	5mm	全站仪测量
9	预埋件错牙	≤5mm	钢尺
10	预埋件、预留孔洞中心位移	≤3mm	钢尺
11	钢筋保护层厚度	±3mm	钢筋保护层测定仪

3）接口尺寸检验标准，见表 11-5。

预制管节接口尺寸质量验收标准 **表 11-5**

规格（mm）内宽（B）×内高（H）	企口型接口					
	t_1	t_2	t_3	t_4	L_1	L_2
1200×1200～2000×2500	±1	±1	±1	±1	±0.5	±0.5
2200×2000～3000×3000	+2 −1	+2 −1	+2 −1	+2 −1	±1	±1
3500×2000～5000×3500	±2	±2	±2	±2	±2	±2

2. 节段拼装质量验收，见表 11-6。

综合管廊节段拼装质量验收标准 **表 11-6**

序号	检查项目	规定值或允许偏差	检查方法
1	轴线位移	±10（mm）	用全站仪检查 3～8 处
2	内、外包尺寸	±10（mm）	用钢尺量，每孔 3～5 处
3	标高误差	±10（mm）	用水准仪测量
4	相邻段不均匀沉降	±5（mm）	用水准仪测量
5	地下工程防水（二级防水）	不允许漏水，结构表面可有少量湿渍，湿渍总面积不大于总防水面积的 0.1%，单个湿渍面积不大于 0.1m²，任意 100m²防水面积不超过 1 处	目测，钢尺测量

3. 内水压试验检验标准

预制管节在 0.08MPa 内水压力下检验时，允许有潮片，但潮片面积不得大于总外表面积的 5%，且不得有水珠流淌。此外，预制管节连接处不应漏水。

11.2　分片预制装配施工技术

11.2.1　概述

综合管廊节段预制装配施工方法存在部分缺点，如节段自重大、占地面积多、结构形式单一等，为克服上述缺点，一些单位研发了分片预制装配施工技术。

分片预制装配技术是对综合管廊结构进行放样、模拟验算及合理划分，再通过预制厂预制现场拼装的一种施工技术。对于明挖结构分片预制拼装，综合管廊结构截面一般采用矩形，结构分片划分为底板、侧墙和顶板三个区块（图11-12）。

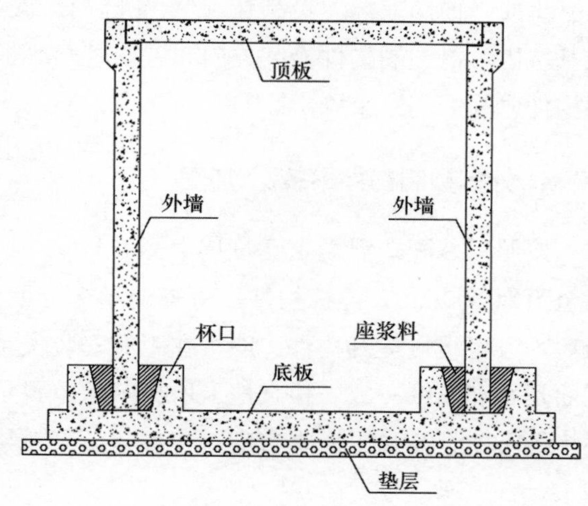

图11-12　分片预制装配示意图

分片预制装配技术可有效减少单个构配件的重量，有利于构件运输和现场吊装。结构无须湿作业，作业人工少，工期快。不足之处是接头多，拼装处防水要求高；预制构件制造及安装精度要求高；结构整体性差。

11.2.2　关键技术

1. 工艺流程

分法预制装配施工工艺流程如图11-13所示。

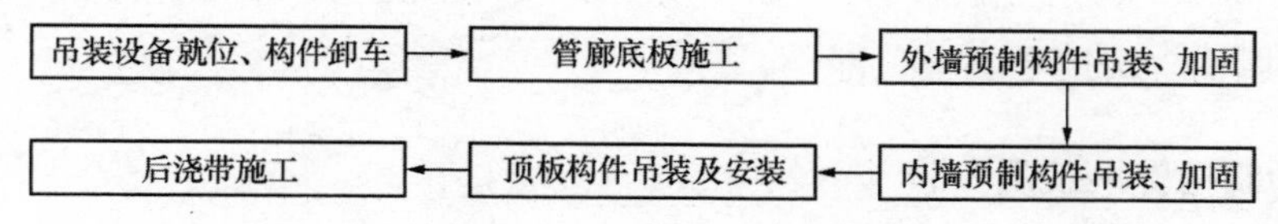

图11-13　分法预制装配施工工艺流程

2. 吊装设备就位、构件卸车

结合现场及地质条件选择如下机具：龙门吊、履带吊、汽车吊等可移动式吊装设备，吊装设备的性能应满足最不利吊装工况（吊重、吊装半径等）的作业需求，如果有灌浆作业应配备灌浆机。

物流车辆应根据指示停放在指定卸货地点，同时针对现场环境预留出吊装设备操作空间。运输车辆停到指定位置后，应解除运输固定绳索，换专用吊具，确保吊装孔与插销连接稳定，然后进行起吊，将预制构件卸到临时堆放区域。构件进场后，根据预制构件质量验收标准，进行逐块验收，包括外观质量、几何尺寸、预埋件、预留孔洞、标识等，发现不合格予以退场。

3. 管廊底板施工

底板采用现浇时，在基槽内完成钢筋绑扎及混凝土浇筑，若预制管廊外墙构件附带底板腋角部位，底板钢筋绑扎及混凝土浇筑工作应在预制外墙板安装完成后进行。

底板预埋内螺纹套筒应在混凝土初凝前完成，套筒中心位置偏差控制在2mm以内，与混凝土面平面高差偏差控制在±5mm以内。底板为预制底板时，应将预制管廊底板平稳吊至基坑内，沿预制构件安装方向布置，管廊底板堆放个数应由可移动式吊装设备的位置与预制构件之间的间距来确定。

4. 外墙预制构件吊装、加固

按照《装配式混凝土建筑技术标准》GB/T 51231—2016要求，起重设备将预制外墙板吊至距地300mm，停稳构件，检查钢丝绳、吊具和预制构件状态，确认吊具安全且构件平稳后，方可缓慢提升构件。墙板在距离安装位置500mm时停止起重机下降，检查墙板的正反面是否和图纸一致，检查地上所标示的位置是否与实际相符。构件接缝基础面应干净、无油污等杂物。高温干燥季节应对构件与灌浆料接触的表面提前1h做润湿处理，但不应形成积水。

5. 内墙预制构件吊装、加固

底板上应根据图纸及定位轴线放出预制内墙定位边线及200mm控制线，内墙板安装前应将预埋在底板上的调节螺栓标高调整到设计标高；墙板安装前应拌制座浆料预铺在杯口底部，厚度大于30mm，确保墙板凸榫底面压实座浆料，墙板采用钢支撑固定稳固后，拌制灌浆料填筑杯口四周，高度至底板顶部。

6. 顶板预制构件吊装及安装

构件标高应通过预制墙板预埋螺栓进行调节，安装顶板前测量人员利用水准仪复核螺栓顶标高，根据测量标高调节螺栓高度直至符合要求。每块顶板吊装完成后应复核，每个标准节吊装完成后再次统一复核。顶板安装前应现场拌制座浆料，铺设宽度不小于150mm，厚度略高于设计调节螺母标高，沿板长方向通长预铺，顶板安装完成后应及时处理内侧座浆料，将压挤出的座浆料清除并勾缝。

7. 后浇带施工

后浇带混凝土施工前，后浇带部位应予以保护，严防落入杂物。后浇带封闭宜采用定型铝合金模板或钢模板，并采用补偿收缩混凝土浇筑。后浇带两侧应粘贴海绵条，防止漏浆。

11.2.3 验收

1. 预制构件验收

预制构件尺寸质量验收标准见表 11-7。

预制构件尺寸质量验收标准　　**表 11-7**

检查项目		允许偏差（mm）	检查数量		检查方法
			范围	数量	
长度	板	+10，5	每构件	2	用钢尺量
	墙	±5			钢尺量一端及中部，取较大值
宽度、高度		±5			
侧向弯曲	板	$L/750$ 且≤20			拉线、钢尺量最大侧向弯曲处
	墙	$L/1000$ 且≤20			
表面平整度		5	每构件	2	2m 靠尺和塞尺量
对角线	板	10			用钢尺量两个对角线
	墙	5			
预留孔	中心线位置	5	每处	1	用钢尺量
	孔尺寸	±5			
预留洞	中心线位置	10			用钢尺量
	洞口尺寸、深度	±10			
预埋件	预埋板中心线位置	5			用钢尺量
	预埋板与混凝土面平面高差	0，5			
	预埋螺栓	2			
	预埋螺栓外露长度	+10，−5			
	预埋套筒、螺母中心线位置	2			
	预埋套筒、螺母与混凝土面平面高差	±5			
预留插筋	中心线位置	5			用钢尺量
	外露长度	+10，−5			
键槽	中心线位置	5			用钢尺量
	长度、宽度	±5			
	深度	±10			

注：1. L 为构件长度（mm）。

2. 检查中心线、螺栓位置时，应沿纵、横两个方向量测，并取其中的较大值。

3. 对形状复杂或有特殊要求的构件，其尺寸偏差应符合标准图或设计的要求。

4. 预制构件的粗糙面的质量及键槽的数量应符合设计要求。

5. 预制拼装综合管廊施工后，其外观质量不应有一般缺陷。

2. 预制构件分片安装验收

预制拼装综合管廊构件位置和尺寸质量验收标准见表 11-8。

预制拼装综合管廊构件位置和尺寸质量验收标准 **表 11-8**

检查项目			允许偏差（mm）	检查方法
轴线位置	板		5	全站仪及用钢尺量
	墙		8	
标高	板底面或顶面		±5	水准仪或拉线、用钢尺量
	墙			
垂直度	墙板安装后的高度	≤6m	5	全站仪或吊线、用钢尺量
		>6m	10	
相邻构件平整度	板		5	2m 靠尺和塞尺量测
	墙		5	
支座、支垫中心位置			10	用钢尺量
墙板接缝宽度			±5	用钢尺量

3. 现浇处混凝土质量控制及验收

参考第 10 章 10.1.3 验收标准。

11.3 叠合预制装配施工

11.3.1 概述

叠合板施工工艺常见于装配式建筑，施工时将楼板分为构件厂预制和现场浇筑两部分，这样充分利用预制与现浇的优势，既减轻构件自重，免用模板支模，又通过现场二次浇筑，保证板的承载力和建筑物整体刚度。

综合管廊叠合预制装配施工借鉴装配式建筑叠合板施工技术，管廊结构一般采用预制双侧叠合墙、预制叠合顶板，预制构件运抵现场后快速拼装，叠合墙、板充当模板，在叠合墙内、叠合板上浇筑混凝土，形成一个完整的地下综合管廊。底板结构也可采用叠合装配式，但考虑施工阶段结构平衡及稳定性，底板一般采用现浇。

叠合预制装配施工方法适用于明挖沟槽综合管廊，其建造优点如下：

（1）灵活性高、适应性强。薄板尺寸不受模数的限制，可按设计要求随意分割，合理的设计可以解决预制拼装的整体性、刚度及抗渗性不足的问题。

（2）综合品质好。叠合预制装配费用较现浇略高，但节约工期、周转材料，节省现场人工，且绿色、环保，外观质量良好。

（3）施工效率高。安装机械化，构件制作不受季节及气候限制；单工件较轻，无需大型起重设备，施工速度快。

11.3.2 关键技术

1. 施工工艺流程

叠合预制装配施工工艺流程如图 11-14 所示。

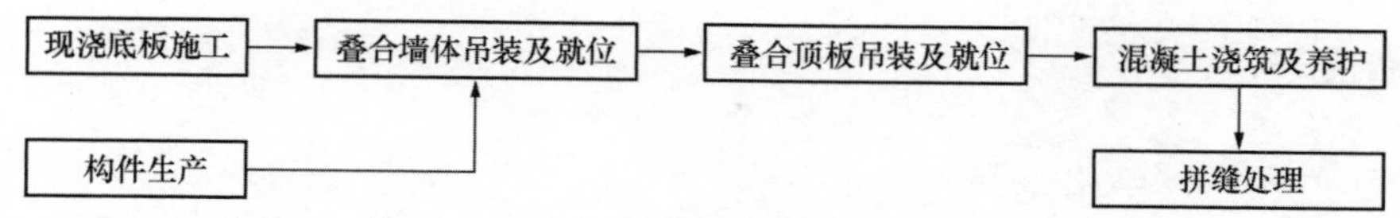

图 11-14　叠合预制装配施工工艺流程

2. 现浇底板施工

考虑底板模架投入少、钢筋绑扎作业方便，管廊采用叠合预制工艺时，底板采用现浇工艺施工。施工时注意以下要点：

施工前复核垫层或保护层标高，允许误差控制在±5mm 以内。在垫层或保护层基面精准测放钢筋定位线及结构边线，确保结构成型误差满足《混凝土结构工程施工质量验收规范》GB 50204—2015 中 9.3.10 条规定。根据墙筋设计提前制作定位钢板，浇筑前采用定位钢板对预留墙筋位置进行复核校正，控制位置偏移量在±10mm 内。钢筋绑扎时同步安装变形缝、施工缝等位置预埋件，以及排水套管、连接节点钢板预埋件等，浇筑前应检查各类预留预埋是否安装到位。导墙剪力槽成型可采取预埋嵌缝板，并与止水钢板、钢筋连接牢固，防止混凝土浇筑时产生移动。混凝土浇筑时应注意对预留筋的保护，导墙顶面根据导墙标高控制筋严格控制标高并收光平整，允许误差控制在±5mm 以内。底板施工时在变形缝与施工缝交界处预留出 500mm 长中埋式止水带及外贴式止水带便于后续接头，同时变形缝处叠合外墙构件预制时，将外贴式止水带一同安装，上下端各留出 500mm 与底板外贴式止水带搭接，搭接时宜采用硫化机加热连接。

底板浇筑完成后，将导墙顶部剪力槽内嵌缝板移除，并用清水冲洗干净。采用水准仪或者水准尺进行底板导墙成型顶面标高测量，超出部分需剔凿干净，不足部分采用不大于 30mm 厚的坐浆调整。底板施工、修补完毕后，在底板导墙顶部靠外沿 5mm 左右粘贴堵漏胶条。参见图 11-15、图 11-16 所示。

图 11-15　底板垫层标高测放

图 11-16　底板限位槽钢安装

3. 构件生产

1）模台成型

模台采用同墙厚角钢模板焊接于钢振动台上，并附加模台限位措施，防止混凝土浇筑过程中模台发生移动现象（图 11-17）。

图 11-17　固定模台

2）模台成型钢筋绑扎、下放及单页混凝土浇筑

叠合墙钢筋绑扎按照设计要求进行，下放后浇筑混凝土（图 11-18、图 11-19）。

图 11-18　钢筋绑扎

图 11-19　混凝土浇筑

3）叠合墙翻转

单页墙体吊装放置于地面之后（此时混凝土面朝下），垂直吊起，落放于大型翻转台上，再下放翻转台，最终实现墙体翻转（钢筋面朝下）（图 11-20、图 11-21）。

4）叠合墙二次浇筑

二次成型施工顺序不同于首次浇筑，二次成型时，首先将混凝土倾倒于角钢模板内，然后吊装前期成型结构至模台内，并调整振捣频率，使钢筋完全融入混凝土内部（图 11-22、图 11-23）。

图 11-20 单页墙体起吊

图 11-21 单页墙体翻转

图 11-22 双页墙体混凝土浇筑

图 11-23 双页墙体起吊

5）叠合顶板生产

顶板施工较为简单，将绑扎成型的钢筋放入角钢模台内，浇筑混凝土即可。生产时需注意顶板预留钢筋位置，角钢模台应对相应钢筋进行预留，然后密封处理。

6）构件养护

构件采用低温蒸汽养护，蒸养在原生产模位上进行，采用表面遮盖油布做蒸养罩，内通蒸汽；构件成型后，指定堆放点，并设置专用支架用于支撑板材，构件放置于支架上时应对称靠放，内板朝外，倾斜度保持在 75°～90°，防止倾覆，并保证构件二次吊装不被破坏（图 11-24）。

图 11-24 构件养护

4. 叠合墙体吊装及就位

墙体构件吊装时按构件拼接方向依次吊装，不应间隔吊装或超出设定吊装半径吊装。单个构件吊装后安装撑杆固定，固定后方可吊装下一构件。吊装下放时需安排专业装配工人辅助定位。预制构件从车上起吊时，应对墙板上角和下角进行保护。吊装叠合墙板时，应采用两点起吊，吊具绳与水平面夹角不宜大于 60°，且不应小于 45°。

墙体吊装到位之后，在叠合墙板预埋件及底板预埋件（或底板膨胀螺栓固定）之间及时安装临时斜向支撑。临时斜向支撑采用可调节长度的专用快拆杆件，斜撑杆纵向间距及支点位置应根据构件高度计算确定，计算安全系数应满足《混凝土结构工程施工规范》GB 50666—2011 中 9.2.4 条规定。临时斜向支撑两端连接固定后，通过手动旋转斜撑杆调节墙体垂直度，墙体垂直度应满足《混凝土结构工程施工质量验收规范》GB 50204—2015 中 9.3.10 条规定。每块叠合墙板应不少于两根斜撑杆，支撑与底板夹角宜在 40°～50°之间。底板与侧墙之间的连接节点采用底板预留筋插入叠合墙板底部螺旋箍的形式进行连接。侧墙与顶板连接节点采用预制构件横、竖向预留筋及弯折附加筋加固。

叠合墙板垂直度调整并固定后，对叠合墙顶部标高进行复核，超出部分进行打磨，不足部分采用不大于 30mm 厚的坐浆调整。墙顶平整度控制在±5mm 以内后，在墙板顶面沿外缘纵向粘贴堵漏胶条（图 11-25）。

5. 叠合顶板吊装及就位

叠合顶板吊装时宜采用 4 点起吊，落放时采用人工辅助定位，确保两端支点搁置长度符合设计要求。叠合顶板吊装前，应在板底设置临时竖向支撑，并通过支撑上的调节器调整顶板标高（图 11-26）。顶板临时竖向支撑采用可调节长度的专用快拆杆件，每块标准叠合板下立杆按梅花形布置，具体横向间距、纵向间距应根据计算确定。

图 11-25　叠合墙体施工

图 11-26　叠合顶板吊装

6. 混凝土浇筑及养护

叠合式顶板上层配筋根据深化设计图布筋，钢筋锚固长度及腋角处附加钢筋应符合设计及相关规范要求。混凝土浇筑前，叠合双面墙内部空腔应清理干净，在混凝土浇筑前，叠合式预制构件内表面应浇水充分湿润。混凝土强度等级应符合设计要求，当墙体厚度小于250mm 时墙体内现浇混凝土宜采用细石自密实混凝土施工。混凝土浇筑时应分层连续浇筑，每层浇筑高度不宜超过 800mm，浇筑速度不宜超过 800mm/h，浇筑前在墙板上标记设计标高定位线，施工完后对顶板面标高进行复核。当墙体厚度小于 250mm 时，混凝土振捣应选用 ϕ30mm 以下微型振捣棒。现浇混凝土强度等级应符合设计要求。用于检查结构构件中混凝土强度的试件，应在混凝土浇筑地点随机抽取，取样与试件留置应符合《混凝土结构工程施工质量验收规范》GB 50204—2015 中 7.4.1 条规定。

后浇混凝土强度达到设计要求后，方可拆除支撑。

7. 拼缝处理

拼缝嵌填密封前，应将拼缝内空腔清理干净。应按设计要求塞填嵌缝密封材料。密封材料嵌填应饱满、密实、均匀、顺直、表面平滑。相邻叠合墙体间连接节点采用在拼缝空腔处吊装插入竖向销接钢筋笼。底板与叠合墙板处拼缝采用发泡限位胶条封堵，外侧采用建筑密封嵌填材料封闭。叠合墙板竖向拼缝采用发泡限位胶条封堵，外侧采用建筑密封嵌填材料封闭。叠合墙板水平拼缝间顶部采用小直径光圆钢筋网片连接，底部采用胶带封闭。变形缝处廊体内侧内贴式止水带或接水盒处为异形凹槽形式，凹槽在底板处现浇成型、墙顶板处随预制构件一同成型。

11.3.3 验收

（1）现浇施工钢筋、混凝土验收参考第 10 章 10.1.3 验收标准。

（2）预制构件验收。

预制构件使用时须对每块构件进场验收，主要针对构件外观和规格尺寸（表 11-9）。

构件外观要求：外观质量上不能有严重的缺陷，且不应有露筋和影响结构使用性能的蜂窝、麻面和裂缝等现象。

预制构件进场质量验收标准　　**表 11-9**

<table>
<tr><th>项次</th><th colspan="3">项目</th><th>允许偏差
（mm）</th><th>检验方法</th></tr>
<tr><td rowspan="8">1</td><td rowspan="8">规格尺寸</td><td colspan="2">高度</td><td>±5</td><td>用钢尺量两侧边</td></tr>
<tr><td colspan="2">宽度</td><td>±5</td><td>用钢尺量两横端边</td></tr>
<tr><td colspan="2">厚度</td><td>±5</td><td>用钢尺量两端部</td></tr>
<tr><td colspan="2">对角线差</td><td>10</td><td>用钢尺量测两对角线</td></tr>
<tr><td rowspan="4">窗
洞口</td><td>规格尺寸</td><td>±5</td><td rowspan="4">用钢尺量</td></tr>
<tr><td>对角线差</td><td>5</td></tr>
<tr><td>洞口尺寸</td><td>10</td></tr>
<tr><td>洞口垂直度</td><td>5</td></tr>
</table>

续表

<table>
<tr><th>项次</th><th colspan="3">项目</th><th>允许偏差（mm）</th><th>检验方法</th></tr>
<tr><td rowspan="3">2</td><td rowspan="3">外形</td><td colspan="2">侧向弯曲</td><td>1/1000</td><td>拉线和用钢尺检查侧向弯曲最大处</td></tr>
<tr><td colspan="2">扭曲</td><td>1/1000</td><td>用钢尺和目测检查</td></tr>
<tr><td colspan="2">表面平整</td><td>5</td><td>用 2m 直尺和楔形塞尺检查</td></tr>
<tr><td rowspan="4">3</td><td rowspan="4">预留部件</td><td rowspan="2">预埋件</td><td>中心线位置</td><td>10</td><td>用钢尺量纵、横两个方向中心线</td></tr>
<tr><td>与混凝土表面平整</td><td>5</td><td>用尺量</td></tr>
<tr><td rowspan="2">安装门窗预埋洞</td><td>中心线位置</td><td>15</td><td>用钢尺量纵、横两个方向中心线</td></tr>
<tr><td>深度</td><td>＋10、－0</td><td>用钢尺量</td></tr>
<tr><td>4</td><td colspan="3">主筋保护层厚度</td><td>＋10、－5</td><td>用测定仪或其他量具检查</td></tr>
<tr><td>5</td><td colspan="3">翘曲</td><td>1/1000</td><td>调平尺在两端测量</td></tr>
</table>

（3）构件编号及施工控制线。

每块预制构件验收通过后，统一按照板下口往上 1500mm 弹出水平控制墨线；按照左侧板边往右 500mm 弹出竖向控制墨线。并在构件中部显著位置标注编号。

（4）构件吊装验收。

构件吊装调节完毕后须进行验收，验收标准如表 11-10 所示。

构件吊装质量验收标准 **表 11-10**

序号	项目	允许偏差（mm）	检验方法
1	轴线位置	5	钢尺检查
2	底模上表面标高	±5	精密水准仪
3	每块外墙板垂直度	5	2m 靠尺检查
4	相邻两板高低差	2	2m 靠尺和塞尺检查
5	外墙板外表面平整度	3	2m 靠尺和塞尺检查
6	外墙板单边尺寸偏差	±3	钢尺量一端及中部，取其中较大值
7	水平拉杆位置偏差	±20	钢尺检查
8	斜拉杆位置偏差	±20	钢尺检查

第 12 章　管廊暗挖施工技术

暗挖法是指地下工程在土建施工时，不挖开地面而采用在地下挖洞的施工方法。当地下工程通过城市交通繁忙地段、不允许路面交通封闭或工程位于较完整的岩石地层且地下水不发育时，可采用暗挖法施工。

暗挖法对地面上结构影响小，对地质条件有较强适应性，但作业条件差，施工进度较慢且造价较高。对城市综合管廊建设来说，当工程条件较好时，首选明挖法施工；当工程穿越人口密集城区、交通要道或铁路公路等区域时，明挖施工存在很大阻碍，此时通常采用暗挖法进行施工。

城市综合管廊常用的暗挖施工方法主要有浅埋暗挖法、盾构法、顶管法，下面将对三种暗挖施工方法进行阐述。

12.1　浅埋暗挖法

12.1.1　概述

浅埋暗挖法是在距离地表较近的地下进行各类地下洞室暗挖的一种施工方法，此施工方法适合埋层浅，地层岩性差，存在地下水，环境复杂等地区。浅埋暗挖法与新奥法相比，更强调地层的预支护和预加固。浅埋暗挖法支护衬砌的结构刚度比较大，初期支护允许变形量较小，有利于减少对地层的扰动及保护周边环境。浅埋暗挖法既可当作独立的施工方法，也可与其他施工方法结合使用，如地铁车站常与明（盖）挖法相结合，区间隧道与盾构法结合施工。浅埋暗挖法有很强的兼容性，其与明（盖）挖法及盾构法的应用比较见表 12-1。

浅埋地下工程施工方法比较　　**表 12-1**

施工方法	浅埋暗挖法	明（盖）挖法	盾构法
地质条件	有水地层需处理	各种地层	各种地层
拆迁工作	小	大	小
地下管线	无需拆迁	需拆迁	无需拆迁
断面尺寸	各种断面	各种断面	不行
施工场地	较小	大	一般
进度	开工快，总工期较慢	总工期较短	前期慢，总工期一般
振动噪声	小	大	小
防水	较难	较易	较难

浅埋暗挖法在开挖中采用各种辅助施工措施加固围岩，开挖后即时支护、封闭成环，使

其与围岩共同作用形成联合支护体系，抑制围岩过大变形。施工要遵循十八字方针，即“管超前、严注浆、短开挖、强支护、快封闭、勤量测”。

综合管廊下穿铁路、道路及建筑物等障碍时，在明挖和盾构法施工困难的情况下，浅埋暗挖法有较大的适应性。

12.1.2 关键技术

1. 工艺流程

浅埋暗挖法工艺流程如图 12-1 所示。

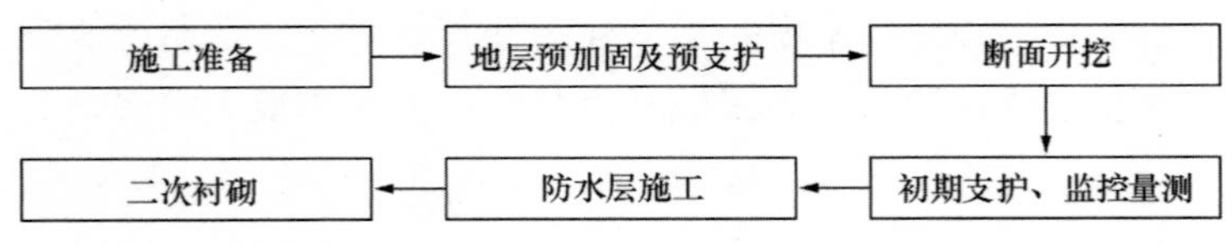

图 12-1 浅埋暗挖法工艺流程

2. 施工准备

1）施工前，应先探明工程影响范围内的地表构筑物/地下管线分布情况，充分掌握工程地质情况和设计图纸等相关文件内容。

2）施工机具设备应保证使用功能良好，使用前应进行调试，机械配备数量应满足正常施工需求。常用主要施工机具参照表 12-2。

浅埋暗挖法常用主要施工机具（参考） **表 12-2**

序号	机具设备名称	性能参数	单位	备注
1	轴流通风机	110kW	台	设备数量根据隧道断面大小和工作面确定
2	电动空压机	$20m^3/min$	台	
3	挖掘机	PC300	台	
4	装载机	ZL-50	辆	
5	自卸汽车	红岩金刚	辆	
6	强制搅拌机	JS350	台	
7	双液注浆泵	2TGZ60/120	套	
8	湿喷机	TK500	台	
9	电焊机	BX3-500	套	
10	弯拱机	WG-250	台	
11	钢筋切断机	GQ-40	台	
12	钢筋弯曲机	GW-40	台	
13	钢筋调直机	ZTGT6-12	台	
14	汽车吊	16T-25T	辆	

续表

序号	机具设备名称	性能参数	单位	备注
15	混凝土输送泵	HTB60型	辆	设备数量根据隧道断面大小和工作面确定
16	混凝土运输车	8～12m^3	辆	
17	振动棒	DN30-DN50	台	
18	发电机	300kW	台	
19	水泵	QW-180	套	

3）为保障现场突发应急处置妥善及时，现场还应配备应急抢险机械和材料，同时配备应急电源、应急水泵、抢修机具及灭火设备等应急机具。

4）按照已经批准的施工方案组织现场围挡封闭，做好场地平整和外围交通引导提示。若采用硬质彩钢围挡，围挡总高度需按相关规定设置（城区围挡不得低于2.5m，野外围挡不得低于1.8m），围挡外侧张贴必要的反光标识，围挡顶部设必要的警示灯。

5）工作坑/洞口开挖前，应先进行地下管线探测，并采用人工探挖揭示地下管线，并做好迁改或就地保护措施，方可进行大面积开挖施工。同时做好坑槽临边防护，防护栏杆高度不得低于1.2m。

3. 地层预加固及预支护

浅埋暗挖工法常用的预加固和预支护方法有小导管超前预注浆、开挖面深孔注浆及管棚超前支护（表12-3、图12-2）。

预加固及预支护措施比较　　表12-3

预加固/预支护措施	加固方式及特点	适用范围
小导管超前预注浆	开挖前喷5～10cm厚混凝土将开挖面和5m范围内隧道封闭，再沿隧道周边打入带孔的纵向小导管，由上而下向小导管内压浆，渗透到地层中。浆液硬化后，在隧道周围形成一个加固圈；在此加固圈防护下进行开挖	适用于一般软弱破碎围岩和地下水丰富的软弱破碎围岩
开挖面深孔注浆	在开挖面前方的围岩中注浆，提高地层强度和稳定性，降低渗透性，形成较大范围筒状封闭加固区，在其范围内进行开挖作业	类型一："浸透"注浆、"裂缝"注浆和"空穴"注浆，适用于破碎岩体，砂卵石地层，中、细粉砂层等；类型二："劈裂"注浆，适用于黏性土地层，先劈裂再充填，起挤压加固作用
管棚超前支护	利用钢拱架，沿开挖轮廓线，以较小外插角向前方打入钢管或钢插板形成棚架，对前方围岩进行预支护，在管棚预支护保护下开挖。其整体刚度大，对围岩变形限制能力较强，能提前承受早期围岩压力	围岩压力来得快、来得大，对围岩变形及地表沉降要求严格，洞口围岩软弱破碎

预加固及预支护措施施工要点：

1）超前小导管成孔工艺应根据地层条件进行选择，减少对地层的扰动。超前小导管前后两排小导管的搭接长度不应小于1.0m，前端嵌固在地层中，后端应支承在已架设好的钢

图 12-2 管棚钻洞外钻进施工

格栅上，并应焊接牢固。超前小导管加固地层时，其注浆浆液应根据地层及水文地质条件，并经现场试验确定。应根据浆液类型，确定合理的注浆压力，选择合适的注浆设备。

2）深孔注浆可在地面或隧道内进行，注浆段长度应综合地层条件、地下水状态和钻孔设备的工作能力予以确定，宜为 10～15m，并应预留一定的止浆墙厚度。注浆施工中应控制注浆质量，不应出现注浆盲区。注浆未达到设计要求的区域，应采用钢花管进行补注浆。注浆过程中应根据地质条件、注浆目的等控制注浆压力。注浆结束后应检查其效果，未满足施工要求时应补浆。

3）管棚安装前，应将工作面封闭严密、牢固，管棚就位后，应按要求进行注浆，宜采用分段注浆方法。

4. 断面开挖

由于工程地质、水文、工程规模、覆土深度等因素的不同，常用浅埋暗挖法施工方法有全断面法、台阶法、中隔墙法（CD 法）、交叉中隔墙法（CRD 法）、双侧壁导坑法、洞桩法（PBA 法）、中洞法及侧洞法等，各施工方法比较如表 12-4 所示。

浅埋暗挖法各施工方法比较 **表 12-4**

施工方法	各指标比较				横断面示意	纵断面示意
	沉降	工期	支护拆除量	造价		
全断面法	一般	最短	无拆除	低		
台阶法	一般	短	无拆除	低	1 2	1 2
中隔墙法（CD 法）	较大	短	拆除少	偏高	1 3 2 4	1 3 2 4
交叉中隔墙法（CRD 法）	较小	长	拆除多	高	1 2 3 4	1 3 2 4

续表

施工方法	各指标比较				横断面示意	纵断面示意
	沉降	工期	支护拆除量	造价		
双侧壁导坑法	大	长	拆除多	高	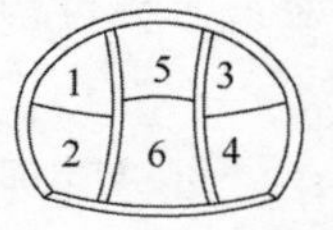 1 5 3 2 6 4	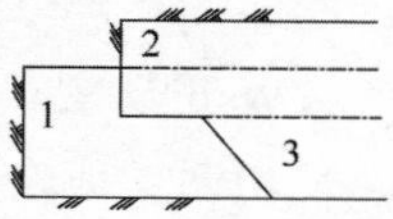 2 1 3
洞桩法（PBA法）	大	长	拆除多	高	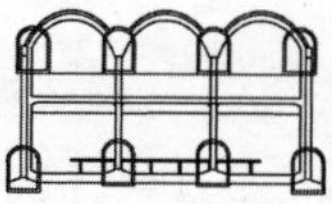	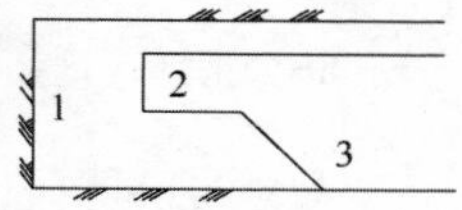 1 2 3
中洞法	小	长	拆除多	高	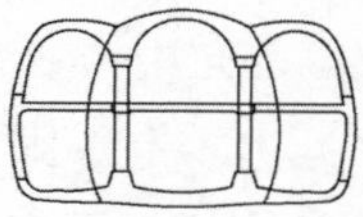	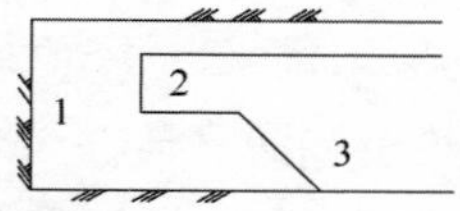 1 2 3
侧洞法	大	长	拆除多	高	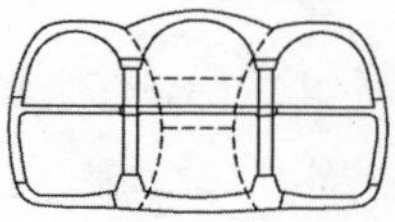	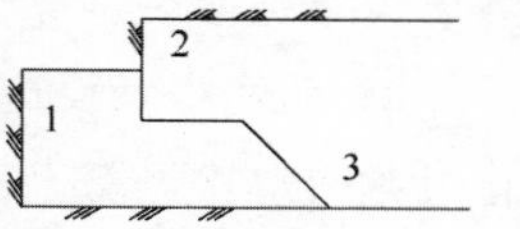 2 1 3

断面开挖施工要点：

1）综合管廊隧道开挖前，应制定安全专项方案。开挖过程中，应进行开挖面的地质素描及超前地质预报工作。

2）隧道开挖应保持在无水条件下进行；在特殊条件下，应有可靠的治水措施和手段，满足开挖的安全要求。开挖断面应以衬砌设计轮廓线为基准，并综合预留变形量、测量贯通误差和施工误差等因素的影响，不得欠挖。

3）综合管廊隧道开挖后应及时进行初期支护，停止开挖时，应及时喷射混凝土封闭开挖面。

4）综合管廊隧道对向开挖时，当两工作面相距20m时，应停挖一端，另一端继续开挖，并应做好测量工作，及时纠偏。两条平行隧道（包括导洞），相距小于1倍隧道开挖跨度时，其前后开挖面错开距离不应小于15m。

5. 初期支护、 监控量测

钢拱锚喷混凝土支护是较好的初期支护形式，其特点有：钢拱与喷射混凝土能紧密结合；钢拱在拼装成环后，具有一定的强度和刚度，在喷射混凝土尚未具备足够强度前，钢拱可单独承担土层部分荷载。

初期支护施工要点：

1）初期支护格栅钢架和钢筋网片宜采用模具化加工，现场分类存放、标识，并应采取防锈蚀措施，运输和存放过程中应采取防变形措施。钢筋网铺设应平整，并应与格栅或锚杆连接牢固，每层钢筋网之间应搭接牢固，且搭接长度不应少于1～2个网格宽度。

2）在自稳能力较差的土层中安装格栅钢架时，应在拱脚处打设锁脚锚杆。

3）初期支护封闭后，应及时进行初支背后回填注浆。注浆作业点与掘进工作面宜保持在5～10m的距离。

4）初期支护施工过程中发现异常现象时，应根据监测结果及时调整施工方案，采取相应的措施加固处理。

6. 防水层施工

1）施工时先进行基面修补整平，然后铺设防水层。处理欠挖完毕后进行防水基面处理：切除超前小导管、锚杆、钢筋头等，基面严重不平整的要进行混凝土的复喷。

2）铺设土工布缓冲层，首先用作业台车将单幅土工布固定到预定位置，然后应用射钉将热熔垫圈和土工布固定在基面上，固定点呈梅花形布置，一般拱部0.5～0.8m，边墙1.0～1.2m。基面凹凸较大处应增加固定点，使土工布缓冲层与基面密贴，要松紧适度，不致因过紧被撕裂。

3）防水板铺设应松紧适度并留有余量，以保证混凝土浇筑后与初期支护表面密贴，防止过紧或过松，防水板受挤压、紧绷破损，形成人为蓄水点。防水板间搭接缝应与施工缝错开且不小于1.0m。防水板环向铺设时，下部防水板应压住上部防水板；防水板纵向搭接与环向搭接处应采用“丁”字接头。

4）防水板连接焊接采用自动双缝热熔焊接机，细部处理或修补采用手动电热熔器，单条焊缝的有效焊接宽度不应小于15mm，防水板搭接宽度不小于15cm，分段铺设防水板边缘预留不小于60cm的搭接余量。

5）防水涂料施工时，用毛刷或滚刷直接涂刷在基面上，力度使用均匀，不可漏刷；若用于防潮，只需涂刷一层；用于防水，需涂刷二至三层。当第一层干固至刚好不粘手时（一般须1～2h），即可涂刷第二层，每两层涂刷方向应垂直相交。

7. 二次衬砌

二次衬砌可提高初期支护的强度和刚度，增强初期支护安全储备，也起到防水隔离层、承受水压力的作用。在初期支护变形达到基本稳定、防水施工验收合格后，可进行二次混凝土衬砌施工。

二次衬砌施工要点：

1）二次衬砌施作前应对初期支护检查，并对隧道中线、高程、净空进行测量，合格后方可进行作业。

2）二次衬砌边墙与拱部模板应预留混凝土灌注及振捣孔口。

3）变形缝及垂直施工缝端头模板应与初期支护结构变形缝重合，且应保证缝隙嵌堵严密，支立垂直、牢固。

4）二衬混凝土灌注至墙拱交界面处，宜间歇 1～1.5h 后继续灌注。混凝土强度达到 2.5MPa 时方可拆模。二次衬砌混凝土浇筑完成后应及时进行二衬背后回填注浆。回填注浆应合理控制注浆量和注浆压力。

12.1.3　验收

1. 预加固及预支护验收

1）管棚质量验收（表 12-5）

管棚施工质量验收标准　　**表 12-5**

<table>
<tr><th colspan="3">检查项目</th><th>质量要求、允许偏差或允许值</th><th>检查数量</th><th>检查方法</th></tr>
<tr><td rowspan="2">主控项目</td><td>1</td><td>管棚材料</td><td>钢管的品种、级别、规格和数量必须符合设计要求</td><td>每一加固段全数检查</td><td>观察检查、用钢尺量</td></tr>
<tr><td>2</td><td>注浆料、注浆量、配合比、注浆压力</td><td>符合设计要求</td><td>全数检查</td><td>检查注浆材料、注浆量施工记录及浆液配比单，观察检查</td></tr>
<tr><td rowspan="4">一般项目</td><td rowspan="3">管棚钻孔</td><td>方向角</td><td>1°</td><td rowspan="3">全数检查</td><td rowspan="3">观察检查、用钢尺量</td></tr>
<tr><td>孔深</td><td>±50mm</td></tr>
<tr><td>孔口距</td><td>±30mm</td></tr>
<tr><td colspan="2">管棚仰角、搭接长度及受力拱架的连接</td><td>符合设计要求</td><td>全部检查</td><td>观察检查、用钢尺量</td></tr>
</table>

2）超前小导管质量验收（表 12-6）

超前小导管施工质量验收标准　　**表 12-6**

<table>
<tr><th colspan="3">检查项目</th><th>质量要求、允许偏差或允许值</th><th>检查数量</th><th>检查方法</th></tr>
<tr><td rowspan="2">主控项目</td><td>1</td><td>超前小导管和超前锚杆</td><td>钢管的品种、级别、规格和数量必须符合设计要求</td><td>每一加固段全数检查</td><td>观察检查，用钢尺量</td></tr>
<tr><td>2</td><td>注浆料、注浆量、配合比、注浆压力</td><td>符合设计要求</td><td>全数检查</td><td>检查注浆材料、注浆量施工记录及浆液配比单，观察检查</td></tr>
<tr><td rowspan="4">一般项目</td><td rowspan="3">1. 超前小导管和超前锚杆</td><td>外插角</td><td>2°</td><td rowspan="3">每环抽查3 根</td><td rowspan="3">观察检查、用钢尺量</td></tr>
<tr><td>孔距</td><td>±50mm</td></tr>
<tr><td>孔深</td><td>±50mm</td></tr>
<tr><td colspan="2">2. 超前小导管和超前锚杆纵向搭接长度、与支撑结构的连接</td><td>符合设计要求</td><td>全部检查</td><td>观察检查、用钢尺量</td></tr>
</table>

3）注浆加固质量验收（表 12-7）

注浆加固施工质量验收标准 表 12-7

检查项目			质量要求、允许偏差或允许值	检查数量	检查方法
主控项目	1	注浆材料	符合设计文件要求	每一加固段全数检查	检查出厂质量证明或试验报告
	2	浆液的配合比	符合设计要求，且浆液应充满钢管及周围的空隙	每一加固段全数检查	检查配合比试验报告、施工记录和观察检查
	3	注浆加固	终凝后应进行注浆效果检查	每一加固段不少于 1 处	开挖观察检查，取芯检验
一般项目	注浆孔的数量、间距、孔深		符合设计要求	全部检查	观察检查、用钢尺量

2. 洞身开挖质量验收

洞身开挖施工质量验收标准如表 12-8 所示。

洞身开挖施工质量验收标准 表 12-8

检查项目				质量要求、允许偏差或允许值	检查数量	检查方法
主控项目	1	开挖断面轮廓线、中线、高程		符合设计要求，隧道不应欠挖	每开挖一循环检查一次	激光断面仪，测量仪器和用钢尺量
	2	边墙基础及隧底地层土质与设计文件符合情况		无松散浮土	每开挖一循环检查一次	检查施工记录
	隧道贯通	平面位置		±30mm	每一贯通面检查一次	仪器测量
		高程		±20mm		
一般项目	开挖断面超挖值	土质围岩	拱部	平均 100mm，最大 150mm	每一贯通面检查一次	采用激光断面仪、全站仪量测周边轮廓断面，绘制断面图，并与设计文件规定的断面核对
			边墙及仰拱			
		软岩围岩	拱部			
			边墙及仰拱			

3. 初期支护质量验收

初期支护质量验收标准如表 12-9 所示。

初期支护质量验收标准 表 12-9

检查项目			质量要求、允许偏差或允许值	检查数量	检查方法
主控项目	1	支护钢格栅，钢架的加工、安装	每批钢筋、型钢材料规格、尺寸、焊接质量应符合设计要求	全数检查	观察，检查材料质量保证资料，检查加工记录
			每榀钢格栅、钢架的结构形式，部件拼装的整体结构尺寸符合设计要求，无变形	全数检查	观察，检查材料质量保证资料

续表

检查项目					质量要求、允许偏差或允许值	检查数量	检查方法
主控项目	2	钢筋网安装			每批钢筋材料规格尺寸符合设计要求	全数检查	观察，检查材料质量保证资料
主控项目	2	钢筋网安装			每片钢筋网加工、制作尺寸符合设计要求，且无变形	全数检查	观察，检查材料质量保证资料
主控项目	3	初期衬砌喷射混凝土			每批水泥、骨料、水、外加剂等原材料产品质量符合国家标准规定和设计要求	同一配合比，管道拱部和侧墙每 20m 混凝土为一检验批，抗压强度试块各留 1 组，同一配合比，每 40m 管道混凝土留置抗渗试块 1 组	检查材料质量保证资料、混凝土抗压和抗渗试验报告
主控项目	3	初期衬砌喷射混凝土			混凝土抗压强度应符合设计要求	检查材料质量保证资料，混凝土抗压和抗渗试验报告	检查材料质量保证资料、混凝土抗压和抗渗试验报告
一般项目	钢格栅、钢架的加工与安装	每榀钢格栅			各节点连接牢固，表面无焊渣	全数检查	观察，检查制造加工记录
一般项目	钢格栅、钢架的加工与安装	每榀钢格栅			与壁面应楔紧，底脚支垫稳固，相邻格栅纵向连接绑扎牢固	全数检查	观察，检查制造加工记录
一般项目	钢格栅、钢架的加工与安装	加工	拱架	矢高及弧长	+200mm	每榀 2 点	用钢尺量测
一般项目	钢格栅、钢架的加工与安装	加工	拱架	墙架长度	±20mm	每榀 1 点	用钢尺量测
一般项目	钢格栅、钢架的加工与安装	加工	拱架	拱、墙架横断面	+100mm	每榀 2 点	用钢尺量测
一般项目	钢格栅、钢架的加工与安装	加工	格栅组装后外轮廓尺寸	高度	±30mm	每榀 1 点	用钢尺量测
一般项目	钢格栅、钢架的加工与安装	加工	格栅组装后外轮廓尺寸	宽度	±20mm	每榀 2 点	用钢尺量测
一般项目	钢格栅、钢架的加工与安装	加工	格栅组装后外轮廓尺寸	扭曲度	≤20mm	每榀 3 点	用钢尺量测
一般项目	钢格栅、钢架的加工与安装	安装	横向和纵向位置	横向	±30mm	每榀 2 点	用钢尺量测
一般项目	钢格栅、钢架的加工与安装	安装	横向和纵向位置	纵向	±50mm	每榀 2 点	用钢尺量测
一般项目	钢格栅、钢架的加工与安装	安装	垂直度		5‰	每榀 2 点	垂球及钢尺
一般项目	钢格栅、钢架的加工与安装	安装	高程		±30mm	每榀 2 点	水准仪
一般项目	钢格栅、钢架的加工与安装	安装	与管道中线倾角		≤2°	每榀 1 点	全站仪
一般项目	钢格栅、钢架的加工与安装	安装	间距	格栅	±100mm	每榀每处 1 点	用钢尺量
一般项目	钢格栅、钢架的加工与安装	安装	间距	钢架	±50mm	每榀每处 1 点	用钢尺量

续表

<table>
<tr><th colspan="4">检查项目</th><th>质量要求、允许偏差或允许值</th><th>检查数量</th><th>检查方法</th></tr>
<tr><td rowspan="9">一般项目</td><td rowspan="5">钢筋网安装</td><td colspan="2">一般要求</td><td>必须与格栅、钢架或锚杆连接牢固</td><td>全数检查</td><td>观察检查</td></tr>
<tr><td rowspan="2">加工</td><td>钢筋间距</td><td>±10</td><td>每片2点</td><td>用钢尺量</td></tr>
<tr><td>钢筋搭接长度</td><td>±15</td><td>每片2点</td><td>用钢尺量</td></tr>
<tr><td rowspan="2">铺设</td><td>搭接长度</td><td>≥200</td><td>一榀钢拱架长度4点</td><td>用钢尺量</td></tr>
<tr><td>保护层</td><td>符合设计要求</td><td>一榀钢拱架长度2点</td><td>垂球及钢尺量</td></tr>
<tr><td rowspan="4">初期衬砌喷射混凝土</td><td colspan="2">外观</td><td>表面平顺、密实，无裂痕、无脱落、无漏喷、无露筋、无空鼓、无渗漏水</td><td>全数检查</td><td>观察检查</td></tr>
<tr><td colspan="2">平整度</td><td>≤30</td><td>每20m检测2点</td><td>用2m靠尺和塞尺量</td></tr>
<tr><td colspan="2">矢、弦比</td><td>≤1/6</td><td>每20m检测1断面</td><td>用钢尺量</td></tr>
<tr><td colspan="2">厚度</td><td>符合设计要求</td><td>每20m检测1断面</td><td>钻孔法或其他有效方法</td></tr>
</table>

4. 防水质量验收

防水质量验收标准如表12-10所示。

防水质量验收标准 **表12-10**

<table>
<tr><th colspan="3">检查项目</th><th>质量要求、允许偏差或允许值（mm）</th><th>检查数量</th><th>检查方法</th></tr>
<tr><td>主控项目</td><td>1</td><td>防水层及衬垫材料品种、规格</td><td>每批必须符合设计要求</td><td>全数检查</td><td>观察，检查质量合格证明，性能检验报告</td></tr>
<tr><td rowspan="4">一般项目</td><td>1</td><td>双焊缝焊接</td><td>焊缝宽度不小于10mm，且均匀连续，不得有漏焊、假焊、焊焦、焊穿等现象</td><td>全数检查</td><td>观察，检查施工记录</td></tr>
<tr><td>2</td><td>基面平整度</td><td>≤50</td><td rowspan="3">每5m检测2点</td><td>用2m直尺量取最大值</td></tr>
<tr><td>3</td><td>卷材环向与纵向搭接宽度</td><td>≥100</td><td rowspan="2">用钢尺量</td></tr>
<tr><td>4</td><td>衬垫搭接宽度</td><td>≥50</td></tr>
</table>

5. 二次衬砌质量验收

二次衬砌质量验收如表12-11所示。

二次衬砌质量验收标准　　　　表 12-11

<table>
<tr><th colspan="3">检查项目</th><th>质量要求、允许偏差或允许值（mm）</th><th>检查数量</th><th>检查方法</th></tr>
<tr><td rowspan="5">主控项目</td><td>1</td><td>初期支护及其净空断面尺寸</td><td>－5mm</td><td>每个施工循环</td><td>测量检查</td></tr>
<tr><td>2</td><td>支架稳定性检算</td><td>支承结构试压应符合设计文件要求</td><td>全部检查</td><td>检查施工记录</td></tr>
<tr><td>3</td><td>模板</td><td>支立前应清理干净并涂刷隔离剂，铺设应牢固、平整，接缝严密、不漏浆</td><td>全部检查</td><td>观察检查</td></tr>
<tr><td>4</td><td>围岩变形收敛前施作的拱墙模板拆除</td><td>封顶和封口混凝土的强度应达到设计文件要求的强度</td><td>每一浇筑段拆模时检查一次</td><td>拆模前进行 1 组同条件养护试件强度试验</td></tr>
<tr><td>5</td><td>围岩变形收敛后施作的拱墙模板拆除</td><td>封顶和封口混凝土的强度应达到设计文件规定要求的 70％</td><td>每一浇筑段拆模时检查一次</td><td>拆模前进行 1 组同条件养护试件强度试验</td></tr>
<tr><td rowspan="10">一般项目</td><td>1</td><td>模板安装</td><td>接缝不应漏浆；在浇筑混凝土前，木模板应浇水湿润，模板内不应有积水，杂物应清理干净</td><td>—</td><td>观察检查、用钢尺量</td></tr>
<tr><td>2</td><td>相邻两块模板接缝高低差</td><td>不应大于 2mm</td><td>全数检查</td><td>观察检查、用钢尺量</td></tr>
<tr><td rowspan="3">3. 边墙角、起拱线及拱顶结构的模板安装</td><td>边墙线</td><td>±15</td><td>全数检查</td><td>观察检查、用钢尺量</td></tr>
<tr><td>起拱线</td><td>±10</td><td>全数检查</td><td>观察检查、用钢尺量</td></tr>
<tr><td>拱顶</td><td>0～＋10</td><td>全数检查</td><td>观察检查、用钢尺量</td></tr>
<tr><td rowspan="3">4. 顶板模板安装</td><td>高程预留沉落量</td><td>0mm～＋10mm</td><td>全数检查</td><td>测量检查</td></tr>
<tr><td>中线</td><td></td><td>全数检查</td><td>测量检查</td></tr>
<tr><td>宽度</td><td>5mm～10mm</td><td>全数检查</td><td>测量检查</td></tr>
<tr><td rowspan="2">5. 孔或用铁钉固定</td><td>端头模板支立平面位置</td><td>±10mm</td><td rowspan="2">同一检查项目检查不少于 3 个点</td><td rowspan="2">吊线钢尺量测，测量检查</td></tr>
<tr><td>垂直度</td><td>2‰</td></tr>
</table>

6. 回填注浆的质量验收

回填注浆的质量验收标准如表 12-12 所示。

回填注浆的质量验收标准　　　　表 12-12

检查项目			质量要求、允许偏差或允许值（mm）	检查数量	检查方法
主控项目	1	注浆原材料	应符合设计文件要求	每 $50m^3$ 检查一次	检查配合比试验报告
	2	隧道初期支护、二次衬砌背后回填注浆	回填密实，符合实际要求	每 10m 检查一次，每个断面应从拱顶沿两侧不少于3点	雷达探测无损检测
一般项目	1	注浆压力、注浆量	符合设计文件要求	全数检查	检查注浆记录
	2	注浆孔数量、深度	符合设计文件要求	全数检查	
	3	初期支护背后回填注浆	应在初期支护混凝土强度达到设计强度后进行	全数检查	检查混凝土的强度
	4	二次衬砌背后回填注浆	应在二次衬砌混凝土强度达到设计强度的75%后进行	全数检查	

12.2 盾构法

12.2.1 概述

盾构法是一种全机械化的隧道施工方法，实现了全过程的自动化作业，其优点是施工劳动强度低，不影响地面交通与设施，施工中不受天气情况影响，无噪声和扰动；缺点是断面尺寸多变、区段适应能力差。

工程选用何种盾构施工方法，关键要掌握好各种盾构工法特征，重要的是选择适合土质条件且能确保工作面稳定的盾构机械及合理辅助工法。此外，盾构外径、覆盖土厚度、线形、掘进距离、工期、竖井用地、附近重要构造物等环境条件的考虑也十分重要，还要考虑盾构安全性和成本。选择合适的盾构工法要综合考虑上述因素。目前在管廊工程中应用较多的盾构法有土压平衡盾构、泥水加压盾构，这两种盾构机理和适用性如下：

（1）土压平衡盾构：利用盾构施加于开挖仓内土层的压力来平衡开挖面水土压力。盾构推进时，刀盘切削下来的渣土通过刀盘上的开口进入泥土仓，渣土在内通过搅拌和改良成为流塑状；盾构推进油缸推力通过承压隔板传递给泥土仓内的渣土，继而传递给开挖面，来平衡开挖面处的水压和土压，从而保持开挖面的稳定。

土压平衡式盾构适用于可直接从掘削面流入土舱及排土器的土质，如含水率较高的粉土、黏土、砂质粉土、砂质黏土等土质。但对含砂粒量过多的不具备流动性的土质来说不适用。

（2）泥水加压式盾构：泥水加压式盾构总体构造和掘进与土压平衡式盾构类似，仅支护开挖面及排渣方式有所不同。泥水加压式盾构的密封舱内为特殊配制的压力泥浆，刀盘浸没在泥浆中工作。开挖面支护常由泥浆压力和刀盘面板共同承担。

泥水加压式盾构较适用于河底、海底等高水压力条件下的隧道施工，是一种适用于多种土质条件件的盾构形式，如对冲积形成砂砾、砂、粉砂、黏土层、弱固结的互层地基以及含水率高、开挖面不稳定的地层均适用。对于难以维持开挖面稳定性的高透水性及砾石地基，需考虑采用辅助施工方法。

12.2.2　关键技术

对于城市地下综合管廊来说，常用的盾构形式为土压平衡式盾构。

1. 施工工艺流程

盾构法施工工艺流程如图 12-3 所示。

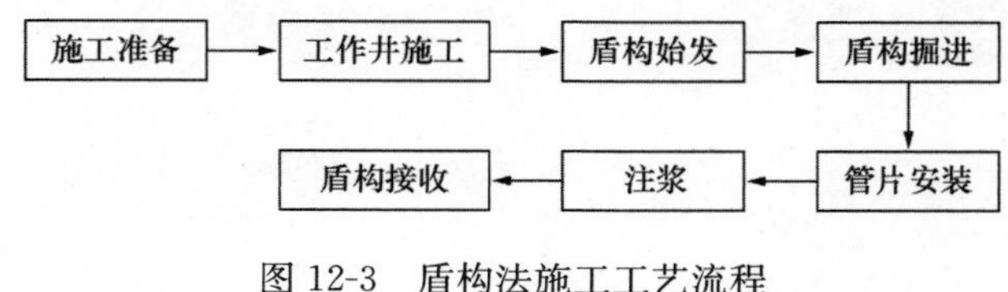

图 12-3　盾构法施工工艺流程

2. 施工准备

1）盾构机选型应根据工程地质和水文地质勘查报告、掘进线路及结构设计文件、施工安全、施工环境及其保护要求、工期条件、辅助施工方法以及类似工程施工经验结构等条件确定。盾构选型与配置应适用、可靠、先进、经济，配置应包括刀盘、推进液压油缸、管片拼装机、螺旋输送机、铰接装置、渣土改良系统、注浆系统和通风系统等。

2）盾构法综合管廊施工前应对施工地段的工程地质和水文地质情况进行调查，必要时应补充地质勘查；对工程影响范围内的地面建（构）筑物应进行现场踏勘，对需加固或基础托换的建（构）筑物，工程影响范围内的地下障碍物、地下构筑物及地下管线，及工程所在地的环境保护要求，进行详尽的调查，必要时应进行探查。

3）地面场地布置以靠近工作井预留出土口为原则，工作井顶板上设置集土坑、管片堆场、电瓶充电池、型钢轨道堆放区等，均在工作井顶板结构完成回填并硬化后进行设置，回填路面硬化采用钢筋混凝土。

4）盾构掘进施工前，应复核工作井井位里程及坐标、洞门圈制作精度和洞门圈安装后的高程和坐标；应对盾构基座、负环管片和反力架等设施及定向测量数据进行检查验收；应检查管片储备，检查盾构掘进施工的各类报表，以及完成洞口前土体加固和洞门圈密封止水装置的检查验收。

5）根据盾构施工的特点，在隧道内布置“四管、五线、一走道”，四管即给水管、回水管、排污管和通风管；五线即 10kV 高压电缆、380/220V 动力照明线或 LED 灯带、数据监控线、通信电话线和 43kg/m 的运输轨线；一走道即人行走道板。

3. 工作井施工

1）盾构工作井主要包括盾构始发井、接收井、检修井，工作井的施工应依据地质和环境条件选择安全、经济、对周边影响小的方法。

图 12-4 工作井施工

2）工作井结构尺寸应满足盾构始发、检修、接收、解体和调头的要求。

3）始发、接收工作井的井底板应低于始发和到达洞门底标高，并应满足相关装置安装和拆卸所需的最小作业空间要求。

4）洞门圈、密封及其他预埋件等应在盾构始发或接收前按要求完成安设，并应符合质量要求。

工作井施工如图 12-4 所示。

4. 盾构始发

1）盾构掘进前如需破除洞门，应在节点验收后进行。

2）始发掘进前，应对洞门外经改良后的土体进行质量检查，合格后方可始发掘进；应制定洞门围护结构破除方案，并应采取密封措施保证始发安全。

3）当负环管片定位时，管片环面应与隧道轴线相适应。

4）当分体始发掘进时，应保护盾构的各种管线，及时跟进后配套设备，并应确定管片拼装、壁后注浆、出土和材料运输等作业方式。

5）盾尾密封刷进入洞门结构后，应进行洞门圈间隙的封堵和填充注浆。注浆完成后方可掘进。

6）始发掘进时应控制盾构姿态和推力，加强监测，并应根据监测结果调整掘进参数。

盾构始发示意如图 12-5 所示。

图 12-5 盾构始发示意

5. 盾构掘进

1）试掘进应在盾构起始段 50～200m 进行。试掘进应根据试掘进情况调整并确定掘进参数。

2）盾构掘进施工应控制排土量、推进速度、推力、盾构姿态和地层变形，过程中应对成环管片与地层的间隙充填注浆，应保持盾构与配套设备、抽排水与通风设备、水平运输与垂直提升设备、泥浆管道输送设备、供电系统等正常运转。

3）盾构掘进过程中遇到下列情况之一时应及时处理：

① 盾构前方地层发生坍塌或有障碍物；

② 盾构本体滚动角不小于 3°；

③ 盾构轴线偏离隧道大于或等于 50mm；

④ 盾构推力与预计值相差较大；

⑤ 管片严重开裂或错台；

⑥ 盾构注浆系统发生故障，无法注浆；

⑦ 盾构掘进扭矩发生异常波动；

⑧ 动力系统、密封系统、控制系统等发生故障。

4）土压平衡盾构施工中，应根据隧道工程地质和水文地质条件、埋深、线路平面与坡度、地表环境、施工监测结果、盾构姿态以及始发掘进阶段的经验，设定盾构刀盘转速、掘进速度和土仓压力等掘进参数。

5）盾构掘进过程中应对盾构姿态与管片状态进行复核测量，应加强监测并根据监测结果调整掘进参数（图 12-6）。

图 12-6　盾构掘进

6. 管片拼装

1）拼装前，管片防水密封材料的粘贴效果应验收合格。

2）管片应按便于拼装的顺序存放，存放场地基础条件应满足承载力要求。拼装管片时，拼装机作业范围内严禁站人和穿行。

3）管片拼装前，应对上一衬砌环面进行清理。

4）应控制盾构推进液压缸的压力和行程，并应保持盾构姿态和开挖面稳定。

5）应根据管片位置和拼装顺序，逐块依次拼装成环（图 12-7）。管片连接螺栓紧固扭矩应符合设计要求。管片拼装完成，脱出盾尾后，应对管片螺栓及时复紧。

6）拼装管片时，应防止管片及防水密封条损坏。对已拼装成环的衬砌环应进行椭圆度抽查。

7）当盾构在既有结构内空推并拼装管片时，应合理设置导台，并应采取措施控制管片

图 12-7　管片拼装

拼装质量和壁后填充效果。

8）当在富水稳定岩层掘进时，应采取防止管片上浮、偏移或错台的措施。

7. 注浆

注浆前，应对注浆孔、注浆管路和设备进行检查。浆液应符合下列规定：

① 浆液应按设计施工配合比拌制。

② 浆液的相对密度、稠度、和易性、杂物最大粒径、凝结时间、凝结后强度和浆体固化收缩率均应满足工程要求。

③ 拌制后浆液应易于压注，在运输过程中不得离析和沉淀。

④ 注浆现场宜配备对注浆量、注浆压力和注浆时间等参数进行自动记录的仪器。注浆作业应连续进行。作业完成后，应及时清洗注浆设备和管路。

⑤ 采用管片注浆口注浆后，应封堵注浆口，管片与土体间隙应填充密实。

⑥ 现场注浆方式应根据工程地质条件、地表沉降状态、环境要求及设备性能等选择。

⑦ 壁后注浆过程中，应采取减少注浆施工对周围环境影响的措施。

8. 盾构接收

1）盾构接收可分为常规接收、钢套筒接收。

2）盾构接收前，应对洞口段土体进行质量检查，合格后方可接收掘进。

3）当盾构到达接收工作井 100m 时，应对盾构姿态进行测量和调整；当盾构到达接收工作井 10m 范围内，应控制掘进速度和土仓压力等。

4）当盾构到达接收工作井时，应使管片环缝挤压密实，确保密封防水效果；盾构主机进入接收工作井后，应及时密封管片环与洞门间隙。

12.2.3 验收

1. 工作井质量验收

工作井施工质量验收标准如表 12-13 所示。

工作井施工质量验收标准　　表 12-13

检查项目			质量要求、允许偏差或允许值（mm）
主控项目	1	原材料、成品、半成品	产品质量应符合国家标准规定和设计要求
	2	工作井结构的强度、刚度、尺寸	应满足设计要求，结构无滴漏和线流现象
	3	混凝土结构的抗压强度等级、抗渗等级	符合设计要求

续表

<table>
<tr><th colspan="5">检查项目</th><th>质量要求、允许偏差或允许值（mm）</th></tr>
<tr><td rowspan="19">一般项目</td><td>1</td><td colspan="3">工作井结构外观</td><td>无明显渗水和水珠现象</td></tr>
<tr><td>2</td><td colspan="3">顶管工作井、盾构工作井的后背墙</td><td>应坚实、平整；后座与井壁后背墙联系紧密</td></tr>
<tr><td>3</td><td colspan="3">导轨</td><td>应顺直、平行、等高，盾构基座及导轨的夹角符合规定；导轨与基座连接牢固可靠，使用中不得产生位移</td></tr>
<tr><td rowspan="6">4</td><td rowspan="6">井内导轨安装</td><td rowspan="2">顶面高程</td><td>顶管夯管</td><td>+3，0</td></tr>
<tr><td>盾构</td><td>+5，0</td></tr>
<tr><td rowspan="2">水平位置</td><td>顶管夯管</td><td>3</td></tr>
<tr><td>盾构</td><td>5</td></tr>
<tr><td rowspan="2">两轨间距</td><td>顶管夯管</td><td>±2</td></tr>
<tr><td>盾构</td><td>±5</td></tr>
<tr><td rowspan="2">5</td><td rowspan="2">盾构后座管片</td><td colspan="2">高程</td><td>±10</td></tr>
<tr><td colspan="2">水平轴线</td><td>±10</td></tr>
<tr><td rowspan="2">6</td><td rowspan="2">井尺寸</td><td>矩形</td><td>长宽</td><td rowspan="2">不小于设计要求</td></tr>
<tr><td>圆形</td><td>半径</td></tr>
<tr><td rowspan="2">7</td><td rowspan="2">进、出井预留洞口</td><td colspan="2">中心位置</td><td>20</td></tr>
<tr><td colspan="2">内径尺寸</td><td>±20</td></tr>
<tr><td>8</td><td colspan="3">井底板高程</td><td>±30</td></tr>
<tr><td rowspan="2">9</td><td rowspan="2">工作井后背墙</td><td colspan="2">垂直度</td><td>0.1%H</td></tr>
<tr><td colspan="2">水平扭转度</td><td>0.1%L</td></tr>
</table>

2. 盾构始发和接收质量验收

盾构始发和接收质量验收标准如表12-14所示。

盾构始发和接收质量验收标准　　表12-14

<table>
<tr><th colspan="2">检查项目</th><th>质量要求、允许偏差或允许值（mm）</th><th>检查数量</th><th>检查方法</th></tr>
<tr><td rowspan="2">主控项目</td><td>盾构始发和接收洞口段地层加固或止水处理的范围</td><td>应符合设计要求</td><td>每个加固段检查3点</td><td>检查施工记录或加固范围内钻孔取样抽检</td></tr>
<tr><td>盾构始发和接收洞口段，地层加固范围内加固体强度和渗透系数指标</td><td>应符合设计要求</td><td>每个加固段检查3点</td><td>检查施工记录或加固范围内钻孔取样抽检</td></tr>
</table>

续表

检查项目			质量要求、允许偏差或允许值（mm）	检查数量	检查方法
一般项目	隧道洞门预埋钢环制作试拼装	钢环内径	＋5～＋10	全数检验	用钢尺量
		钢环外端面平整度	±5	全数检验	用钢尺量
	隧道洞门预埋钢环定位安装	钢环内径	＋10～＋20	全数检验	用钢尺量、全站仪测量
		钢环垂直度	±10	全数检验	用钢尺量、全站仪测量
		钢环横向倾斜度	±10	全数检验	用钢尺量、全站仪测量
		钢环平面位置	±10	全数检验	全站仪测量
		钢环高程	±10	全数检验	水准仪测量
	盾构机轴线的平面位置、高程	平面位置	±50	全数检验	全站仪测量
		高程	±50	全数检验	水准仪测量
	盾构始发、接收前洞门		按设计文件要求安装洞门密封装置，密封装置应完整无缺损，安装应牢固	全数检验	观察

3. 管片拼装质量验收

管片拼装质量验收标准如表 12-15 所示。

管片拼装质量验收标准 **表 12-15**

检查项目				质量要求、允许偏差或允许值（mm）	检查数量	检查方法
主控项目	1	管片拼装过程中，隧道轴线平面位置和高程	隧道轴线平面位置	±50	1 点/环	全站仪/全站仪测量
			隧道轴线高程	±50	1 点/环	水准仪测量
	2	管片螺栓		符合设计要求	同批次生产出厂的产品应按 1 个检验批，不应超过 200	检查产品出厂合格证、质量检验报告，以及螺栓抗拉强度和防腐涂层厚度等产品性能检测报告
一般项目	1	管片螺栓及连接件安装		数量、螺栓拧紧度应符合设计文件要求，安装紧固完成后的外露螺纹长度不宜小于 2 个螺距	逐环检查	成型隧道观察检查，力矩扳手检查
	2. 管片拼装	衬砌环椭圆度（‰）		±5	逐环/4 点	断面仪、全站仪测量
		衬砌环内错台（mm）		5	逐环/4 点	钢尺量测
		衬砌环间错台（mm）		6	逐环/4 点	钢尺量测

4. 壁后注浆质量验收

壁后注浆质量验收标准如表 12-16 所示。

壁后注浆质量验收标准　　**表 12-16**

检查项目		质量要求、允许偏差或允许值（mm）	检查数量	检查方法
主控项目	注浆使用的原材料、浆液配合比、注浆压力和注浆量	符合设计文件要求	全数检查	检查材料质量证明文件、配合比报告、施工记录
一般项目	壁后注浆	保证管片背后充填密实	每 10 环检查 1 处	检查注浆记录，或采用地质雷达法等无损检测方法，或打开管片注浆孔人工探察

5. 成型隧道验收

成型隧道质量验收标准如表 12-17 所示。

成型隧道质量验收标准　　**表 12-17**

检查项目			质量要求、允许偏差或允许值（mm）	检查数量	检查方法
主控项目	1	防水质量	符合设计文件要求，渗水情况应符合设计文件要求的防水等级要求	全数检验	观察检查及钢尺量测渗水面积
	2	管片结构	表面应无贯穿裂缝，管片接缝应符合设计文件要求	全数检验	观察检查，仪器检查
	3	衬砌结构	不应侵入建筑限界	每 5 环检查 1 个断面	全站仪、水准仪测量，或隧道断面仪测量
	4. 隧道轴线平面位置和高程	隧道轴线平面位置	±100	10 环	全站仪或全站仪测量
		隧道轴线高程	±100	10 环	水准仪或全站仪测量
一般项目	管片变位	衬砌环椭圆度（‰）	±6	每 10 环	断面仪、全站仪测量
		衬砌环内错台（mm）	10	每 10 环	用钢尺量
		衬砌环间错台（mm）	10	每 10 环	用钢尺量

12.3 顶管法

12.3.1 概述

顶管法与盾构法类似，是一种地下工程不开挖或少开挖管道埋设施工技术。顶管法施工

图 12-8　顶管法示意图

就是在工作井内借助于顶进设备的顶推力，将预制成形的管道按设计的线路顶入，从而形成连续地下结构（图 12-8）。

顶管法有许多优点，如不开挖地面，无需进行拆迁；不破坏地面建筑物；对环境污染小；综合造价较盾构法低。缺点是管线变向能力差，纠偏困难。该方法适用于软土或富水软土层，适用于穿越道路、建筑物及在闹市区、农田与环境保护区等不允许或不具备开挖条件下的地下工程施工。

顶管施工的分类方法很多，目前常见的机械顶管可分为泥水式、泥浆式、土压式和岩石式顶管。其中又以土压式和泥水式使用最为普遍，掘进机的结构形式也最为多样。

土压式的适用范围最广，尤其是加泥式土压平衡顶管机的适用范围最为广泛，可以称得上全土质型，从淤泥质土到砂砾层都能适应。对综合管廊而言，土压式顶管法最常用。

12.3.2 关键技术

1. 施工工艺流程

顶管法施工工艺流程如图 12-9 所示。

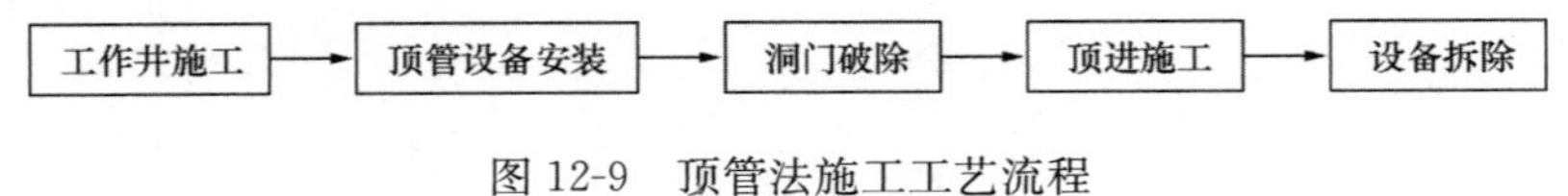

图 12-9　顶管法施工工艺流程

2. 工作井施工

1）工作井的布置分为地面布置和坑内布置两大部分。地面布置可分为起吊设备的布置，供电、供水、供浆、供油等设备的布置，监控点以及地面轴线的布置等。坑内布置首先是工作井尺寸的确定、基坑导轨、洞口止水、后座、主顶油缸以及顶进用设备的布置等。

2）常见工作井和接收井施工方法

钢筋混凝土结构井，常配套使用灌注桩维护结构和旋喷桩止水结构。然后在围护桩支撑下，分步开挖，分步支撑。受力较大区，应采用钢筋混凝土圈梁（冠梁、腰梁等）进行支撑，通常支撑都采用框形，四个角部分加 45°斜撑。下部顶管机作业区域应临时采用钢支撑进行支护，钢支撑应施以预应力。在挖掘至基坑底部时，立即进行底板浇筑施工，然后依次根据现场情况浇筑内衬墙，稳定基坑，并拆除临时钢支撑。当浇筑钢筋混凝土结构达到100％设计强度后，可进行下一步顶管相关施工和进行顶管机进洞作业。

钢板桩基坑构筑较为简单，先按照钢板桩走向开挖 0.5m 深地槽，钢板桩沿打好的槽施工成型。如果是渗透系数比较大的砂性土，则在打好的钢板桩外 1～1.5m 的地方打一口井，用以降低地下水。当井点水位降到预定水位以后，就可以挖坑内的土。当土挖到地表下0.8m左右时，应对钢板桩基坑设置第一道支撑。接着往下挖土，每挖1～1.5m就需设置一道支撑。如果工作井纵向距离较长，还需在框架中间架一道支撑，一直挖到基础底面为止。在距基坑底板表面0.3m左右处设置最后一道支撑，在基础和底板浇筑以后把此道支撑拆除然后在工作井的前方浇一堵与工作井同宽、厚为0.5m左右的前止水墙。该止水墙的中间预留有一只供顶管机出洞的洞口。接着，在工作井的后方浇筑一块与工作井同宽、厚为1.0m左右的后座墙。此墙的总高度最好能大于掘进机外径的2倍左右，而且必须插入底板0.5m左右。后座墙的配筋则需根据推力的大小而定。

采用沉井施工的工作井和接收井时，构筑顺序为：

① 挖一个1.0m深的坑，坑比工作井外周尺寸大约1m，坑底要平。

② 于工作井的刃脚下垫一层砂和素混凝土垫块，垫块的宽度与井壁大致相同。

③ 支模、扎筋、浇混凝土。工作井中留有顶管机出洞洞口，直径比顶管机大0.15～0.20m，接收井的洞口直径比工作井中的洞口还要大0.1m左右。

④ 准备下沉。下沉前把素混凝土垫块打碎，沉井的刃口切入土中。如果是干沉，还需在沉井的外周加一圈井点，用以降低井内地下水。

⑤ 井内挖土，沉井慢慢下沉，当沉到位时应立即进行封底。

⑥ 无论采用哪种方法构筑工作井和接收井，它的整体强度以及支撑的强度都必须经过严格的验算。

3）洞口止水

针对不同构造的工作井，洞口止水的方式也不同。如在钢板桩围成的工作坑中，首先应该在管子顶进前方的坑内，浇筑一道前止水墙，墙体可由级配较高的素混凝土构成。如果是钢筋混凝土沉井或用钢筋混凝土浇筑成的方形工作坑，则不必设前止水墙。最常用的洞口止水圈的构造，是由混凝土前止水墙、预埋螺栓、钢压环及橡胶圈组成。

3. 顶管设备安装

1）基座、基坑导轨、后靠的安装

在始发井底板上安装基座，通过基座与设备进行稳定牢固的连接。始发井结构施工时在底板预埋钢板，基座下井后与其焊接，确保基座在顶进过程中承受各种负载不位移、不变形、不沉降。基坑导轨面标高与管节内管底标高应相等。洞门段的延伸导轨在始发井导轨铺设完成后跟进铺设安装。导轨安装时，宜提高标高，防止出现“磕头”现象。综合管廊顶进宜选用环形顶铁和U形顶铁。

2）主顶设备及机头安装

矩形顶管机下井以及吊出应采用大型起重设备，并对起重设备停机位置进行地耐力检测。主顶设备的定位将关系到顶进轴线控制的难易程度，宜在定位时与管节中心轴线成对称分布，以保证管节均匀受力。顶管机被吊起后，宜有片刻的停顿，一是确定顶管机头的实际重量是否在吊车的起重范围内；二是观察吊车对路面及始发井的影响。

3）止水装置安装

施工前在洞圈上安装帘布橡胶板密封洞圈，橡胶板采用12mm厚钢压板作靠背，压板的螺栓孔采用腰子孔形式，以利于顶进过程中可随管节位置的变动而随时调节，保证帘布橡胶板的密封性能。

4）止退装置安装

在基座的两侧各安装一套止退装置，当油缸行程推完，安装管节的时候，将销子插入管节的吊装孔。管节的后退力通过销子、销座传递到止退装置的后支柱上（图12-10）。

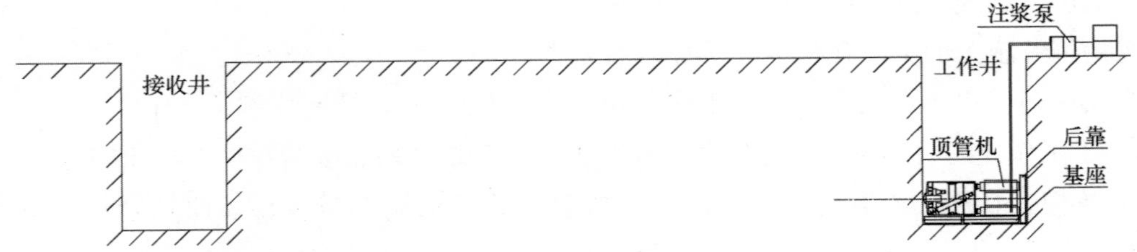

图12-10　设备安装示意图

4. 洞门破除

基坑采用围护桩结构时，为使顶管机能进入洞门，需要进行洞门内钢筋混凝土维护桩破除。为保证施工安全，采用先水平探孔，确保地层和止水、加固区符合要求后，再进行洞门破除施工。

1）打设水平探孔

水平探孔采用水钻施工，取孔直径50mm。钻孔分三阶段进行，第一阶段钻孔穿越围护灌注桩；第二阶段至旋喷桩止水区域；第三阶段至旋喷桩加固区域。每个施工阶段，都应通过孔口装置观察记录地层富水情况。水平探孔施工时，先沿顶管钢环四角位置的孔施工，再施工中心孔，最后施工剩余的孔。

2）始发井洞门围护破除

矩形顶管的始发过程即为破除始发井灌注桩围护结构和切削加固土体，顶管机头经过始发段加固区并进入原状土体的过程。洞门破除采用人工风镐按“纵向分段，竖向分层”原则破除。

5. 顶进施工

1）始发顶进阶段

在洞圈内的围护结构全部破除后，应立即开始顶进机头，由于正面为全断面的水泥土，为保护刀盘，顶进速度应慢，一般控制在5～10mm/min左右。另外，可能会出现螺旋机出土困难，必要时可加入适量清水来软化或润滑水泥土。在机头刀盘进入始发装置后需要对洞门与顶管机之间空隙及顶管机刀盘周围进行注浆填充。顶进顶管机，待顶管机前部的泥垫装置（注泥孔）完全进入洞口且完全过了止水装置，再通过注泥孔进行顶管机内部的外壁注浆，填充顶管机壳体、橡胶止水带及洞口之间的空隙，注浆填入高分子材料与黏土搅拌而成的注浆料。

2）正常顶进阶段

顶管机进入原状土后，为防止机头“磕头”，宜适当提高顶进速度，使正面土压力稍大于理论计算值，以减少对正面土体的扰动及出现的地面沉降。始发阶段结束后，即可进行顶进试验段施工，在加固区结束后设备静止 12h，先找出静止土压力值，作为初始推进依据。以 10m 范围设置试验段，采集各类顶进参数（土压力、顶进速度、出土量、地面沉降、刀盘电流、土体改良等）。

在使用土压平衡顶管机施工时，开挖面土体经刀盘切削后，进入土压仓，由螺旋输送机排至土箱内，出土速度可通过调节螺旋机的转速来控制，土压值的设定和排土量的控制是控制地表沉降的关键，同时实时监测地面沉降以指导施工土压值的大小。土压值的初步设定应根据施工土质状况、地下水位、管道埋深等因素初步设定，并根据施工实际情况和地表沉降的实测结果随时进行调整。记录设备空载电流值，施工负载电流控制在空载电流的 1.5 倍内。土体改良可以用眼直观地发现螺旋机出的土的可塑状态来判断改良的效果并进行调整。根据试验段得出的各类顶进参数进行正常顶管机的顶进施工，正常施工阶段顶进速度可控制在 10～15mm/min 左右。为减少土体与管壁间的摩阻力，提高工程质量和施工进度，在顶管顶进的同时，向管道外壁压注一定量的润滑泥浆，变固态摩擦为固液摩擦，以达到减小总顶力的效果。顶进时压浆孔要及时有效地跟踪压浆，补压浆的次数和压浆量应根据施工时的具体情况来确定。每节管节安装前，宜先粘贴止水圈及木衬垫，在管节平面接头处宜增加一道平面止水膨胀橡胶条，规格 30mm×20mm。管节与管节的接口部分按设计要求进行嵌填，应保证管节与机体处于同心同轴状态。推进过程中，时刻注意机体姿态的变化，及时纠偏，纠偏过程中不能大起大落，尽量避免猛纠造成相临两段形成很大的夹角，避免顶管机走“蛇”形。管节安装完毕后，应测出相对位置、高程，并做好记录。顶管在正常顶进施工中，应密切注意顶进轴线的控制。在每节管节顶进结束后，应进行机头的姿态测量，并做到随偏随纠，且纠偏量不宜过大，以免土体出现较大扰动及管节间出现张角。如图 12-11 所示。

矩形顶管对管道的横向水平要求较高，所以在顶进过程中对机头的转角要密切注意，机头一旦出现微小转角，应立即采取刀盘反转、加压铁等措施回纠。

图 12-11　顶进施工

3）接收顶进阶段

① 矩形顶管接收主要分为三个阶段进行：

第一阶段：接收井的接收架安装。

第二阶段：矩形顶管设备顶进就位后，接收区域洞门壁破除工作。

前两阶段和始发井施工相比更简单，可根据始发井施工经验和要求进行作业。

第三阶段：矩形顶管接收。

准备接收前，先对洞门位置进行测量确认，根据实际标高安装顶管机接收基座（接收架），并在接收井洞门安装止水装置。配备封洞门钢板、补充注浆等材料。

顶管机位置姿态的复核测量在顶管机距接收井 6m 后，开始停止机头的压浆，并在以后顶进中压浆位置逐渐后移，保证顶管在接收前有 6m 左右的完好土体，避免在接收过程中减摩泥浆的大量流失而造成管节周边摩阻力骤然上升，以致出现工程难点。在顶管机切口进入接收井加固区后应适当减慢顶进速度，加大出土量，逐渐减小顶进时机头正面土压力，以保证顶管机设备完好和洞口处结构稳定。

② 顶管机接收

当顶管机将要接收前，开始凿除接收井钻孔灌注桩围护（凿出工艺同始发井围护的凿出），第一次凿除保留钻孔灌注桩靠近加固土体的钢筋。当顶管机刀盘切口距接收井钻孔灌注桩 10cm 左右时，顶管停止顶进，开始割除剩余钢筋。顶管应迅速、连续顶进管节，尽快缩短顶管机接收时间。接收后，马上用钢板将管节与洞圈焊成一个整体，并用水硬性浆液填充管节和洞圈的间隙，减少水土流失。

③ 首尾三环注浆

顶管接收后，应立即进行始发口和始发口的封堵工作，将洞门与管节间的间隙封闭严密后，进行首尾三环的填充注浆。采用双液浆，保证注入量充足，并控制好注浆压力。待填充区域的强度达到 100%后，方可进行洞门施工。

④ 浆液置换

顶管结束后，选用 1：1 的水泥浆液，通过注浆孔置换管道外壁浆液，根据不同的水土压力确定注浆压力，加固通道外土体，消除对通道今后使用过程中产生不均匀沉降的影响。

6. 设备拆除

顶进施工结束后，对顶管机先进行清理，然后依次拆除顶管机、主顶设备、接收井设备、始发井内设备。顶管机吊运时宜根据接收井处地面承载力情况对顶管机进行拆分吊运，增加安全性，并减少吊运成本。如图 12-12 所示。

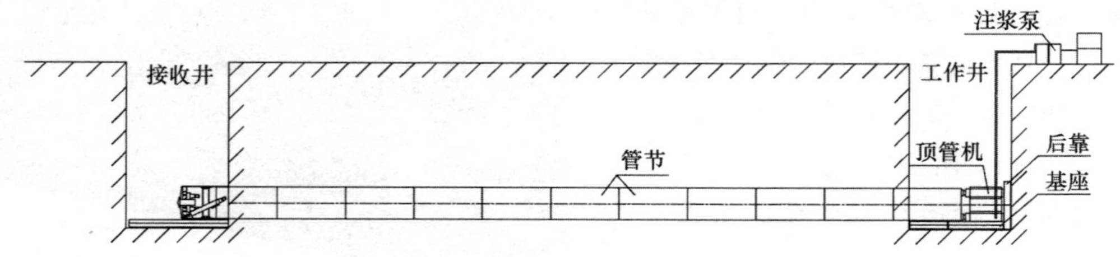

图 12-12　顶进完毕回收示意

12.3.3　验收

1）工作井验收参考第 12 章 12.2.3 验收标准。

2）后背墙验收标准，如表12-18所示。

后背墙质量验收标准　　**表12-18**

<table>
<tr><th>序号</th><th colspan="2">控制项目</th><th>验收标准</th><th>检验方法</th></tr>
<tr><td>1</td><td>钢筋混凝土后背墙</td><td>墙面垂直度</td><td>≤高度的0.5%</td><td>现场测量</td></tr>
<tr><td>2</td><td rowspan="2">装配式后背墙</td><td>墙面垂直度</td><td>≤高度的1%</td><td>观察法</td></tr>
<tr><td>3</td><td>水平扭转度</td><td>后背墙长度的1‰</td><td>观察法</td></tr>
</table>

3）管道及顶进验收，如表12-19所示。

管道及顶进质量验收标准　　**表12-19**

<table>
<tr><th colspan="4">检查项目</th><th>质量要求、允许偏差或允许值（mm）</th><th>检查数量</th><th>检查方法</th></tr>
<tr><td rowspan="6">主控项目</td><td>1</td><td colspan="2">管节及附件等工程材料</td><td>产品质量应符合国家有关标准的规定和设计要求</td><td>全数检查</td><td>检查产品合格证明书，各项性能检验报告，原材料质保资料，进场验收记录</td></tr>
<tr><td>2</td><td colspan="2">橡胶圈安装</td><td>安装位置正确，无位移、脱落现象</td><td>逐个接口检查</td><td>观察</td></tr>
<tr><td>3</td><td colspan="2">钢管接口焊接</td><td>焊接质量应符合《给水排水管道工程施工及验收规范》GB 50268—2008第5章的相关规定，焊缝无损探伤检验符合设计要求</td><td>逐个接口检查</td><td>检查钢管接口焊接报告</td></tr>
<tr><td rowspan="2">4</td><td rowspan="2">无压管道</td><td>管底坡度</td><td>无明显反坡</td><td>全数检查</td><td>观察，检查顶进施工记录、测量记录</td></tr>
<tr><td>顶管曲率</td><td>曲线顶管的实际曲率半径符合设计要求</td><td>全数检查</td><td>观察，检查顶进施工记录、测量记录</td></tr>
<tr><td>5</td><td colspan="2">管道接口</td><td>接口端部应无破损、无顶裂，接口处无滴漏</td><td>逐节观察</td><td>观察检查</td></tr>
<tr><td rowspan="7">一般项目</td><td>1</td><td colspan="2">管道外观</td><td>1）管道内线形平顺，无突变、变形；
2）一般缺陷应修补密实、表面光洁；
3）管道无明显渗水和水珠；
4）管道内应清洁，无杂物、油污</td><td>逐节观察</td><td>观察检查</td></tr>
<tr><td>2</td><td colspan="2">管道与工作井出、进洞口间隙连接</td><td>连接牢固，洞口无渗漏水</td><td>逐节观察</td><td>观察检查</td></tr>
<tr><td>3</td><td colspan="2">钢管防腐层</td><td>防腐层及焊缝处的内、外防腐层质量合格</td><td>逐节观察</td><td>观察检查</td></tr>
<tr><td>4</td><td colspan="2">钢筋混凝土管道内防腐层</td><td>防腐层应完整、附着紧密</td><td>逐节观察</td><td>观察检查</td></tr>
<tr><td rowspan="3">5</td><td rowspan="3">直线顶管水平轴线</td><td>顶进长度<300m</td><td>50</td><td rowspan="3">每管节1点</td><td rowspan="3">全站仪测量或挂中线用尺测量</td></tr>
<tr><td>300m≤顶进长度<1000m</td><td>100</td></tr>
<tr><td>顶进长度≥1000m</td><td>$L/10$</td></tr>
</table>

续表

检查项目					质量要求、允许偏差或允许值（mm）	检查数量	检查方法
一般项目	6	直线顶管内底高程	顶进长度＜300m	D_i＜1500	＋30，－40	每管节1点	水准仪或水平仪
				D_i≥1500	＋40，－50		
			300m≤顶进长度＜1000m		＋60，－80		水准仪
			顶进长度≥1000m		＋80，－100		
	7	曲线顶管水平轴线	R≤150D_i	水平曲线	150		全站仪
				竖曲线	150		
				复合曲线	200		
			R＞150D_i	水平曲线	150		
				竖曲线	150		
				复合曲线	150		
	8	曲线顶管内底高程	R≤150D_i	水平曲线	＋100，－150		水准仪
				竖曲线	＋150，－200		
				复合曲线	±200		
			R＞150D_i	水平曲线	＋100，－150		
				竖曲线	＋100，－150		
				复合曲线	±200		
	9	相邻管间错口	钢管、玻璃钢管		≤2		钢尺测量
			钢筋混凝土管		15%壁厚，且≤20		
	10	钢筋混凝土管曲线顶管相邻管间接口的最大间隙与最小间隙之差			≤ΔS		
	11	钢管、玻璃钢管道竖向变形			≤0.03D_i		
	12	对顶时两端错口			50		

第13章　管廊桥施工技术

13.1　概述

城市综合管廊主要服务对象是城市道路沿线居民及企业，故大多数城市综合管廊与道路工程共建，管廊在下，道路在上，先采用合理施工技术（明挖或暗挖）修建地下综合管廊，再施工管廊上部的市政道路。对于一般路段，管廊与城市道路共建的方式不存在问题，当共建线路穿过山谷、河沟地段时，就存在管廊、道路如何共同穿越的问题。

目前，管廊和道路穿山谷、河沟地段时，通常采取架设桥梁的方式通过，管廊沿着沟谷埋设穿过，此方式不影响周边景观及规划，但增加了管廊长度，对地质较差或流量较大沟谷地段亦不适用。

针对以上问题，目前出现了一种管廊桥的管廊形式，即管廊桥梁两用的箱形结构，箱形结构内部为综合管廊舱室，上部为通行的桥梁（图13-1）。管廊桥可有效解决沟谷地段地下综合管廊工程穿越问题，但考虑到管廊口部节点及防火区域设置的要求，管廊桥不适用于较大跨度的山谷、河沟地段。

图13-1　管廊桥

13.2　关键技术

管廊桥施工与跨谷沟地段箱形桥梁施工类似，包括桩基、承台、墩柱、盖梁、桥台、支座及箱形结构等施工内容。桩基、承台、墩柱、盖梁、桥台、支座施工技术与桥梁结构一致，下面主要介绍管廊桥结构的施工技术。

管廊桥主要有预制、现浇及钢结构等形式，目前常用现浇方式建造，本章节仅对现浇管廊桥关键施工技术进行介绍。

1. 工艺流程

管廊桥施工工艺流程如图13-2所示。

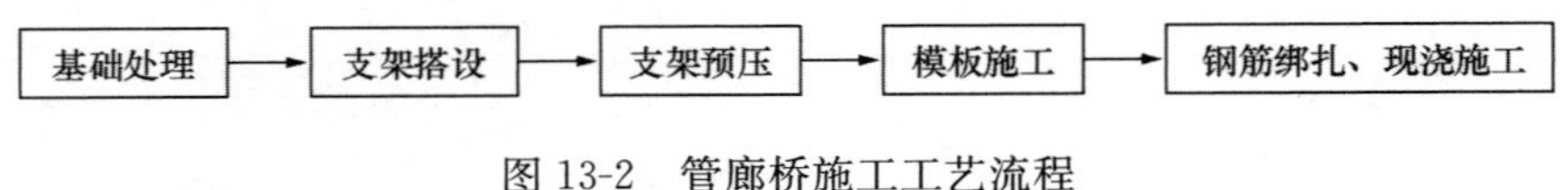

图 13-2 管廊桥施工工艺流程

2. 基础处理

支架基础承载力需达到设计要求。基底承载力达不到要求时，需采取相应措施进行地基加固，地基加固措施有换填法、打夯法、桩基加固法。

支架范围内场地要压实、平整，场地土基面上浇筑一层混凝土，混凝土面保持平整顺直，设置 2%～3%纵横向坡。支架范围两侧 1m 外设置排水沟，便于排除积水。也可使用条型混凝土带或木方作支架底脚，混凝土带或木方厚度应达 15cm 以上。

3. 支架搭设

常用现浇管廊桥支架有满堂架和钢管柱贝雷架两种。

1）满堂架

满堂架有钢管脚手架、碗扣式脚手架及盘扣式脚手架等形式。

碗扣式脚手架具有高功效、通用性强、承载力大等特点，管廊桥现浇支架中经常采用。

碗扣节点是由上碗扣、下碗扣、立杆、横杆接头和上碗扣限位销组成。立杆碗扣节点通常按 0.6m 模数设置，立杆接长用套管及连接销孔。碗扣架用钢管规格为 ϕ48mm×3.5mm，钢管壁厚不得小于 0.025～3.5mm。上碗扣、可调底座及可调托撑螺母应采用可锻铸铁或铸钢制造，下碗扣、横杆接头、斜杆接头应采用碳素铸钢制造。

搭设碗扣式支架时，先定立杆位置线，再放置垫块并调整位置。搭设时自下而上进行，每隔几挡在支架上设置一道斜撑。

2）钢管柱贝雷架

贝雷支架自下而上由钢管立柱、砂箱、分配梁、贝雷梁、底模、侧模及支撑等组成。

钢管立柱一般采用直径 ϕ1000mm 螺旋钢管，起到将梁结构自重、支架荷载和施工荷载等传到基础的作用。为了确保钢管立柱的稳定，相邻钢管立柱间用槽钢连接。立柱顶部支承着分配梁，下部支承在承台或地基上。钢管立柱底端需焊接钢板，四角采用膨胀螺栓固定。为加强钢管立柱的稳定，在钢管立柱端部内设“井”字形支撑。在钢管立柱顶端和跨中处采用槽钢固定于墩身上。

为了便于底模和侧模及贝雷梁的拆除，在钢立柱顶部和工字钢之间安装可调高度的砂箱。

分配梁起着将结构荷载、支架荷载和施工荷载分配到钢管立柱上的作用。

单片贝雷片一般长 3m，高 1.5m，贝雷片之间用销子连接，贝雷梁间采用花窗连接，加强自身抗扭能力。

4. 支架预压

设置沉降观测点，钢管柱贝雷架每个立柱不少于一个点，满堂架顺桥向每隔 2m 不得少于一个点。

预压时及时进行预压过程中数据的记录和预压加载完毕之后的观测，加载顺序按照箱梁施工顺序进行，先布置底板荷载，然后进行侧墙荷载加载，最后进行顶板荷载加载。

预压方法依据箱梁混凝土重量分布情况，在搭好的支架上堆放预压块或沙袋，预压荷载系数取梁跨荷载的1.3倍，预压时间视支架地面沉降量定，支架沉降稳定48h后卸载。加载过程共分四级：0～30％～60％～100％～130％。当其中一级荷载加载完毕之后，观测值保持稳定5次读数以上方可进行下级荷载加载。加载过程中必须全程观测，加载完毕之后每15min记录一次数据。当加载过程中出现数值超过预警值时，立刻停止加载并采取有效的卸载措施。

支架卸载时仍采用分级方式进行，按照加载相反的顺序进行卸载。每卸下一级载荷，均对所有测点进行一次测量，并作详细记录，在数据分析时与加载时的挠度进行比较。

预压合格之后方可进行上部管廊桥施工。管廊桥施工过程中需要全程进行观测记录，每一阶段施工完毕之后需要保持观测，至少每15min记录一次数据，直至稳定数据连续出现5次及以上时，可放宽至1h一次观测记录。

5. 模板施工

管廊桥现浇一般采用钢模板，钢模板要在加工厂内将混凝土接触面打磨平整光滑，在初次使用前在混凝土接触面上刷隔离剂，并在每次拆模以后用塔吊吊运到模板堆场进行打磨刷隔离剂。

防止外表面模板拼缝漏浆，在定型钢模板拼缝侧面贴宽约75mm的橡胶条、在胶合板或木模拼缝侧面贴20mm宽的双面胶带。

模板沿纵向预留25～30mm的预拱度。

在管廊桥墙体钢筋绑扎完成、检验合格后，进行内模的吊装。内模在现场用起重机械进行吊装。内模应从跨中向两头进行吊装。为了防止漏浆，内模每节接缝处胶合板边缘需贴海棉条。

6. 钢筋绑扎、现浇施工

管廊桥结构钢筋采取钢筋加工场加工、现场安装的方式。现场安装时，钢筋的位置需准确，在混凝土浇筑前要固定到位。钢筋的保护层要用特制的塑料块或水泥垫块，禁止用钢筋支撑。预埋件需提前安装。

结构混凝土一般分4～5层浇筑，先浇筑底板，墙体分2～3层进行浇筑，最后浇筑顶板。顶板浇筑时要由低向高进行。先浇筑盖梁两侧结构，再浇筑盖梁部，避免由于盖梁两侧支架的变形造成结构裂缝，有立柱的地方也需按此顺序浇筑（图13-3）。

图13-3 管廊桥现浇施工

混凝土坍落度一般控制在16～18cm，振捣时，需充分振捣，避免出现漏振或少振，确保混凝土密实。浇筑时要有专人对模板进行检查，一旦发现模板有位移或变形现象时，应及时处理。在浇筑混凝土时，要避开预埋件。

13.3 验收

（1）现浇施工钢筋、混凝土质量控制及验收参考第10章10.1.3验收标准。

（2）支架与模板验收，见表13-1。

管廊桥支架、模板质量验收标准 **表13-1**

<table>
<tr><th colspan="2">序号</th><th colspan="4">质量验收标准及允许偏差</th><th>检查数量</th><th>检查方法</th></tr>
<tr><td>主控项目</td><td>1</td><td colspan="4">模板、支架和拱架制作及安装应符合施工设计图（施工方案）的规定，且牢固稳定，接缝严密，立柱基础有足够的支撑面和排水、防冻融措施</td><td>—</td><td>观察、用钢尺量</td></tr>
<tr><td rowspan="14">一般项目</td><td rowspan="14">模板制作允许偏差（mm）</td><td rowspan="6">木模板</td><td colspan="2">模板的长度和宽度</td><td>±5</td><td rowspan="5">每个构筑物或每个构件检测4点</td><td>用钢尺量</td></tr>
<tr><td colspan="2">不刨光模板相邻两板表面高低差</td><td>3</td><td rowspan="2">用钢尺和塞尺量</td></tr>
<tr><td colspan="2">刨光模板相邻两板表面高低差</td><td>1</td></tr>
<tr><td colspan="2">平板模板表面最大的局部不平（刨光模板）</td><td>3</td><td rowspan="2">用2m直尺和塞尺量</td></tr>
<tr><td colspan="2">平板模板表面最大的局部不平（不刨光模板）</td><td>5</td></tr>
<tr><td colspan="2">榫槽嵌接紧密度</td><td>2</td><td>每个构筑物或每个构件检测2点</td><td rowspan="3">用钢尺量</td></tr>
<tr><td rowspan="8">钢模板</td><td colspan="2">模板的长度和宽度</td><td>0，−1</td><td>每个构筑物或每个构件检测4点</td></tr>
<tr><td colspan="2">肋高</td><td>±5</td><td>每个构筑物或每个构件检测2点</td></tr>
<tr><td colspan="2">面板端偏斜</td><td>0.5</td><td>每个构筑物或每个构件检测2点</td><td>用水平尺量</td></tr>
<tr><td rowspan="3">连接配件（螺栓、卡子等）的孔眼位置</td><td>孔中心与板面间距</td><td>±0.3</td><td rowspan="4">每个构筑物或每个构件检测4点</td><td rowspan="3">用钢尺量</td></tr>
<tr><td>板端孔中心与板端的间距</td><td>0
−0.5</td></tr>
<tr><td>沿板长宽方向的孔</td><td>±0.6</td></tr>
<tr><td colspan="2">板面局部不平</td><td>1.0</td><td>用2m直尺和塞尺量</td></tr>
<tr><td colspan="2">板面和板侧挠度</td><td>±1.0</td><td>每个构筑物或每个构件检测1点</td><td>用水准仪和拉线量</td></tr>
</table>

续表

序号		质量验收标准及允许偏差			检查数量	检查方法
一般项目	模板、支（拱）架安装允许偏差（mm）	相邻两板表面高低差	清水模板	2	每个构筑物或每个构件检测4点	用钢板尺和塞尺量
			浑水模板	4		
			钢模板	2		
		表面平整度	清水模板	3	每个构筑物或每个构件检测4点	用2m直尺和塞尺量
			浑水模板	5		
			钢模板	3		
		垂直度	墙、柱	$H/1000$，且不大于6	每个构筑物或每个构件检测2点	用全站仪或垂线和钢尺量
			墩、台	$H/500$，且不大于20		
			塔、柱	$H/3000$，且不大于30		
		模内尺寸	基础	±10	每个构筑物或每个构件检测3点	用钢尺量，长、宽、高各1点
			墩、台	+5 −8		
			梁、板、墙 柱、桩、拱	+3 −6		
		轴线偏位	基础	15	每个构筑物或每个构件检测2点	用全站仪测量，纵、横向各1点
			墩、台、墙	10		
			梁、拱、柱 塔柱	8		
			悬各梁段	8		
			横隔梁	5		
		支承面高程		+2，−5	每支撑面1点	水准仪测量
		悬浇各梁段底面高程		+10，0	每个梁段1点	水准仪测量
		预埋件 支座板、锚垫板、连接板等	位置	5	每个预埋件1点	用钢尺量
			平面高差	2		水准仪测量
		预埋件 螺栓、钢筋等	位置	3		用钢尺量
			外露长度	±5		用钢尺量
		预留孔洞	预应力筋孔道位置（梁端）	5	每个预留孔洞1点	用钢尺量
		预留孔洞 其他	位置	8		
			孔径	+10，0		
		梁底模拱度		+5，−2		沿底模全长拉线，用钢尺量

续表

<table>
<tr><th colspan="2">序号</th><th colspan="3">质量验收标准及允许偏差</th><th>检查数量</th><th>检查方法</th></tr>
<tr><td rowspan="9">一般项目</td><td rowspan="8">模板、支（拱）架安装允许偏差（mm）</td><td rowspan="2">对角线差</td><td>板</td><td>7</td><td rowspan="6">每根梁、每个构件、每个安装端1点</td><td rowspan="3">用钢尺量</td></tr>
<tr><td>墙板</td><td>5</td></tr>
<tr><td></td><td>桩</td><td>3</td></tr>
<tr><td rowspan="3">侧向弯曲</td><td>板、拱肋、桁架</td><td>$L/1500$</td><td rowspan="3">沿底模全长拉线，用钢尺量</td></tr>
<tr><td>柱、桩</td><td>$L/1000$，且不大于10</td></tr>
<tr><td>梁</td><td>$L/2000$，且不大于10</td></tr>
<tr><td>支架、拱架</td><td>纵轴线的平面位置</td><td>$L/2000$，且不大于30</td><td rowspan="2">每根梁、每个构件、每个安装端3点</td><td>用全站仪测量</td></tr>
<tr><td colspan="2">拱架高程</td><td>+20
−10</td><td>用全站仪测量</td></tr>
<tr><td colspan="4">固定在模板上的预埋件、预留孔内模不得遗漏，安装牢固</td><td>全数检查</td><td>观察</td></tr>
</table>

第 14 章　管廊防水施工技术

综合管廊结构设计年限要求不低于 100 年，且在结构使用年限内还要保证廊内各专业管线、设备的正常运行，这就对综合管廊防水提出了较高的要求。处理好防水问题是综合管廊建设必须考虑的关键问题之一，从设计、施工等方面解决好防水问题，能从根本上减少安全隐患，降低后期运营维护成本，延长管廊使用寿命。

1. 综合管廊防水体系包括管廊结构防水、接缝防水及细部构造防水

管廊混凝土结构自防水是管廊防水体系最基本、最重要的一环，管廊结构须采用防水混凝土来保证防水性。结构外一般会设置柔性防水层，如卷材防水或涂料防水。管廊接缝防水包括施工缝、变形缝，施工缝一般采用止水钢板防水，变形缝一般采用中埋式止水带＋外贴式止水带的组合进行防水。管廊细部构造防水包括通风口、吊装口、穿墙套管、穿墙螺栓等部位，如果这些部位处理不当，管廊很容易产生渗漏现象。

2. 综合管廊施工工法常用防水形式

综合管廊施工工法常用防水形式对应表　　表 14-1

施工工法	细分工法	常用防水形式
现浇法	明挖现浇	施工缝：中埋式止水带、外贴式止水带、水膨胀止水胶条 变形缝：中埋式止水带（必选）、外贴式止水带、可卸式止水带、防水密封材料
装配式	节段预制装配	接缝：EPDM 密封垫、水膨胀橡胶密封垫、复合密封垫、可卸式止水带
	分块预制装配	施工缝：水膨胀橡胶密封垫、全断面注浆管 变形缝：外贴式止水带、可卸式止水带、防水密封材料
暗挖法	浅埋暗挖法	全包防水：防水卷材、防水板、喷涂
	盾构法	预制接缝密封垫，外层增设防水涂层
	预制顶管法	预制接缝密封垫，外层增设防水涂层

综合管廊防水工程中最重要的为主体结构防水和细部构造防水，主体结构防水施工主要包含防水混凝土、卷材防水、涂膜防水及刚性防水（主要为水泥砂浆防水）。

14.1　防水混凝土施工技术

14.1.1　概述

防水混凝土是具有高抗渗性并达到防水要求的一种混凝土，常用于受压力水作用的工程。防水混凝土等级有五个级别，分别为 P4、P6、P8、P10、P12。

防水混凝土对原材料有一定要求，水泥强度等级不应低于 42.5 级；砂宜用中砂，含泥量不得大于 30%，泥块含量不得大于 1.0%；石子的粒径宜为 5～40mm，含泥量不得大于 1.0%，泥块含量不得大于 0.5%；用水采用一般饮用水或天然洁净水；外加剂的技术性能应符合国家或行业标准一等品及以上的质量要求。

防水混凝土的配合比应根据设计要求确定，其抗渗等级应比设计要求提高 0.2MPa。防水混凝土一般水泥用量不少于 300kg/m³，水灰比不宜大于 0.55，砂率宜为 35%～40%，灰砂比宜为 1∶2.5～1∶2，混凝土坍落度不宜大于 50mm。

14.1.2 关键技术

1. 工艺流程

防水混凝土施工工艺流程如图 14-1 所示。

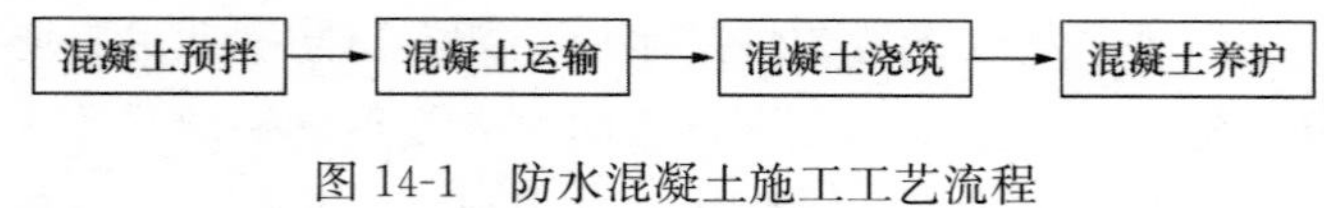

图 14-1 防水混凝土施工工艺流程

2. 混凝土预拌

1）防水混凝土应通过调整配合比，掺加外加剂、掺合料配制而成。

2）防水混凝土采用预拌混凝土时，入泵坍落度宜控制在 120～160mm，坍落度每小时损失值不应大于 20mm，坍落度总损失值不应大于 40mm。掺加引气剂或引气型减水剂时，混凝土含气量应控制在 3%～5%。

3）防水混凝土拌合物必须采用机械搅拌，搅拌时间不应小于 2min。掺外加剂时，应根据外加剂的技术要求确定搅拌时间。

4）搅拌符合一般普通混凝土搅拌原则。防水混凝土必须用机械充分均匀拌和，不得用人工搅拌，搅拌时间比普通混凝土搅拌时间略长，一般不小于 120s。有外加剂时应按其要求加入、拌制。

3. 混凝土运输

混凝土采用专用罐车运输，运输中防止漏浆和离析泌水现象，气温高、运距大时可掺入缓凝型减水剂。若防水混凝土出现离析，必须进行二次搅拌。当坍落度损失后不能满足施工要求时，应加入原水灰比的水泥浆或二次掺加减水剂进行搅拌，严禁直接加水。

4. 混凝土浇筑

防水混凝土应连续浇筑，当留设施工缝时，应遵守下列规定：墙体水平施工缝不应留在剪力与弯矩最大处或底板与侧墙的交接处，应留在高出底板表面不小于 200mm 的墙体上。墙体有孔洞时，施工缝距孔洞边缘不宜小于 300mm。

浇筑时，防水混凝土自由下落高度应不大于1.5m，墙体直接浇筑高度不大于3m，否则应使用串筒或溜管。浇捣须分层进行，每层厚不大于300～400mm，上下层间隔不大于1.5h且不初凝，振捣时间宜为10～30s，以混凝土开始泛浆和不冒气泡为准，并应避免漏振、欠振和超振。

明挖现浇基础底板浇筑时，在外墙留施工缝。施工缝处采用止水钢板进行防水处理。施工缝留置时，止水钢板应连续布置，水平缝和垂直缝应连续交圈，接口处采用双面焊，保证焊缝密实。止水钢板开口朝向迎水面。

5. 混凝土养护

养护与拆模养护对防水混凝土的抗渗性能影响很大，特别是早期湿润养护更为重要，如果早期失水，将导致防水混凝土的抗渗性大幅度降低。混凝土终凝（浇后4～6h）后开始养护，养护不少于14d，以避免早期脱水；冬施混凝土入模温度不小于5℃；拆模不宜过早，防止开裂和损坏。连续浇筑防水混凝土每500m³应留置1组抗渗试块（1组6个抗渗试块）。

14.1.3　验收

防水混凝土验收内容如表14-2所示。

防水混凝土质量验收标准　表14-2

<table>
<tr><th></th><th colspan="2">验收项目</th><th>设计要求及规范规定</th><th>检查数量</th><th>检查方法</th></tr>
<tr><td rowspan="3">主控项目</td><td>1</td><td>防水混凝土的原材料、配合比及坍落度</td><td>合格证明文件齐全，试验记录齐全</td><td>每工作班检查不少于两次</td><td>检查产品合格证、产品性能检测报告、计量措施和材料进场检验报告</td></tr>
<tr><td>2</td><td>防水混凝土的抗压强度和抗渗性能</td><td>符合设计要求</td><td>符合《混凝土结构工程施工质量验收规范》GB 50204—2015</td><td>检查混凝土抗压强度、抗渗性能检测报告</td></tr>
<tr><td>3</td><td>防水混凝土结构的变形缝、施工缝、后浇带、穿墙管、预埋件等设置和构造</td><td>符合设计要求</td><td rowspan="5">混凝土外露面积每100m²抽查1处，每处10m²且不得少于3处</td><td>观察检查和检查隐蔽工程验收记录</td></tr>
<tr><td rowspan="4">一般项目</td><td>1</td><td>防水混凝土结构外观</td><td>表面应坚实、平整，不得有露筋、蜂窝等缺陷；预埋件位置应准确</td><td>观察检查</td></tr>
<tr><td>2</td><td>防水混凝土结构表面的裂缝宽度</td><td>≤0.2mm</td><td>用刻度放大镜检查</td></tr>
<tr><td rowspan="2">3</td><td>防水混凝土结构厚度不应小于250mm</td><td>+8mm
−5mm</td><td>用钢尺量和检查隐蔽工程验收记录</td></tr>
<tr><td>主体结构迎水面钢筋保护层厚度不应小于50mm</td><td>±5mm</td><td>用钢尺量和检查隐蔽工程验收记录</td></tr>
</table>

14.2 卷材防水施工技术

14.2.1 概述

目前管廊防水卷材多采用预铺反粘防水施工技术，该技术在施工时，在卷材表面胶粘层上直接浇筑混凝土，混凝土固化后，与胶粘层形成完整连续的粘结（图 14-2）。这种粘结是由混凝土浇筑时水泥浆体与防水卷材整体合成胶相互勾锁而形成的。高密度聚乙烯主要提供高强度，自粘胶层提供良好的粘结性能，可以承受结构产生的裂纹影响。耐候层既可以使卷材在施工时适当外露，同时提供不粘的表面供施工人员行走，使得后道工序可以顺利进行。

图 14-2 综合管廊卷材防水

14.2.2 关键技术

预铺反粘防水技术施工中，底板、侧墙和顶板卷材铺设为湿铺法施工。具体施工方法如下：垫层施工完成后，在垫层上涂抹水泥浆混合物，然后再铺设防水卷材；侧墙和顶板混凝土浇筑完成后，在顶板及侧墙上涂抹水泥浆混合物，然后再铺设防水卷材。

1. 工艺流程

卷材防水施工工艺流程见图 14-3。

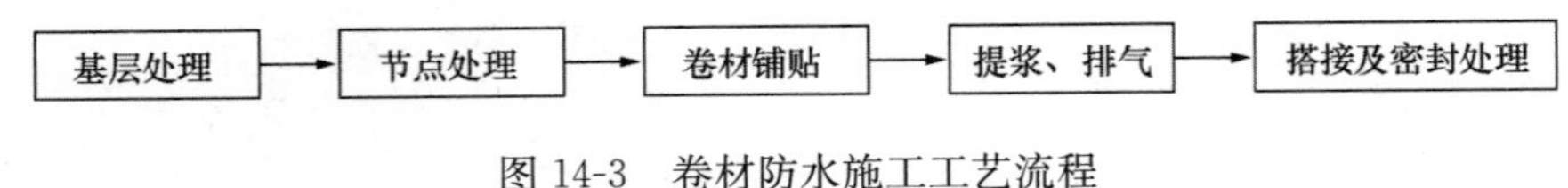

图 14-3 卷材防水施工工艺流程

2. 基层处理

防水基层必须平整牢固，不得有突出的尖角、凹坑和表面起砂现象，表面应清洁干燥，转角处应根据要求做半径为 50mm 的圆弧角。基层含水率要无明水珠即可。防水层施工前必须将基层上的尘土、砂粒、碎石、杂物、油污和砂浆突起物清除干净。

基层处理完成后，涂抹水泥浆混合物。水泥净浆厚度为 2mm，与自粘卷材构成刚柔二道复合防水系统，铺抹涂料时应注意压实、抹平。涂抹水泥浆混合物宽度比卷材的长、短各宽出卷材 200mm，并确保水泥浆混合物的平整度。

3. 节点处理

卷材铺设前，穿墙套管、阴阳角、变形缝等细部应先做增强处理，施工缝加强层宽度宜为 600mm，变形缝加强层宜为 1000mm，可增焊双层 HDPE 卷材；穿出防水层的管道应在防水工程开工前安装完毕，并预留出 20mm 管头，以便于防水施工。

4. **卷材铺贴**

1）底板卷材

铺设前宜在底层涂上按实际搭接面积弹出粘贴控制线，应按粘贴控制线试铺及实际粘铺卷材，以确保卷材搭接宽度。

阴阳角处应用砂浆做成 50mm 的圆角及 500mm 宽防水附加层，应增设防水附加层一道，针对变形缝部位进行加强处理，附加层材料同底板防水卷材。

卷材搭接应注意保证搭接区的下部干净、干燥，没有灰尘，当两块卷材搭接在一起时，施工应连续进行，辊压搭接边要用力。

卷材铺贴环境温度应在－4℃以上。否则，卷材搭接不牢，防水失效。

卷材铺贴程序为：先节点，后大面；先远处，后近处。大面防水卷材施工时，卷材长边搭接不小于 70mm，短边搭接不小于 80mm。搭接缝距离平立面转角的距离应大于 600mm，相邻两排卷材的短边接头应相互错开 300mm 以上。如图 14-4 所示。

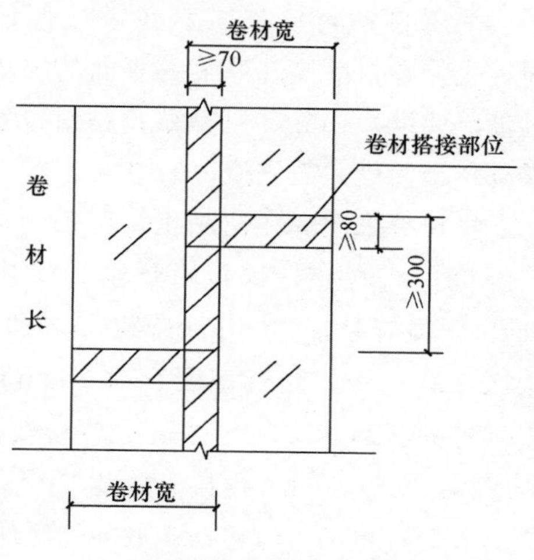

图 14-4 防水卷材搭接示意图

2）侧墙及顶板卷材

顶板平面铺设时将剪裁好的卷材铺在基层上，应按规定留出卷材与卷材之间的搭接缝，卷材接缝利用卷材自粘面粘结。

在立墙防水卷材施工时，应先找到防水导墙平面预留的防水卷材接头，在管廊顶板面将卷材固定后，下部卷材同底面卷到立面的卷材在立墙上距底面 200～300mm 处搭接焊牢；立墙卷材由上向下铺贴，采用满粘法，利用卷材自有的自粘面粘结。

混凝土结构完成，铺贴立面卷材时，应先将接槎部位的各层卷材揭开，并应将其表面清理干净，如卷材有局部损伤，应及时进行修补；卷材接槎的搭接长度，高聚物改性沥青类卷材应为 150mm，合成高分子类卷材应为 100mm；当使用两层卷材时，卷材应错槎接缝，上层卷材应盖过下层卷材。

如若立墙过高，可实行自下而上分段固定、分段铺设卷材，同时分段设置保护层并分段进行回填土的办法。

采用外贴式卷材防水时，应先铺平面后铺立面，交接处应交叉搭接，铺贴双层卷材时，上下两层和相邻两幅卷材的接缝应错开 1/3～1/2 幅宽，搭接时应将高处的卷材压住较低的卷材进行搭接。

采用热熔法进行焊接施工时，在卷材需加热的幅宽范围内，必须加热均匀一致，要求火焰加热器的喷嘴与卷材距离适当，并保持合适的移动速度，加热至卷材的粘贴面呈光亮时方可进行粘贴，避免加热不够或过度加热。

对结构墙体阴阳角应做500mm宽卷材附加层。

预铺式高分子自粘胶膜防水卷材铺设时将搭接边重叠，用钢辊子压紧搭接边确保其粘结完全，保证防水的连续性和整体性。

5. 提浆、排气

铺设时用木抹字或橡胶板拍打卷材上表面，排出卷材下面的空气，使卷材之间紧密连接（图14-5）。卷材铺贴完成后养护24～48h（具体时间视环境温度而定，一般情况下，温度愈高所需时间愈短）。

6. 卷材搭接缝及密封处理

采用自粘封口条压盖在搭接部位。操作时，先将卷材搭接部位上的表面的隔离膜（或硅油隔离纸）揭除，再粘贴自粘封口条，若搭接部位被污染，需先清理干净。

图14-5　防水卷材提浆、排气

搭接缝采用焊接法施工，可采用热风式塑料焊枪进行焊接，焊接时焊嘴与焊接方向成45°，压辊与焊嘴平行并保持约5mm左右距离，滚压不宜过快，爬行速度宜为2m/min，焊接温度宜为（250±5）℃。在正式焊接卷材前，应进行试焊并做剥离试验，以此来检查当时气候条件下焊接工具和焊接参数及工人操作水平，确保焊接质量。焊接时，应先焊长边后焊短边。焊接过程中，应根据现场的气候环境随时调整加热温度和焊接速度。不得有漏焊、跳焊或焊接不牢等现象。焊接时不得损害非焊接部位的卷材。

14.2.3　验收

防水卷材质量检测要求如表14-3所示。

防水卷材质量检测要求　　表14-3

施工质量验收规范规定				检查数量	检查方法
主控项目	1	卷材及配套材料质量	卷材防水层所用卷材及主要配套材料必须符合设计要求	—	检查出厂合格证、质量检验报告和现场抽样试验报告
	2	细部做法	卷材防水层及其转角处、变形缝、穿墙管道等细部做法均需符合设计要求	—	观察检查和检查隐蔽工程验收记录

续表

施工质量验收规范规定				检查数量	检查方法
一般项目	1	基层质量	卷材防水层的基层应牢固，基面应洁净、平整，不得有空鼓、松动、起砂和脱皮现象；基层阴阳角处应做成圆弧形	按铺贴面积，每 $100m^2$ 抽查 1 处，每处 $10m^3$ 且不少于 3 处	观察检查和检查隐蔽工程验收记录
	2	卷材搭接缝	卷材防水层的搭接缝应粘（焊）结牢固，密封严密，不得有皱折、翘边和鼓泡等缺陷		观察检查
	3	保护层	侧墙卷材防水层的保护层与防水层应粘结牢固，结合紧密、厚度均匀一致		观察检查
	4	卷材搭接宽度允许偏差	卷材搭接宽度的允许偏差为－10mm		观察和用钢尺量

14.3 涂膜防水施工

14.3.1 概述

管廊涂膜防水材料应选用柔性防水材料，常用品种包括：聚合物水泥基防水涂料、聚氨酯防水涂料、非固化橡胶防水涂料、喷涂橡胶沥青防水涂料、喷涂聚脲防水涂料。

14.3.2 关键技术

1. 工艺流程

涂膜防水施工工艺流程如图 14-6 所示。

图 14-6　涂膜防水施工工艺流程

2. 基层处理

混凝土基面应当坚固、干净、平整，以提供充分开放的毛细管系统以利于渗透。用钢丝刷、凿子或打磨机清除表面浮浆、泛碱、灰尘、油污。

对于蜂窝及疏松结构应凿除，将所有松动物用压力水冲掉，直至漏出坚硬的混凝土基层，并在潮湿的基层上涂刷一道基层处理剂，随后用与水泥基渗透结晶型防水涂料相容的防水砂浆（混凝土）填补并压实。

结构表面比较光滑时，应用打磨机进行打磨或喷砂处理，使其形成麻面。

对预埋穿墙套管管根、大于 0.4mm 的裂缝等薄弱处的迎水面应凿成 20mm×20mm 的 U 形槽，槽内用水冲刷干净，并除去表面明水，再涂刷水泥基渗透结晶型防水涂料（配比按技术要求）于 U 形槽内，待固化后，再将半干的掺有水泥基渗透结晶型防水涂料的砂浆填缝内，用手或锤捣固压实在 U 形槽内，且接缝两边应抹平。

穿墙螺杆先剔凿一个保护层厚度，然后割掉螺栓杆，最后用高压水枪清洗表面浮尘。

3. 基层湿润

用水充分浸透施工基面，使混凝土结构得到充分湿润、润透，之后用抹布擦出表面积水，保持混凝土基面潮湿但无明水。

4. 配料

按要求配合比将干料与干净的水拌合（水内要求无盐、无有害成分）。混合时可用手电钻装上有叶片的搅拌棒或戴上胶皮手套，用手及抹子搅拌。将料和水计量后，先将水倒入容器中，再将料倒入水中，充分搅拌 3～5min，使料拌合均匀。拌料时，要掌握好料和水的比例，一次拌料不宜过多，要在 20min 内用完，拌合物变稠时要频繁搅动，使用过程中不能再次加水、加料。

5. 涂刷施工

涂刷时要用半硬的尼龙刷，不宜用抹子、滚筒、油漆刷。涂刷时要注意用力来回纵横地涂刷以保证凹凸处均能涂上并达到厚薄均匀。

一般分两遍涂刷，一遍用料量为 0.7～0.8kg/m^2。一遍不宜涂刷过多，以免涂层太厚，养护困难。也不宜涂刷太少，以免涂层太薄失水太快而产生粉化。当涂刷第二遍时，在第一遍涂层达到初步固化（约 1～2h）并仍呈潮湿状态时（即 48h 内）进行。如果第一遍涂层已干燥发白，需喷上一层雾状的水湿润后，再进行第二遍施工。上一道涂刷方向应与下一道相垂直。水泥基渗透结晶型防水涂料的每层厚度及总厚度应符合产品和设计要求，且总厚度不应小于 1.0mm。每道涂刷应厚薄均匀、不漏刷、不透底。

涂刷水泥基渗透结晶型防水涂料时，墙面或地面表面应无明水且不渗水。防水层涂刷的顺序应遵循“先高后低、先细部后大面、先立面后平面”的原则，用力往返涂刷。

施工时上一道涂刷方向应与下一道相互垂直，且每遍涂刷时应交替改变涂刷方向。同层涂膜的先后搭接宽度宜为 40～60mm。涂刷时应用力来回纵横刷，以保证凹凸处都能涂上并均匀。

涂层施工完毕后，应检查是否均匀，对于不均匀部位，需要再次进行修补；如有起皮现象，应将起皮部分去除，重新进行基层处理，待充分湿润后再涂刷涂料。

6. 养护

涂层呈半干状态后即应开始用雾状水喷洒养护，完全固化之前，注意水流不能过大，否则会破坏涂层。一般需每天喷水3～4次，不少于3d，7d最为理想。在热天或干燥天气要多喷几次，防止涂层过早干燥。

在施工后24h内，必须防雨淋，48h内防霜冻、暴晒、污水及5℃以下的低温。在空气流通很差的情况下，需用风扇或鼓风机帮助养护（如封闭的水池或湿巾）。露天施工，涂层固化后，用湿草袋覆盖好，但要避免涂层积水，如果使用塑料膜作为保护层，必须注意架开，以保证涂层的呼吸及通风。

在涂层施工后36h，可回填湿土，7d内不可回填干土，以防止其向涂层吸水。

14.3.3 验收

涂膜防水质量验收要求如表14-4所示。

涂膜防水质量验收标准　　**表14-4**

验收项目			设计要求及规范规定	检查数量	检查方法
主控项目	1	涂膜防水层所用的材料及配合比	满足设计要求	—	检查产品合格证、产品性能检测报告和材料进场检验报告、配合比检测报告
	2	涂膜防水层的平均厚度	≥90%及设计要求	—	针测法
	3	涂膜防水层在转角处、变形缝、施工缝、穿墙管等部位做法	符合设计要求	—	观察检查和检查隐蔽工程验收记录
一般项目	1	涂膜防水层应与基层粘结	涂膜防水层的基层应牢固，基面应洁净、平整，不得有空鼓、松动、起砂和脱皮现象；基层阴阳角处应做成圆弧形	每检验批每$100m^2$至少抽查1处，每处不得小于$10m^2$，节点构造应全数检查	观察检查和检查隐蔽工程验收记录
	2	涂层间夹铺胎体增强材料	防水材料浸透胎体覆盖完全，不得有胎体外露情况		
	3	侧墙涂膜防水层的保护层	防水层与保护层应密贴，保护层厚度应满足要求		

14.4 管廊细部构造防水

14.4.1 概述

综合管廊细部构造包括施工缝、变形缝、穿墙管（盒）、预埋件、孔口、密封材料等部位。

14.4.2 关键技术

1. 施工缝

1）结构断面内：埋设中埋式钢板止水带或中埋式丁基橡胶腻子钢板止水带、设置遇水膨胀止水条或遇水膨胀止水胶、预埋注浆管。以上措施应选用一种或两种。

2）结构迎水面：外贴防水卷材加强层或外涂防水涂料加强层、外抹聚合物水泥防水砂浆。

3）中埋式钢板止水带或中埋式丁基橡胶腻子钢板止水带应在结构断面的中部对称埋设；钢板止水带宽度不应小于300mm，厚度不宜小于3mm，丁基橡胶腻子钢板止水带宽度不应小于250mm，厚度不宜小于5mm，双面应涂覆丁基橡胶腻子，单面厚度不应小于2mm。

4）遇水膨胀止水条应设置在结构断面的中部；腻子型遇水膨胀止水条的宽度和厚度均不宜小于15mm，宜采用平行错搭的方式进行搭接，搭接长度不应小于30mm。遇水膨胀止水胶的宽度不宜小于10mm，厚度不宜小于5mm。

5）预埋注浆管应设置在结构断面的中部。注浆管应与现浇混凝土基层密贴，固定间距宜为200～300mm。注浆应在混凝土达到设计强度后、结构装饰施工前进行。

6）水泥基渗透结晶性防水涂料可涂刷在结构断面上，其用量及厚度应符合相应规范要求。

7）防水卷材或防水涂料加强层应设置在施工缝的迎水面，以缝为中心对称敷设，并与结构外防水层相匹配。防水卷材、防水涂料的宽度均不应小于400mm。

8）聚合物水泥砂浆防水层宜用于施工缝的迎水面，以缝为中心对称抹面，宽度不宜小于400mm，厚度不应小于10mm。

2. 变形缝

1）变形缝的设置应满足密封防水、适应变形、施工方便等要求，变形缝处混凝土结构厚度不应小于300mm，用于沉降的变形缝最大允许沉降差值不应大于30mm，变形缝宽度宜为20～30mm（图14-7）。

2）在结构断面内的变形缝其断面中部应设置橡胶止水带或钢板橡胶止水带；在结构迎

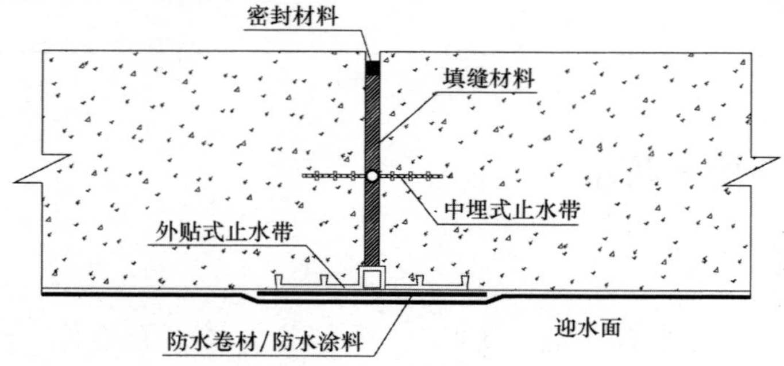

图14-7 变形缝防水示意图

水面的变形缝应外贴防水卷材加强层或外涂防水涂料加强层，应设置外贴式橡胶止水带或缝内嵌填密封材料；在结构背水面的变形缝应安装可拆卸式橡胶止水带或缝内嵌填密封材料。

3）对环境温度高于50℃处的变形缝，可采用2mm厚的紫铜片或3mm厚不锈钢等金属止水带，其中间呈圆弧形。

4）中埋式止水带施工应符合下列规定：

① 在混凝土结构变形缝处，中埋式止水带应沿结构厚度的中心线将止水带的两翼分别埋入结构中，中孔中心对准变形缝中央。止水带固定在钢筋上间距不得大于400mm，固定牢固。背贴式止水带中心对准变形缝中央，牢固焊接于防水卷材表面。

② 安装中埋式止水带以细铁丝悬吊于钢筋上固定（预埋钢筋间距为2m、长度为30cm），在顶、底板水平安装时使止水带形成盆式，以避免止水带下的气体在混凝土浇捣时无法逸出，形成孔隙。止水带宜采用专用钢筋套或扁钢固定。采用扁钢固定时，止水带端部应先用扁钢夹紧，并将扁钢与结构内钢筋焊牢。固定扁钢用的螺栓间距宜为500mm。

③ 止水带设置时不可翻转、扭曲，如发现破损立即更换。

④ 在混凝土浇筑前应避免止水带被污物和水泥砂浆污损，表面有杂质须清理干净，以免混凝土与其咬合不紧密形成渗水通道。

⑤ 接触止水带的混凝土灌注应加强振捣，振捣时应竖直向止水带的两边（距离）进行，保证混凝土自身密实，不应出现粗骨料集中和漏振现象，水平向止水带下充满混凝土并充分振捣。

⑥ 止水带应就位准确、安装牢固，模板的端板应做成箱形上下带凹口的木模，木模的凹口为半圆形，直径比止水带中央气孔大5mm，在浇筑一侧混凝土时保护止水带的另一侧翼不受到破坏。

⑦ 止水带的接头部位采用对接的方法，接头处选在结构应力较小的部位。当止水带的局部无法安装（如遇箍筋无法穿越时）需采用两道遇水膨胀止水条进行过渡连接，止水条与止水带纵向（纵向轴线）搭接不应少于50mm，且要求腻子条粘贴在止水带迎水面一侧，粘贴应牢固可靠，止水条固定在施工缝表面的预留凹槽内，止水条之间设置预埋注浆管。

⑧ 止水带的接缝宜为一处，应设在边墙较高位置上，不得设在结构转角处，接头宜采用热压焊。

⑨ 中埋式止水带在转弯处宜采用直角专用配件，并应做成圆弧形，橡胶止水带的转角半径应不小于200mm，钢边橡胶止水带应不小于300mm，且转角半径应随止水带的宽度增大而相应加大。

5）安设于结构内侧的可卸式止水带施工时应符合下列要求：

① 所需配件应一次配齐；

② 转角处应做成45°折角；

③ 转角处应增加紧固件的数量。

6）宜采用遇水膨胀橡胶与普通橡胶复合的复合型胶条、中间夹有钢丝或纤维织物的遇水膨胀橡胶条、中空圆环型遇水膨胀橡胶条。当采用遇水膨胀橡胶条时，应采取有效的固定措施防止止水条胀出缝外。

7）嵌缝材料嵌填施工时，应符合下列要求：

① 缝内两侧应平整、清洁、无渗水，并涂刷与嵌缝材料相容的基层处理剂；

② 嵌缝时应先设置与嵌缝材料隔离的背衬材料；

③ 嵌填应密实，与两侧粘结牢固。

3. 穿墙管（盒）

1）穿墙管应在浇筑混凝土前预埋，与内墙角、凹凸部位的距离应大于 250mm；

2）金属止水环应与主管满焊密实，采用套管式穿墙管防水构造时，翼环与套管应满焊密实，施工前将其表面清理干净；

3）采用遇水膨胀止水圈的穿墙管，管径宜小于 50mm，止水圈应用胶粘剂满粘固定于管上，并应涂缓凝剂（图 14-8）。

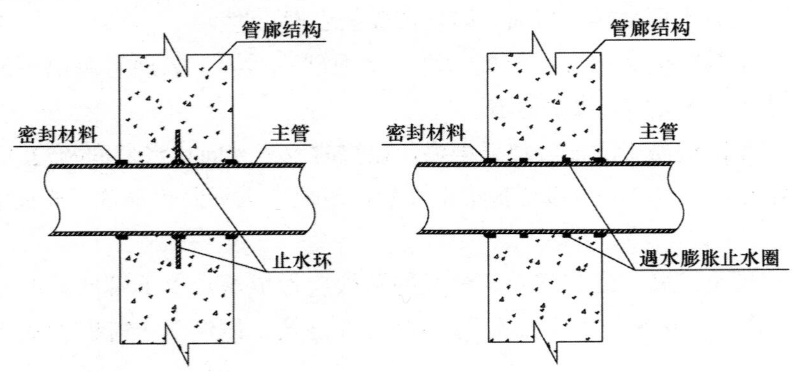

图 14-8　穿墙管防水示意图

4. 预埋件

1）预埋件端部预留孔底部的混凝土厚度不得小于 250mm，当厚度小于 250mm 时，应采取局部加厚或其他防水措施；

2）预留孔内的防水层宜与孔外结构防水层保持连续（图 14-9）。

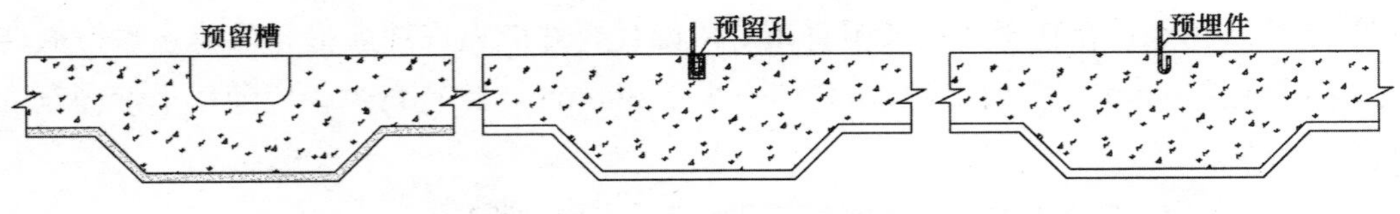

图 14-9　预埋件防水示意图

5. 孔口

管廊通向地面的各种孔口应设置预防地面水倒灌措施，投料口及人员出入口应高出地面不少于 50cm，车辆出入口应设明沟排水，其高度宜为 150mm，并应有防雨措施。

6. 密封材料

1）检查粘结基层的干燥程度以及接缝的尺寸，接缝内部杂物应先清除干净。

2）热灌法施工自下而上进行并尽量减少接头，接头应采用斜槎；密封材料熬制及浇灌温度应按有关材料要求严格控制。

3）冷嵌法施工分次将密封材料嵌填在缝内，压嵌密实并与缝壁粘结牢固，防止裹入空气，接头采用斜槎。

4）接缝处的密封材料底部嵌填背衬材料，外露密封材料上设置保护层，其宽度为100mm。

14.4.3 验收

1）施工缝防水验收，见表14-5。

施工缝防水质量验收标准　表14-5

<table>
<tr><th></th><th colspan="2">验收项目</th><th>设计要求及规范规定</th><th>检查数量</th><th>检查方法</th></tr>
<tr><td rowspan="2">主控项目</td><td>1</td><td>施工缝防水密封材料种类及质量</td><td>必须符合设计要求，产品合格证、性能检测报告、进场检验报告完整</td><td>—</td><td>检查产品合格证、产品性能检测报告和材料进场检验报告</td></tr>
<tr><td>2</td><td>施工缝防水构造</td><td>隐蔽工程验收记录完整齐全，构造符合设计要求</td><td>—</td><td>观察检查和检查隐蔽工程验收记录</td></tr>
<tr><td rowspan="9">一般项目</td><td rowspan="3">1</td><td>墙体水平施工缝位置</td><td>应在高出底板表面不小于300mm的墙体上</td><td rowspan="9">每个检验批全数检查</td><td rowspan="3">观察检查和检查隐蔽工程验收记录</td></tr>
<tr><td>拱、板与墙结合的水平施工缝位置</td><td>宜留在与墙交接处150～300mm处</td></tr>
<tr><td>垂直施工缝位置</td><td>避开地下水和裂隙水较多处，宜与变形缝相结合</td></tr>
<tr><td>2</td><td>在施工缝处继续浇筑混凝土时，已浇筑的混凝土抗压强度不应小于1.2MPa</td><td>隐蔽工程验收记录应齐全</td><td rowspan="6">观察检查和检查隐蔽工程验收记录</td></tr>
<tr><td>3</td><td>水平施工缝界面处理</td><td>清除表面浮浆和杂物，铺设净浆和界面处理剂</td></tr>
<tr><td>4</td><td>垂直施工缝浇筑界面处理</td><td>清除表面浮浆和杂物，铺设净浆和界面处理剂</td></tr>
<tr><td>5</td><td>中埋式止水带及外贴式止水带埋设</td><td>位置准确、固定牢靠</td></tr>
<tr><td rowspan="2">6</td><td>遇水膨胀止水带应具有膨胀性能</td><td>止水带应与施工基面密贴，中间不得有空鼓、脱离现象</td></tr>
<tr><td>止水条埋设</td><td>止水条应安装在缝表面或预埋凹槽内，采用搭接连接时，搭接宽度不应小于30mm</td></tr>
</table>

续表

		验收项目	设计要求及规范规定	检查数量	检查方法
一般项目	7	遇水膨胀止水胶施工	连续、均匀、饱满、无气孔和孔洞	每个检验批全数检查	观察检查和检查隐蔽工程验收记录
	8	预埋式注浆管设置	设置于施工缝断面中部，与基面密贴牢固		

2）变形缝防水验收，见表14-6。

变形缝防水质量验收标准 **表14-6**

		验收项目	设计要求及规范规定	检查数量	检查方法
主控项目	1	变形缝用止水带、填缝材料和密封材料	必须符合设计要求，产品合格证、性能检测报告、进场检验报告完整	—	检查产品合格证、产品性能检测报告和材料进场检验报告
	2	变形缝防水构造	隐蔽工程验收记录完整齐全，构造符合设计要求	—	观察检查和检查隐蔽工程验收记录
	3	中埋式止水带埋设位置	其中间空心圆环与变形缝的中间位置应重合	—	
一般项目	1	中埋式止水带的接缝和接头	应设在边墙位置较高上，不得设在结构转角处，接头宜采用热压焊接，接缝应平整牢固，不得有裂口和脱胶现象	每个检验批全数检查	观察检查和检查隐蔽工程验收记录
	2	中埋式止水带在转角处应做成圆弧形	隐蔽工程验收应齐全		
		顶板、底板内止水带应安装成盆状，并宜采用专用钢筋套或扁钢固定	隐蔽工程验收应齐全		
	3	外贴式止水带在变形缝与施工缝相交部位和变形缝转角部位设置	埋设位置应准确		
		外贴式止水带埋设位置和敷设	固定应牢固，并与固定止水带的基层密贴，无空鼓、翘边等现象		
	4	安设于结构内侧的可卸式止水带	所需配件应一次配齐，转角处作45°坡角		
	5	嵌填密封材料的缝内处理	基面应平整、洁净、干燥，并应涂刷基层处理剂		
		嵌缝底部应设置背衬材料	满足设计要求		
		密封材料嵌填	严密、连续、饱满，粘结牢固		
	6	变形缝处表面粘贴卷材或涂刷涂料前设置	缝上设置隔离层和加强层		

3）穿墙管防水验收，见表14-7。

穿墙管防水质量验收标准 表14-7

验收项目			设计要求及规范规定	检查数量	检查方法
主控项目	1	穿墙管用遇水膨胀止水条和密封材料	必须符合设计要求，产品合格证、性能检测报告、进场检验报告完整	—	检查产品合格证、产品性能检测报告和材料进场检验报告
	2	穿墙管防水构造	隐蔽工程验收记录完整齐全，构造符合设计要求	—	观察检查和检查隐蔽工程验收记录
一般项目	1	固定式穿墙管应加焊止水环或环绕遇水膨胀止水圈，并作好防腐处理	隐蔽工程验收记录齐全，符合设计要求	每个检验批全数检查	观察检查和检查隐蔽工程验收记录
		固定式穿墙管应在主体结构迎水面预留凹槽，槽内应用密封材料嵌填密实	隐蔽工程验收记录齐全，符合设计要求		
	2	套管式穿墙管的套管与止水环及翼环	做到防腐及密封，隐蔽工程验收记录完善		
		套管内密封处理及固定	隐蔽工程验收记录完善，符合设计要求		
	3	穿墙盒设置	封口钢板与混凝土结构墙上预埋的角钢应焊平，并从钢板上的预留浇筑孔注入改性沥青密封材料或细石混凝土，封填完后将浇筑孔口用钢板焊接封闭		
	4	主体结构迎水面有柔性防水层	防水层与穿墙管连接处应增设加强层		
	5	密封材料嵌填	密实、连续、饱满、粘结牢固		

4）预埋件、孔口、密封材料等部位防水均须符合设计要求，不渗漏。

第15章 管廊附属设施施工技术

15.1 消防系统

综合管廊内各种管道、线缆共存，可燃物种类、引火方式种类较多，一旦发生火灾，容易相互影响造成更严重火情，影响廊内管线的正常运行，严重时可导致城市电力、通信、水系统停止工作进而造成城市瘫痪。要保证管廊的消防安全，首先应从材料和引火源进行控制，但受材料设备的经济性及相关标准规范制约，难以做到绝对消防安全。因此，综合管廊消防系统需要做到火灾的早发现和早控制。

综合管廊舱室火灾危险性分类如表15-1所示。

综合管廊舱室火灾危险性分类 **表15-1**

舱室内容纳管线种类		舱室火灾危险性类别
天然气管道		甲
阻燃电力电缆		丙
通信线缆		丙
热力管道		丙
污水管道		丁
雨水管道、给水管道、再生水管道	塑料管等难燃管材	丁
	钢管、球墨铸铁管等不燃管材	戊

综合管廊常见的灭火系统有超细干粉灭火系统、气溶胶灭火系统、水喷雾灭火系统、高压细水雾灭火系统、手提式灭火器等。针对管廊各种特定环境可选用不同的灭火形式。

各系统对比如表15-2所示。

管廊常见灭火系统比较 **表15-2**

	超细干粉灭火系统	S型气溶胶灭火系统	高压细水雾灭火系统
灭火原理	通过对有焰燃烧的强抑制作用、对表面燃烧的强窒息作用、对热辐射的隔绝和冷却作用灭火	通过极细小的固体或液体微粒进行吸热降温，气相化学抑制，固相化学反应，从而实现灭火	通过雾状水雾对燃烧体进行水冷却、窒息、稀释等作用扑灭火灾
保护方式	主要用于扑灭初级火灾，分为全淹没式灭火和局部应用灭火	全淹没	全淹没式，分区保护或局部保护
安全性	对人体基本无毒害	对人体有低毒害	对人体无毒害
灭火损失	对设备影响较小	对设备污染和破坏作用较大	对设备影响较小

续表

	超细干粉灭火系统	S型气溶胶灭火系统	高压细水雾灭火系统
安装空间	空间需求小	空间需求小	空间需求大，需设置水池、泵房、供水管道、水雾喷头等
后期维护	灭火剂 5～10 年更换	灭火剂 5～10 年更换	喷头更换周期约 5 年
优缺点	优点：灭火速度快，灭火剂用量少，省空间，系统维护简单。 缺点：需要定期检验，每 5～6 年更换一次制剂	优点：灭火速度快，灭火剂用量少，省空间，系统维护简单。 缺点：需要定期检验，每 5～6 年更换一次制剂	优点：灭火效果好，可实时监控和有效降低火灾现场的温度。 缺点：需设置较多附属设施，占用较大的综合管廊空间

从综合管廊目前建设情况来看，管廊内部基本能实现自动化管理，人员出入较少，仅在需要维护检修时进入。目前管廊的超细干粉灭火系统和气溶胶灭火系统技术较为成熟且性价比较高。

15.1.1　超细干粉灭火系统

1. 概述

超细干粉自动灭火装置为装有灭火剂和驱动气体的容器、吊环或箱体、阀体、压力表、启动器及喷头等组成的超细干粉装置整体（图 15-1）。可以悬挂或卧、立安装，发生火灾时能自动动作、喷射灭火剂灭火。

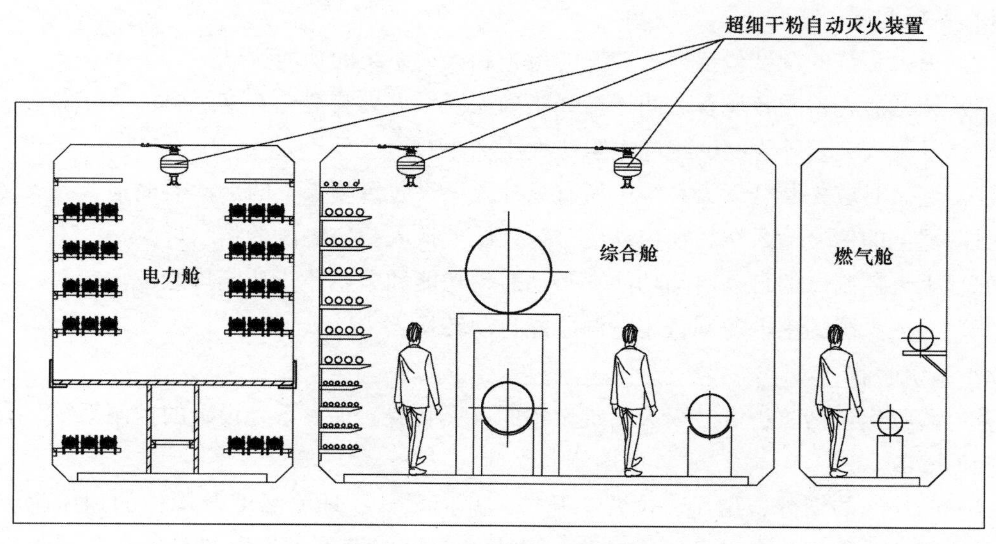

图 15-1　管廊干粉灭火器布置简图

2. 关键技术

1）超细干粉灭火器系统施工工艺流程如图 15-2 所示。

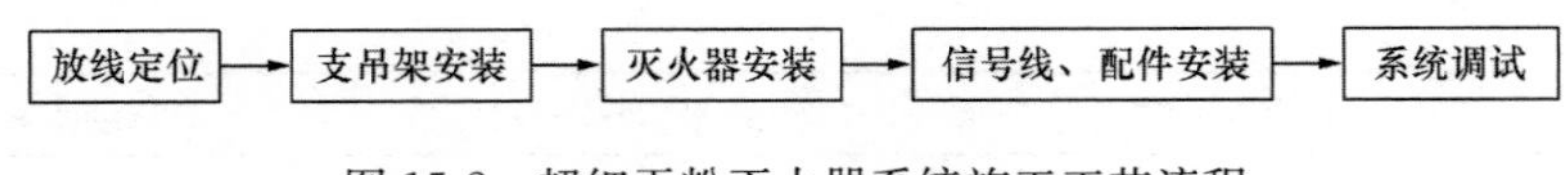

图 15-2 超细干粉灭火器系统施工工艺流程

2）技术要求

放线定位：根据图纸要求确定灭火器坐标及标高位置，定位需保证悬挂式超细干粉灭火装置对保护空间的立体防护，消防防护死角，杜绝消防隐患。灭火装置不应安装在下列场所和位置：①临近火源、热源处；②经常受到振动、冲击的位置；③容易被雨淋、水淹处。

支吊架安装：悬挂式灭火装置采用带钩的膨胀螺钉予以固定。安装时按设计图纸规定位置，将膨胀螺钉固定在保护区上方混凝土板上，再将灭火装置上部的吊环钩在膨胀螺钉弯钩处，插上定位销。

灭火器安装：安装施工前，应对灭火系统各组件的规格型号、铭牌、外观等进行检查，贮压式灭火装置的压力表应指示在绿色区域内。安装施工中，应确保各组件的完好性，不允许擅自拆卸系统组件。

信号线、配件安装：灭火系统应设有自动控制、手动控制两种启动方式。采用火灾探测器时，灭火系统的自动控制应在收到两个独立的火灾信号后才能启动，根据人员疏散的要求，应延迟启动，但延迟时间不应大于 30s，对设置了延迟时间的灭火系统，应在靠近手动启动装置部位设置手动紧急停止装置。

3. 验收

1）系统调试

（1）灭火系统的调试包括灭火装置的检查和灭火系统的功能调试。

（2）调试前先检查各设备之间连接线正确无误，灭火装置上有绝缘要求的外部带电端子与箱柜体及灭火装置外壳间的绝缘电阻应大于 20MΩ。

（3）调试时应先断开灭火系统中所有悬挂式灭火装置喷头上的启动器或柜式灭火装置贮气瓶驱动器上的信号输入线，在启动信号输入线上接入相应电压的指示灯。

（4）灭火控制器的自动启动功能、手动启动功能和紧急停止功能均能正常实现。

（5）灭火系统的主电源和备用电源应能自动转换。

2）系统验收

系统验收应包括防护区、灭火系统设备的灭火装置、灭火系统设置的控制系统、有关安全设施的验收。

（1）防护区的划分、用途、位置、开口、几何尺寸、环境温度及构件的耐压耐火极限险，可燃物的种类应符合设计要求。防护区出入口处应设声光报警器和灭火剂释放标志门灯。防护区应有能在灭火和延时启动时间范围内使人员疏散完毕的通道与出口。灭火系统应能在防护区入口处或保护对象附近进行手动启动操作。地下防护区和无窗或设固定窗扇的地上防护区，应设置机械排风装置，排风设备应能自动关闭。

（2）灭火装置的型号、规格、数量及设置位置应符合设计要求，外观质量应符合相关规范规定，连接处应牢靠无松动。

(3) 控制系统中各器件的型号、规格、数量、安装位置应符合相关要求。

(4) 采用全淹没灭火系统的防护区，独立防护区的面积不宜大于 $500m^2$，容积不宜大于 $2000m^3$；在喷放灭火剂时，防护区不能关闭的开口的总表面积不应大于该防护区总内表面积（包括侧面、顶部及底部）的1%，且开口下沿距室内地面的高度不低于室内净高的1/3；防护区的围护构件及门、窗的耐火极限不应低于0.5h，吊顶的耐火极限不应低于0.25h，围护构件及门、窗的允许压强不宜小于1200Pa。

15.1.2 S型气溶胶气体灭火系统

1. 概述

S型气溶胶灭火装置由气溶胶发生剂、发生器、冷却装置、反馈元件、壳体等组成，能对防护区实施有效灭火。由灭火装置、火灾探测器、气体灭火控制器或其他启动组件、气体释放显示器、声光报警器、紧急启停开关等组件共同组成灭火系统。能自动探测并对防护区实施有效灭火。

2. 关键技术

1) S型气溶胶灭火系统施工工艺流程如图15-3所示。

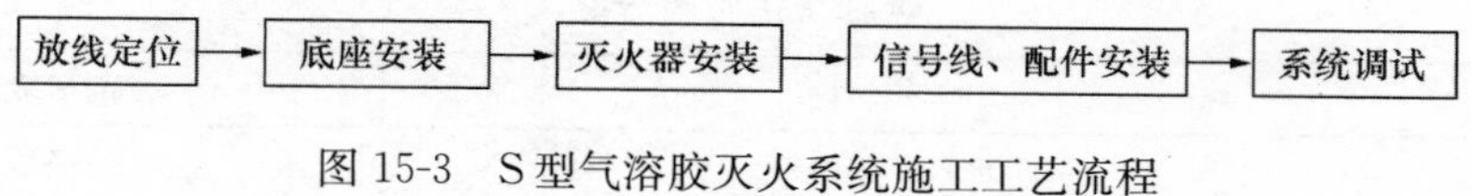

图15-3　S型气溶胶灭火系统施工工艺流程

2) 技术要求

(1) 放线定位：根据图纸要求确定灭火装置坐标及标高位置，灭火装置灭火剂喷口正前方1.0m内，背面、侧面、顶面0.2m内不允许有设备、器具或其他阻碍物。灭火装置不应安装于临近火源处、开口处、容易被雨淋处、疏散通道处。

(2) 底座安装：气溶胶自动灭火装置配套挂件采用膨胀螺栓固定于墙或顶板，再将灭火装置挂于挂件上。

(3) 灭火装置安装：气溶胶自动灭火装置就地放置时，宜靠墙壁；悬挂安装时，其底部距地面应大于1.8m。气溶胶喷口应面向保护对象。

(4) 信号线、配件安装：将启动线及反馈线与电连接器相应的接线脚焊接，套上热缩管并缩紧。将消防地线接在电连接器外壳紧固线卡上，并用紧固线卡将导线紧固。

3. 验收

1) 系统调试

(1) 应分别对控制系统和灭火装置进行功能调试试验。

(2) 接通电源，电源指示灯应亮，控制器处于监视状态。

(3) 控制器手动工作状态和自动工作状态系统应均能正常动作。

(4) 分别使用不同类型的探测器单独动作，控制器应发出预警声，火灾指示灯亮，但无灭火启动信号输出。

(5) 主、备电源的自动转换应正常。

2) 系统验收

(1) 灭火系统配备的各组件应符合相关规范要求。

(2) 系统功能调试试验合格后，应填写灭火系统调试报告。

(3) 验收合格的灭火系统投入使用前由安装单位在检查负载线性输出电信号时接通负载。

15.2 供电系统

15.2.1 概述

综合管廊供电系统是综合管廊的重要附属设施，在电气系统方面要做好安全保护与性能优化。综合管廊内的主要用电设备为通风、排水、照明、监控、消防及检修设施等。根据《城市综合管廊工程技术规范》GB 50838—2015 的要求，监控设备、应急（疏散）照明、消防设备、天然气管道紧急切断阀、事故风机等为二级负荷，其余为三级负荷。常用负荷分级见表 15-3。

管廊常用负荷分级　　表 15-3

序号	常用负荷名称	负荷级别
1	消防水系统用电	二级负荷
2	消防电系统用电	二级负荷
3	环境与监控系统用电	二级负荷
4	应急照明系统用电	二级负荷
5	事故风机用电	二级负荷
6	燃气舱管道切断阀用电	二级负荷
7	监控中心用电	二级负荷
8	通风系统用电	三级负荷
9	给水排水系统	三级负荷
10	普通照明系统	三级负荷

根据所有用电负荷性质，综合管廊均需采用 2 路独立的 10kV 电源的环网供电方式，两路电源互为备用，各分配电站应设置两台互为备用的变压器，保证二级负荷的供电要求。单独一条综合管廊可按供电半径不大于 800m 的要求只设置 10kV/0.4kV 分变配电站，距离过长的或由多条管廊组成的区域管廊组群，应配套设置 10kV 总配电站和 10kV/0.4kV 分变配电站。目前主流的配电方案为沿管廊沿线设置分配电站，单一分配电站配电范围在 4～5 个配电区间，每个配电区间在通风口或投料口设置配电间进行配电。分变电所设备布置如图 15-4 所示。

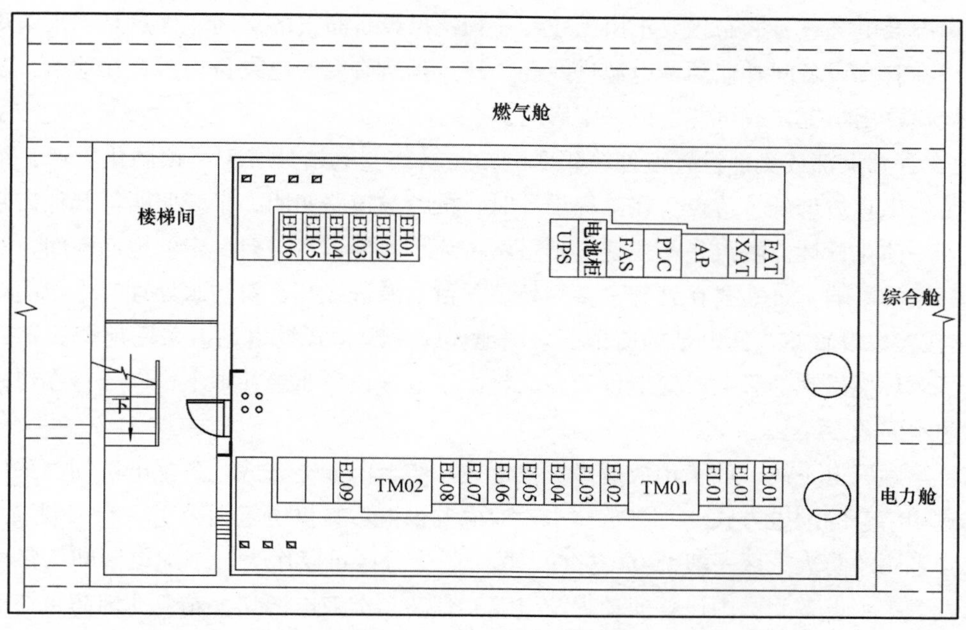

图 15-4　分变电所设备布置简图

目前综合管廊的变电站布置方式主要为 3 种：

1）设置在综合管廊顶板上的地下变配电站（图 15-5）。这种变配电站需结合综合管廊

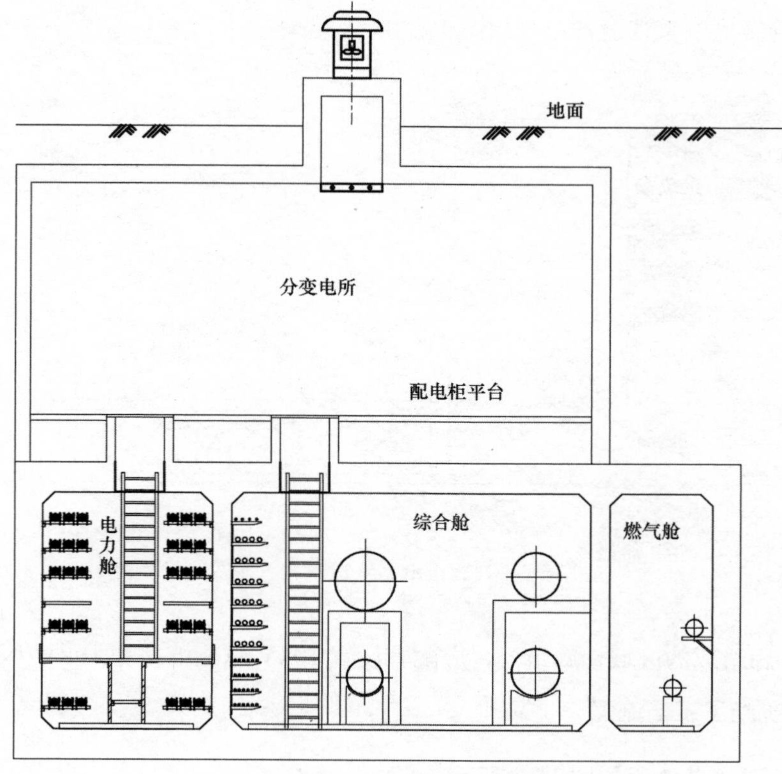

图 15-5　管廊顶板地下变电所简图

的结构情况及电气设备的布置要求由土建专业预留出设备布置的房间。优点是进出线规范合理，无须在管廊设备间外墙预留电源进线孔；缺点是所有变配电设备均布置在地下，若城市出现大规模降雨情况，有可能造成一定影响。

2）在管廊上部或侧部设置室外箱式变电站。箱式变电站具有工厂预制化生产、结构式整体安装、工程造价低等特点。在工程设计时，推荐与道路照明、景观照明等其他市政用电负荷统筹一体化设计。缺点是箱式变电站虽然占地小，但依然需要一定的地面空间，对环境景观有一定的影响，且需要在管廊设备间外墙预留电源进线孔，对防水处理有一定的要求。

3）在考虑设置箱式变电站的前提下采用地埋式景观箱式变电站。采用地埋式箱式变电站避免了对环境景观的影响，但造价较高；且由于电气设备布置在地下，同样存在检修以及雨期的防水问题。

综合管廊配电干线一般采用放射式及树干式相结合的配电方式，各配电区间内采用放射式及链式相结合的配电方式。二级负荷采用双电源供电，在供电末端采用 ATSE 设备互投。

综合管廊的防火分区一般 200m 左右，每个防火分区可以作为一个配电区间，每个配电区间内设置 1 个设备间，内设普通动力配电箱、消防负荷双电源切换箱、非消防负荷双电源切换箱，风机、水泵控制箱于设备就近处设置。上述配电箱负责该防火分区内的排风机、排水泵、照明、检修、监控系统及消防系统的配电及控制。监控系统所需 UPS 电源、消防负荷以及液压自动井盖电源均需由双电源切换箱提供（若有燃气舱，则燃气舱的风机电源、紧急切断阀也需由双电源切换箱提供），其余普通照明、各舱风机水泵以及检修电源均由普通动力箱提供。管廊供电系统设备布置如图 15-6 所示。

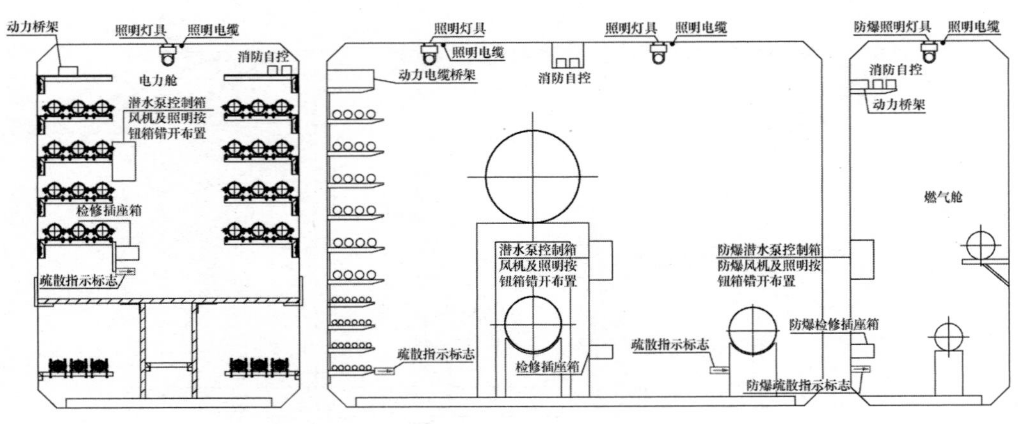

图 15-6 管廊供电系统设备布置简图

15.2.2 关键技术

1. 供电系统施工工艺流程

供电系统施工工艺流程如图 15-7 所示。

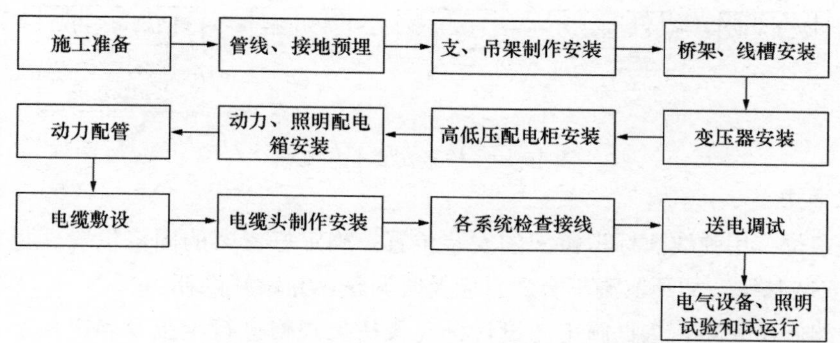

图 15-7　供电系统施工工艺流程

2. 线缆保护管敷设

1）明配管施工工艺流程如图 15-8 所示。

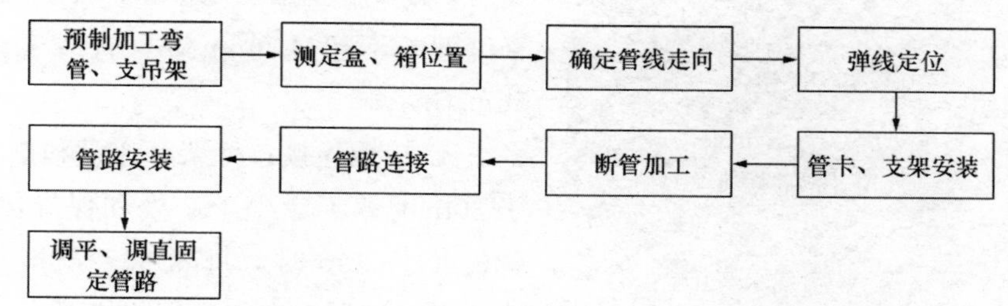

图 15-8　明配管施工工艺流程

2）技术要求

① 预制弯管、支架制作安装：单根明配管采用镀锌角钢 L 形支架固定；成排明配电线管采用门型角钢组合支架。钢管煨弯时，弯曲处不应有凹陷开裂，管弯不得小于 90°，弯扁度不应大于管径的 10%，穿电缆的钢管弯曲半径应符合电缆的弯曲半径要求。电缆管弯曲内径不小于电线管外径的 2.5 倍。

图 15-9　管廊明配管

② 管道安装：明配钢管要排列整齐、横平竖直，可靠接地。在建筑物的伸缩缝处安装电线管，要做伸缩装置，具体参考标准图集（图 15-9）。凡是应急回路及双电源回路中从消防桥架引出的明配管，均要按规定刷防火涂料。

3. 桥架安装

1）桥架安装工艺流程如图 15-10 所示。

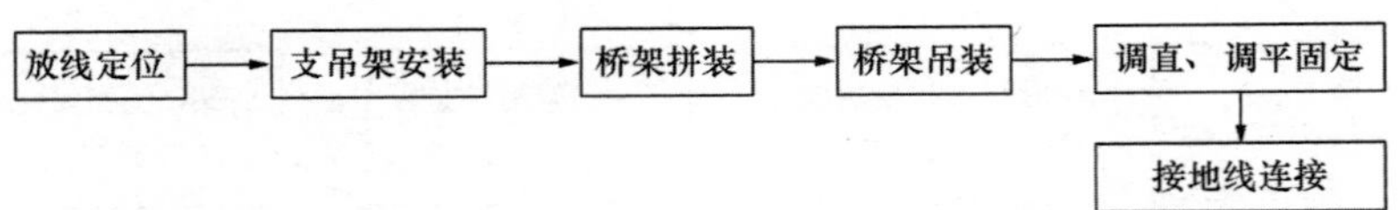

图 15-10　桥架安装工艺流程

2）技术要求

① 测量定位：用弹线法标识桥架的安装位置，确定好支架的固定位置。竖直桥架用悬钢丝法确定安装基线，如预留洞不合适，应及时调整，并做好修补。

② 支吊架制作安装：依据施工图设计标高及桥架规格进行定位及确定尺寸。支架间距不超过 2m，在直线段和非直线段的连接处、过建筑物变形缝处和弯曲半径大于 300mm 的非直线段中部应增设支吊架，支吊架安装应保证桥架水平度和垂直度符合要求。

图 15-11　管廊桥架安装

③ 桥架安装：桥架安装应横平竖直，整齐美观，距离一致，连接牢固，同一水平面内水平度偏差不超过 5mm/m，直线度偏差不超过 5mm/m。

④ 接地连接：梯架、托盘和槽盒全长不大于 30m 时，不应少于 2 处和保导体可靠连接；全长大于 30m 时，每隔 20～30m 应增加一个连接点，起始端和终点端均应可靠接地。

镀锌梯架、托盘和槽盒本体之间不跨接保护联结导体时，连接板每端不应少于 2 个有防松螺帽或防松垫圈的连接固定螺栓。参见图 15-11。

4. 成套高低压柜、变压器安装

1）成套高低压柜、变压器安装工艺流程

成套高低压柜安装工艺流程如图 15-12 所示。

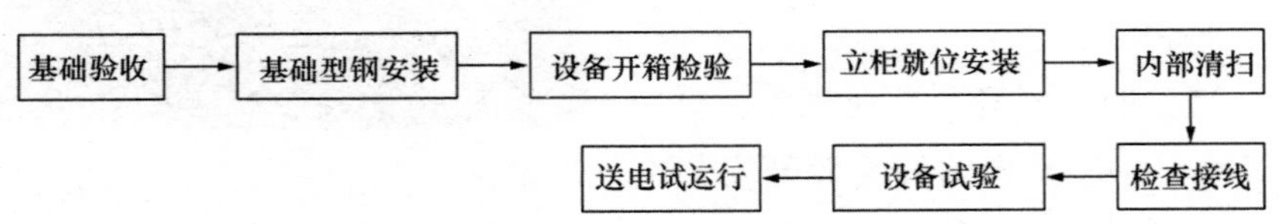

图 15-12　成套高低压柜安装工艺流程

2）技术要求

① 基础验收：安装前，配电房内环境应具备条件，所有装饰施工已完成，室内洁净安全。设备基础及预埋铁件应符合设计要求。

② 基础型钢安装：施工前应先检验槽钢有无变形或扭曲，超过规范要求的应校正后进

行预制工作（图 15-13）。施工前对建筑专业已完工的预埋铁件表面进行清理，然后对所有预埋铁件进行标高测量，应符合电气专业要求。在误差允许范围内基础型钢从最高预埋铁件处进行安装，预埋铁件标高低的可用钢垫片进行垫高，然后在每个预埋件上进行焊接。盘柜基础每段必须至少有 2 点与主接地网接地（图 15-13）。

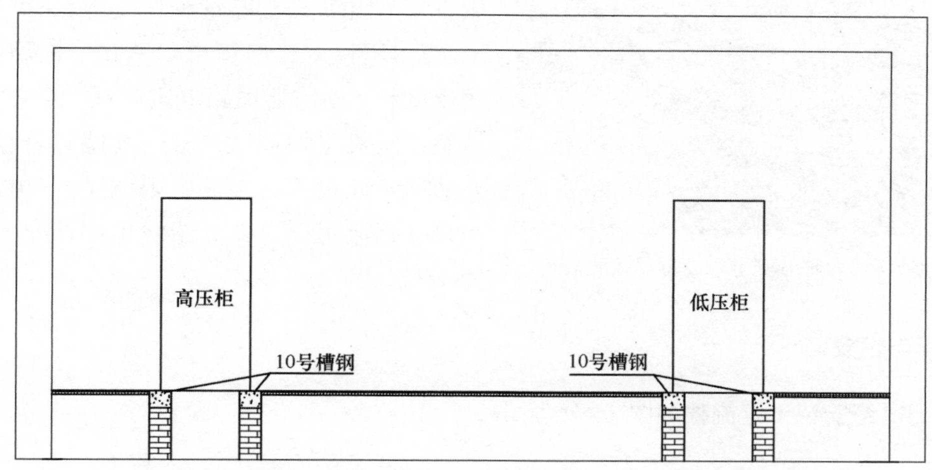

图 15-13　管廊高低压柜基础型钢简图

③ 设备开箱检验：配电柜运到现场后，组织开箱检查，检查有无变形、掉漆现象。仪表部件是否齐全，备品备件、说明书等有无缺损，并做好开箱记录。安装前，变电室内环境应具备条件，所有的内装饰施工已完成，室内洁净安全。

④ 立柜就位安装：根据施工图的布置，按顺序将开关柜放在基础型钢上，成列柜就位后，先找正两端的柜，再逐台找正，以柜面为标准。找正时采用 0.5mm 垫片进行调整，每处垫片最多不能超过三片。就位找正后，按柜体固定螺孔尺寸进行固定，柜体与柜体、柜体与侧挡板均用镀锌螺丝连接。高、低压开关柜与预留角钢进行焊接，电缆夹层上空明露部分用花纹钢板满铺，柜前、柜后均用绝缘垫满铺。

⑤ 检查接线：配电柜安装完成后，安装变电室内的桥架和母线。配电柜进出电缆开孔使用线锯或开孔钻。电缆敷设完成后封闭。母线金属外壳、桥架与柜内接地母排用专用接地线可靠接地。桥架与配电箱（柜）连接处采用橡胶板连接，以保护导线和电缆。配电柜进线连接、胶板封闭完成后，要进行封堵。高低压配电柜在出厂前应完成柜内二次回路接线及相关检测试验。配电柜设备到现场后，要在业主现场工程师或顾问的监督指导下及时组织验收，相关技术文件要齐全，配电柜包装及密封良好，各元件完好，接线可靠。配电柜安装固定后，要逐台对配电柜的二次接线回路进行绝缘测试，测试使用 500V 等级绝缘测试仪表，测试结果要求大于 1MΩ。所有二次回路控制线或电缆均采用多股软铜线。高压开关柜安装完成后，要做好配电室安全措施。高压配电室内铺设 6mm 厚的绝缘胶垫，配电柜、屏挂牌。供电工作时，挂“高压危险”字样的警示牌；停电检修时，挂“停电检修、不可合闸”警示牌。

⑥ 交接试验：做高压电气试验时，必须由 2 人或 2 个以上人员参加，并明确做好分工，明确相互间的联系方法。并有专人监护现场安全及观察试品的试验状态。包括变压器试验项目（交流耐压试验、变比试验、绝缘测试、绕组直流电阻测试、容量测试）、高压试验项目（交流耐压试验、绝缘电阻测试、断路器交流耐压试验、断路器回路电阻测试、避雷器特性试验、微机保护调试、柜内互感器特性试验，互感器绝缘耐压、直流电阻测试）、电缆试验项目（直流耐压试验、绝缘电阻测试）。参见图 15-14。

图 15-14 管廊分变电所高低压柜安装

5. 配电箱安装

1）配电箱安装工艺流程如图 15-15 所示。

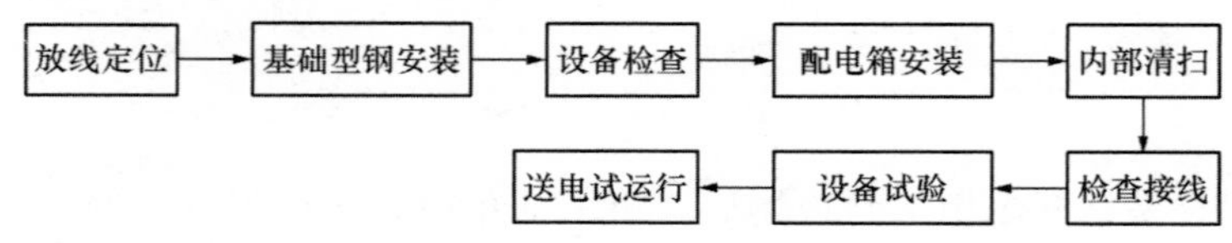

图 15-15 配电箱安装工艺流程

2）技术要求

① 定位放线：根据设计图纸要求找出配电箱安装位置，并按配电箱（盘）外形尺寸进行弹线定位。配电箱安装底口距地一般为 1.5m，明装电度表板底口距地不小于 1.8m。

② 基础型钢安装：基础型钢应首先调直，然后按照柜体尺寸要求加工，并刷好防锈漆。基础型钢安装完毕时，应将室外接地扁钢与型钢焊牢，焊接长度为扁钢宽度的 2 倍。

③ 设备检查：配电柜运到现场后，组织开箱检查，检查有无变形、掉漆现象。仪表部件是否齐全，备品备件、说明书等有无缺损，并做好开箱记录。按照设备清单、施工图纸及设备技术资料，核对设备本体及附件。设备的规格型号应符合设计图纸要求；附件、备件齐全，产品合格证、技术资料、说明书齐全。

④ 安装就位：按照施工图纸的布置要求，按顺序将配电箱依次放在型钢上，用镀锌螺栓与型钢固定好。

⑤ 调校接线：箱内接线总体要求为接线正确、配线美观、导线分布协调。箱内接线之前，对配电箱内线路要进行测试。电缆电线绝缘摇测后，配电箱进线处需进行封堵处理。安装好的配电箱应调整过流继电器、时间继电器、信号继电器等。按图纸要求分别模拟试验控制、连锁、操作、继电保护和信号动作，正确无误，灵敏可靠。

⑥ 送电试运行：彻底清扫全部设备及配电室内的灰尘，用吸尘器清扫电器、仪表元件。做好试运行的组织工作，明确试运行指挥人、操作人和监护人。送电空载运行应 24h 无异常

现象。

6. 电缆敷设

1）电缆敷设工艺流程如图 15-16 所示。

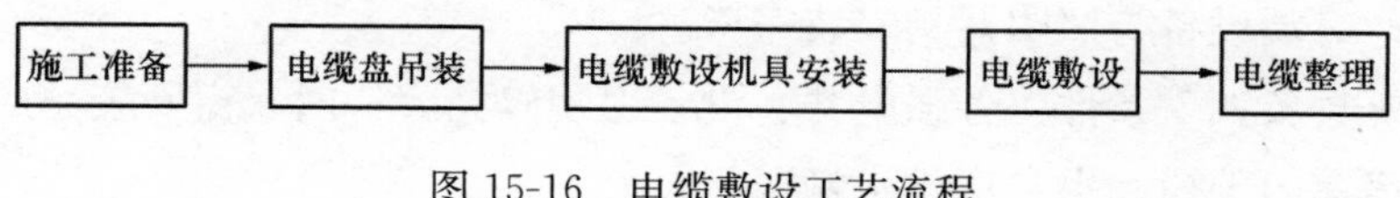

图 15-16　电缆敷设工艺流程

2）技术要求

① 施工准备：电缆进场时，仔细核对其规格型号，敷设前摇测其绝缘电阻，并抽样送检。施工前准备充分敷设电缆用的机具，如电缆放线架、卷扬机、电缆滑轮、通信联络工具等。

② 电缆盘吊装：电缆盘应架设牢固平稳，电缆敷设时电缆盘应放在两支撑架中间位置，防止电缆支撑架倾倒伤人。

③ 机具安装：安装前需对敷设机具进行全面的检查。检查完好后，固定牢固。敷设机具的电源必须经漏电保护器保护且动作正常。

④ 电缆敷设：电缆敷设中各岗位人员用对讲机互相联系，须有一人统一指挥，一人专职负责敷设机具电源箱的操作，并有专人对敷设机具进行全程巡视，当发现运行中的敷设机具出现异常情况时，第一时间用对讲机通知电源箱的操作人员停掉敷设机具电源，整条线路应保持协调一致。

15.2.3　验收

1. 供电系统检测与调试

1）供电系统施工工艺流程如图 15-17 所示。

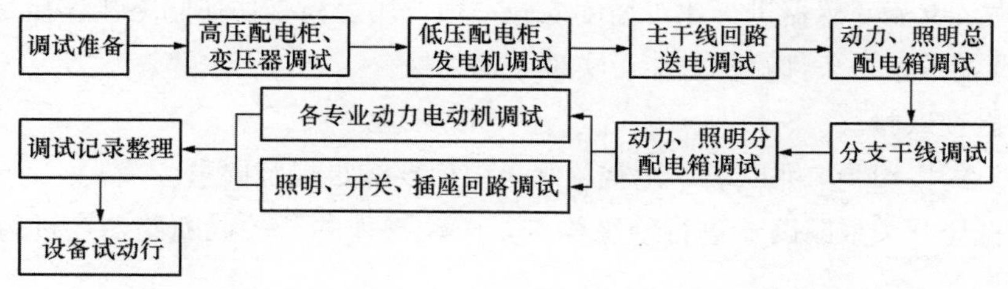

图 15-17　供电系统施工工艺流程

2）电气调试的组织与准备

为保证送电与调试能够顺利而安全地进行，在送电与调试前，各项工作需要进行精心组织与准备。

成立调试领导小组，该小组由项目经理、项目技术负责人、专业现场管理人员、质量安全管理人员等组成，负责领导与组织调试工作。成立调试班组，班组人员全部由熟练的电工组成，负责具体的调试工作。

制定详细的送电与调试计划，包括人员计划、工具与仪具计划、送电与调试日程安排等。电气各项工作安装完毕。

配电柜（箱）等变配电设备安装完毕；供电干线敷设及其与设备连接完毕；线路标识及保护工作完成；终端设备与照明器具安装完毕。

建筑结构要具备如下条件：各强电井、设备房装修完成；门、窗安装完成且能锁门；各强电井、设备房室内干燥；水泵房排水畅通。

组织调试人员进行学习与培训，让调试人员熟悉以下几个方面的工作：

① 熟悉施工图纸、配电箱（柜）二次接线图。

② 熟悉与电气调试有关的规范、规程、地方标准。

③ 熟悉各种工具与仪具的使用方法，能熟练地使用各种工具与仪具。

④ 熟悉安全送电、停电的顺序以及火灾、触电事故的急救处理方法。

在调试前，配电箱（柜）厂商提供其产品的技术资料，在调试过程中，配电箱（柜）厂商需要派技术人员参与配合调试。

3）供电系统调试具体要求

① 电流互感器试验

用兆欧表测量互感器一次线对地、二次线对地的绝缘电阻值；用感应法对电流互感器进行极性检查，采用数字微欧表测量互感器二次线圈的直流电阻。用电流互感器校验仪或双电流表法对电流互感器进行比差测定。

② 表的校验

对于盘柜上的电流表、电压表等，根据相关表的校验规程进行精度等级校验，每刻度误差满足其精度要求。试验用仪表精度满足量值传递要求，且在检定合格期内。

③ 双电源切换装置

用兆欧表检查装置内开关及配线的绝缘电阻值；有电流表、电压表或电流互感器的对电流表、电压表及电流互感器进行比对精度检验；用万用表检查切换联络线连接是否正确；用两路临时电源模拟切换条件，检查能否实现电源切换。

④ 母线检查试验

低压母线采用 1000V 兆欧表，测得绝缘电阻值要满足规范要求。

⑤ 各种低压开关或断路器进行绝缘检查，电动操作的开关或断路器，进行电动、手动分、合闸试验。

⑥ 热继电器试验

热继电器有设计整定值的根据整定值进行整定，加入整定值的 1.5 倍电流值，热继电器的动作时间在热态下小于 2min。若无设计整定值时，可根据负荷功率或电流值计算出整定值后再进行整定。

⑦ 交流电动机试验

用兆欧表测量电机绕组的绝缘电阻，380V 低压电机不低于 0.5MΩ；用直流单（双）臂电桥测量电动机各相绕组的直流电阻，其相互差值不超过其最小值的2%；检查电动机定子绕组及其连接的正确性；电动机空载转动检查和空载电流测量。

⑧ 变频电机调试

检查控制保护设置及功能是否正常；控制柜二次回路检验；在变频器和电机主回路绝缘良好二次回路检查正确无误后方可带电机试运行，先设定低频率运行，慢慢增加频率提高电机转速运行，注意电机电流变化。

2. 供电系统验收

1）主要设备、材料验收

主要材料、设备应进场验收合格，并应做好验收记录和验收资料归档。

实行生产许可证或强制性认证（CCC认证）的产品，如配电柜，应有许可证编号或者CCC认证标志，并应抽查生产许可证或CCC认证证书的认证范围、有效性及真实性。

进口电气设备、器具和材料进场验收时应提供质量合格证明文件，性能检测报告以及安装、使用、维修、实验要求和说明等技术文件；对有商检规定要求的进口电气设备，尚应提供商检证明。

变压器、箱式变电所、高压电器及电瓷制品进场验收应包含下列内容：①查验合格证和随带技术文件，变压器应有出厂试验记录；②外观检查：设备应有铭牌，表面涂层应完整，附件应齐全，绝缘件应无缺损、裂纹，充油部分不应渗油，充气高压设备气压指示应正常。

2）预埋线管、接地验收

埋设于混凝土内的导管的弯曲半径不宜小于管外径的6倍，当直埋于地下时，其弯曲半径不宜小于管外径的10倍。

导管穿越密闭或防护密闭隔墙时，应设置预埋套管，预埋套管两端伸出墙面的长度宜为30～50mm，导管穿越密闭穿墙套管的两侧应设置过线盒，并应做好封堵。暗配的导管表面埋设深度与建筑物、构筑物表面的距离不应小于15mm。

接地装置在地面以上的部分应设置测试点，测试点不应被外墙饰面遮蔽，且应有明显标识。接地装置的接地电阻值应符合设计要求，达不到设计要求的需采取措施降低接地电阻。当设计无要求时，接地装置顶面埋设深度不应小于0.6m，且应在冻土层以下。圆钢、角钢、钢管、铜棒、铜管等接地极应垂直埋入地下，间距不应小于5m；人工接地体与建筑物的外墙或基础之间的水平距离不宜小于1m。接地装置的焊接应采用搭接焊，除埋设在混凝土中的焊接接头外，应采取防腐措施。

当接地极为铜材和钢材组成，且铜与铜或铜与钢材连接采用热剂焊时，接头应无贯穿性的气孔且表面平滑。

3）支、吊架验收

导管、桥架采用金属吊架固定时，圆钢直径不得小于8mm，并应设置防晃支架，在距离盒（箱）、分支处或端部0.3～0.5m处应设置固定支架。

金属支架应进行防腐处理，位于室外及潮湿场所的应按设计要求做处理。

水平安装的桥架支架间距宜为 1.5～3.0m，垂直安装的支架间距不应大于 2m。

支吊架安装应牢固、无明显扭曲；与预埋件焊接固定时，焊缝应饱满；膨胀螺栓固定时，螺栓要求选用适配、防松零件齐全且连接紧固。

金属电缆支架必须与保护导体可靠连接。当设计无要求时，电缆支架层间最小距离不应小于表 15-4 的规定，层间净距不应小于 2 倍电缆外径加 10mm，35kV 电缆不应小于 2 倍电缆外径加 50mm。最上层电缆支架距构筑物顶板或梁底的最小净距应满足电缆引接至上方配电柜、台、箱盘时电缆弯曲半径的要求，且不宜小于表 15-4 所列数再加 80～150mm；距其他设备的最小净距不应小于 300mm，当无法满足要求时应设置防护板。

电缆支架层间最小距离 **表 15-4**

电缆种类		支架上敷设	梯架、托盘内敷设
控制电缆明敷		120	200
电力电缆明敷	10kV 及以下电力电缆（除 6kV～10kV 交联聚乙烯绝缘电力电缆）	150	250
	6kV～10kV 交联聚乙烯绝缘电力电缆	200	300
	35kV 单芯电力电缆	250	300
	35kV 三芯电力电缆	300	350
电缆敷设在槽盒内		h+100	

注：h 为槽盒高度。

当设计无要求时，最下层电缆支架距沟底、地面的最小距离不应小于表 15-5 的规定。

电缆支架距沟底、地面的最小距离 **表 15-5**

电缆敷设场所及其特征		垂直净距
电缆沟		50
隧道		100
电缆夹层	非通道处	200
	至少在一侧不小于 800mm 宽通道处	1400
公共廊道中电缆支架无围栏防护		1500
室内机房或活动区间		2000
室外	无车辆通过	2500
	有车辆通过	4500
屋面		200

4）桥架、线槽验收

金属梯架、托盘或槽盒本体之间的连接应牢固可靠，桥架全长不大于 30m 时，不应少于 2 处与保护导体可靠连接；全长大于 30m 时，每隔 20～30m 应增加一个连接点，起始端和终点端均应可靠接地。

非镀锌桥架本体之间连接板的两端应跨接保护联结导体，保护联结导体的截面积应符合设计要求。镀锌桥架、托盘和槽盒本体之间不跨接保护联结导体时，连接每端不应少于 2 个有防松螺帽或防松垫圈的连接固定螺栓。

电缆梯架、托盘和槽盒转弯、分支处宜采用专用连接配件，其弯曲半径不应小于梯架、托盘和槽盒内电缆最小允许弯曲半径，电缆最小允许弯曲半径应符合表 15-6 的规定。

电缆最小允许弯曲半径　　**表 15-6**

<table>
<tr><th colspan="2">电缆形式</th><th>电缆外径（mm）</th><th>多芯电缆</th><th>单芯电缆</th></tr>
<tr><td rowspan="2">塑料绝缘电缆</td><td>无铠装</td><td rowspan="6">—</td><td>15D</td><td>20D</td></tr>
<tr><td>有铠装</td><td>12D</td><td>15D</td></tr>
<tr><td colspan="2">橡皮绝缘电缆</td><td colspan="2">10D</td></tr>
<tr><td rowspan="3">控制电缆</td><td>非铠装型、屏蔽型软电缆</td><td>6D</td><td rowspan="3">—</td></tr>
<tr><td>铠装型、铜屏蔽型</td><td>12D</td></tr>
<tr><td>其他</td><td>10D</td></tr>
<tr><td colspan="2">铝合金导体电力电缆</td><td>—</td><td colspan="2">7D</td></tr>
<tr><td colspan="2" rowspan="4">氧化镁绝缘刚性矿物绝缘电缆</td><td><7</td><td colspan="2">2D</td></tr>
<tr><td>≥15，且<12</td><td colspan="2">3D</td></tr>
<tr><td>≥12，且<15</td><td colspan="2">4D</td></tr>
<tr><td>≥15</td><td colspan="2">6D</td></tr>
<tr><td colspan="2">其他矿物绝缘电缆</td><td>—</td><td colspan="2">15D</td></tr>
</table>

直线段钢制或塑料桥架长度超过 30m，铝合金或玻璃钢制桥架长度超过 15m 时，应设置伸缩节；当桥架跨越建筑物变形缝时，应设置补偿装置。

5）变压器验收

变压器安装应位置正确，附件齐全，油浸变压器油位正常，无渗油现象。中性点的接地连接方式及接地电阻值应符合设计要求。

变压器箱体、干式变压器的支架、基础型钢及外壳应分别单独与保护导体可靠连接，紧固件及防松零件齐全。

对有防护等级要求的变压器，在其高压或低压及其他用途的绝缘盖板上开孔时，应符合变压器的防护等级要求。

6）成套配电柜、配电箱验收

柜、台、箱的金属框架及基础型钢应与保护导体可靠连接；对于装有电器的可开启门，门和金属框架的接地端子间应选用截面积不小于 4mm^2 的黄绿色绝缘铜芯软导线连接，并应有标识。

柜、台、箱、盘等配电装置应有可靠的防电击保护；装置内保护接地导体排应有裸露的连接外部保护接地导体的端子，并可靠连接。

手车、抽屉式成套配电柜推拉应灵活，无卡阻碰撞现象。动触头与静触头的中心线应一致，且触头接触应紧密，投入时，接地触头应先于主触头接触；退出时，接地触头应后于主触头脱开。

高压的电气设备、布线系统以及继电保护系统必须交接试验合格。对于低压成套配电柜、箱及控制柜（台、箱）间线路的线间和线对地间绝缘电阻值，馈电线路不应小于0.5MΩ，二次回路不应小于1MΩ；二次回路的耐压试验电压应为1000V，当回路绝缘电阻值大于10MΩ时，应采用2500V兆欧表代替，试验持续时间应为1min或符合产品技术文件要求。

配电箱内配线应整齐、无铰接现象；导线连接应紧密、不伤线芯、不断股；垫圈下螺丝两侧压的导线截面积应相同，同一电器器件端子上的导线连接不应多于2根，防松垫圈等零件应齐全；箱内开关动作应灵活可靠；箱内宜分别设置中性导体和保护接地导体汇流排，汇流排上同一端子不应连接不同回路的N或PE。

基础型钢安装允许偏差应符合表15-7的规定。

基础型钢安装允许偏差 **表15-7**

项目	允许偏差（mm）	
	每米	全长
不直度	1.0	5.0
水平度	1.0	5.0
不平行度	—	5.0

柜、台、箱相互间或与基础型钢间应用镀锌螺栓连接，且防松零件应齐全；当设计有防火要求时，柜、台、箱的进出口应做防火封堵，并应封堵严密。

柜、台、箱、盘安装应牢固，且不应设置在水管的正下方。柜、台、箱、盘安装垂直度允许偏差不应大于1.5‰，相互间接缝不应大于2mm，成列盘面偏差不应大于5mm。

7）电缆保护管验收

金属导管应与保护导体可靠连接，镀锌钢导管、可弯曲金属导管和金属柔性导管连接处的两端宜采用专用接地卡固定保护连接导体。

钢导管不得采用对口熔焊连接，镀锌钢导管或壁厚小于或等于2mm的钢导管，不得采用套管熔焊连接。

导管的弯曲半径不宜小于管外径的6倍，当两个接线盒间只有一个弯曲时，其弯曲半径不宜小于管外径的4倍。电缆导管的弯曲半径不应小于电缆最小允许弯曲半径。

8）电缆验收

电缆敷设不得存在绞拧、铠装压扁、护层断裂和表面严重划伤等缺陷。当电缆敷设存在可能受到机械外力损伤、振动、浸水及腐蚀性或污染物质等损害时，应采取防护措施。除设计要求外，并联使用的电力电缆的型号、规格、长度应相同。

交流单芯电缆或分相后的每相电缆不得单根独穿于钢导管内，固定用的夹具和支架不应形成闭合磁路。

电缆的敷设排列应顺直、整齐，并宜少交叉；电缆转弯处的最小弯曲半径应符合规范要求；在电缆沟或电气竖井内垂直敷设或大于45°倾斜敷设的电缆应在每个支架上固定；在梯架、托盘或槽盒内大于45°倾斜敷设的电缆应隔2m固定，水平敷设的电缆，首尾两端、转弯两侧及每隔5～10m处应设固定点；当设计无要求时，电缆支持点间距不大于表15-8所列规定。

电缆支持点间距（mm） **表15-8**

电缆种类		电缆外径	敷设方式	
			水平	垂直
电力电缆	全塑型	—	400	1000
	除全塑型外的中低压电缆		800	1500
	35kV高压电缆		1500	2000
	铝合金带联锁铠装的铝合金电缆		1800	1800
控制电缆			800	1000
矿物绝缘电缆		<9	600	800
		≥9，且<15	900	1200
		≥15，且<20	1500	2000
		≥20	2000	2500

电缆出入电缆沟，电气竖井，建筑物，配电柜、台、箱处以及管子管口处等部位应采取防火或密封措施；电缆出入电缆桥架及配电柜、台、箱、盘处应做固定；电缆通过墙、楼板或室外敷设穿导管保护时，导管的内径不应小于电缆外径的1.5倍；电缆的首端、末端和分支处应设标志牌，直埋电缆应设标示桩。

9）电缆头制作、导线连接和线路绝缘测试

低压或特低压配电线路线间和线对地间的绝缘电阻测试电压及绝缘电阻值不应小于表15-9的规定，矿物绝缘电缆线间和线对地间的绝缘电阻应符合国家现行有关产品标准和规定。

低压或特低电压配电线路绝缘电阻测试电压及绝缘电阻最小值 **表15-9**

标称回路电压（V）	直流测试电压（V）	绝缘电阻（MΩ）
SELV和PELV	250	0.5
500V及以下，包括FELV	500	0.5
500V以上	1000	1.0

电力电缆的铜屏蔽层和铠装护套及矿物绝缘电缆的金属护套和金属配件应采用铜绞线或镀锡铜编织线与保护导体做连接，其连接导体的截面积不应小于表15-10的规定。当铜屏蔽

层和铠装护套及矿物绝缘电缆的金属护套和金属配件作保护导体时，其连接导体的截面积应符合设计要求。

电缆终端保护联结导体的截面（mm^2） **表 15-10**

电缆相导体截面积	保护联接导体截面积
≤16	与电缆导体截面相同
>16，且≤120	16
≥150	25

电缆头应可靠固定，不应使电器元器件或设备端子承受额外应力。

截面积在 $10mm^2$ 及以下的单股铜芯线和单股铝/铝合金芯线可直接与设备或器具的端子连接。截面积在 $2.5mm^2$ 及以下的多芯铜芯线应接续端子或拧紧搪锡后再与设备或器具的端子连接。截面积大于 $2.5mm^2$ 的多芯铜芯线，除设备自带插接式端子外，应接续端子后与设备或器具的端子连接；多芯铜芯线与插接式端子连接前，端部应拧紧搪锡。每个设备或器具的端子接线不多于 2 根导线或 2 个导线端子。截面积 $6mm^2$ 及以下铜芯导线的连接应采用导线连接器或缠绕搪锡连接。

10）电气设备检查接线

电气设备的外露可导电部分必须与保护导体可靠连接。低压电动机、电加热器及电动执行机构的绝缘电阻值不应小于 0.5MΩ。

电气设备安装应牢固，螺栓及防松零件齐全，不松动。防水防潮电气设备的接线入口及接线盒等应做密封处理。

电动机电源线与出线端子接触应良好、清洁，高压电动机电源线紧固时不应损伤电动机引出线套管。在设备接线盒内裸露的不同相间和相对地间电气间隙应符合产品技术文件要求，或采取绝缘防护措施。

11）电气设备试验和试运行

试运行前，相关电气设备和线路应按规范规定试验合格。

电动机应试通电，并应检查转向和机械转动情况，电动机空载试运行时间宜为 2h，电压和电流等应符合设备或工艺装置的空载状态运行要求；空载状态下可启动次数及间隔时间应符合产品技术文件要求，无要求时，连续启动 2 次的时间间隔不应小于 5min，并应在电动机冷却至常温下进行再次启动。

电气动力设备的运行电压、电流应正常，各种仪表指示应正常。电动执行机构的动作方向及指示应与工艺装置的设计要求保持一致。

15.3 照明系统

15.3.1 概述

管廊照明系统一般分为正常照明和应急照明及疏散指示，应急照明可兼做正常照明。综合管廊照明应符合下列规定：①综合管廊内人行道上的一般照明的平均照度不应小于 15lx，最低照度不应小于 5lx；出入口和设备操作处的局部照度可为 100lx。监控室一般照明照度不宜小于 300lx。②管廊内疏散应急照明照度不应低于 5lx，应急电源持续供电时间不应小于 60min。③监控室备用应急照明照度应达到正常照明照度的要求。④出入口和各防火分区防火门上方应设置安全出口标志灯，灯光疏散指示标志应设置在距地坪高度 1.0m 以下，间距不应大于 20m。其安装见图 15-18。

图 15-18　管廊照明系统安装

15.3.2 关键技术

1. 照明系统施工工艺流程

照明系统施工工艺流程如图 15-19 所示。

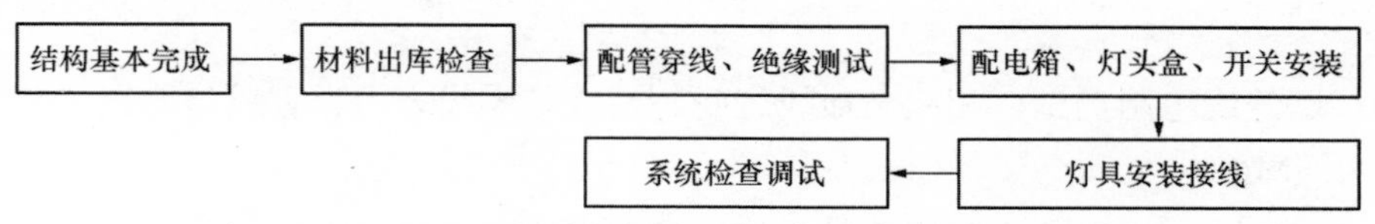

图 15-19　照明系统施工工艺流程

2. 导管敷设技术要求

镀锌钢管连接采用螺纹连接时，管端螺纹长度不小于管接头长度的 1/2，连接后，螺纹外露 2～3 扣。螺纹表面光滑、无缺损。焊接钢管管材预先刷防腐漆，现浇混凝土内敷设时，应先除锈，内壁做防腐，外壁可不刷防腐漆。

管进箱、盒时，箱、盒开孔应整齐并与管径相吻合，一管一孔，不得开长孔；金属盒、箱严禁用电、气焊开孔，并应刷防锈漆；管口入盒、箱，露出锁紧螺母的丝扣为 2～3 扣；两根以上管入盒、箱要长短一致，间距均匀，排列整齐。

3. 导管内穿线和槽盒内敷线技术要求

导线应符合设计要求，相线、零线及保护地线的颜色应加以区分。

带线一般采用 ϕ1.2～ϕ2.0mm 的铁丝或钢丝。先将铁丝的一端弯成不封口的圆圈，再利用穿线器将带线穿入管路内。

在穿线前，应先检查各个管口的护中是否齐整，如有遗漏或破损应补齐和更换。

4. 灯具安装技术要求

灯具的选用应符合设计要求，在易燃易爆场所选用防爆式灯具；有腐蚀性气体及特别潮湿的场所采用封闭式灯具，各部件做好防腐处理；多尘的场所采用封闭式或密闭式灯具。

各种标志灯的指示方向正确无误；应急灯必须灵敏可靠；事故照明灯应有特殊标志。

检查灯具合格后，将灯具各配件组装完成，确定灯具安装的位置，灯头盒的位置对准进线孔，将电源线甩入灯箱，在进线孔处套上塑料管保护导线。将灯箱调整顺直，最后安装灯管。

应急照明灯具的运行温度大于 60℃时，不应直接安装在可燃装修材料或可燃物体上；靠近可燃物时，应采取隔热、散热等措施。

15.3.3 验收

1. 照明系统调试

照明调试主要包括照明线路绝缘电阻测试、照明器具检查、照明送电、照明全负荷试验。

照明线路绝缘电阻测试：相线与地线之间、相线与零线之间、零线与地线之间的绝缘电阻值大于 0.5MΩ。

照明器具检查：主要检查照明器具的接线是否正确，接线是否牢固，灯具内部线路的绝缘电阻值是否符合设计要求。

照明送电：按照配电箱的顺序对照明器具进行送电，送电后，检查灯具开关是否灵活，开关与灯具控制顺序是否对应，插座的相位是否正确。

照明全负荷试验：全负荷通电试验时间为 24h，所有照明灯具均要开启，每 2h 记录运行状态 1 次，连续试运行时间内无故障。同时测试室内照度及功率密度值是否与设计一致，检查各灯具发热、发光有无异常。

2. 材料验收

灯具合格证内容应填写齐全、完整，灯具材质应符合设计要求和产品标准要求；新型气体放电灯应随带技术文件。

灯具涂层应完整、无损伤，附件应齐全，Ⅰ类灯具的外露可导电部分应具有专用的PE端子；固定灯具带电部件及提供防触电保护的部位应为绝缘材料，且应耐燃烧和防引燃；消防应急灯具应获得消防产品型式试验合格评定，且具有认证标志；疏散指示标志灯具的保护罩应完整、无裂纹；内部接线应为铜芯绝缘导线，其截面积应与灯具功率相匹配，且不应小于0.5mm^2。

3. 线缆验收

1）同一交流回路的绝缘导线不应敷设于不同的金属槽盒或穿于不同金属导管内。除设计要求外，不同回路、不同电压等级和交流与直流线路的绝缘导线不应穿于同一导管内。绝缘导线接头应设置在专用接线盒（箱）或器具内，不得设置在导管和槽盒内，盒（箱）的设置位置应便于检修。

2）除塑料护套线外，绝缘导线应采取导管或槽盒保护，不可外露明敷。

3）绝缘导线穿管前，应清除管内杂物和积水，绝缘导线穿入导管的管口在穿线前应装设护线口。

4. 开关验收

同一建筑物的照明开关宜采用同一系列的产品，单控开关的通断位置应一致，且应操作灵活、接触可靠。

照明开关安装高度应符合设计要求，开关安装位置应便于操作，开关边缘距门框边缘的距离宜为0.15～0.20mm；相同型号并列安装高度宜一致。

5. 普通灯具验收

1）灯具固定应牢固可靠，在砌体和混凝土结构上严禁使用木楔、尼龙塞或塑料塞固定。

2）吸顶或墙面上安装的灯具，其固定用的螺栓或螺钉不应少于2个，灯具应紧靠贴饰面。

3）由接线盒引至嵌入式灯具或槽灯的绝缘导线应采用柔性导管保护，不得裸露，且不应在灯槽内明敷，柔性导管与灯具壳体应采用专用接头连接。

4）普通灯具的Ⅰ类灯具外露可导电部分必须采用铜芯软导线与保护导体可靠连接，连接处应设置接地标识，铜芯软导线的截面积应与进入灯具的电源线截面积相同。

5）LED灯具安装应牢固可靠，饰面不应使用胶类粘贴。灯具安装位置应有较好的散热条件，且不宜安装在潮湿场所。灯具的金属防水接头密封圈应齐全、完好。

6）引向单个灯具的绝缘导线截面积应与灯具功率相匹配，绝缘铜芯导线的线芯截面积不应小于 $1mm^2$。

7）灯具表面及其附件的高温部位靠近可燃物时，应采取隔热、散热等防火保护措施。

8）高低压配电设备、裸母线的正上方不应安装灯具。

9）安装于槽盒底部的荧光灯具应紧贴槽盒底部，并应固定牢固。

6. 专用灯具验收

1）专用灯具的Ⅰ类灯具外露可导电部分必须采用铜芯软导线与保护导体可靠连接，连接处应设置接地标识，铜芯软导线的截面积应与进入灯具的电源线截面积相同。

2）消防应急照明回路的设置除应符合设计要求外，尚应符合防火分区设置的要求，穿越不同防火分区时应采取防火隔堵措施。

3）对于应急灯具、运行中温度大于 60℃的灯具，当靠近可燃物时，应采取隔热、散热等防火措施。

4）消防应急照明线路在非燃烧体内穿钢导管暗敷时，暗敷导管保护层厚度不应小于 30mm。

5）当应急电源或镇流器与灯具分离安装时，应固定可靠，应急电源或镇流器与灯具本体之间的连接绝缘导线应用金属柔性导管保护，导线不得外露。

6）疏散走道、拐角及出入口等处均设疏散指示灯和安全出口指示灯，应急照明与疏散指示灯自带蓄电池供电，应急时间不小于 60min。高、低压配电室及控制室的正常照明灯具应自带蓄电池供电，应急时间不小于 180min。

7. 照明通电试运行

灯具回路控制应符合设计要求，且应与照明控制柜、箱（盘）及回路的标识一致；开关宜与灯具控制顺序相对应。公共建筑照明系统通电连续试运行时间应为 24h。所有照明灯具均应同时开启，且应每 2h 按回路记录运行参数，连续试运行时间内应无故障。

对设计有照度测试要求的场所，试运行时应检测照度，并应符合设计要求。

15.4 监控与报警系统

综合管廊内设置现代化监控与报警系统，采用以智能化固定监测与移动监测相结合为主、人工定期现场巡视为辅的多种新技术手段，可达到管廊内全方位监测，运行信息反馈不间断和低成本、高效率维护管理效果。

综合管廊监控与报警系统分为环境与设备监控系统、安全防范系统（视频监控系统、门禁系统、入侵报警系统、离线式电子巡更系统等）、通信系统（IP 网络电话系统、无线 AP 系统）、火灾自动报警系统、地理信息系统和统一管理信息平台等（图 15-20）。

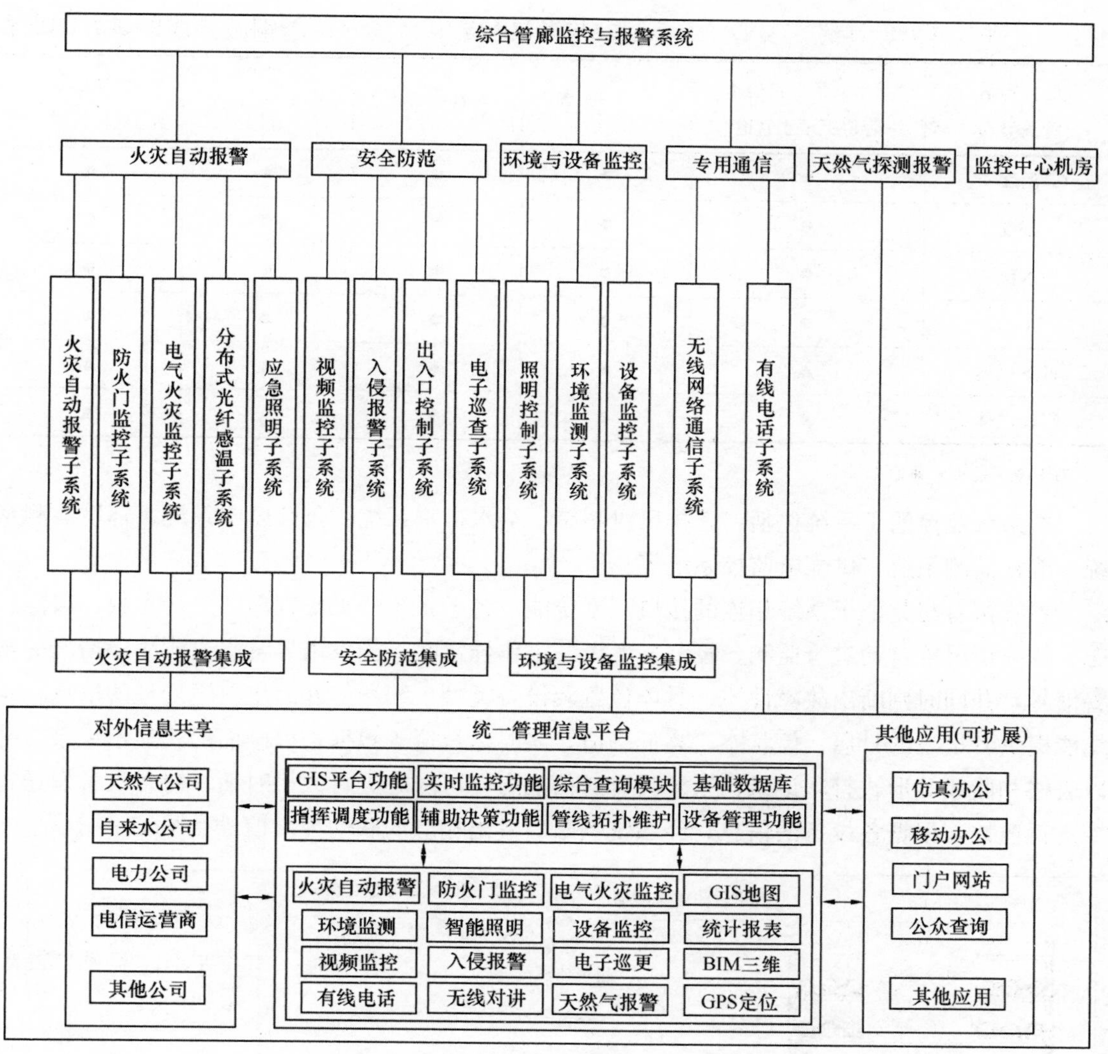

图 15-20　管廊监控与报警系统配置简图

15.4.1 环境与设备监控系统

1. 概述

环境与设备监控系统由监控中心实时监控组态软件、现场控制分站（ACU 控制柜）、检测仪表（传感器等）组成。

综合管廊环境与设备监控系统常见监测内容如表 15-11 所示。

ACU 控制柜主要采集各区段的温度、湿度、氧含量、甲烷浓度、硫化氢浓度传感器参数，通过浮球液位开关及投入式液位计检测集水坑中液位，通过采集电力仪表监测变电所的高低压配电设备状态及电量参数；ACU 控制柜可以采集管廊内主要用电设备（排水泵、风机、照明、供配电等）的运行工况，并实现远程控制和预先设置的程序自动控制；ACU 控制柜通过网络接口接入光纤千兆环网，将数据传送至监控中心。

监控系统检测内容　　表 15-11

舱室容纳管线类别	给水管道、再生水管道、雨水管道	污水管道	天然气管道	热力管道	电力电缆、通信线缆
温度	●	●	●	●	●
湿度	●	●	●	●	●
水位	●	●	●	●	●
O_2	●	●	●	●	●
H_2S 气体	▲	●	▲	▲	▲
CH_4 气体	▲	●	●	▲	▲

注：●应监测；▲宜监测。

本系统监控的子系统包括：送排风机系统、给水排水系统、公共照明系统、环境监测系统、能耗监测系统、供配电监控系统等。

系统留有与其他子系统相连的接口。系统能对各子系统的工作程序、工作参数、启停状态、故障情况等自动进行监测、控制；各设备工作异常时，能发出异常状况或故障情况的报警信号，并同时判断出故障性质、具体位置及设备类型、编号，并给出故障处理的信息；系统能提供各设备的日启、停状态，高低峰值，实时运行值等数据，以画面形式显示记录，并以表格和曲线等形式打印记录；系统具有通信能力，可随时进行人机对话，对各设备发送指令进行监控，根据各设备的信息，经系统判断后发出相应的联动控制信号（图 15-21）。

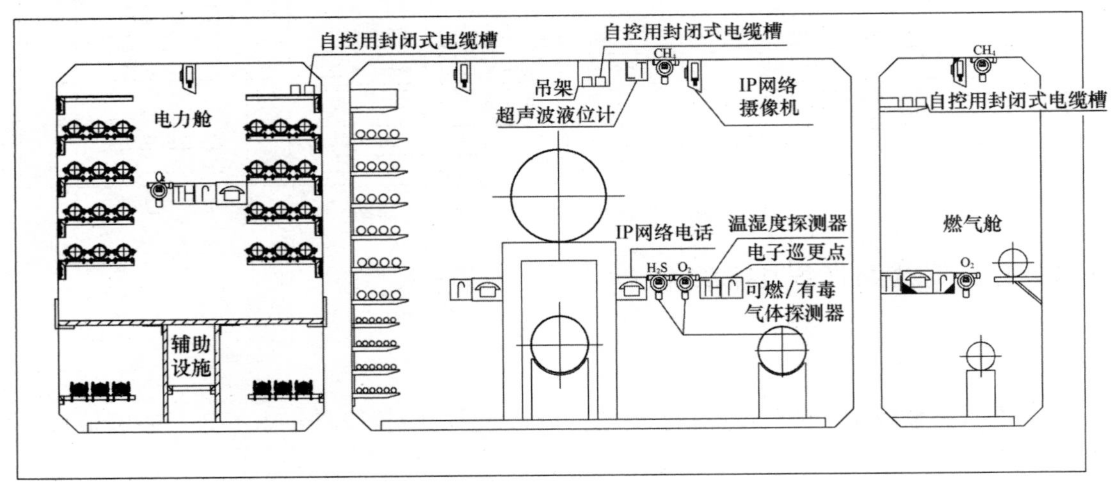

图 15-21　管廊环境监控系统设备布置简图

2. 关键技术

1）环境设备监控系统工艺流程

环境设备监控系统工艺流程如图 15-22 所示。

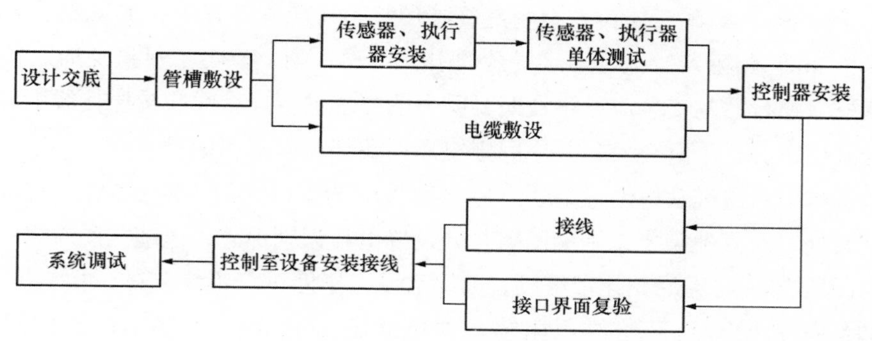

图 15-22　环境与设备监控系统工艺流程

2）技术要求

（1）管槽敷设：明配的导管应排列整齐，固定点间距均匀，安装牢固。在终端、弯头中点或柜、台、箱、盘等边缘的距离 150～500mm 范围内设有管卡。经过建筑物的伸缩缝处，要局部采用金属软管连接，以保护建筑在伸缩缝处发生伸缩变化时电气管线的安全。金属线槽安装应平整，无扭曲变形，内壁无毛刺，各种附件齐全。金属线槽经过建筑物的变形缝（伸缩缝、沉降缝）时，金属线槽本身应断开，槽内用连接板搭接，无需固定。保护地线和槽内导线均应留有补偿余量。

（2）传感器安装：结合施工图纸设计要求及施工平面布置图，核对传感器安装位置是否满足设计要求，仔细核对图纸以及每个探测器所检测的防火区域是否合理，然后到现场确定探测器的安装位置（图 15-23）。设备到场后应检查是否符合设计要求，有无在运输过程中损坏，是否被碰撞等。同时查看产品合格证书以及检测报告等。室内温湿度传感器的安装位置宜距门、窗和出风口大于 2m，在同一区域内安装的室内温湿度传感器，距地高度应一致，高度差不应大于 10mm。探测气体比重轻的空气质量传感器应安装在管廊空间的上部，安装

图 15-23　管廊传感器安装

高度不宜小于 1.8m；探测气体比重重的空气质量传感器应安装在管廊空间的下部，安装高度不宜大于 1.2m。传感器、执行器接线盒的引入口不宜朝上，当不可避免时，应采取密封措施；传感器、执行器的安装应严格按照说明书的要求进行，接线应按照接线图和设备说明书进行，配线应整齐，不宜交叉，并应固定牢靠，端部均应标明编号。

（3）线缆敷设：电缆从电缆盘上切下后立即将两端予以密封以避免潮湿。在电缆两端、转角处、交叉处以及其他需要识别电缆路径处设置电缆识别标志，电缆挂牌应采用热转印方式，材料为硬质 PVC，穿尼龙扎带组成。电缆敷设完毕即进行绝缘测试。柜、屏、台、箱、盘间线路的线间和线对地间绝缘电阻值，馈电线路必须大于 0.5MΩ；二次回路必须大于 1MΩ。

（4）控制箱安装：结合施工图纸设计要求及施工平面布置图，核对箱体安装高度以及进线方式，确定箱体安装方式与位置。安装位置不能影响消防安全。如果有两个以上控制箱在同一地方安装，要求并排安装，并且箱体开门自由。控制箱采用膨胀螺栓固定在墙上，控制箱安装牢固端正，箱子的垂直度偏差不应大于 2mm。进入控制箱的线缆保护管入箱时，箱外侧应套锁母，内侧应装护口，箱内导线穿软管保护。现场控制器箱的安装位置宜靠近被控设备电控箱，现场控制箱应安装牢固，不应倾斜；控制箱的高度大于 1m 时，宜采用落地式安装，并应制作底座；侧面与墙或其他设备的净距离不应小于 0.8m，正面操作距离不应小于 1m；控制器箱接线应按照接线图和设备说明书进行，配线应整齐，不宜交叉，并应固定牢靠，端部均应标明编号；现场控制器箱体门板内侧应贴箱内设备的接线图；现场控制器应在调试前安装，在调试前应妥善保管并采取防尘、防潮和防腐蚀措施。

3. 验收

1）系统调试

（1）调试前准备工作：

系统调试前控制中心设备、软件应安装完毕，线缆敷设和接线应符合设计要求和产品说明书的规定；现场控制器、各种执行器、传感器应安装完毕，线缆敷设和接线应符合设计要求和产品说明书的规定；系统设备与子系统（设备）间的通信接口及线缆敷设应符合设计要求；受控设备及其自身的系统应安装完毕且调试合格，并应能正常运行；监控系统设备的供电与接地应符合设计要求；网络控制器与服务器、工作站应正常通信，网络控制器的电源应连接到不间断电源上，保证调试期间网络控制器电源正常供应；现场控制器程序应编写完毕，并应符合设计要求。

（2）现场控制器的调试应符合下列规定：

接地脚与全部 I/O 口接线端间的电阻应大于 10kΩ；接地脚与全部 I/O 口接线端间无交流电压；调试仪器与现场控制器应能正常通信，并应能通过总线查看其他现场控制器的各项参数；应采用手动方式对全部数字量输入点进行测试，并作记录；应采用手动方式测试全部数字量输出点，受控设备应运行正常，并作记录；应确定模拟量输入、输出的类型、量程、设定值符合设计要求和设备说明书的规定；应按不同信号的要求，用手动方式测试全部模拟量输入，并应记录测试数值；应采用手动方式测试全部模拟量输出，受控设备应运行正常，并应记录测试数值。

（3）给水排水系统的调试应符合下列规定：

应对液位、压力等参数进行检测及水泵运行状态及监控和报警进行测度，并应作记录；应能根据集水坑水位自动启停水泵。

（4）送排风机的调试应符合下列规定：

机组应能按控制时间表自动控制风机启停；应能根据一氧化碳、二氧化碳浓度及空气质量自动启停风机；排烟风机由消防系统和设备监控系统同时控制时，应能实现消防控制优先方式。

（5）变配电系统的调试应符合下列规定：

检查工作站读取的数据和现场测量的数据，应对电压、电流、有功（无功）功率、功率因数、电量等各项参数的图形显示功能进行验证；检查工作站读取的数据，应对变压器、发电机组及配电箱、柜等的报警信号进行验证。

（6）照明系统的调试应符合下列规定：

通过工作站控制照明回路，每个照明回路的开关和状态应正常，并应符合设计要求；按时间表和室内外照度自动控制照明回路的开关应符合设计要求。

（7）系统联调应符合下列规定：

控制中心服务器、工作站、打印机、网络控制器、通信接口（包括与其他子系统）等设备之间的连接、传输线型号规格应正确无误；通信接口中的通信协议、数据传输格式、速率等应符合设计要求，并应能正常通信；设备监控系统服务器、工作站管理软件及数据库应配置正常，软件功能应符合设计要求；设备监控系统监控性能和联动功能应符合设计要求。

2）系统验收

环境设备监控系统检测应以系统功能测试为主，系统性能评测为辅。采用中央管理工作站显示与现场实际情况对比的方法进行。

变配电监测系统的高低压配电柜的运行状态、变压器的湿度、储油罐的液位、各种备用电源的工作状态和联锁控制功能等应全部检测；各种电气参数检测数量应按每类参数抽检20%，且数量不应少于20点，数量少于20点时应全部检测；抽检结果全部符合设计要求的应判定为合格。

公共照明监控系统应按照明回路总数的10%抽检，数量不应少于10路，总数少于10路时应全部检测；抽检结果全部符合设计要求的应判定为合格。

给水排水监控系统中的给水和中水监控系统应全部检测；排水监控系统应抽检50%，且不得少于5套，总数少于5套时应全部检测。

中央管理工作站与操作分站的检测应包括下列内容：

（1）运行状态和测量数据的显示功能；

（2）故障报警信息的报告应及时准确，有提示信号；

（3）系统运行参数的设定及修改功能；

（4）控制命令应无冲突执行；

（5）系统运行数据的记录、存储和处理功能；

（6）操作权限；

（7）人机界面应为中文。

15.4.2 安全防范系统

1. 概述

安全防范系统的功能是实现对综合管廊全域内人员的全程监控，将实时视频信息和电子巡查信息及时、准确地传输到监控中心，便于值班人员及时发现现场问题，排除故障以及对警情的及时处理，保证管廊正常运行。

安全防范系统主要包括视频监控系统、门禁系统、入侵报警系统、离线式电子巡更系统等组成的集成式安防系统，能集成在一个平台下统一管理。系统采用结构化、规范化、模块化、集成化的配置，构成先进、可靠、经济、适用和配套的安全防范系统。

视频监控系统结构由前端部分、信号传输部分、中心控制显示部分、数据存储构成。系统通过系统前端监控点网络摄像机采集图像信息，通过网络传输回中心，实现管廊实时监控、视频巡检，并对视频数据进行集中存储。

管廊通常在逃生口、吊装口、排风口处等位置安装入侵报警装置（红外双鉴探测器和声光报警器），对非法进入管廊的事件进行报警。报警信号接入就近的 PLC 系统，通过环境与设备监控系统的光纤环网将信号传输至控制中心。

门禁系统由感应卡、门禁控制主机、门组设备（读卡器、电锁、开门按钮、紧急压扣）、发卡器、管理中心、软件等组成。

电子巡更系统基于工业以太环网，主要由数据库服务器、数据分析服务器、业务操作台（人员定位、无线通信、可视化巡更）、AC 控制器、无线 AP、智能手机、标识卡等设备组成。

2. 关键技术

1）安全防范系统工艺流程如图 15-24 所示。

2）视频监控系统技术要求

（1）摄像机、监视器、录像机、视频切换器以及控制台的安装应符合相关技术说明书的要求。先将摄像机进行初步安装，经过试看、细调、检查各项功能，观察监视区域的覆盖范围和图像质量，符合要求后方可固定。摄像机的安装必须牢固，应装在不易振动、不易接触的场所，以便看到更多东西。鉴于安防工程的要求及管廊环境要求，摄像机应加装防护罩，燃气舱应有防爆性能。监视器要求图像清晰，切换图像稳定。传输电缆在长于 300m 时要加视补偿措施，使图像清晰。安装室外摄像机、解码器应采取防雨、防腐、防雷措施。

（2）摄像机电源线与视频线、信号线不得同管敷设，只有在电源线与控制线合用多芯

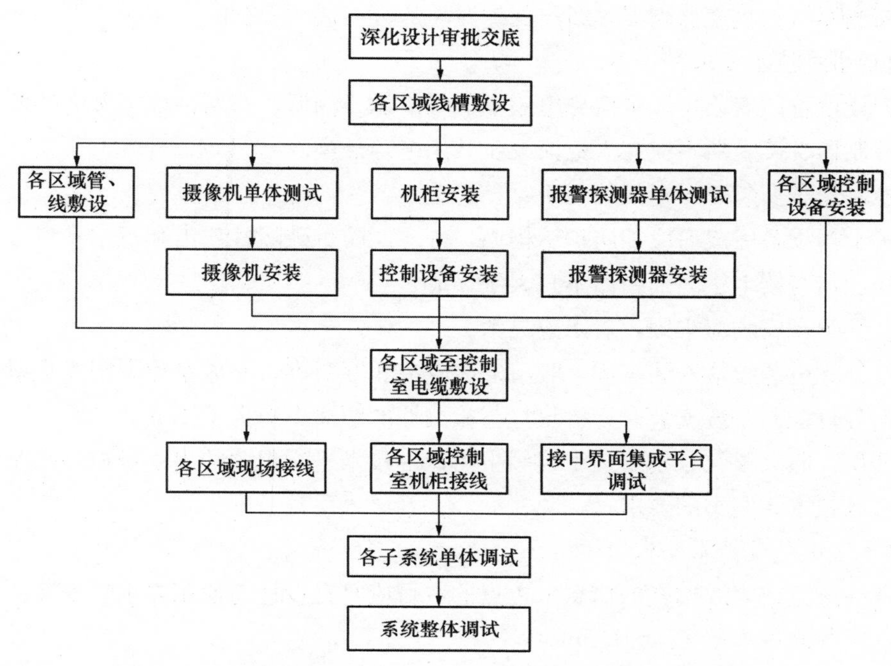

图15-24　安全防范系统工艺流程

时，多芯线与电缆可一起敷设。尽量采用电缆从机架、控制台底部引入设备，电缆应顺着所盘方向理直，按电缆的排列次序放入槽内；架空线入云台时，滴水弯的弯度不应小于电（光）缆的最小弯曲半径。

（3）光端机或编码器应安装在摄像机附近的设备箱内，设备箱内应具有防尘、防水、防盗功能；视频编码器安装前应与前端摄像机连接测试，图像传输与数据通信正常后方可安装；设备箱内设备排列应整齐、走线应有标识和线路图。

3）入侵报警系统技术要求

（1）探测器应安装牢固，探测范围内应无障碍物。

（2）室外探测器的安装位置应在干燥、通风、不积水处，并应有防水、防潮措施。

（3）磁控开关宜装在门或窗内，安装应牢固、整齐、美观。

（4）振动探测器安装位置应远离电机、水泵和水箱等振动源。

（5）玻璃破碎探测器安装位置应靠近保护目标。

（6）紧急按钮安装位置应隐蔽、便于操作、安装牢固。

（7）红外对射探测器安装接收端应避开太阳直射光，避开其他大功率灯光直射，应顺光方向安装。

（8）微波探测器安装时不要对着门、窗，以免室外活动物体引起误报警。超声波报警器容易受风和空气流动的影响，安装时不要靠近通风设备。主动红外探测器在安装时，收、发装置应相互正对，且中间不得有遮挡物。被动红外探测器安装时，探测扇区应与入侵方向相垂直，被保护区域应在探测扇区范围内，与热源保持1.5m以上间距，同时避免强光直射。

安装双鉴探测器时，宜使探测器轴线与保护对象的方向成 45°夹角。

4）门禁系统技术要求

（1）识读设备的安装位置应避免电磁辐射辐射源、潮湿、有腐蚀性等恶劣环境。

（2）控制器、读卡器不应与大电流设备共用电源插座。

（3）控制器宜安装在弱电间等便于维护的地点。

（4）读卡器设备完成后应加防护结构面，并应能防御破坏性攻击和技术开启。

（5）控制器与读卡机间的距离不宜大于 50m。

（6）配套锁具安装应牢固，启闭应灵活。

（7）红外光电装置应安装牢固，收、发装置应相互对准，并应避免太阳光直射。

（8）信号灯控制系统安装时，警报灯与检测器的距离不应大于 15m。

（9）使用人脸、眼纹、指纹、掌纹等生物识别技术进行识读的出入口控制系统设备的安装应符合产品技术说明书的要求。

5）电子巡更系统技术要求

（1）在线巡查或离线巡查的信息采集点的数目应符合设计与使用要求，安装位置应方便接收信号，安装高度离地 1.3～1.5m。

（2）离线式系统的巡更点应安装在巡更棒便于读取的位置。安装时可用钢钉、固定胶或直埋于墙内（感应型巡更点），埋入深度应小于 5cm，巡更点的安装应与安装位置的表面平行。感应型巡更点的读取距离一般在 10～25cm 之间，只要巡更棒能接近即可。安装巡更点时，应记录每个巡更点所对应的安装地点，所有的安装地点应与系统管理主机的巡更点设置相对应。

（3）无线 AP 宜布置在管廊中部或管廊内交换机附近，用网线接入交换机网口实现入网通信。监控中心设置 AC 管理器，实现对管廊内的无线 AP 批量下发配置、修改配置、射频智能管理、用户接入控制等功能。

3. 验收

1）系统调试

（1）视频监控系统调试

管廊视频监控系统调试除应执行国家标准《安全防范工程技术标准》GB 50348—2018 的相关规定外，尚应符合下列规定：

① 检查摄像机与镜头的配合、控制和功能部件，应保证工作正常，且不应有明显逆光现象。

② 图像显示画面上应叠加摄像机位置、时间、日期等字符，字符应清晰、明显。

③ 当本系统与其他系统进行集成时，应检查系统与集成系统的联网接口及该系统的集中管理和集成控制能力。

④ 应检查视频型号丢失报警功能。

⑤ 数字视频系统图像还原性及延时等应符合设计要求。

(2) 入侵报警系统调试

入侵报警系统调试应符合《安全防范工程技术标准》GB 50348—2018 和《智能建筑工程施工规范》GB 50606—2010 相关规定，另外需注意以下几点：

① 按现行国家标准《入侵报警系统工程设计规范》GB 50394—2007 的规定，检查探测器的探测范围、灵敏度、误报警、漏报警、报警状态后的恢复、防拆保护等功能与指标，检查结果应符合设计要求。

② 检查报警联动功能、电子地图显示功能及从报警到显示、录像的系统反应时间，检查结果应符合设计要求。

③ 报警系统报警事件存储记录的保存时间应满足管理要求。

④ 系统功能和软件应全部监测，功能符合设计要求为合格，合格率为 100%时为系统功能监测合格。

(3) 门禁系统调试

门禁系统调试应符合《安全防范工程技术标准》GB 50348—2018 和《智能建筑工程施工规范》GB 50606—2010 相关规定，另外需注意以下几点：

① 每一次有效的进入，系统应储存进入人员的相关信息，对非有效进入及胁迫进入应有异地报警功能。

② 检查系统的响应时间及事件记录功能，检查结果应符合设计要求。

③ 系统与考勤、计费及目标引导（车库）等一卡通联合设置时，系统的安全管理应符合设计要求。

④ 调试出入口控制系统与报警、电子巡查等系统的联动或集成功能。调试出入口控制系统与火灾自动报警系统间的联动功能，联动和集成功能应符合设计要求。

⑤ 检查系统与智能化集成系统的联网接口，接口应符合设计要求。

(4) 电子巡更系统调试

电子巡更系统调试应符合《安全防范工程技术标准》GB 50348—2018 和《智能建筑工程施工规范》GB 50606—2010 相关规定，另外需注意以下几点：

① 系统组成部分各设备均应工作正常。

② 检查在线式信息采集点读值的可靠性、实时巡查与预置巡查的一致性，并查看记录、存储信息以及在发生不到位时的即时报警功能。

③ 检查离线式电子巡查系统，确保信息钮的信息正确，数据的采集、统计、打印等功能正常。

2) 系统验收

系统验收应满足以下要求：

(1) 对于涉及国家秘密的网络安全系统，应按国家保密管理的相关规定进行验收。

(2) 网络安全设备应检查公安部计算机管理监察部门审批颁发的安全保护等信息系统安全专用产品销售许可证。

(3) 网络安全系统检测内容应按现行国家标准《信息安全技术 网络安全等级保护基本

要求》GB/T 22239—2019 执行。

(4) 安全技术防范系统工程实施的质量控制除应符合规范规定外，对于列入国家强制性认证产品目录的安全防范产品尚应检查产品的认证证书或检测报告。

15.4.3 通信系统

1. 概述

通信系统包括应急电话及广播系统和无线 AP 系统。

应急电话及广播系统由管理中心设备和管廊内电话主机、电话分机、扬声器、功放、工作站、管理软件等设备组成。管廊平时无固定人员值班，为便于管理、巡检和线缆敷设施工以及紧急情况下的各区间工作人员之间、现场工作人员与监控中心值班人员之间的通信联络，管廊内须配备独立的内部语音通信系统。光纤电话能提供直接呼救沟通、应急救援、报警的专用通信系统，是管廊的重要应急求助设备。

无线 AP 系统利用既有的环境与设备监控系统光纤环网，通过网线接入管廊内环境与设备监控系统光纤环网交换机，监控中心设置无线管理器，实现对 AP 无线单元下发配置、修改配置、射频智能管理、用户接入控制等功能。从而用多个无线 AP 单元，实现对管廊的大范围无线覆盖，智能移动终端在无线信号覆盖的范围内，即可实现无线通话。

2. 关键技术

1) 通信系统工艺流程如图 15-25 所示。

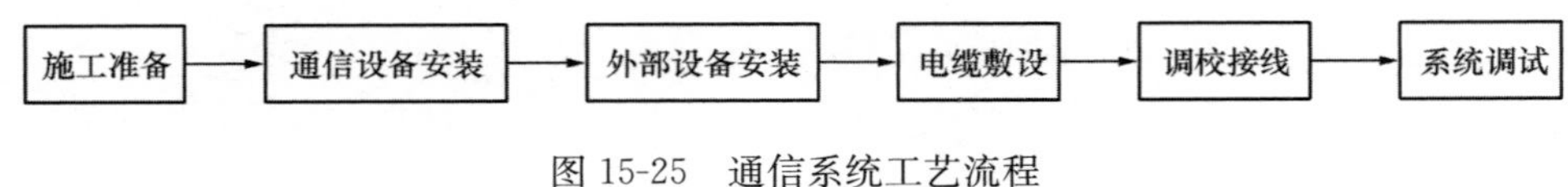

图 15-25 通信系统工艺流程

2) 技术要求

技术准备：熟悉通信系统的设计图纸及设计说明；了解设计包含所有通信设备和通信方式；熟悉规范和通信设备的技术协议等。

通信室内设备安装：屏柜的安装支架与预埋件应焊接牢固，支架应高于地面 1cm，支架接地满足规范要求；利用螺栓将屏柜和预埋槽钢牢固连接，其垂直和水平偏差应满足规范要求。垂直度<1.5mm，盘间接缝<2mm。屏柜安装结束，将各屏柜内的设备进行检查、安装。按照各屏柜的设备布置图安装子架、插件、网管。

外部设备安装：电话机安装牢固、平整美观。电话机应有防潮、防水性能。安装于燃气舱的应有防爆性能。电话交换设备安装前，应对机房的环境条件进行检查，机房的环境条件应满足行业标准《固定电话交换网工程设计规范》YD 5076—2014 相关要求。终端设备应配备完整，安装就位，标志齐全、正确。

通信线缆的敷设、接线：电缆敷设应平直、整齐、美观，尽量避免交叉，电缆或非金属保护管应固定牢固。电缆的敷设应尽可能远离电力电缆，形成独立的敷设通道。光缆在光配架、门型构架的接续盒内的熔接应可靠，光缆固定牢固。光缆终端的芯线应放置在光纤盒内或用软质的保护管引入光纤盒。光纤应顺直、无扭绞现象。

3. 验收

1）系统调试

应急电话及广播系统的调试应符合《智能建筑工程施工规范》GB 50606—2010 相关规定，另外需注意以下几点：

（1）设备规格、安装应符合设计要求，安装应稳固，外壳不应损伤。

（2）设备电源电缆线芯间、线芯对地的绝缘电阻不应小于 1MΩ。

（3）逐级对设备进行加电，设备通电后，检查所有机架为设备供电的输出电压应符合设计要求。

（4）电话系统自检正常，性能参数应符合设计要求。

（5）能够接受管辖区段路侧紧急电话分机发出的呼叫。主呼紧急电话识别可显示在控制台上。

（6）紧急电话控制台具有自动录音功能，录音采用数字录音，事件存储在硬盘上，录音时有剩余存贮时间提示，回放通过键盘操作完成。自动打印、振铃并备有两个串行通信接口。

（7）值班员可在中心呼叫任意一部隧道内的紧急电话分机，呼叫操作只需要用鼠标双击桌面上的图标即可进行，在值班员摘机后自动建立起双工通话。

2）系统验收

通信系统验收应符合以下规定：

（1）交换机机柜上下两端垂直偏差不应大于 3mm；

（2）机柜内排列成直线，每 5m 误差不应大于 5mm；

（3）各种配线架各直列上下两端垂直偏差不应大于 3mm，底座水平误差每米不大于 2mm；

（4）交换系统使用的交流电源线芯线和芯线对地的绝缘电阻均不得小于 1MΩ。

15.4.4 火灾自动报警系统

1. 概述

管廊工程常见火灾自动报警系统由火灾自动报警子系统、防火门监控子系统、电气火灾监控子系统、消防电源监控子系统组成（图 15-26）。在控制中心设置火灾自动报警子系统控制主机、防火门监控主机、电气火灾监控主机、消防电源监控主机及火灾自动报警工作站，对各子系统集成控制。在各防火分区设备间内分别设置火灾自动报警子系统区域控制机，火灾自动报警区域控制机与控制中心火灾报警控制主机之间采用以太网进行通信，构成火灾自动报警系统。

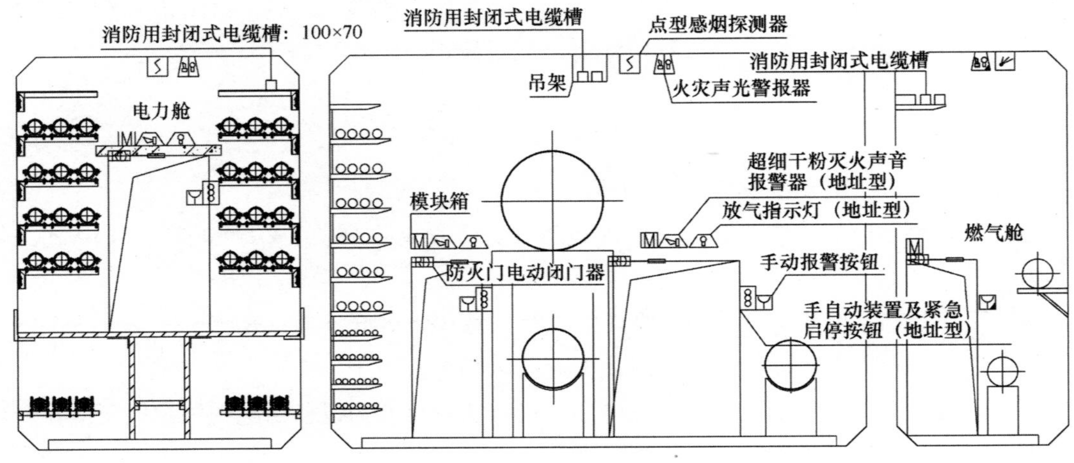

图 15-26 管廊火灾报警系统设备布置简图

2. 关键技术

1）火灾自动报警系统工艺流程如图 15-27 所示。

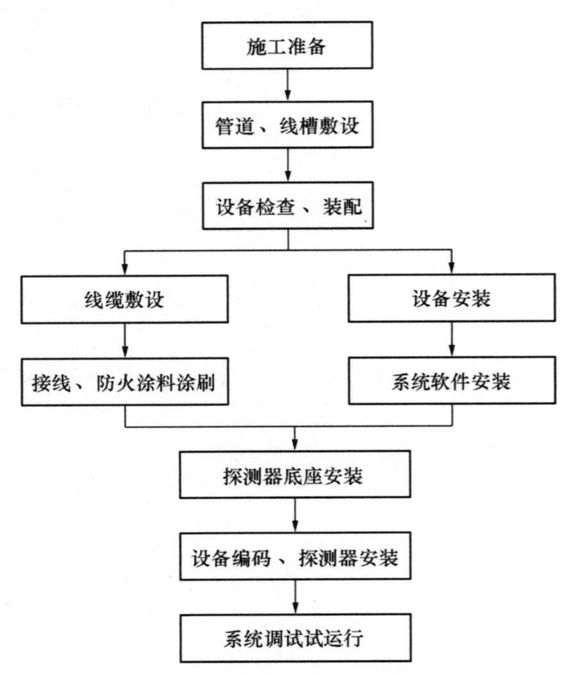

图 15-27 火灾自动报警系统工艺流程

2）线管安装

（1）火灾自动报警系统电缆、光纤分别在各自封闭式电缆槽内敷设，系统内不同电压等级、不同电流类别的线路，不应布置在同一管内或线槽的同一槽孔内。电缆槽外应涂耐火漆。

（2）导线在管内或线槽内，不应有接头或扭结。导线的接头，应在接线盒内焊接或用端子连接。

（3）设备的终端电缆保护管及需要缓冲的电缆保护管应采用防水防尘金属挠性管。

（4）电缆进户处、导线管的端头处、空余的导线管等均应作封堵处理。金属电缆桥架和金属导线保护管均应可靠接地。

3）控制器类设备安装

（1）火灾报警控制器、可燃气体报警控制器、区域显示器、消防联动控制器等控制器类设备（以下称“控制器”）在墙上安装时，其底边距地面高度宜为 1.3～1.5m，其靠近门轴的侧面距墙不应小于 0.5m，正面操作距离不应小于 1.2m；落地安装时，其底边宜高出地面 0.1～0.2m。

（2）引入控制器或导线，配线应整齐，不宜交叉，并应固定牢靠；电缆芯线和所配导线的端部，均应标明编号，并与图纸一致，字迹应清晰且不易褪色；端子板的每个接线端，接线不得超过2根；电缆芯和导线，应留有不小于200mm的余量；导线应绑扎成束；导线穿管、线槽后，应将管口、槽口封堵。

（3）控制器的主电源应有明显的永久性标志，并应直接与消防电源连接，严禁使用电源插头。控制器与其外接备用电源之间应直接连接。控制器的接地应牢固，并有明显的永久性标志。

4）探测器类设备安装

（1）火灾报警子系统在综合管廊通风口、逃生口、人员出入口、管廊舱室内安装总线式编码型点型光电感烟火灾探测器。在宽度小于3m的内走道顶棚上安装探测器时，宜居中安装。点型感温火灾探测器的安装间距，不应超过10m；点型感烟火灾探测器的安装间距，不应超过15m。探测器至端墙的距离，不应大于安装间距的一半。管廊内10kV、110kV、220kV电缆按供电部门要求需环S形通长敷设线型感温探测器。

（2）电气火灾监控子系统在各变电所低压出线柜的每个馈线回路设置剩余电流探测器及测温探测器。在动力及照明配电箱、双电源切换箱进线回路上设置剩余电流探测器。剩余电流探测器通过消防系统总线及光纤与电气火灾监控主机连接。

（3）消防电源监控子系统在消防负荷双电源箱进线回路上设置电压信号传感器，电压信号传感器通过消防系统总线及光纤与消防电源监控系统主机连接。

（4）综合管廊设置燃气舱时，为监控天然气浓度，在燃气舱内宜每隔14m及在距离管道连接、阀门等可能泄漏源不大于1m处安装一台具有地址编码功能的可燃气体探测器。探测器应位于可能出现泄露点的上方或燃气最高可能聚集点上方。可燃气体探测器通过消防总线及电源线接入分区内的可燃气体报警控制器。

5）手动报警按钮、警报装置、模块类设备安装

（1）在综合管廊通风口、逃生口、人员出入口、管廊舱室内需安装手动报警按钮，手动火灾报警按钮应安装在明显和便于操作的部位。当安装在墙上时，其底边距地（楼）面高度宜为1.3～1.5m。管廊舱室内手动报警按钮安装间距不宜大于60m。手动火灾报警按钮的连接导线应留有不小于150mm的余量，且在其端部应有明显标志。

（2）在综合管廊通风口、逃生口、人员出入口、管廊舱室内需安装火灾声光警报器，火灾声光警报装置应安装在安全出口附近明显处，距地面1.8m以上（图15-28）。声光警报器与消防应急疏散指示标志不宜在同一面墙上，安装在同一面墙上时，距离应大于1m，管廊舱室内火灾声光警报器安装间距不宜大于50m。

（3）火灾报警系统输入/输出模块与现场报警设备配套使用。输入模块接收防火门电动闭门器、防烟防火阀等设备的状态信号，将各探测器发出的火灾报警信号转化成带有地址编码信息的信号通过总线上传到报警控制器。输出模块接收报警控制器发出的联动信号，驱动设备执行联动指令。同一报警区域内的模块宜集中安装在金属箱内。模块的连接导线应留有不小于150mm的余量，且在其端部应有明显标志。模块隐蔽安装时在安装处应在明显的部位显示和设置检修孔。

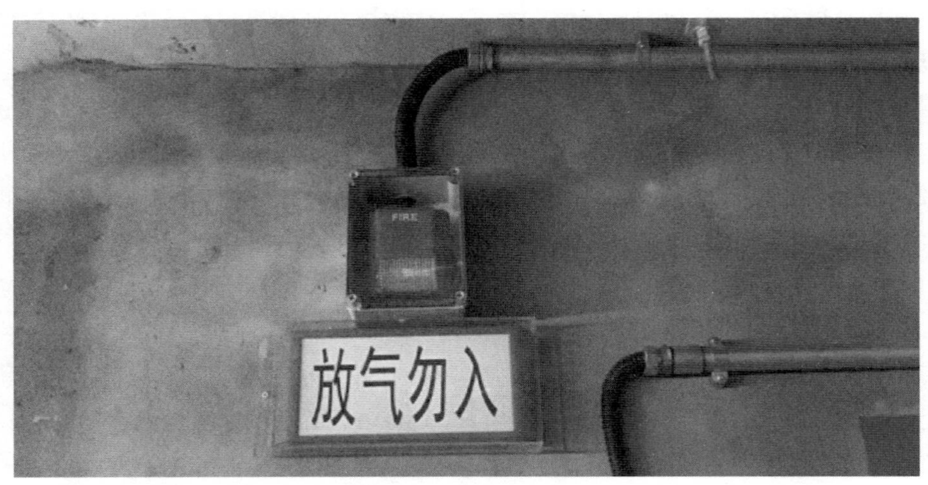

图 15-28　管廊报警装置安装

3. 验收

1）系统调试

管廊消防工程系统调试应满足《火灾自动报警系统施工及验收标准》GB 50166—2019及相关施工标准规范规定，另需注意以下几点：

（1）火灾自动报警系统的调试，应在系统施工结束后进行。调试单位在调试前应编制调试程序，并应按照调试程序工作。调试负责人必须由专业技术人员担任。

（2）系统线路应全线检查，错线、开路、虚焊、绝缘电阻小于 20MΩ 时应采取相应措施。

（3）对系统中的火灾报警控制器、可燃气体报警控制器、消防联动控制器、气体灭火控制器、消防电气控制装置、消防设备应急电源、传输设备、消防控制中心图形显示装置、消防电动装置、区域显示器（火灾显示盘）、消防应急灯具控制装置、火灾警报装置等设备分别进行单机通电检查。

（4）将所有经调试合格的各项设备、系统按设计连接组成完整的火灾自动报警系统，按《火灾自动报警系统设计规范》GB 50116—2013 和设计的联动逻辑关系检查系统的各项功能。

2）消防联动控制要求

所有调试合格的各项设备、系统按设计连接组成完整的火灾自动报警系统应符合《火灾自动报警系统设计规范》GB 50116—2013 和设计的联动逻辑关系。综合管廊的联动控制要求如下：

（1）排烟防火阀、排风机及防火门的联动控制：正常工况下，排烟防火阀及防火门常开。火灾工况时，关闭火灾区域防烟防火阀、排风机及防火门，接收其关闭的反馈信号。灭火完成后，重新自动打开排烟防火阀及排风机，实现事故后排烟。排烟完成后，手动开启防火门。

（2）进风机的联动控制：正常工况下，风机只在工作人员巡检时运行。管廊内环境监控仪表报警时，通过 PLC 自动控制进风机启动通风。火灾工况时，联动停止报警点所在防火分区的进风机。

（3）火灾声光警报器的联动控制：确认火灾发生后，管廊内火灾报警点所在及相邻防火分区的声光警报器同时启动。

（4）超细干粉灭火的联动控制：火灾报警控制器接收到联动触发信号后，启动信号所在防火分区的超细干粉灭火声音报警器。接收到第二个联动触发信号后，联动关闭该防火分区的排烟防火阀、防火门及进风机，然后向超细干粉灭火控制器发送信号，延时（0～30s）喷射灭火。当喷射灭火时联动打开该防火分区喷射指示灯。

（5）应急照明及疏散指示系统的联动控制：确认火灾发生后，切断正常照明回路，由报警点所在防火分区的火灾自动报警区域控制机联动对应的消防负荷双电源切换箱启动相应区域的应急照明及疏散指示。

3）系统验收

综合管廊消防系统按现行国家标准《建筑电气工程施工质量验收规范》GB 50303—2015 和《火灾自动报警系统施工及验收规范》GB 50166—2019 的规定对系统进行检验。验收过程中系统各装置的安装位置、施工质量和功能等的验收数量应满足以下要求：

（1）各类消防用电设备主、备电源的自动转换装置，应进行 3 次转换试验，每次试验均应正常。

（2）火灾报警控制器（含可燃气体报警控制器）和消防联动控制器应按实际安装数量全部进行功能检验。消防联动控制系统中其他各种用电设备、区域显示器应按下列要求进行功能检验：

① 实际安装数量在 5 台以下者，全部检验；

② 实际安装数量在 6～10 台者，抽验 5 台；

③ 实际安装数量超过 10 台者，按实际安装数量 30%～50%的比例、但不少于 5 台抽验；

④ 各装置的安装位置、型号、数量、类别及安装质量应符合设计要求。

（3）火灾探测器（含可燃气体探测器）和手动火灾报警按钮，应按下列要求进行模拟火灾响应（可燃气体报警）和故障信号检验：

① 实际安装数量在 100 只以下者，抽验 20 只（每个回路都应抽验）；

② 实际安装数量超过 100 只，每个回路按实际安装数量 10%～20%的比例进行抽验，但抽验总数应不少于 20 只；

③ 被检查的火灾探测器的类别、型号、适用场所、安装高度、保护半径、保护面积和探测器的间距等均应符合设计要求。

（4）干粉等灭火系统，应在符合国家现行有关系统设计规范的条件下按实际安装数量的 20%～30%的比例抽验下列控制功能：

① 自动、手动启动和紧急切断试验 1～3 次；

② 与固定灭火设备联动控制的其他设备动作（包括关闭防火门窗、停止空调风机、关

闭防火阀等）试验 1～3 次。

（5）电动防火门、防火卷帘，5 樘以下的应全部检验，超过 5 樘的应按实际安装数量的 20％的比例，但不小于 5 樘，抽验联动控制功能。

（6）防烟排烟风机应全部检验，通风空调和防排烟设备的阀门，应按实际安装数量的 10％～20％的比例，抽验联动功能，并应符合下列要求：

① 报警联动启动、消防控制室直接启停、现场手动启动联动防烟排烟风机 1～3 次；

② 报警联动停、消防控制室远程停通风空调送风 1～3 次；

③ 报警联动开启、消防控制室开启、现场手动开启防排烟阀门 1～3 次。

（7）火灾应急照明和疏散指示控制装置应进行 1～3 次使系统转入应急状态检验，系统中各消防应急照明灯具均应能转入应急状态。

（8）各项检验项目中，当有不合格时，应修复或更换，并进行复验。复验时，对有抽验比例要求的，应加倍检验。

（9）系统验收时，施工单位应提供下列资料：

① 竣工验收申请报告、设计变更通知书、竣工图；

② 工程质量事故处理报告；

③ 施工现场质量管理检查记录；

④ 火灾自动报警系统施工过程质量管理检查记录；

⑤ 火灾自动报警系统的检验报告、合格证及相关材料。

（10）系统工程质量验收评定标准应符合下列要求：

① 系统内的设备及配件规格型号与设计不符、无国家相关证明和检验报告的，系统内的任一控制器和火灾探测器无法发出报警信号，无法实现要求的联动功能的，定为 A 类不合格。

② 验收前提供资料不符合要求的定为 B 类不合格。

③ 除上述① 、②款规定的 A、B 类不合格外，其余不合格项均为 C 类不合格。

④ 系统验收合格评定为：A＝0，B≤2，且 B＋C≤检查项的 5％为合格，否则为不合格。

15.4.5 智能化集成管理平台

1. 概述

由于统一管理信息平台依靠多个不同功能的系统，为了有效消除各系统间的信息孤岛，从门户集成、应用集成、通信集成、数据集成、安全集成和管理集成六个方面构建一个全局 SOA 架构和多系统集成互联网的数字化、网络化、集成化和智能化的统一管理信息平台。

统一管理信息平台的功能是实现对大数据的综合分析和交互，将信息通过多功能基站及时、准确地传输到监控中心，以 GIS 模式实现位置坐标的可视化追踪。并满足《城市综合管廊工程技术规范》GB 50838—2015 的要求。

1）门户集成

实现火灾报警系统、环境与设备监控系统、安全防范系统、专用通信系统、天然气探测系统、监控中心机房设备系统、地理信息系统及其他所有系统在统一门户上的集成统一管理。

2）应用集成

基于网络架构、以电子地图为导航的综合集成管控平台，实现集成系统之间的信息交换和共享，并对集成信息进行综合应用。

3）通信集成

集成平台通过建立起一套统一的信息体系，利用先进的XML语言，在各个前端采集设备与平台之间安装统一的标准接口，通过消息服务进行信息交换和控制信息交换。

4）数据集成

通过对多系统数据采集和分析，可以实现系统之间的关联和统计，并可以输出不同的报表。

5）安全集成

建立统一的权限管理体系，以密码技术为基础，在网络环境中实现统一用户管理、身份认证及单点登录、统一授权管理、安全审计与责任认定、统一门户管理功能等，为整个系统提供完善的安全支撑。

6）管理集成

通过统一的管理平台实现对五大系统的管理，包括对设备和软件的注册、配置、维护和更新。

2. 关键技术

1）智能化集成管理平台施工工艺流程如图15-29所示。

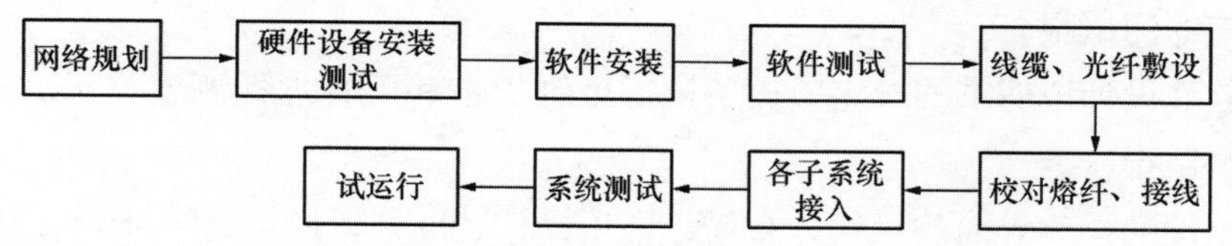

图15-29　智能化集成管理平台施工工艺流程

2）技术要求

（1）网络规划

根据设计文件要求和功能要求完成智能化集成系统的网络规划和配置方案、集成系统功能和系统性能文件及系统联动功能需求表，并应经各方会审批准。

（2）设备安装测试

安装前应对服务器安装环境（供电、接地、温湿度、安全、洁净度、综合布线等）进行检查，并应符合相关标准规定。设备的品牌、型号、规格、产地和数量应与设计相符。

设备外观应无损伤或变形，内部插件及其紧固螺钉不应有松动现象。

服务器就位及上架后，执行通电开机程序、服务器自检程序，对服务器的主要性能进行测试，给出服务器主要性能（主频、内存容量、硬盘容量等）指标的报告。

服务器物理安装、测试和系统初始化正常结束后，启动操作系统安装，直至安装过程正常结束，执行操作系统与系统支撑软件及各类软件产品的连接测试，执行结果应完全正确。

服务器网络接口卡应与服务器提供的端口和网络设备互联的端口相容。将网络接口卡安装在服务器相应的槽位上，用螺钉紧固，保证接口卡的可靠接触。用网络接口线缆把服务器网络接口卡与相关的网络接口互连。安装网络接口卡驱动程序并检查网络接口卡运行正确。

（3）软件安装

数据库软件的型号、版本、介质及随机资料应与合同相符，服务器应有数据库安装所需的资源（包括相对应的操作系统，足够的内存、硬盘空间、读入设备等）。

将数据库软件的物理介质放入相应读入设备上，在相对应的操作系统环境中，按数据库软件的安装手册启动数据库软件安装，直至安装过程正常结束。执行数据库软件的模板或典型应用，执行结果应正确。

应用软件的版本、介质及技术资料应与合同相符，应用软件的环境条件应符合相关规范要求，应用软件安装后相关应用功能应能正常执行。

（4）软件测试

按照合同或应用软件设计说明书逐条执行功能测试。测试正常通过后，提供功能测试报告。

采用渐增测试方法，测试应用软件各模块间的接口和各子系统之间的接口是否正确；测试正常通过后，提供集成测试报告。

采用设置故障点及异常条件的方法，测试应用软件的容错性和可靠性；测试正常通过后，提供相应的测试报告。

按应用软件设计说明书的规定，逐条执行可维护性和可管理性测试；测试正常通过后，提供相应的测试报告。

对应用软件的操作界面的风格、布局、常用操作、屏幕切换及显示键盘与鼠标的使用等进行可操作性测试；测试正常通过后，提供相应的测试报告。

（5）系统测试

系统集成的检测应在设备监控系统、安全防范系统、通信系统、火灾自动报警系统检测完成并运行正常后进行。

系统集成检测时应提供硬件和软件进场检验记录、系统测试记录、系统试运行记录。

系统集成的检测应包括接口检测、软件检测、系统功能及性能检测、安全检测等内容。

子系统之间的线路连接、串行通信连接、专用网关（路由器）接口连接等应符合设计文件、产品标准、产品技术文件或接口规范的要求，检测时应全部检测且全部合格。

检测系统数据集成功能时，应在服务器和客户端分别进行检查，各系统的数据应在服务器统一界面下显示，界面应汉化和图形化，数据显示应准确，响应时间等性能指标应符合设计要求。各子系统应全部检测且检测合格。

系统集成不得影响火灾自动报警系统的独立运行，应对其系统的相关功能进行连带测试。

3. 验收

1）系统调试

（1）调试前应完成以下工作内容：

① 集成子系统通信接口应安装完成。

② 集成系统的设备和软件应安装完成。

③ 集成系统的图形界面、参数应配置完成。

（2）网络参数配置完成后，集成系统和子系统的设备和软件之间应能相互连通。

（3）系统调试过程中，要求不间断运行的软件应始终处于运行状态。

（4）系统调试运行后采集的运行数据应与实际设备的运行数据进行对比并修改错误。

2）系统验收

（1）设备及材料的规格、型号必须符合设计要求，并有产品合格证。

（2）子系统之间的设备（网关、网卡、路由器等）安装及连接应符合设计文件要求。

（3）子系统之间的设备及连接应全部检测，且100%合格。

（4）各系统之间的联动逻辑关系应符合设计要求，且联动检测结果应做到安全、正确、及时和无冲突。

（5）视频图像接入时，显示应清晰，图像切换应正常，网络系统的视频传输应稳定、无卡顿。

（6）系统集成的冗余和容错功能、故障自诊断、事故情况下的安全保障措施应符合设计文件的要求。

15.5 通风系统

15.5.1 概述

城市综合管廊属于封闭型构筑物，内部空间空气不流通。管廊内供水、供热、供电等设施运营会降低氧气浓度，产生余热、二氧化碳及有毒有害气体。为保证管廊内管线设备在适宜环境中正常运行，保证运营期间维护人员在安全舒适环境中检查巡视，必须对管廊内温度、湿度、气体浓度等空气环境进行调节，因此需要设置通风系统对管廊进行换气。当管廊内部发生火灾时，通风系统协助控制火灾蔓延。火焰熄灭后，利用通风系统及时排除浓烟。综合管廊按照舱室设置防火分区，每个防火分区独立设置完整的通风系统。系统主要包括风机、风口、风阀、风管等。

15.5.2 关键技术

1. 工艺流程

通风系统工艺流程如图 15-30 所示。

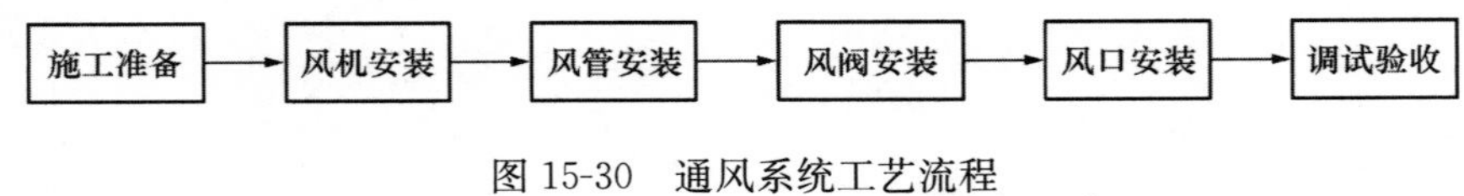

图 15-30 通风系统工艺流程

2. 技术要求

1）风机安装

（1）风机搬运和吊装的绳索不得捆缚在转子和机壳或轴承盖的吊环上。

（2）落地安装的风机可采用型钢基础，根据风机底脚尺寸，用槽钢焊接方形框架基础，槽钢之间的焊接应牢固，焊缝饱满均匀。方形框架应牢固不变形，方形框架与机房地面用膨胀螺栓连接牢固，安装方形框架的机房地面应平整。按设计要求设置减振装置，并采取防止设备水平位移的措施。

（3）悬挂安装的风机，吊架及减振装置应符合设计及产品技术文件的要求。轴流风机和离心风机的安装都应设减震垫或设置减震吊架。安装的隔振器应平整，各组隔振器承受荷载的压缩量应均匀，不得偏心。隔振器安装完毕，在使用前应采取防止位移及过载的保护措施。

（4）通风机的机轴必须保持水平度，风机与电动机用联轴节连接时，两轴中心线应在同一直线上。

（5）风机与电动机的传动装置外露部分应安装防护罩，风机的吸入口或吸入管直通大气时，应加装保护网或其他安全装置。

（6）通风机附属的自控设备和观测仪器、仪表安装，应按设备技术文件规定执行。

2）风管安装

（1）风管安装前，应清除内、外杂物，并做好清洁和保护工作。

（2）风管安装的位置、标高、走向，应符合设计要求。现场风管接口的配置应合理，不得缩小其有效截面。

（3）标高确定后按照通风系统确定支架形式，支架安装应满足以下要求。

① 支吊架间距如无设计要求，应满足表 15-12 要求。

风管支架间距 表 15-12

圆形风管直径或矩形风管长边尺寸	水平风管间距	垂直风管间距	最少固定点数
≤400mm	≤4m	≤4m	2
400～1000mm	≤3m	≤3.5m	2
≥1000mm	≤2m	≤2m	2

② 风管支、吊架宜按国标图集与规范选用强度和刚度相适应的形式和规格。

③ 支、吊架不宜设置在风口、阀门、检查门及自控机构处，离风口或插接管的距离不宜小于200mm。

（4）安装前根据图纸对风管编号排列，核对风管尺寸，所有规格型号及安装位置符合图纸要求，方可吊装。

（5）金属无法兰连接风管的安装应符合下列规定：

① 风管连接处应完整，表面应平整。

② 承插式风管的四周缝隙应一致，不应有折叠状褶皱。内涂的密封胶应完整，外粘的密封胶带应粘贴牢固。

③ 矩形薄钢板法兰风管可采用弹性插条、弹簧夹或U形紧固螺栓连接。连接固定的间隔不应大于150mm，净化空调系统风管的间隔不应大于100mm，且分布应均匀。当采用弹簧夹连接时，宜采用正反交叉固定方式，且不应松动。

（6）柔性短管安装应符合下列要求：

① 松紧适度，目测平顺、不应有强制性的扭曲。

② 可伸缩金属或非金属柔性风管的长度不宜大于2m。

③ 柔性风管支、吊架的间距不应大于1500mm。

④ 两支架间风道的最大允许下垂应为100mm，且不应有死弯或塌凹。

（7）风管安装的注意事项

① 风管上的分支开口或是其他开口需在管道制作时作预留，不允许在风管安装后，再进行切割。

② 风管道四周与相邻的对象，需预留不小于75mm的距离，以便于清理等。

③ 法兰的连接螺栓应均匀拧紧，螺母宜在同一侧。

④ 风管接口的连接应严密牢固。风管法兰的垫片材质应符合系统功能的要求，厚度不应小于3mm。垫片不应凸入管内，且不宜凸出法兰外；垫片接口交叉长度不应小于30mm。

⑤ 风管与砖、混凝土风道的连接接口，应顺着气流方向插入，并应采取密封措施。风管穿出路面应设置防雨装置，且不得渗漏。

3）风阀安装

（1）风阀安装前必须手动检查调节装置是否灵活，阀板的关闭是否严密，油漆层有无损伤。操作机构和阀板有无卡壳或复不上位等机械性的故障。

（2）核实阀体的易熔片是否破损，并区分70℃防火阀，不得随意安装。

（3）防火阀在安装前要擦拭干净，确保表面无污物。

（4）防火阀安装，方向位置应正确，易熔件应迎气流方向。防火阀检查孔必须设在便于操作的部位。

（5）防火阀接口位置不得在墙洞和套管内；防火分区两侧的防火阀，离墙面的距离不能大于200mm。

（6）防火阀直径或大边长大于等于630mm时，设独立支、吊架，支、吊架不得安装在阀门检查孔处，以免妨碍操作。

（7）止回阀安装在风机压出端，开启方向必须与气流方向一致。

（8）安装后，把所有的阀门执行机构置于工作状态。

4）风口安装

（1）风口采购成品风口，验收合格后运至现场安装。

（2）安装前逐个检查风口结构是否牢固、表面平整、不变形、调节灵活可靠。

（3）按照图纸核对安装标高，确认无误后，钻好定位孔然后用铆钉或自攻丝固定安装即可。

（4）风口与风管的连接应严密、牢固。

15.5.3 验收

1）风机验收

（1）风机安装应符合表15-13的规定。

风机安装允许偏差 **表15-13**

序号	项目		允许偏差	检查方法
1	中心线的平面位移		10mm	经纬仪或拉线和尺量检查
2	标高		±10mm	水准仪或水平仪、直尺、拉线和尺量检查
3	皮带轮轮宽中心平面位移		1mm	在主、从动皮带轮端面拉线和尺量检查
4	传动轴水平度			在轴或皮带轮0°和180°的两个位置上，用水平仪检查
5	联轴器同心度	径向位移	0.05mm	在联轴器互相垂直的四个位置上，用百分表检查
		轴向倾斜	0.2/1000	

（2）轴流风机叶片安装角度应一致，达到在同一平面内运转，叶轮与筒体之间的间隙应均匀，水平度允许偏差为1/1000。

（3）安装风机的隔振钢支、吊架，其结构形式和外形尺寸应符合设计或设备技术文件的规定。

（4）风机单机测试

① 测量风机的电机和风机皮带轮、轴尺寸及两轴之间的距离。

② 将控制柜开关打到工频下，先点动，检查风机是否正转。

③ 通风机叶轮旋转方向正确、运转平稳、无异常振动与声响，其电机运行功率应符合设备技术文件的规定。

④ 在额定转速下连续运转2h后，滑动轴承外壳最高温度不得超过70℃；滚动轴承不得超过80℃。

⑤ 最后在与设备连接的主管道上测量风机送风量，达到设计要求则验收合格。

2）风管验收

（1）风管表面应平整、无损坏；接管合理，风管的连接以及风管与设备或调节装置的连接，无明显缺陷。

（2）明装风管水平安装时，水平度的允许偏差应为3‰，总偏差不应大于20mm。

（3）明装风管垂直安装时，垂直度的允许偏差应为2‰，总偏差不应大于20mm。

（4）暗装风管安装的位置应正确，不应有侵占其他管线安装位置的现象。

（5）风管漏光和漏风量检测满足规范要求。

3）风阀验收

（1）斜插板风阀安装时，阀板应顺气流方向插入；水平安装时，阀板应向上开启。

（2）止回阀、定风量阀的安装方向应正确。

（3）风阀应安装在便于操作及检修的部位。安装后，手动或电动操作装置应灵活可靠，阀板关闭严密。

（4）防火及排烟阀关闭严密，动作可靠。

（5）直径或长边尺寸大于等于630mm的防火阀，设独立支、吊架。

（6）排烟阀及手控装置的位置应符合设计要求。

4）风口验收

（1）风口表面应平整，颜色一致，安装位置正确，风口可调节部件正常动作。

（2）风口与风管的连接严密、牢固，与装饰面紧贴。

（3）表面平整、不变形，调节灵活、可靠。

（4）条形风口的安装，接缝处应衔接自然，无明显缝隙。

（5）同一区域相同风口的安装高度一致，排列整齐。

（6）无吊顶风口安装位置和标高偏差不大于10mm。

（7）风口水平安装其水平度的偏差不应大于3/1000。

（8）风口垂直安装其垂直度的偏差不应大于2/1000。

5）通风系统验收

（1）由施工单位负责、监理单位监督，设计单位与建设单位参与和配合完成通风系统调试和观感质量的检查。

（2）通风系统总风量调试结果与设计风量的偏差不大于10%。

（3）防排烟系统联合试运行与调试的结果（风量及正压），必须符合设计与消防的规定。

（4）系统联动试运转中，设备及主要部件的联动必须符合设计要求，动作协调、正确，无异常现象。

（5）系统经过平衡调整，各风口风量与设计风量的允许偏差不大于15%。

（6）通风与空调工程的控制和监测设备，应能与系统的检测元件和执行机构正常沟通，系统的状态参数应能正确显示，设备联锁、自动调节、自动保护能正确动作。

（7）建设单位组织施工、设计、监理等单位完成竣工验收，合格后办理竣工手续。

15.6 管廊排水系统

15.6.1 概述

地下综合管廊由于地下渗水，通风口、检修口等外部开口进水，消防灭火洒水或管廊内管道设备泄水在管廊低处产生积水，为保证管廊正常通行和维护条件，需在管廊集水坑处设置排水系统。综合管廊排水系统分区与防火分区保持一致，若一个防火分区设置多个分水岭，应根据情况增设多套排水系统。地下综合管廊排水系统主要包括管道、阀门仪表及潜污泵安装。

15.6.2 关键技术

1. 工艺流程

管廊排水系统工艺流程如图 15-31 所示。

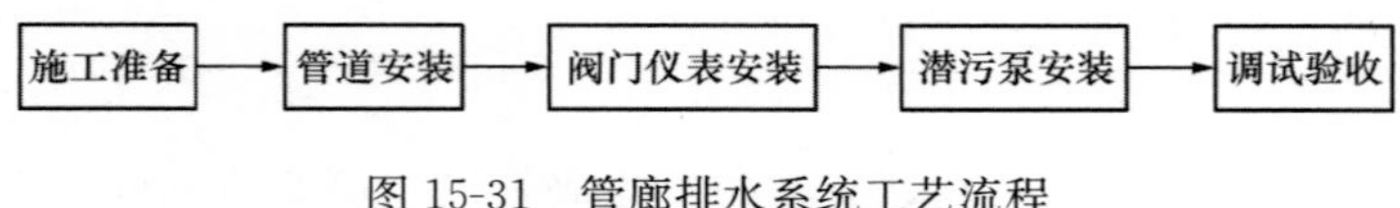

图 15-31 管廊排水系统工艺流程

2. 技术要求

1）管道安装

（1）钢管安装前，对进入现场的钢管必须检查验收。

（2）管口应做到内壁平齐，其错边量不应超过壁厚的 10%，且应≤0.5mm。

（3）焊接坡口应经砂轮打磨，坡口应整齐光洁，坡口表面的油污、锈蚀和坡口两侧各 10～15mm 范围内的氧化层清理干净，清理范围内应无裂纹、夹层等缺陷。

（4）管道焊接时，严禁在坡口外的母材表面引燃电弧、试验电流；施焊过程中，应注意接头和收弧的质量，收弧时应将溶池填满，多层焊的焊接接头应错开。

（5）管道焊完后立即除去渣皮、飞溅，并将焊缝表面清理干净，进行外观检验。

2）阀门仪表安装

（1）阀门质量均应达到设计要求，材质和性能参数满足设计及规范要求。

（2）安装前应做强度和严密性试验。试验应从每批（同牌号、同规格、同型号）数量中抽查 10%。且不少于一个，对于安装在主干管上起切断作用的闭路阀门，应全部都做强度和严密性试验。强度试验压力为公称压力的 1.5 倍；严密性试验压力为公称压力的 1.1 倍。做好阀门试验记录，合格方能安装。

（3）阀门安装位置不应妨碍设备、管道和阀门本身的操作和检修。对重量较大的阀门或易损坏的阀门应设置单独的阀门支架。

(4) 水平管道上的阀门安装位置尽量保证手轮朝上或者倾斜45°或者水平安装，不得朝下安装。

(5) 法兰阀门与管道一起安装时，可将一端管道上的法兰焊好，并将法兰紧固好，一起吊装；另一端法兰为活口，待两边管道法兰调整好，再将法兰盘与管道点焊定位，并取下焊好，防锈处理后再将管道法兰与阀门法兰进行连接。

(6) 阀门法兰盘与钢管法兰盘平行，误差小于2mm，法兰螺栓应对称上紧，选择适合介质参数的垫片置于两法兰盘的中心密合面上，注意放正，然后沿对角线上紧螺栓，最后全面上紧所有螺栓。

(7) 安装阀门时注意介质的流向，截止阀、平衡阀及止回阀等不允许反装。

(8) 与法兰连接时，螺栓方向一致，对称分次拧紧螺栓。拧紧后露出长度不大于螺栓直径的一半，且不少于2个螺纹。

(9) 螺纹式阀门，要保持螺纹完整，加入填料后螺纹应有3扣的预留量，紧靠阀门的出口端装活接，以便拆修；螺纹式法兰连接的阀门，必须在关闭情况下进行安装，同时根据介质流向确定阀门安装方向。

(10) 电动阀门安装前，进行模拟动作试验。机械传动应灵活，无松动、卡滞现象。驱动器通电后，检查阀门开启、关闭行程是否能到位。

3) 潜污泵安装

(1) 潜污泵安装前应把集水坑清理干净，抹边收光完之后再进行安装，排污泵安装应认真查阅图集。

(2) 测量并画出潜污泵底座位置，将底座固定在集水坑底部，并用膨胀螺栓固定。

(3) 根据设备安装说明书及设计图纸要求，将导杆支架固定于池顶部侧壁；用螺栓将泵体与耦合接口相连，将耦合接口半圆孔导入导杆，把泵沿导杆向下滑到底，耦合支架就会把泵体的出水口和排水底座入口自动对准，依靠泵的自重使两法兰面自动贴紧。

(4) 最后将潜污泵液位控制装置按照图纸设计标高固定在远离泵的坑壁上。一切安装完毕后，再次检查潜污泵排放连接头是否正确，电缆是否有破损的地方。

15.6.3 验收

1. 管道验收

1) 焊缝外形尺寸应符合图纸和工艺文件的规定，焊缝高度不得低于母材表面，焊缝与母材应圆滑过渡。

2) 焊缝及热影响区表面应无裂纹、未熔合、未焊透、夹渣、弧坑和气孔等缺陷。

3) 管道的支、吊架安装应平整牢固，其间距应符合规范要求。

4) 管网必须进行水压试验，试验压力为工作压力的1.5倍，但不得小于0.6MPa。

5) 管道出管廊后埋地防腐必须符合设计要求，如设计无规定时，应符合表15-14的要求。

管道防腐层种类 表 15-14

防腐层层次	正常防腐层	加强防腐层	特加强防腐层
1	冷底子油	冷底子油	冷底子油
2	沥青涂层	沥青涂层	沥青涂层
3	外包保护层	加强包扎层	加强保护层
4	—	沥青涂层	沥青涂层
5	—	外包保护层	加强包扎层
6	—	—	封闭层
7	—	—	外包保护层
防腐层厚度不小于（mm）	3	6	9
允许偏差	−0.3	−0.5	−0.5

2. 阀门仪表验收

1）阀门安装的位置，高度，进、出口方向应正确，且应便于操作。连接应牢固紧密，启闭应灵活成排，阀门的排列应整齐美观，在同一平面上的允许偏差不应大于 3mm。

2）管道连接的法兰、焊缝和连接管件以及管道上的仪表、阀门的安装位置应便于检修，并不得紧贴墙壁、楼板或管架。

3）阀门的强度和严密性试验，应符合以下规定：阀门的强度试验压力为公称压力的 1.5 倍；严密性试验压力为公称压力的 1.1 倍；试验压力在试验持续时间内应保持不变，且壳体填料及阀瓣密封面无渗漏。阀门试压的试验持续时间应不少于表 15-15 的规定。

阀门试验持续时间 表 15-15

公称直径 *DN*（mm）	最短试验持续时间（s）		
	严密性试验		强度试验
	金属密封	非金属密封	
≤50	15	15	15
65～200	30	15	60
250～450	60	30	180

4）电动调节阀门的调节机构与电动执行机构的转臂应在同一平面内动作，传动部分应灵活、无空行程及卡阻现象，其行程及伺服时间应满足使用要求。

5）电动阀门的执行机构应能全程控制阀门的开启与关闭。

3. 潜污泵验收

1）运行前，放水到相应潜水泵集水坑内，水位升至高于停泵限位液面时，手动启动水泵，检查液面是否下降，若不下降，查明原因，重新启动水泵。

2）再次将水泵投入手动运行状态，轮换启动水泵，每台水泵做短时间运行。

3）运行时间不超过1min。仔细观察水泵，检查其运行中有无不正常声响，各紧固部分有无松动现象。

4）水泵运行时，利用检查仪器设备，分别检查水泵电机的启动电流和运行电流，是否符合产品说明书中所标注的数值范围。

5）将水泵投入自动运行状态，放水到集水坑内，分别检查各限位控制的灵敏度及正确性。

4. 排水系统验收

1）潜污泵单机运行正常。

2）水泵后阀门状态正常，检查水泵耦合严密，各种配件牢固，无松动。

3）每台水泵电机能在泵房通过紧急停止按钮停止运行。

4）每组排水泵的先后启动选择和自动交替装置测试正常。

5）调好液位浮球高低，把控制柜的转换开关旋至自动挡，水泵应能根据水位高低自动启动停止水泵，且排水情况正常。

6）建设单位组织施工、设计、监理等单位完成竣工验收，合格后办理竣工手续。

15.7 标识系统

15.7.1 概述

标识系统的主要作用是标识地下综合管廊内部各种管线的管径、性能以及各种警告信息等，标识系统在地下综合管廊的日常维护和管理中具有重要作用。综合管廊工程标识系统共分6类，分别为管廊介绍与管理牌、入廊管线标识、设备标识、管廊功能区与关键节点标识、警示标识、方位指示标识。

1）管廊介绍与管理牌主要标明片区综合管廊规划，管廊建设时间、规模、容纳管线基本情况等内容，明确管廊管理情况、单位、责任人、组织构架等内容。

2）入廊管线标识主要标注各类入廊管线属性，包括名称、规模、产权单位、紧急联系电话等内容。

3）设备标识主要标注管廊内各类设备的名称、基本数据、使用方法、紧急联系电话等内容。

4）管廊功能区与关键节点标识主要标注管廊中各类功能区及管件节点编号名称。

5）警示标志主要起警示、提示各类安全隐患作用。

6）方位指示标识主要标注管廊运营里程、方向方位、参照点等内容。

7）在主要出入口处应设置综合管廊标识牌，对综合管廊通风口、投料口等设置标识，如“不能触碰”“注意脚下”等，地埋式投料口处应预埋提示线，以便于后期寻找开启。若管廊有过河情况，需在管廊过河两侧标识“综合管廊过河点”等。

15.7.2 关键技术

1. 工艺流程

综合管廊标识标牌安装形式主要包括粘贴式、悬吊式、挂墙式和埋地式。各种形式安装流程如图 15-32～图 15-35 所示。

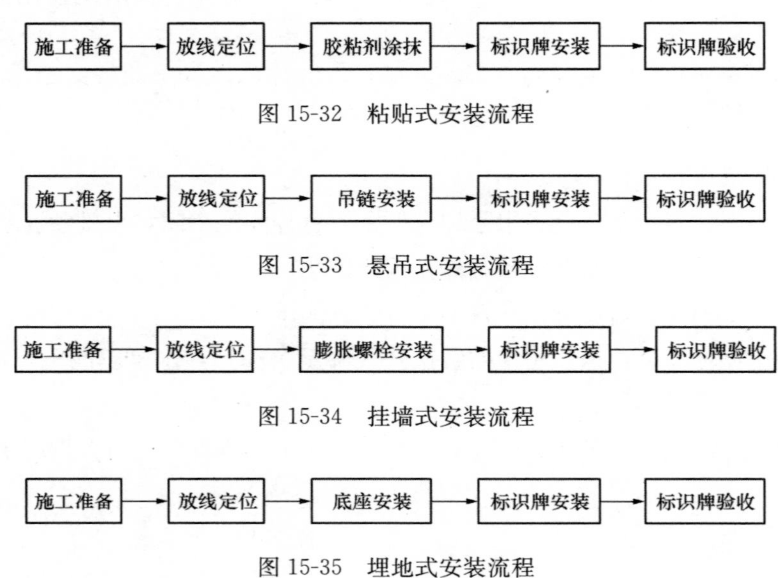

图 15-32 粘贴式安装流程

图 15-33 悬吊式安装流程

图 15-34 挂墙式安装流程

图 15-35 埋地式安装流程

2. 技术要求

1）标识标志牌的材质按工程设计要求选取，当设计无要求时，位于潮湿环境、腐蚀性较强环境中的重要设备设施的标识标志牌应采用不锈钢材质，一般设备设施标识标志牌可采用亚克力、玻璃钢或 PVC 材质。

2）安装前根据实际及规范要求确定好安装位置。

3）标识标志应醒目直观、整齐美观、不影响作业操作。

4）除设备标识外，标识标志不应设在门、架等可移动的物体上。标识标志牌正面或其邻近不得有妨碍认读的障碍物。

5）多个标识标志牌一起设置时，应按照安全、环境保护、设备设施、公共信息的顺序进行排列。

6）应根据警告、禁止、指令、提示类型的性质，按先左后右、先上后下的顺序进行排列。

7）设置高度应尽量与人眼的视线高度一致；悬挂式标志牌的下缘距管廊地面的高度不宜小于 2m。

15.7.3 验收

1）安装完成后，标识牌外观精美，表面无螺钉，无划痕、气泡及明显颜色不均匀，烤漆无明显色差，所用材料符合设计要求。

2）标识系统的中英文字应符合国家和采购单位有关标准的规定。

3）标识系统本体的各种金属型材、部件，连同内部型钢骨架，应满足国家有关设计要求。

4）标识系统必须保证安装牢固，拆装方便。所有标识标牌系统的安装挂件、螺栓均应镀锌防腐处理。

5）标识系统的安装，需与其他设施密切配合，不留隐患。

6）标识系统采用型材的部分，其切口不应留有毛刺、金属屑及其他污染物。

7）所有标识系统均应考虑安装及检修的方便。

8）检查完成后，由建设单位组织施工、设计、监理等单位完成竣工验收，合格后办理竣工手续。

第 16 章　入廊管线施工技术

综合管廊工程建设是以综合管廊规划为依据，结合新区建设、旧城改造、道路新建，在城市重要地段和管线密集区规划建设。主干路下的管线宜纳入综合管廊，根据《城市综合管廊工程技术规范》GB 50838—2015 规定，给水、雨水、污水、天然气、热力、电力、通信等城市工程管线可纳入综合管廊。

排水管线分为雨水管线和污水管线两种，一般情况下均为重力流，口径较大，埋深较大，并按照一定坡度敷设。若纳入综合管廊内，应考虑沿途雨污水收集，需增设较多收集口，从工程投资、可实施性和安全性综合考虑，雨污水管线一般不纳入管廊中。

16.1　给水管线施工

16.1.1　概述

给水包含生活给水、消防给水及再生水管，均为压力管道，管道布置灵活，入廊管线均为区域主干管，管径一般大于 300mm。入廊给水管线主要包括管道及阀门。

1. 工艺流程

给水管线施工工艺流程如图 16-1 所示。

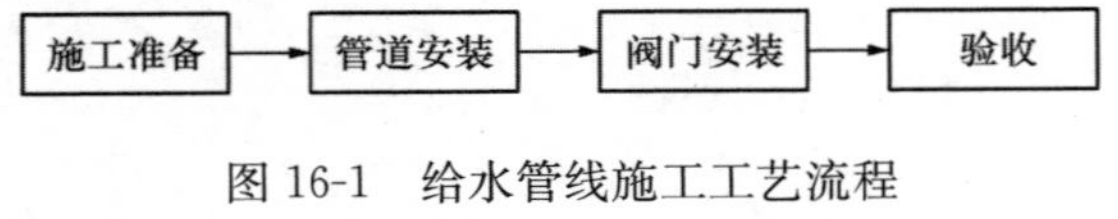

图 16-1　给水管线施工工艺流程

2. 技术要求

1）管道安装

（1）给水管道中的施工方法参照排水管钢管焊接安装施工方法，给水管道安装应符合一般管道安装的方法。

（2）管道安装前，管节应逐根测量、编号，宜选用管径相差最小的管节组装对接。

（3）管节组对焊接时应先修口、清根，管端断面的坡口角度、钝边，应符合设计要求。

（4）对口时应使内壁平齐，错口允许偏差小于等于壁厚 20%，不大于 2mm。

（5）钢管对口检查合格后，方可进行对口定位焊接。定位焊接采用点焊时，应满足以下要求：

① 点焊条采用与接口焊接相同的焊条。

② 点焊时，应对称施焊，其焊缝厚度应与第一层焊接厚度一致。

③ 钢管的纵向焊缝及螺旋焊缝处不得点焊。

(6) 对口组对若有错边，应均匀分布在整个圆周上，严禁采用锤击方法强行进行管口组对，根部道焊接完成后，严禁再校正管子的错边量。

(7) 现场切割防腐管时，将管端不小于100mm宽的内衬里及外防腐层清理干净；采用火焰切割时应去除氧化层，打磨见金属光泽。

2) 阀门安装

(1) 安装前按设计要求，检查其种类、规格、型号及质量，阀杆不得弯曲，按规定对阀门进行强度和严密性试验。

(2) 对于安装在主干管上起切断作用的闭路阀门，应逐个做强度和严密性试验。

(3) 法兰式阀门安装，阀门法兰盘与管道法兰盘平行，法兰垫片置于两法兰盘的中心密合面上，注意放正，然后沿对角线上紧螺栓，最后全面上紧所有螺栓。

(4) 截止阀、止回阀、减压阀、疏水阀和蝶阀（中心垂直板式蝶阀除外）是有方向性的，安装方向不能反向。

(5) 闸阀阀杆一般垂直安装，其余阀门尽量保证手轮朝上或者倾斜45°或者水平安装，严禁倒装；升降式止回阀只能安装在水平管道上；减压阀宜安装在水平管道上。

(6) 阀门安装的位置根据施工图注明尺寸，考虑现场实际情况，做到不妨碍设备的操作和维修，同时也便于阀门自身的拆装和检修。

(7) 所有的阀门在安装完毕后，均用明显的标示牌标示出阀门的开闭情况。

16.1.2 验收

1. 管道验收

1) 管口焊接完成后及时进行外观检查，检查前，清除接头表面的熔渣、飞溅物及其他污物。

2) 管节的材料、规格、压力等级应符合设计要求。表面应无斑痕、裂纹、严重锈蚀等缺陷。

3) 焊缝无损检验合格，外观质量应符合表16-1的规定。

焊缝外观技术要求 **表16-1**

项目	技术要求
外观	不得有熔化金属流到焊缝外未熔化的母材上，焊缝和热影响区表面不得有裂纹、气孔、弧坑和灰渣等缺陷；表面光顺、均匀、焊道与母材应平缓过渡
宽度	应焊出坡口2～3mm
表面余高	应小于或等于1.2倍坡口边缘宽度，且不大于4mm
咬边	深度应小于或等于0.5mm，焊缝两侧咬边总长不得超过焊缝长度的10%，且连续长不应大于100mm
错边	应小于或等于0.2倍管厚，且不应大于2mm
未满焊	不允许

4）预试验阶段，压力管道水压试验满足表16-2所列条件，水压缓缓升至试验压力并稳压30min，接口和配件无漏水、损坏现象。

压力管道水压试验压力要求 **表16-2**

管材	工作压力	试验压力
钢管	P	P+0.5，且不小于0.9
球磨铸铁管	≤0.5	2P
	＞0.5	P+0.5
预（自）应力钢筋混凝土管、预应力钢筒混凝土管	≤0.6	1.5P
	＞0.6	P+0.3
现浇钢筋混凝土灌渠	≥0.1	1.5P
化学建材管	≥0.1	1.5P，且不小于0.8

5）主试验阶段，停止注水补压，稳定15min；当15min后压力下降不超过表16-3中所列允许压力降数值时，将试验压力降至工作压力并保持恒压30min，进行外观检查，若无漏水现象，则水压试验合格。

压力管道水压试验允许压降 **表16-3**

<table>
<tr><th>管材种类</th><th>试验压力</th><th>允许压力降</th></tr>
<tr><td>钢管</td><td>P+0.5，且不小于0.9</td><td>0</td></tr>
<tr><td rowspan="2">球磨铸铁管</td><td>2P</td><td rowspan="5">0.03</td></tr>
<tr><td>P+0.5</td></tr>
<tr><td rowspan="2">预（自）应力钢筋混凝土管、预应力钢筒混凝土管</td><td>1.5P</td></tr>
<tr><td>P+0.3</td></tr>
<tr><td>现浇钢筋混凝土灌渠</td><td>1.5P</td></tr>
<tr><td>化学建材管</td><td>1.5P，且不小于0.8</td><td>0.02</td></tr>
</table>

2. 阀门验收

1）给水管线阀门的验收应满足普通阀门验收标准。

2）阀门试压，强度试验为公称压力的1.5倍，严密性试验为公称压力的1.1倍。阀门壳体及密封面无渗漏为合格。

3）法兰阀门安装时，两片法兰必须平行且无错口。阀门与法兰的密封面应平整、光洁，不得有毛刺和径向凹槽。

4）阀门管路安装完成后进行水压试验，阀门及连接处不漏水。

5）检查完成后，由建设单位组织施工、设计、监理等单位完成竣工验收，合格后办理竣工手续。

16.2　燃气管道施工

16.2.1　概述

目前天然气管道一般采用埋地敷设或架空敷设，随着城市综合管廊的发展，新建管廊已逐步将燃气管线置于管廊中敷设。根据《城镇燃气设计规范》GB 50028—2006 和《电力工程电缆设计标准》GB 50217—2018 的相关规定，天然气管线纳入综合管廊时应敷设在独立管舱内。综合管廊内燃气施工内容一般包括管道及阀门安装两部分。

16.2.2　关键技术

1. 工艺流程

燃气管道施工工艺流程见图 16-2。

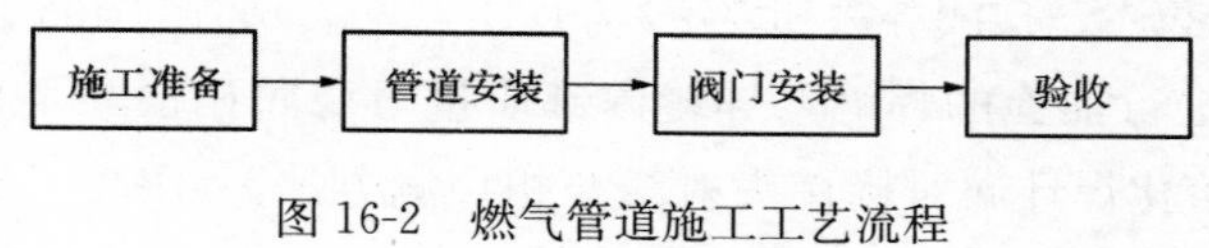

图 16-2　燃气管道施工工艺流程

2. 技术要求

1）燃气管道安装

（1）预制管道，按图纸规定的规格、材质选配管道组成件，并按系统和预制顺序标明各组成件的顺序号。

（2）管道切割机坡口宜采用机械方法，当采用气割加工时必须先除去坡口表面氧化皮，并进行打磨。

（3）预制完成的管段，应将内部清理干净，并及时封闭管口。

（4）预制管道按管道系统号和预制顺序号进行安装。

（5）管道安装应该在自由状态下安装连接，严禁强力组对。

（6）管道焊接应按现行国家标准《工业金属管道工程施工规范》GB 50235—2010 和《现场设备、工业管道焊接工程施工规范》GB 50236—2011 的有关规定执行。

（7）管道焊接完成后，强度试验及严密性试验之前，必须对所有焊缝进行外观检查和对焊缝内部质量进行检验，外观检查应在内部质量检验前进行。

2）阀门安装

（1）安装前应检查阀芯的开启度和灵活度，并根据需要对阀体进行清洗、上油。

（2）法兰或螺纹连接的阀门应在关闭状态下安装，焊接阀门应在打开状态下安装。焊接阀门与管道连接焊缝宜采用氩弧焊打底。

（3）安装时，吊装绳索应拴在阀体上，严禁拴在手轮、阀杆或转动机构上。

（4）严禁强力组装，安装过程中应保证受力均匀，阀门下部应根据设计要求设置承重支撑。

（5）法兰连接时，应使用同一规格的螺栓，并符合设计要求。紧固螺栓时应对称均匀用力，松紧适度，螺栓紧固后螺栓与螺母宜齐平，但不得低于螺母。

（6）安全阀应垂直安装，在安装前必须经法定检验部门检验并铅封。

16.2.3 验收

1. 管道验收

1）管道焊缝验收

（1）设计文件规定焊缝系数为1的焊缝或设计要求进行100%内部质量检验的焊缝，焊缝内部质量射线照相检验不得低于现行国家标准《无损检测 金属管道熔化焊环向对接接头射线照相检测方法》GB/T 12605—2008中的Ⅱ级质量要求；超声波检验不得低于现行国家标准《焊缝无损检测 超声检测 技术、检测等级和评定》GB/T 11345—2013中的Ⅰ级质量要求。

（2）对内部质量进行抽检的焊缝，焊缝内部质量射线照相检验不得低于现行国家标准《无损检测 金属管道熔化焊环向对接接头射线照相检测方法》GB/T 12605—2008中的Ⅲ级质量要求；超声波检验不得低于现行国家标准《焊缝无损检测 超声检测 技术、检测等级和评定》GB/T 11345—2013中的Ⅱ级质量要求。

（3）管道内部质量的无损探伤数量，应按设计规定执行。当设计无规定时，抽查数量不应少于焊缝总数的15%，且不应少于一个焊缝。

（4）当抽样检验的焊缝全部合格时，则此次抽样所代表的该批焊缝应为全部合格，当抽样检验出现不合格焊缝时，对不合格焊缝返修后，按规范要求扩大检验范围，合格后验收。

2）管道强度验收

（1）水压试验应符合现行国家标准《输送石油天然气及高挥发性液体钢质管道压力试验》GB/T 16805—2017的有关规定。

（2）进行强度试验时，压力应逐步缓升，首先升至试验压力的50%，并进行初检，如无泄漏、异常，继续升压至试验压力，然后宜稳压1h后，观察压力计不应少于30min，无压力降为合格。水压试验合格后，应及时将管道中的水放（抽）净，并按本规范要求进行吹扫。

（3）经分段试压合格的管段相互连接的焊缝，经射线照相检验合格后，可不再进行强度试验。

3）管道严密性验收

（1）严密性试验介质宜采用空气，设计压力小于5kPa时，试验压力应为20kPa。设计压力大于或等于5kPa时，试验压力应为设计压力的1.15倍，且不得小于0.1MPa。

（2）试压时的升压速度不宜过快。对设计压力大于0.8MPa的管道试压，压力缓慢上升至30%和60%试验压力时，应分别停止升压，稳压30min，并检查系统有无异常情况，如无异常情况继续升压。管内压力升至严密性试验压力后，待温度、压力稳定后开始记录。

(3) 严密性试验稳压的持续时间应为 24h，每小时记录不应少于 1 次，当修正压力降小于 133Pa 为合格。

2. 阀门验收

1) 安装有方向性要求的阀门时，阀体上的箭头方向应与燃气流向一致。

2) 阀门安装时，与阀门连接的法兰应保持平行，其偏差不应大于法兰外径的 1.5%，且不得大于 2mm。

3) 阀门安装完成后应与管线一起进行严密性试验，并验收合格。

3. 入廊燃气系统验收

1) 试验由施工单位实施，应对燃气管道及设备进行外观检验和严密性试验，合格后通知有关部门验收。

2) 根据工程性质由建设单位组织相关部门、燃气供应单位及相关单位按照规范要求进行联合验收。

3) 验收时，应根据规范提供相应的文件和检查记录。

16.3 热力管道施工

16.3.1 概述

传统热力管线的敷设方式以直埋或在地上开阔空间架空敷设为主，目前在地下综合管廊内敷设实例较少。为方便热力系统管理和维护，近年来部分城市已将热力主干线规划纳入综合管廊中。热力主管线一般具有线路长、管径大、温度高及压力大的特点。热力管线根据流体介质可分为热水管线和蒸汽管线。入廊热力管线主要施工内容包括管道安装和阀门安装。

16.3.2 关键技术

1. 工艺流程

热力管道施工工艺流程如图 16-3 所示。

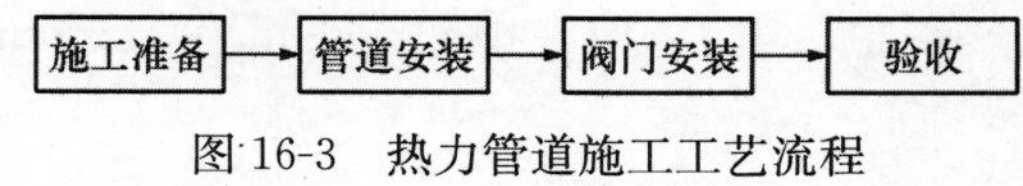

图 16-3 热力管道施工工艺流程

2. 技术要求

1) 管道安装

(1) 管道预制加工

① 管道切割采用气割或采用砂轮切割机，切割面做到与管子中心线垂直，切割后清除管口毛刺、铁屑。

② 管道根据图纸进行预制加工，预制完的管段及时封闭管口，并按不同的系统进行编号，分类排放整齐，以便于安装。

（2）管道组对

① 管道组对在管道预制平台上进行，组对前要检查管子的直线度和弯头的角度，直线度不满足要求的管子要进行调直，角度不满足要求的弯头不得使用。

② 管道采用临时卡具或点焊板进行组对，以保证焊缝间隙均匀、角度正确。

③ 管子组对焊接前，应按规定对坡口及其内外表面进行清理。

④ 管子、管件的对接焊口的组对，应做到内壁齐平，内壁错边量应≤0.5mm。

（3）管道安装

① 管道安装按管道平面布置图进行，并按预制管段号顺序进行安装。重点注意标高、支吊架形式及位置、坡度值（蒸汽、凝结水管线坡度不小于 2‰）、管道材质及规格、阀门的安装方向。

② 管道安装时，不宜采用临时支吊架，更不得在管道上焊接临时支架及用铁丝、麻绳、石块等作为临时支吊架，须安装正式支吊架。管架制作安装严格按设计图纸进行。支吊架焊接与管道焊接施工工艺相同，焊缝要饱满，焊接完须经检查人员检查合格后，方可进行管道安装。

③ 穿墙过楼板的管道，应加保护套管，管道焊缝不宜置于套管内。管道穿越外墙需设柔性防水套管。

④ 当管道安装工作间断时，应及时封闭敞开的管口。

2）阀门安装

（1）安装前应核对阀门的型号、规格是否与设计相符。查看阀门是否有损坏，阀杆是否歪斜、灵活，指示是否正确等。阀门搬运时严禁随手抛掷，应分类摆放。阀门吊装搬运时，钢丝绳应拴在法兰处，不得拴在手轮或阀杆上。阀门应清理干净，并严格按指示标记及介质流向确定其安装方向，采用自然连接，严禁强力对口。

（2）当阀门与管道以法兰或螺纹方式连接时，阀门应在关闭状态下安装，以防止异物进入阀门密封座。当阀门与管道以焊接方式连接时，宜采用氩弧焊打底，这是因为氩弧焊所引起的变形小，飞溅少，背面透度均匀，表面光洁、整齐，很少产生缺陷；另外，焊接时阀门不得关闭，以防止受热变形和因焊接而造成密封面损伤，焊机地线应搭在同侧焊口的钢管上，严禁搭在阀体上。对于承插式阀门还应在承插端头留有 1.5mm 的间隙，以防止焊接时或操作中承受附加外力。

（3）安全阀须在系统运行前及运行后分别调校，开启和回座压力须符合设计文件的规定。

（4）阀门与管道以法兰或螺纹连接时，阀门应在关闭状态下安装。阀门与管道以焊接的方式连接时，阀门不得关闭。

（5）安全阀应垂直安装。

（6）管路上温度计、压力表、分析仪等仪表取源部件的开孔和焊接在管道试压前进行。

（7）压力表的安装要求参见国标图集《压力表安装图》01R405。

（8）温度计的安装要求参见国标图集《温度仪表安装图》01R406。

（9）疏水阀组的安装要求参见国标《蒸汽凝结水回路及疏水装置的选用与安装》05R407 进行。

3. 验收

1）管道验收

（1）管道安装坡向、坡度满足设计要求。

（2）管道引出分支时，支管应从主管上方或两侧接触。

（3）管道安装允许偏差应符合表 16-4 的要求。

管道安装允许偏差　**表 16-4**

序号	项目	允许偏差及质量标准（mm）			检测频率		检验方法
					范围	点数	
1	△高程	±10			50m	—	水准仪测量，不计点
2	中心线位移	每 10m 不超过 5，全长不超过 30			50m	—	挂边线用尺量，不计点
3	立管垂直度	不超过 2mm/m，全长不超过 100			每根	—	垂线检测，不计点
4	△对口间隙	厚度	间隙	偏差	每 10 个口	1	用焊口检测器，量取最大偏差值，计 1 点
		4～9	1.5～2.0	±1.0			
		≥10	2.0～3.0	+1.0～2.0			

注：△为主控项目，其余为一般项目。

（4）管道无损探伤检测必须由具有资质的检测单位完成，无损检测的标准和频率应符合设计要求和规范规定。管道与设备、管件与设备焊缝应进行 100%无损探伤，并检验合格。

（5）管道强度及严密性水压试验应满足表 16-5 的要求。

管道强度及严密性水压试验要求　**表 16-5**

序号	项目	试验方法及质量标准		检验范围
1	强度试验	升压到试验压力稳压 10min 无渗漏，无压降后降至设计压力，稳压 30min 无渗漏、无压降为合格		每个试验段
2	严密性试验	升压至试验压力，并趋于稳定后，详细检查管道、焊缝、管路附件及设备等有无渗漏，固定支架有无明显变形等		全段
		一级管网及站内	稳压 1h 内压降不大于 0.05MPa，为合格	
		二级管网	稳压 30min 内压降不大于 0.05MPa，为合格	

2）阀门验收

（1）阀门的开关手轮应放在便于操作的位置，水平安装的闸阀、截止阀的阀杆应处于上半周范围内。

（2）管道上的各种阀门、疏水阀、附件等的安装位置和手轮方向等皆应考虑操作方便、检修方便等因素。

(3) 安装法兰阀、过滤器等法兰配件时，法兰垂直于管子中心线，其表面相互平行，法兰垫片不得突入管内，其外圆到法兰螺栓孔为好。法兰连接使用同一规格螺栓，安装方向一致，紧固螺栓要按十字形顺序，分两次或三次拧紧，用力均匀，紧固后的螺栓与螺母须齐平。

(4) 集群安装的阀门应按整齐、美观、便于操作的原则排列。

(5) 安装时按介质流向确定安装方向；安装丝扣阀门时，保证螺纹完整无缺，并涂填料物。

3) 系统验收

(1) 各单位工程验收合格后，热源具备供热条件下与热力站工程联合进行试运行。

(2) 蒸汽管网工程的试运行应带负荷进行，试运行合格后，可直接转入正常供热运行。

(3) 供热管网多个单位工程验收和试运行合格后，由建设单位组织监理单位、设计单位、施工单位、管理单位等有关单位参与验收，验收合格后，移交工程。

16.4 电力管线施工

16.4.1 概述

目前国内许多大中城市电力管线敷设于电力隧道或电缆沟，从技术和维护角度而言，电力电缆已具备入廊条件，且电力电缆不易受管廊纵横断面变化影响，便于维护。因此，目前城市新建管廊多数将电力电缆设计入廊。电力管线入廊工程主要包括支架安装和电缆敷设。

16.4.2 关键技术

1. 工艺流程

电力管线施工工艺流程如图 16-4 所示。

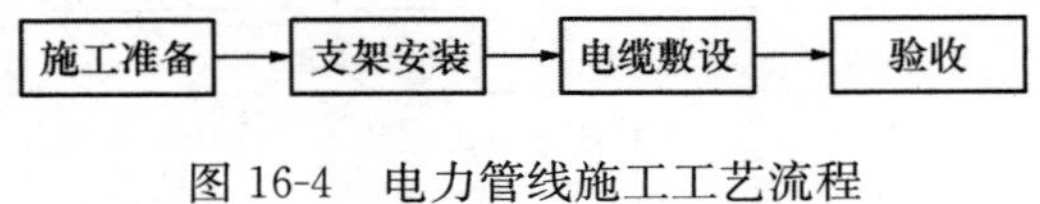

图 16-4 电力管线施工工艺流程

2. 技术要求

1) 支架安装

(1) 安装前，管廊清理干净，找出电缆支架预埋件，确认符合设计要求。

(2) 将符合图纸设计、规格型号的支架运往现场，无显著扭曲、变形、油漆完整。

(3) 依据施工图设计确定标高及电缆位置走向。

(4) 根据设计图纸标高，对支架安装位置进行定位，找出同一标高支架，并在两端拉线，在安装中间支架。

(5) 支架的整体外观应成排成线、长短一致，满足设计要求。

(6) 电缆支架安装时，最上层横撑至顶距离200mm；最下层横撑至底距离≥100mm。

(7) 在有坡度的管廊安装支架时，与管廊同坡度布置支架。

(8) 电缆支架应与接地网有≥2个明显的接地点，并可靠连接。

2) 电缆敷设

(1) 施放电缆前，检查电缆外观及封头是否完好无损，施放时注意电缆盘的旋转方向，不要压扁或刮伤电缆外护套。

(2) 敷设前应按设计和实际路径计算每根电缆的长度，合理安排每盘电缆，减少电缆接头。

(3) 人工施放时必须每隔1.5～2m放置滑轮一个，电缆端头从线盘上取下放在滑轮上，再用绳子扣住向前拖拽，不得把电缆放在地上拖拉。

(4) 机械施放电缆时，一般采用专用电缆敷设机并配备必要牵引工具，牵引力大小适当、控制均匀，以免损坏电缆。敷设速度不宜超过15m/min，110kV及以上电缆或在较复杂路径上敷设时，其速度应适当放慢。

(5) 用机械敷设电缆时的最大牵引强度应符合相关规定。充油电缆总拉力不应超过27kN。110kV及以上电缆敷设时，转弯处的侧压力不应大于3kN/m。

(6) 并联敷设的电缆，其长度、型号、规格应相同，接头的位置宜相互错开。

(7) 在电缆敷设安装前、后用1000V兆欧表测量电缆各导体之间绝缘电阻，确认电阻正常。

16.4.3 验收

1. 支架验收

1) 电缆支架安装牢固，横平竖直；托架支吊架的固定方式应满足设计要求。

2) 各支架的同层横挡应在同一水平面上，其高低偏差不应大于5mm。托架支吊架沿桥架走向左右的偏差不应大于10mm。

3) 在有坡度的管廊上安装的电缆支架，应与管廊坡度相同。

4) 电缆支架最上层及最下层至顶和地面的距离，满足设计要求。当设计无规定时，不宜小于表16-6的要求。

电缆支架距管廊顶和地面距离　表16-6

敷设方式	管廊及夹层（mm）	电缆沟（mm）	吊架（mm）	桥架（mm）
最上层至管廊顶	300～350	150～200	150～200	350～450
最下层至管廊地面	100～150	50～100	—	100～150

5) 电缆支架的层间允许最小距离满足设计要求，当设计无规定时，可采用表16-7的规定。但层间净距不应小于两倍电缆外径加10mm，35kV及以上高压电缆不应小于2倍电缆外径加50mm。

电缆支架的层间允许最小距离值 **表 16-7**

<table>
<tr><th colspan="2">电缆类型和敷设特征</th><th>支（吊）架（mm）</th><th>桥架（mm）</th></tr>
<tr><td colspan="2">控制电缆</td><td>120</td><td>200</td></tr>
<tr><td rowspan="5">电力电缆</td><td>10kV 及以下（除 6～10kV 交联聚乙烯绝缘外）</td><td>150～200</td><td>250</td></tr>
<tr><td>6～10kV 交联聚乙烯绝缘</td><td rowspan="2">200～250</td><td rowspan="2">300</td></tr>
<tr><td>35kV 单芯电缆</td></tr>
<tr><td>35kV 三芯</td><td rowspan="2">300</td><td rowspan="2">350</td></tr>
<tr><td>110kV 及以上，每层多于 1 根</td></tr>
<tr><td colspan="2">电缆敷设于槽盒内</td><td>h+80</td><td>h+100</td></tr>
</table>

注：h 表示槽盒外壳高度。

2. 电缆验收

1）电缆型号、电压、规格应符合设计要求。

2）电缆外观应无损伤、绝缘良好。

3）充油电缆的油压不宜低于 0.15MPa；供油阀门应在开启位置，动作应灵活；压力表指示应无异常；所有管接头应无渗漏油；油样应试验合格。

4）电缆各支持点间的距离应符合设计规定。当设计无规定时，不应大于表 16-8 中所列数值。

电缆各支点间的距离 **表 16-8**

<table>
<tr><th colspan="2" rowspan="2">电 缆 种 类</th><th colspan="2">敷设方式</th></tr>
<tr><th>水平（mm）</th><th>垂直（mm）</th></tr>
<tr><td rowspan="3">电力电缆</td><td>全塑型</td><td>400</td><td>1000</td></tr>
<tr><td>除全塑型外的中低压电缆</td><td>800</td><td>1500</td></tr>
<tr><td>35kV 及以上的高压电缆</td><td>1500</td><td>2000</td></tr>
<tr><td colspan="2">控制电缆</td><td>800</td><td>1000</td></tr>
</table>

注：全塑型电力电缆水平敷设沿支架能把电缆固定时，支持点间的距离允许为 800mm。

5）电缆的最小弯曲半径应符合表 16-9 的规定。

电缆最小弯曲半径 **表 16-9**

<table>
<tr><th colspan="2">电 缆 形 式</th><th>多 芯</th><th>单 芯</th></tr>
<tr><td colspan="2">控制电缆</td><td>10D</td><td></td></tr>
<tr><td rowspan="3">橡皮绝缘电力电缆</td><td>无铅包、钢铠护套</td><td colspan="2">10D</td></tr>
<tr><td>裸铅包护套</td><td colspan="2">15D</td></tr>
<tr><td>钢铠护套</td><td colspan="2">20D</td></tr>
<tr><td colspan="2">聚氯乙烯绝缘电力电缆</td><td colspan="2">10D</td></tr>
<tr><td colspan="2">交联聚乙烯绝缘电力电缆</td><td>15D</td><td>20D</td></tr>
</table>

续表

电缆形式			多芯	单芯
油浸纸绝缘电力电缆	铅包		30D	
	铅包	有铠装	15D	20D
		无铠装	20D	
自容式充油（铅包）电缆				20D

注：表中 D 为电缆外径。

6）黏性油浸纸绝缘电缆最高点与最低点之间的最大位差，不应超过表16-10的规定，当不能满足要求时，应采用适应于高位差的电缆。

黏性油浸纸绝缘铅包电缆最大允许敷设位差　表16-10

电压（kV）	电缆保护层结构	最大允许敷设位差（m）
1	无铠装	20
	铠装	25
6～10	铠装或无铠装	15
35	铠装或无铠装	5

7）垂直敷设或超过45°倾斜敷设的电缆在每个支架上加以固定；桥架上每隔2m处加以固定。

8）水平敷设的电缆，在电缆首末两端及转弯、电缆接头的两端处加固定；当对电缆间距有要求时，每隔5～10m处加固定。

9）电缆敷设应符合现行国家标准《电气装置安装工程接地装置施工及验收规范》的有关要求。

16.5　通信管线施工

16.5.1　概述

根据通信专业规划，通信管线包括电信管线、有线电视管线以及信息网络管线等。目前常见的敷设方式为架空或直埋两种方式。随着光纤通信技术的发展和物理屏蔽措施的采用，减少了通信管线敷设空间，解决了通信管线信号干扰问题，通信管线具备良好的入廊条件。通信管线在综合管廊中具有可变形、灵活布置、不易受管廊纵断面变化限制的优点，因此，新规划的综合管廊一般都将区域通信主干线纳入综合管廊设计范围，以便提高通信管线的安全性，增加后期检修维护便捷性。入廊通信管线主要施工内容包括通行桥架安装和通信主干线敷设。

16.5.2　关键技术

1. 工艺流程

通信管线施工工艺流程如图16-5所示。

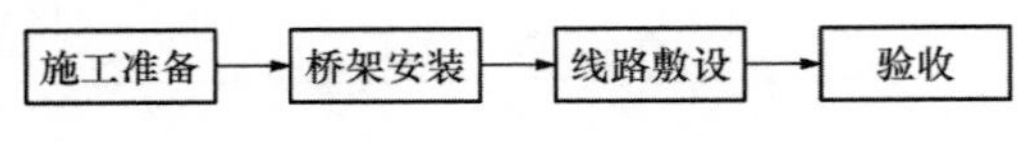

图 16-5 通信管线施工工艺流程

2. 技术要求

1）桥架安装

（1）安装前检查桥架外观，桥架应平整，无扭曲变形，内壁无毛刺，各种附件齐全。

（2）根据设计图中桥架的分布进行弹线定位，确定好支架的固定位置。

（3）桥架接口采用连接板外连接，连接板不应在墙和楼板中，接缝处应紧密平直，连接板两端不少于 2 个有防松螺帽或防松垫圈的连接固定螺栓，螺母置于线槽外侧。

（4）非镀锌金属桥架连接板的两端应有跨接线，跨接线为截面积不小于 $6mm^2$ 的铜芯软导线（桥架可使用硬导线）。

（5）线槽盖装上后应平直，无翘角，出线口的位置准确。

（6）桥架转弯、交叉、丁字连接时，采用弯通、三通、四通等进行变通连接。

（7）所有非带电部分的铁件均应相互连接和跨接，使之为一个连续导体，并做好整体接地。

（8）金属线槽、桥架不作设备的接地导体，当设计无要求时，金属线槽、桥架全长不少于 2 处与接地（接零）干线连接。

（9）线槽、桥架经过变形缝（伸缩缝、沉降缝）时，应断开，加装伸缩节。保护地线和槽内导线均应有补偿裕量。

（10）线槽、桥架全部敷设完毕，应调整检查，确认合格后，再进行配线。

2）通信管线安装

（1）通信管线布放前应核对型号规格、程式、路由及位置是否与设计规定相符。

（2）制作光缆牵引端头，为防止牵引过程中扭转损伤管廊，牵引头与牵引索之间加入转环。

（3）光缆敷设时，光缆由缆盘上方放出并保持松弛弧形，牵引速度要均匀，由 2～3 人打头，中间每间隔 50～80m 安排一人。光缆一次牵引长度一般不大于 1000m，超长时应采取“8”字分段牵引或中间加辅助牵引。光缆布放过程中应无扭转，严禁打小圈、浪涌等现象发生。

（4）机械牵引用的牵引机应符合下列要求

① 牵引速度调节范围应在 0～20m/min，调节方式应为无级调速。

② 牵引张力可以调节，并具有自动停机性能，即当牵引力超过规定值时，能自动发出告警并停止牵引。

（5）布放光缆过程中，光缆弯曲半径应不小于光缆外径的 20 倍。敷设完毕后弯曲半径不小于外径的 10 倍。

（6）光缆布放完毕，应检查光纤是否良好。光缆端头应做密封防潮处理，不得浸水。

16.5.3 验收

1. 桥架验收

1）金属桥架及其支架和引入或引出的金属电缆导管必须接地（PE）或接零（PEN）可靠，且必须符合下列规定：

① 金属桥架及其支架全长应不少于2处与接地（PE）或接零（PEN）干线相连接；

② 非镀锌桥架间连接板的两端跨接铜芯接地线，接地线最小允许截面积不小于4mm^2；

③ 镀锌桥架间连接板的两端不跨接接地线，但连接板两端不少于2个有防松螺帽或防松垫圈的连接固定螺栓。

2）直线段钢制桥架长度超过30m、铝合金或玻璃钢制桥架长度超过15m设有伸缩节；桥架跨越建筑物变形缝处设置补偿装置。

3）电缆桥架转弯处的弯曲半径，不小于桥架内通信线最小允许弯曲半径。

4）桥架与支架间螺栓、桥架连接板螺栓固定紧固无遗漏，螺母位于桥架外侧；当铝合金桥架与钢支架固定时，有相互间绝缘的防电化腐蚀措施。

2. 通信管线验收

1）缆线的形式、规格及走向应与设计规定相符。

2）缆线的布放应自然平直，不得产生扭绞、打圈接头等现象，不应受外力的挤压和损伤。

3）缆线两端应贴有标签，并标明编号，标签书写应清晰、端正和正确。标签应选用不易损坏的材料。

4）缆线弯曲半径符合以下规定。

① 非屏蔽4对对绞线电缆的弯曲半径应至少为电缆外径的4倍；

② 屏蔽4对对绞线电缆的弯曲半径应至少为电缆外径的6～10倍；

③ 主干对绞电缆的弯曲半径应至少为电缆外径的10倍；

④ 光缆的弯曲半径应至少为光缆外径的15倍。

5）槽内缆线布放应顺直，尽量不交叉，在缆线进出线槽部位、转弯处应绑扎固定，其水平部分缆线可以不绑扎。垂直线槽布放缆线应每间隔1.5m固定在缆线支架上。

6）电缆桥架内缆线垂直敷设时，在缆线的上端和每间隔1.5m处应固定在桥架的支架上；水平敷设时，在缆线的首、尾、转弯及每间隔5～10m处进行固定。

7）在水平、垂直桥架和垂直线槽中敷设缆线时，应对缆线进行绑扎。对绞电缆、光缆及其他信号电缆应根据缆线的类别、数量、缆径、缆线芯数分束绑扎。绑扎间距不宜大于1.5m，间距应均匀，松紧适度。

第 17 章　BIM 技术应用

17.1　应用 BIM 技术原因

运用 BIM 技术进行管廊虚拟施工进行项目施工管理，为实现工程设计及施工的零差错，全面模仿整个施工周期的施工细节，确保工程一次成活，一次成优，避免返工。与 GIS 技术结合，为打造新时代智慧城市贡献数据基础。

应用 BIM 的二大优势：

（1）可视化：通过三维模型构件与进度信息形成互动反馈。BIM 进度管理中，不再是利用文字、图表表述或是甘特图等二维方式表达复杂的施工进度信息，而是以三维动态可视化的方式展现每个时段施工过程，在工程的前置准备阶段即能了解工程的建设全貌及预计施工过程。

（2）模拟性：BIM 的模拟性不仅可以仿真设计出建筑工程的三维模型，还可以模拟实际环境中不能进行提前操作的施工流程。模拟性主要是针对工程项目中的施工进度计划、复杂施工工艺、施工场地布置等进行方案模拟，以便管理者选择最优的方案。同时，通过施工方案动态模拟能够实现可视化技术交底，避免通过二维图纸交底导致的理解不一致和信息不对称等问题。

（3）协调性：实现三维信息模型与施工进度信息的完全关联，保证施工现场管理与计划进度的一致性，有助于管理人员调整实际施工进度和安排施工现场设施，优化分配人、材、机各项资源。同时，BIM 数据库能够为项目的开发建设者、承包方、分包方等众多参与方提供一个协同工作的平台，实现多方之间的信息协调共享。

17.2　BIM 技术具体应用

17.2.1　模拟仿真

应用 BIM 技术可以将整个建筑物进行建模，对施工全过程进行模拟，合理布置施工工序以及施工工期，工程施工之前即可对施工过程有具象的可视化的理解，进行宏观把控（图 17-1、图 17-2）。

地下综合管廊属于线性工程，施工作业面广，人员机械数量大，施工现场人员机械管理是一大难题。但是通过 BIM 技术进行现场状况模拟，对人员机械进出场进行分析可以得到场地的最佳布置状况，在保证了人员自由流动、机械顺利运行的基础上使施工现场运转有条不紊。同时，施工现场模型的建立有利于现场物资的统计，通过在BIM软件上进行情形模拟，找到适应不同施工阶段的最佳现场布置方式，避免因施工阶段变化导致材料搬运等产生的不必要费用，对项目成本管控起到一定的帮助作用。

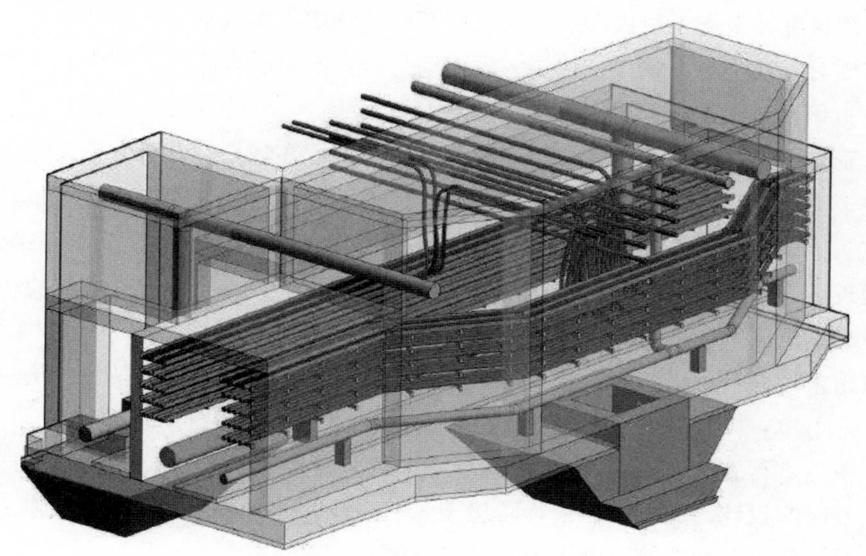

图17-1　管廊BIM建模

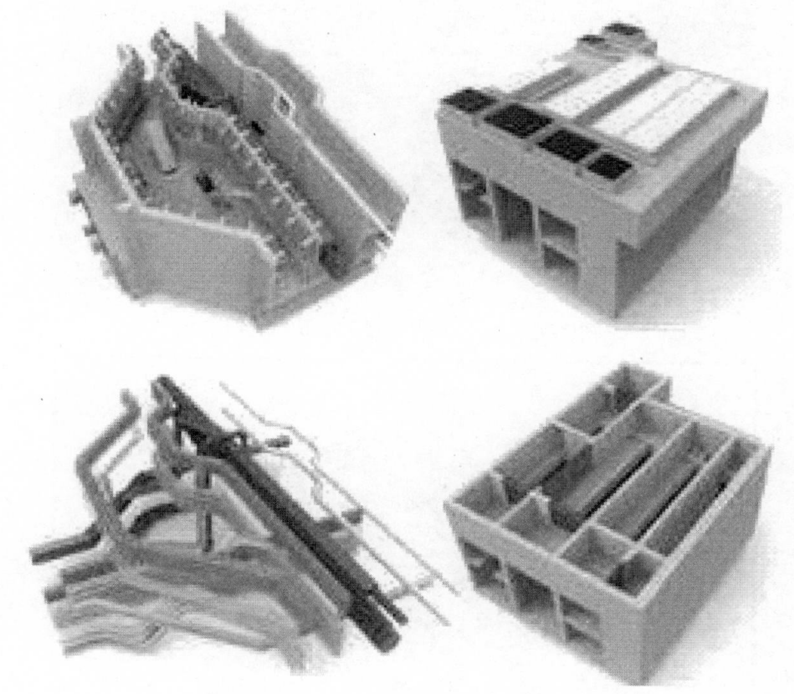

图17-2　管廊BIM施工顺序模拟

17.2.2 管线碰撞检查

综合管廊内会综合多种功能管线，设计时如果只凭抽象的想法来进行管线施工图的绘制，极易出现错漏并对施工造成影响；而且由于综合管廊内管线众多且穿插频繁，一旦发现某处碰撞需要对管线进行调整，往往牵一发而动全身，改掉已有碰撞又产生新的碰撞，应用BIM技术可以解决以上问题。

综合管廊在规划之初就承担着城市命脉的作用，因此在规划设计时一般会适度超前，以保证管廊在未来较长的一段时间内能满足管线数量的增长需求。在综合管廊设计过程中应用BIM技术能够有效避免管线碰撞的问题，相比于传统设计方法，BIM建立的三维模型能够更直观地展现出设计过程中各个管线的空间位置、交叉情况，在管线设计阶段将可能存在的问题解决。另一方面，地下管廊所使用的管线、管道的具体尺寸可以通过BIM技术从BIM模型中提取出来，并且可以与时间相关联，提供不同阶入廊管线的详细信息，通过精准下料向管线加工厂下单，大大减少了管线制作的材料损耗和管材浪费。

在施工单位进行施工时，利用BIM进行管线防碰撞检查，可以及时发现设计图纸中存在的问题，及时与设计沟通进行纠偏，防患于未然（图17-3、图17-4）。而且施工时可根据可视化管线排布优化各功能管道施工顺序，实现精益施工建造。

图17-3 综合管廊管线综合BIM建模

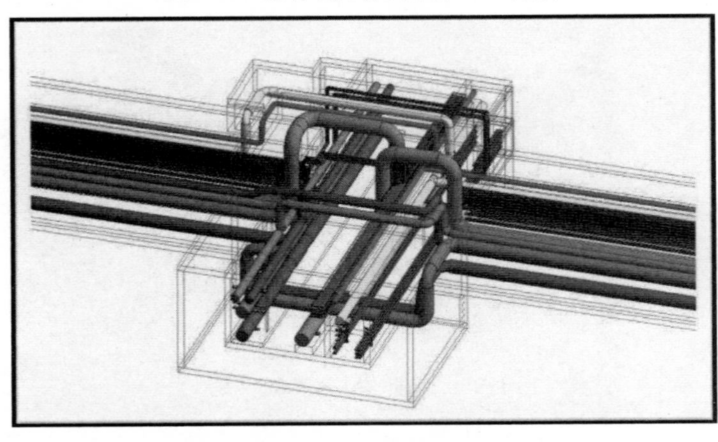

图17-4 综合管廊管线防碰撞检查

借助 BIM 技术可以将施工全过程以动画或是视频的形式呈现出来，在施工单位进行管廊施工时，便可以使用多种方式直观地对施工人员进行技术、安全交底。在施工过程中，使用 BIM 进行全过程监控能在一定程度上做到提前预判可能发生的施工风险，例如在进行管线安装时使用 BIM 技术对管线运输、吊装进行模拟，找到可能阻碍管线安装的因素，做到提前预防、有效避免。

17.2.3　关键节点施工管控措施

运用 BIM 技术进行综合管廊施工时可以通过将关键节点进行三维建模，以可视化、具象化的施工技术交底传达给施工队伍，避免队伍因交底不明晰而造成施工错误导致返工（图 17-5、图 17-6）。

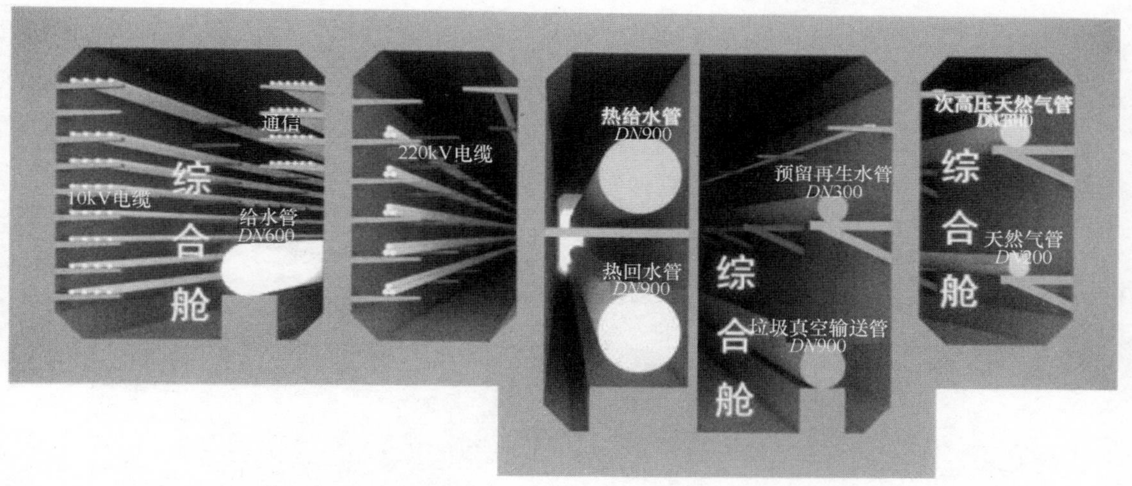

图 17-5　综合管廊关键节点建模

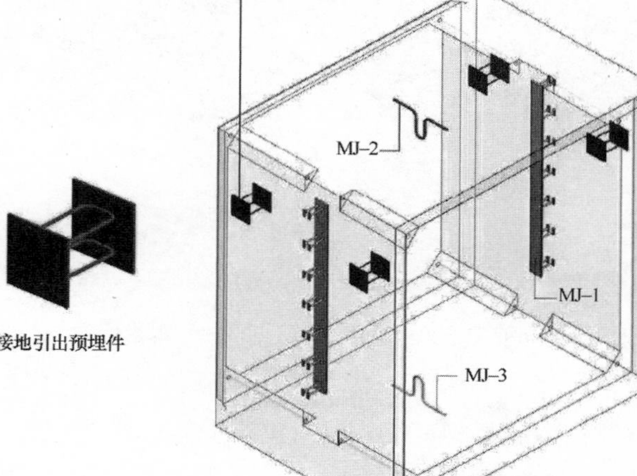

图 17-6　综合管廊关键节点建模

地下综合管廊内部管线如燃气、供水管道对于安全的要求较高，综合管廊一旦出现裂缝，极易导致管道渗水、腐蚀管线的现象，较大的不均匀沉降甚至可能导致内部管道发生泄漏，严重影响综合管廊使用功能。使用BIM技术对综合管廊建设进行实时监控，从施工开始就做好检测设备安装，建立完善的实时监控系统，对施工造成的影响进行观测统计，汇总到实时监控系统，一旦发现问题及时处理，以免发生连锁反应造成更大损失。随着科技的不断进步，现在的BIM可以通过激光扫描等方式收集管廊实时施工状态，经过BIM系统处理便可以得到管廊实时三维模型。施工过程中的工况变化可以在模型上得到及时反馈，在现场发生突发状况时管理人员也可以通过模型变化制定符合实际的对策，保证施工节点正常进行。

17.2.4 第三人虚拟漫游

在建模完成后，可设置虚拟人物在模型中进行漫游，检查BIM模型中的各个细节，细节不到位及时纠偏，如存在管廊净空高度不满足设计要求可及时发现并进行调整（图17-7）。

在管廊正常运营之后，管理人员可以运用该漫游技术对管廊内部进行实时监测，做到不必亲自进入管廊便能对管廊的运行状况了如指掌。

图17-7 综合管廊BIM虚拟漫游技术

17.2.5 构建数字智慧城市

构建管廊BIM模型并赋予其可承载信息，将与GIS技术等相结合，成为城市部分数据载体，成为数字城市建造的重要部分（图17-8）。建造完成后管廊中任何位置、任何配件出现问题，可直接在城市相关数据中心得到反馈，及时进行检修，规避意外发生。

图 17-8　构建数字智慧城市

17.3　基于 BIM 的运维管理

17.3.1　BIM 运维含义

若将 BIM 技术应用在综合管廊管理系统中，则需要构建集成为一体的 BIM 模型基础数据，主要包括综合管廊建筑模型、结构模型、内部设备模型、入廊管线模型等。根据前期 BIM 技术在地下综合管廊设计、施工阶段的应用，将已有的管廊 BIM 建筑模型和结构模型加载于管理系统中。同时，将管廊内的监控设备、防火设备、照明设备、排水设施、通风设备等利用专业标识，按照设备的尺寸、所在管廊位置等实际信息建立内部设备设施 BIM 模型，并将各类配套设施构件的生产厂家、使用年限、安全性能等属性进行信息录入，统一加载于运维信息数据库中。

17.3.2　基于 BIM 的综合管廊运维管理系统主要功能分析

利用 BIM 技术建立管廊施工模型、运营设备模型、入廊管线模型，收集实时监控设备、消防设备、排水设施等相关信息建立相关模型，并将其整合形成完整的管廊模型数据库，再将运营阶段监控信息利用互联网集成在统一的管理平台，使管理人员通过 BIM 技术实现信息查询、管线智能控制、安全预警、实时监控、维修备案、设备信息记录、应急方案模拟等操作。

目前综合管廊的运营仍是以人工为主、软件为辅的状态，但是纵观 BIM 技术在各个领域的应用历史，综合管廊未来的运营趋势也将是以电脑智能管理为主。例如供水管线的智能管理，可以通过在管线内安装流量检测装置将管线实时传输量传送到管理中心进行集中分析，智能管控管线内水流速度，仅在水量发生危机情况时给予管理人员警告，增加其他相关传感器后也可以实现对供水质量的实时记录。

1. 信息查询

通过前期建立的BIM模型数据库，可以在该管理系统的平台上随时查询入廊管网的运行状态，各类构件如消防栓、电表等设备的位置，相应配套设施如监测监控设备的属性信息，已有管线的布局和所占空间大小等，利用BIM可视化的优势，直观地查看管廊的整体运营状态，同时也可以为计划入廊的管线单位、设计单位、施工单位提供极有价值的参考信息，从而制订合理的设计和施工方案。

2. 入廊管网智能控制

目前，国内外地下管廊的控制主要以人为主，由于人的主观因素和反应的滞后性，地下管廊的综合管理存在诸多问题，譬如控制不准确、能耗较大、安全预警无法实现等问题。根据前期已建立的管廊BIM数据库，通过安装相应的监控监测设备实现各类管网智能控制。

具体应用如下：

1）给水排水管网的智能控制

通过在给水排水管网的出入口处和管道内部安装水流量监测感应仪器，将收集的动态数据传回管线运维数据库相应的给水排水管网信息中心，进行分析处理。根据水流量的大小、给水排水管道的承压值和安全系数，进而优化选择给水排水管网需要利用的管道数目，并提示管理人员进行相应管道的开闭。通过此项智能控制，可以减少在暴雨时期出现的城市内涝、管道破裂、排水不畅等安全事故的发生。同时也可以将水质量监测仪和相应环保装置安装在出入口和管道内部，对水质进行监测，根据反映的水质信息，及时判断城市用水的安全性和供应能力，对不符合城市用水的供水管道进行回流控制，对污水进行再处理、再利用。

2）电网的智能控制

随着社会经济的不断发展和建设信息化时代的要求，现有的电网管线输送路径存在私拉乱接、单位归属不明、无法全方位监控监测、信息难以整合等突出问题。将统一入廊的电网管线利用综合运维管理系统进行合理分类，可按照电网用途分为工业用电管网、城市用电管网、农业用电管网等类别，也可按照城市行政区域的划分进行分类。通过安装相应的电压监测设备对以上所分类的管网进行监测，将数据进行归类分析，能得知各个电网管道的输送电负荷，根据相应输送管线的物理参数可得知其安全性能以及可承受电压负荷的阈值。通过以上数据分析，可明确得知在用电高峰期各电网管道的运行参数，通过合理调配，可使整个城市的电网达到平衡稳定的供压状态，以免出现电压不稳、用电紧张等问题。

3）网络管网的智能控制

随着国家对互联网的大力支持和发展，网络的安全稳定在“互联网＋”时代尤为重要。通过对输送数字信号的光纤安装监测设备建立数据信息，即可对光纤的稳定性和输送信号的能力进行动态监测，能及时处理网络故障、网速不稳定等问题，减少因此带来的经济损失和网络安全事故等。

4）天然气管网的智能控制

天然气管网危险系数较高，一旦进入地下城市管廊，对其的维护运营应高度重视。通过在天然气管网的相应位置安装监测设备，可以及时获知管道内天然气的物理参数、安全系数和运行状态等。可通过对收集的数据进行分析处理，来控制天然气管道的输送能力、运行参数和承压能力，进而保证天然气输送管道的稳定性，防止泄漏、爆炸等事故的发生，为整个城市地下管廊的安全性提供可靠保障。

3. 安全预警及应急处置

城市地下综合管廊入网管线多且复杂，关联性强且维修作业面较少，关乎整个城市的地下安全，因此安全控制尤为重要。通过前期已建立的 BIM 模型数据库和运维信息数据库，对各入廊管线进行动态监控，将收集的数据与相应管线的物理参数进行比对分析，例如水网管道是否满足水流量的冲击力、天然气管道是否满足气压等，进而实现提前预警。

根据前期建立的管理编码数据，对事故发生的节点可进行快速定位、快速处置。同时，可以利用 GIS 系统与该运维系统的集成，对事故可能影响的地面区域实现精确定位，及时通知相应单位做好应急准备。救援人员利用可以穿戴的可视化设备，利用 VR 技术，到达事故发生节点，根据可视化反馈的信息，进行快速精确处置，从而大大缩减查找事故发生源的时间，降低事故所带来的损失。

4. 维修提醒及电子备案

通过监测设备提供的监测数据与管理系统中的数据库信息进行比对，发现不安全因素后自动启动报警系统并进行定位，快速通知相关人员进行处置和维修，运用该系统进行定期检查提醒，对一些重要的设备、构件如消防设施、监控设施、重要管线等设置定期检查，将检查内容、检查要求、检查人员及检查结果及时录入，对检查中出现的故障构件、安全隐患及时生成故障报修提醒，专业维修人员根据报修单进行维护维修。维修人员在对管廊中的相应节点位置、管线及配套设施等维修后需建立完善的维修信息，并将维修明细录入相应的 BIM 模型数据库中，包括维修原因、维修时间、维修人员、维修工艺等相关信息，形成电子文件，做到责任到人。通过以上分析，若能将 BIM 技术应用在地下城市综合管廊的运维管理中，将会大大减少事故发生的频率，节约处置事故的时间，减少能耗，挽回不必要的经济损失，提高综合管廊安全运营性能和效率。

第4篇

施工总承包管理

第 18 章　施工总承包管理概述
第 19 章　施工准备
第 20 章　组织管理
第 21 章　总平面管理
第 22 章　计划管理
第 23 章　商务合约管理
第 24 章　技术管理
第 25 章　征拆与协调管理
第 26 章　验收与移交管理
第 27 章　信息与沟通管理

第 18 章　施工总承包管理概述

管廊工程建设中总承包管理的核心目标是将设计、采购、施工各环节进行融合，统筹各方资源，进行一体化管理，充分利用内部协调机制来实现工程项目的各项管理目标，从而降低建设成本，提高工程实施效率。

作为近年来新兴的市政基础设施项目，综合管廊在国内经历了试点建设—发展壮大—全面推广的发展过程，截至 2017 年底，我国已建成管廊 2500km，在建管廊 2200km。因管廊建设在国内起步较晚，目前国内绝大多数在建管廊项目基本属于同期建设，在建设过程中并无成熟的、可参考借鉴的项目总承包管理经验；同时，管廊作为新兴业务版块，项目自身存在许多管理特点和难点，对总承包商项目管理提出了更高的要求。

管廊项目总承包管理主要有如下特点：

1. 体量大，组织、协调难度大

管廊项目为长距离线性工程，里程长、体量大、建设范围广。同时，为满足城市功能需求，管廊项目多为若干管廊路段打包建设的项目群。因管廊路段众多且较为分散，故参建单位较多，往往会出现“一对多”的管理模式，即：一个施工总承包单位对应多家设计单位、地勘单位、监理单位、审计单位等。许多采用“PPP 模式”建设的管廊项目还需对接政府监管部门。同时项目体量大可能会导致分包单位及供货商数量随之增长。此外，管廊施工沿线可能会涉及众多迁改、征地、清表等外围权属单位。可以看出，管廊建设过程中面临着极为复杂的外部对接协调及内部组织管理，这给项目管理模式的选择、组织结构的构建以及沟通协调工作带来极大的挑战。

2. 工作面分散，工期紧张

管廊项目往往由多条管廊路段组成，各管廊路段分部较为零散且里程跨度较大，点多、线长、面广、工期紧、任务重。因此在管廊施工过程中需做好总平面布置，通过合理划分施工区段、做好工序穿插安排、跳仓施工等措施实现各管廊路段高效的平行流水施工，以满足进度目标和工期要求。

3. 易受外部因素影响，计划管控难度大

管廊工程施工战线长，沿线可能存在众多因征地拆迁、管线迁改而导致的频发性阻工问题，此类问题解决难度大，制约现场施工进度的同时给项目计划管理带来极大不利影响。因此在进行计划管理时，应以施工计划为基准。编制与其匹配的征拆计划、资源计划等。因外部因素影响施工进度时，须及时制定纠偏措施，并调整施工计划报建设单位审批，同时注意

办理工期签证。

4. 征拆工作量大，协调难度大

管廊沿线涉及大量征拆问题，势必对工期产生影响。受工期制约，管廊项目进场时仍可能存在众多障碍问题待解决。征拆问题责任主体一般为所在区域政府部门及管廊建设单位。但前期摸排、过程跟踪及现场配合等工作大多需要总承包商完成。在处理征拆问题时，要注意分门别类、区别对待，将共性问题划归同类，联合业主及政府部门针对各类问题制定相应的举措，划定各方的权责并指定责任人，共同推进征拆工作进度。对于确实无法进行迁改的，应及时对接业主、权属单位及设计单位，对既有方案进行调整，如适当调整部分路由、增加管线就地保护措施等。同时应定期组织召开征拆协调专题会，督办问题及时得到解决。

5. 交通干扰多，疏导难度大

与公路、铁路等项目不同，因为功能需求及规划设计原因，管廊工程往往位于建成区规划道路或既有市政道路中央绿化带下方。特别对于部分老城区管廊而言，位于既有市政道路人行道或非机动车道下，周边为市区繁华地段，施工对城市交通影响巨大。同时施工中交通干扰多，交通疏导难度大，因此在进行城区管廊施工时要提前做好交通疏解及保通方案。此外要积极对接当地交管部门、街道等外部单位，做好沟通协调工作。在管廊施工过程中要设置专职的交通员，维护施工现场交通秩序，做好现场施工和车辆通行的组织协调。

6. 验收和移交工作无章可依

作为新兴工程，关于管廊分部分项工程划分、工程验收标准、交付条件等工作内容暂无明确的规范及文件要求，不便于过程管理及工程完工后维保工作的开展。因此在开工伊始，项目部应积极配合业主单位组织项目参建各方、工程所在地工程建设质量监督部门及档案管理部门召开“综合管廊项目工程验收、移交标准专题会”，对管廊项目分部分项工程划分、各类用表、验收标准及流程、移交原则及流程等事项进行明确，制定适合工程本身的验收、移交管理体系和办法。

针对管廊项目总承包管理工作特点，总承包管理单位在管廊工程建设过程中需充分发挥资源优势、履行管理职责，构建完备的管理体系、合理制定各项管理措施和方法，主动做好与参建各方、外部单位的组织协调工作，确保工期、质量、造价、安全及文明施工等建设目标全面实现。

第 19 章 施工准备

19.1 前期手续管理

19.1.1 项目前期手续内容

项目前期手续包括项目建议书批复、工程修建规划批复、可行性研究批复、环评批复、建设用地规划许可证、建设工程规划许可证、初步设计批复、施工许可证等。

19.1.2 项目前期手续管理

承包商应积极配合建设单位办理工程相关手续，建立和实时更新《项目前期手续办理台账》，确保项目合规。

19.2 技术准备

19.2.1 施工技术准备

1）项目部应建立技术标准、规范配置清单，并配置适用的技术标准、规范，组织项目部相关人员进行学习培训。

2）项目技术负责人组织相关人员（含分包）进行图纸预审，形成图纸预审记录，为图纸会审做好相关准备，项目部参加由建设方组织的图纸会审及设计交底，形成图纸会审记录，经相关单位签字、盖章后下发至图纸持有人，图纸持有人应将图纸会审内容标注在图纸上，注明修改人、修改日期和依据的图纸会审记录编号及相应内容条款编号。

3）开工前，项目部应确定所需编制的绿色施工技术方案、专项技术施工方案和专项安全施工方案的范围和清单，制定《项目主要技术方案编制计划》（表 19-1）。

主要施工方案清单 表 19-1

序号	方案名称	序号	方案名称
1	试验检验计划方案	7	冬期施工方案
2	安全文明施工方案	8	雨期施工方案
3	临建施工方案	9	成品保护方案
4	临时用水、电方案	10	深基坑施工方案
5	工程测量方案	11	降、排水施工方案
6	夏期施工方案	12	结构抗浮施工方案

续表

序号	方案名称	序号	方案名称
13	防水工程施工方案	22	砌筑工程施工方案
14	钢筋工程施工方案	23	保温工程施工方案
15	模板工程施工方案	24	通风工程施工方案
16	混凝土工程施工方案	25	电气工程施工方案
17	安装预留预埋施工方案	26	装饰装修工程施工方案
18	管廊临时通风施工方案	27	管廊预制拼装施工方案
19	管廊过路施工方案	28	盾构施工方案
20	管道安装工程施工方案	29	管廊隧道施工方案
21	控制中心土建工程施工方案	30	管廊桥施工方案

4）制定质量和安全生产交底程序，编写各分部分项及各工种技术质量和安全生产交底，并按要求逐级交底。

5）项目设计技术部根据项目和业主的需求负责深化设计管理。根据工程整体进度计划组织编制项目深化设计总进度计划，确保各专业协调一致；对深化设计的接口、提资、进度、质量等进行监督与审核。

6）深化设计图纸由项目部按照工程合同约定的程序呈报相关方（监理、业主单位）审核和批准；深化设计图纸批准后，由施工责任分包商负责出图并组织交底，由项目部负责图纸的登记和发放。

19.2.2 试验准备

1）工程项目开工前，项目技术负责人组织相关部门编制《物资进场验收与复试计划》《工艺试验及现场检（试）验计划》确定质量标准和检验、试验工作内容，质量工程师对计划实施进行监督。

2）施工现场根据需求确定是否设立试验室，试验室需配置有资质的试验室主任、试验人员和相应的试验设备，试验环境满足检测试验工作的要求，试验室筹建可委托有资质的第三方试验检测机构。

3）试验室应建立健全试验检测制度，落实试验检测质量责任制，试验室经质量监督站认定后才能投入使用，质量工程师定期对试验设备和环境进行抽查（表 19-2）。

主要材料选择及试验要求　　**表 19-2**

序号	主要材料	检验批及试验要求
1	钢筋原材	（1）同一厂别、同一炉罐号、同一规格、同一交货状态，每 60t 为一验收批，不足 60t 也按一批计。 （2）每一验收批取拉伸试件 2 个、弯曲试件 2 个
2	钢筋连接	钢筋在正式使用前需对不同连接方式进行专项检查，确定连接强度
3	水泥	根据水泥品种测定强度、凝结时间及细度等，根据现场所用材料进行见证取样

续表

序号	主要材料	检验批及试验要求
4	砂	以同一产地、同一规格每 400m³ 或 600t 为一验收批，不足 400m³ 或 600t 也按一批计。每一验收批取样一组（20kg）。确定筛分析、含泥量、泥块含量等
5	石	以同一产地、同一规格每 400m³ 或 600t 为一验收批，不足 400m³ 或 600t 也按一批计。每一验收批取样一组，筛分析含泥量、泥块含量、针片状颗粒含量、压碎指标
6	砌块	按规范进行取样，确定材料抗压强度等。现场砌体实体检验时应对现场检测单元安排布置检测区，回弹确定强度
7	混凝土外加剂	对混凝土中添加的防水剂、早强剂、膨胀剂等，需检验钢筋锈蚀、混凝土抗压强度等性能，按规范试验
8	砂浆试块	砌筑砂浆以同一砂浆强度等级，同一配合比，同种原材料每一楼层或 250m³ 砌体为取样单位，每取样单位标准养护试块的留置不得少于一组（每组 6 块），确定砂浆稠度和抗压强度
9	防水材料	针对管廊防水材料有多种形式，针对不同防水材料其检验方法不一，将根据相关标准执行

19.2.3 测量准备

1）工程项目开工前，项目技术负责人会同测量人员根据工程实际编制《测量方案》，项目经理审核后报监理单位审批，质量工程师对方案实施进行监督。

2）工程前期控制点移交及控制网复核由项目技术负责人和测量人员负责，并应完成线路设计计算复核和现场测量放样，形成书面交接记录及控制网复测报告。

3）采用 GPS 卫星定位静态测量与 RTK 技术相结合的作业模式，按《全球定位系统（GPS）测量规范》GB/T 18314—2001 的主要技术要求进行平面控制网的复测与加密，并采用全站仪三角测量检测 GPS 的测量成果。

4）测量人员须有效保护埋设的测量标桩，特别是永久性及半永久性坐标、水准点、沉降观测点等重要标桩设置围栏和明显标牌以引起注意。损坏的测量标桩应及时修复，对重要测量标桩应定期和不定期复查。

19.3 物资准备

19.3.1 甲供（控）物资管理

1）项目工程主合同签订后，项目商务合约部提供甲供（控）物资清单。项目技术部根据甲供（控）物资清单，编制甲供（控）物资需用总计划。项目建造工程师编制甲供（控）物资月度物资日常进场计划，经项目经理审核后，由物资管理工程师报业主方及相关供应商。

2）甲供（控）物资的进场验收按项目物资进场验收相关规定执行。当供货过程或产品质量出现问题时，项目部以工作联系函形式报请业主方进行处理。

19.3.2　自购物资管理

1）项目开工之初由项目计划部组织、建造部（物资设备组）配合编制项目《物资需用总计划》。

2）物资需用（日常）计划由项目建造工程师编制，结合项目施工生产实际需要，填写《日常物资需用计划单》，经项目经理审批，物资管理工程师组织物资进场。

19.3.3　周转物资管理

（1）周转料具进场及使用过程中，项目物资管理工程师、安全工程师、检测检验试验工程师应进行外观检测和安全性能检查，按设计、规范要求进行复试。

（2）所有租赁的料具只允许作为施工物资周转使用，不得擅自外租或改制为它用，确有特殊用途时，项目部须提前报告公司（分公司），经批准后方可使用。

19.4　设备准备

结合管廊工程施工工艺以及进度要求，机械设备的选择将遵循“统一安排、合理配备”的原则，保证所使用机械设备性能、数量满足使用要求，并且留有一定的富余度，主要机械投入详见表 19-3。所有特种设备将配备相应的专业技术人员、机械操作人员和机械维修人员，保证各种机械设备工作状态良好，满足工程施工和工期要求。

主要机械投入表　　**表 19-3**

序号	机械或设备名称	用于施工部位
1	平板运输车	管廊运输
2	履带起重机	吊装管廊装配件
3	汽车起重机	辅助吊运
4	汽车泵	混凝土泵送
5	挖掘机	土方开挖、回填
6	自卸汽车	土方开挖、回填
7	推土机	土方平整
8	压路机	路面平整
9	土压盾构机	盾构法隧道
10	台车	矿山法隧道
11	YT28 凿岩机	矿山法隧道
12	箱式变压器	生活、生产用电
13	柴油发电机	生活、生产用电（备用）
14	套丝机	钢筋套丝

续表

序号	机械或设备名称	用于施工部位
15	钢筋切断机	钢筋加工
16	钢筋弯曲机	钢筋加工
17	钢筋调直机	钢筋加工
18	木工电锯	模板配制
19	木工平刨	模板配制
20	剪板机	机电安装
21	联合咬口机	机电安装
22	单平咬口机	机电安装
23	电动开孔器	机电安装
24	手动折方机	机电安装
25	手动拉铆钳	机电安装
26	砂轮切割机	机电安装
27	电动套丝机	机电安装
28	电动破口机	机电安装
29	钢管滚槽机	机电安装
30	电动煨弯管机	机电安装
31	交流电焊机	机电安装
32	手提式电焊机	机电安装
33	电动试压泵	机电安装
34	台钻	机电安装
35	电锤	机电安装
36	电钻	机电安装
37	直流电焊机	防雷接地施工
38	交流电焊机	管道、吊架焊接
39	插入式振捣器	混凝土振捣
40	高压水泵	消防水泵
41	潜水泵	排水
42	风机	管廊送风
43	洒水车	降尘

第 20 章 组织管理

20.1 项目管理模式

1）项目部的组建应精干高效，机构设置合理，职能划分明确，结合企业的实际情况，能对项目的实施进行有效管控，优质高效地实现项目的各项管理目标。

2）基于项目合同内容和管理模式的不同，管廊项目组织结构可参照以下三种模式：A 模式、B 模式、C 模式（表 20-1）。

项目部组织结构模式一览表 表 20-1

项目模式	概念	适用范围
A 模式	项目总承包管理团队和施工管理团队分离的组织结构模式	规模较大的总承包项目，项目合同给予总承包方较大的管理权限
B 模式	项目总承包管理团队与自行施工管理团队融合的组织结构模式	业主部分工程另行发包，仅要求总承包方连带管理的项目
C 模式	专业施工项目的组织结构模式	总承包模式下的专业施工项目；单独的专业施工项目（主要为管廊附属设施安装工程项目）

针对 A、B 模式，根据管廊项目特点，项目内部管理可按照工区组织施工。即是根据项目建设长度、位置分布等特点，合理划分工程区段，并根据项目规模合理设置若干个工区。因项目组织结构复杂，可采用矩阵式组织结构进行管理。各工区、施工段由总承包项目部统一组织管理，分区段同时进场、平行施工。

3）项目部的组织结构模式由企业根据项目的规模、合同范围、专业特点，在《项目策划书》中提出参考建议并交底（图 20-1）。项目部按照项目策划在《项目部实施计划》中制定组织机构方案和调整方案，经企业审批后实施。

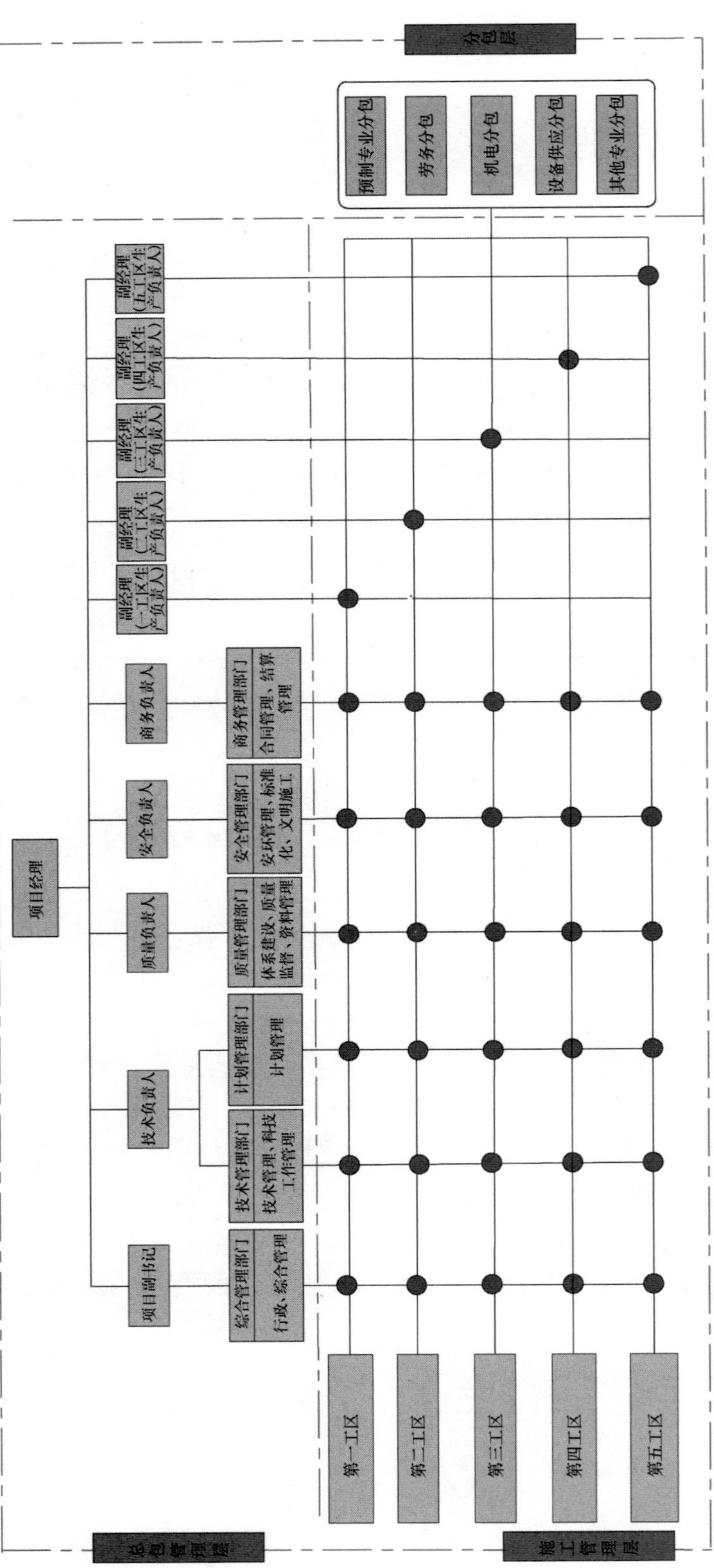

图 20-1 某大型管廊项目组织结构图

20.2 组织结构建立

20.2.1 项目部组建

1）由企业人事部门拟定项目组织机构和项目班子，根据管理权限上报项目部成立请示并附《项目部主要管理人员审批表》和《项目部主要成员简历表》，经企业审批后行文。

2）项目经理必须符合法定建造师等级要求。项目班子成员应满足项目部主要管理人员岗位任职基本资格要求，具体可参照表 20-2。

项目部主要管理人员岗位任职基本资格　表 20-2

岗位	职业资格及技能要求	工作经验	工作职责
项目经理/行政负责人	具有相关专业以及注册建造师职业资格、安全员资格 B 类证书，具备中级工程师及以上职称	担任过一个同规模项目副经理或下一规模项目经理、具有三年以上从事相关专业项目管理工作经历	负责项目全面管理，项目整体绩效、风险和党群管理第一责任人
项目生产负责人	原则上应具备相关专业二级以上注册建造师资格、中级工程师及以上职称	担任过项目现场建造工程师或项目现场专业负责人、相关专业项目现场工作三年以上	负责项目施工总承包全面协调（施工总体）管理，对工程施工的成本、工期、质量、安全、履约等全面负责
项目商务负责人	大型以上工程原则上具备注册造价工程师资格，中级及以上职称	完整经历过一个项目的合约商务管理、两年以上相关专业项目现场施工经验	负责项目商务全面管理
项目技术负责人	大型及以上工程原则上具备高级工程师职称，或者具有相关专业一级注册建造师执业资格	担任过一个项目的技术负责人、具备三年以上相关专业现场施工经验	负责项目施工技术、设计协调和深化设计全面管理
项目安全负责人	大型以上工程原则上具备注册安全工程师资格、中级工程师及以上职称	从事相关专业项目施工安全管理三年以上	负责项目安全、职业健康、环境保护的全面监督管理
项目质量负责人	大型以上工程原则上具备中级工程师以上职称	从事相关专业项目施工质量管理三年以上	负责项目质量全面管理，对工程质量的监督工作全面负责

20.2.2 主要岗位设置

1）项目管理人员人数参照合同要求，管廊项目岗位及编制可参照表 20-3。

项目标准岗位设置 表 20-3

部门/岗位	标准岗位设置
项目管理层	项目经理/书记、项目副经理、行政负责人、生产负责人、商务负责人、技术负责人、安全负责人、质量负责人
项目生产管理部门	建造工程师
	设备管理工程师、物资管理工程师、生产协调工程师、测量人员
项目技术管理部门	内业技术管理人员、设计管理工程师、综合信息工程师
项目质量管理部门	质量工程师、检测检验试验工程师
项目安全管理部门	安全工程师
项目计划管理部门	计划工程师
项目商务管理部门	采购工程师、合约工程师、成本控制工程师
项目综合管理部门	政工管理员/行政后勤管理员
备注	特大型及以上项目可根据需要另行选设劳务管理工程师、环保工程师、钢筋翻样工程师、项目法律顾问、项目财务岗等管理岗位

2）项目部根据企业下发的岗位设置和定编定级方案参考建议，项目经理组织在《项目部实施计划》中编制岗位设置、定编定级方案和变更调整方案，经企业批准后实施。

3）管廊作为基础设施项目，根据项目特点及管理需要，检测检验试验工程师、测量人员岗位编制可适当扩大。

4）项目开工准备阶段、收尾阶段、停工或半停工期间岗位编制从紧，原则上只配备该阶段所需关键岗位人员，但应确保项目管理职能正常履行。

20.3 分包方人员管理

20.3.1 管理思路

1）对主体劳务分包人员，重点针对劳动力数量、劳动力保证措施、安全行为进行管理。

2）对总包负责范围内的专业分包商、设备租赁商，重点针对组织结构，管理人员资质、数量，现场实施人员的执业资格（针对特殊工种）、数量，以及所有人员的安全行为进行管理。

3）对非总包负责范围内的专业分包商、设备租赁商，重点针对安全行为进行管理，同时对招标人根据现场实际情况提出合理化管理建议。

4）对材料供应商，重点应针对进场人员的安全行为进行管理。

20.3.2 管理要求

1）分包商进场施工前办理进场手续，向企业提供履约保证。将劳务人员劳动合同、施工分包合同、交纳各种保证金单据、用工制度、工资分配制度、社保证明、该分包工程施工方案等提交项目部备案。

2）对总包负责范围内的专业分包商、设备租赁商，进场前必须针对项目特点提供科学的组织架构，以及管理人员、现场施工或操作人员配备计划，总包商结合项目实际情况进行审核并提供合理建议，经批准后，分包商团队方可正式进场。

3）分包商进场时，项目部应根据分包合同约定对分包商入场资源（管理人员、作业人员、物资、设备、机具等）进行验证。项目部组织各相关部门对分包商进行管理交底，确定分包商的各类计划、报告、实物的管理程序、时间要求，紧急问题的处理方法。

4）分包商进场后，必须在 3 个工作日内，根据进场前提供的组织结构和人员配备计划，提供分包项目部管理人员资质证书，有特殊工种的，必须在 7 个工作日内提供特殊工种操作人员的资质证书。提供管理人员资质证书的同时，应提供相关通信录以便总包职能部门对接。

5）施工过程中，分包商应保证管理人员、特殊工种操作人员的一一对应，总包不定期检查，发现问题及时以函件的形式要求分包商进行整改，整改不力时按照相关合同条款予以处罚。施工操作人员的数量应符合进场前提供现场实施人员数量的要求，并满足现场实际进度要求，总包不定期检查，发现问题要求整改，若整改不力则根据相关合同条款予以处罚。

6）当因某些因素导致专业进度不能满足总计划要求时，总包应组织分包进行分析，如因操作人员数量问题导致，则应对其劳动力数量进行重点监控，直到达到预期进度目标及进度履约能力为止。

第21章　总平面管理

21.1 总平面布置

21.1.1 总体布置原则

1）驻地选址应靠近现场，方便管理，不受施工干扰，有条件的尽量靠近标段中部或关键工点施工现场。所选场地应尽可能开阔平坦，面积满足办公、生活功能需要。严禁设置在有滑坡、泥石流、雷区、洪涝等潜在风险的区域，必须避开取土场、弃土场、塌方、落石、危石等地段，必须距离爆破区500m以外。

2）生活区、办公区、施工区应按“三区分离”原则设置，并保持安全距离。场地应布局合理，功能完备，公共场所应设置功能分区平面示意图及指路导向牌。

3）项目部驻地宜设置在靠近工程中心区域，采用新建或者租赁办公场地。工区驻地根据施工段的分布在沿线设置，基础及道路采用混凝土硬化或预制构件、可周转集装箱形式布置，集中加工场可与工区驻地一起设置。

4）场地的醒目位置应设置反映工程概况和建设形象的牌图，现场至少应设置工程概况牌、项目公示牌、安全质量牌、文明施工牌、环保水保及施工现场平面布置图。

21.1.2 临建设施

1）生活区、办公区宜采用封闭式管理，应有固定的出入口，出入口应设置专职保卫人员，制订专门的管理制度。

2）场内道路应满足施工车辆的行车速度、车流量、载重量等要求，满足车辆运行要求；路面应按要求进行硬化，做到排水畅通，路面整洁、无积水；应按照有关要求做好场内绿化。

3）生活区及办公区必须按照《建设工程施工现场消防安全技术规范》GB/T 50720—2011的有关规定设置消防设施，配备消防器材，并定期检查更新。场内应设置消防通道，并保证消防车道的畅通。

4）驻地的硬件设施包括大门、围墙、办公室、会议室、宿舍、食堂、活动室、公共卫生间、浴室、洗衣房等主要设施，以及给水排水系统、污水处理系统、临时用电系统、消防系统、场内道路、环境绿化、文化宣传等附属设施。

5）驻地宜采用院落式封闭管理，办公区、生活区、车辆停放区、活动场地等功能区设置科学合理，分区明确，各功能区面积满足规定要求，庭院内适当绿化，环境优美整洁。

6）活动房不应建造在易发生滑坡、坍塌、泥石流、山洪等危险地段和低洼积水区域，应避开水源保护区、水库泄洪区、涉险水库下游地段、强风口和危房影响区域。

7）当活动房建造在河沟、高边坡、深基坑边、台风易发区时，应采取结构加固措施。

8）活动房选址与布局应与施工组织设计的总体规划协调一致，尽量减少现场的二次拆装。

9）办公室应设置在靠近施工现场所在地，步行时间不宜超过3min，临时建筑与在建工程的最小安全距离不得小于4m，客观条件不允许的按实际情况执行，但应采取相应的加强措施。

10）活动房与架空明设的用电线路之间应保持安全距离，且不应设置在高压走廊范围内。

11）办公室、生活区多排办公室布置时应考虑预留消防通道，消防车道的净宽度不应小于4.0m；车道上空遇有管架、栈桥等障碍物时，其净高不应小于4.0m；供消防车停留的场地，其坡度不宜大于3%。消防车道应成环形或至少在一侧场边设置可供消防车扑救、作业的空地。

12）活动房距易燃易爆危险品仓库等危险源的距离不应小于16m；对于成组布置的活动房，每组数量不应超过10栋，栋与栋之间的距离不应小于3.5m，组与组之间的距离不应小于8m。

13）临时建筑的安全出口应分散设置，每个防火分区、同一防火分区的每个楼层，其相邻两个安全出口的最边缘之间的水平距离不应小于5.0m。

14）厨房、卫生间宜设置在主导风向的下风侧。

21.1.3 临水临电

1）给水排水排污设施的规划与布置应参照《建筑给水排水设计标准》GB 50015—2019、《室外给水设计标准》GB 50013—2013、《污水综合排放标准》GB 8978—1996等有关标准。

2）临时用电设施的规划与布置应严格执行《施工现场临时用电安全技术规范》JGJ 46—2005、《电气装置安装工程 接地装置施工及验收规范》GB 50169—2016等有关标准。

3）场内管线敷设应根据现场条件和工程需求，统一规划、合理布设、整齐美观，做到平、顺、直、牢。

4）主体结构施工阶段临时照明宜采用可周转使用的太阳能路灯，随主体结构施工作业面循环周转。主体结构完成后廊体内部照明宜采用LED灯带或者及时插入管廊永久照明系统施工。

5）管廊施工收尾阶段宜及时安装并启用永久通风系统。

6）管廊围挡外应挖设截水沟，便道两侧、基坑坡顶坡底应沿线布设挡水坎、排水沟、集水井等排水措施，并根据当地降水量配备足够的水泵、临时发电机等设施。

21.1.4 便道围挡

1）管廊施工便道应沿线设置，并宜形成循环通路，道路宽度宜满足双车通行，不具条件时，应每隔 150m 左右设置错车点。

2）紧邻市区环境的管廊应设置连续、密闭且高度不低于 2.5m 的围挡，并采用混凝土便道，距离市区环境 100m 以上的未开发原始地貌环境下，可采用高度不低于 1.8m 的防护栅栏封闭网以及石渣便道。

3）管廊沿线围挡设置应统一、整洁、美观，并考虑风力作用下稳定性，不能满足时应设置加固措施。

4）管廊围挡内场地应进行平整，沿线设置临时材料堆场，堆场宜采用可周转式平台放置材料，并设置堆场分区边界、标识信息牌。

5）管廊集中加工场生产的半成品构件可采用汽车吊＋平板车的方式运输。

21.2 施工总平面管理

施工总平面划分为若干施工段，各施工段根据实际情况分段启动推进履约。每个施工段建立工序穿插模型进行施工，优化流水施工组织。管廊施工采用跳仓法，减少混凝土裂缝保证管廊结构成型质量。

21.2.1 分段启动施工

受规划、报批报建、征迁等因素影响，长距离的管廊工程往往前期启动周期较长，一般采用分段启动的部署方法。

1. 施工段划分

管廊线性市政工程工作段划分时，主要考虑三个方面：一是划分后的各工作段所需建设时间对分段启动顺序的影响；二是划分后的工作段具有主要的共性影响因素、以利于其所包含的工作任务可集中采用同类资源或措施进行解决；三是保证交通通行或管线迁改所需的工作段之间的倒边施工等逻辑关系。

1）工作段所需建设时间

征迁、施工环节相对来说耗时较长、差异大，对工作段所需建设时间影响较大，应作为工作段划分的重点考虑。征迁环节耗时主要与工作段内所包含的各类征迁权属物类别与数量相关，因此划分前要全面、准确、深入地摸排工程沿线障碍物情况。施工环节耗时，主要考虑沿线地基基础、支护、支承结构等部位的形式对施工周期的影响。

2）工作段共性分析

征迁方面，主要共性影响因素大致可归纳为土地征用、建构筑物征拆、管线迁改、青苗补偿、交通导行五类事项，均属于外围权益处理。现场施工方面，各工作段施工耗时及资源组织差异可根据地基基础、支护、支承结构等形式变化等方面进行归纳，此方面共性影响因素较多。

3）工作段逻辑关系

为保证交通通行或管线迁改所需的工作段之间倒边施工安排，确定倒边顺利实施的分界线，以作为相邻工作段之间划分的里程桩号。

2. 分段启动顺序

管廊工程采取分段启动实施时，以竣工日期为目标，以各工作段所需建设时间长短和逻辑关系为主要考虑的影响因素，确定各工作段启动顺序，形成建设计划关键线路。

1）管廊工程每一工作段所需建设时间由其所包含的地勘、设计、征迁、施工等各项建设工作时间所决定。逻辑关系主要为保证交通通行及管线迁改所需的倒边施工，对倒边影响范围的相邻工作段的先后顺序安排，一般以接受后期改线的工作段先行启动。

2）工作段工期为征迁、清表、施工等工作时间的总和，以工作耗时长的先启动，工作耗时短则后启动的原则，确定各工作段启动顺序。

21.2.2　工序穿插模型

根据城市地下管廊工程实际情况及工效，以管廊节段为结构单元建立工序穿插模型，每节管廊长20～30m（图21-1、表21-1）。

管廊工序穿插节点（N-10）模型一览表　　表21-1

节段	工序名称	标准作业时间
N	基坑清底，垫层施工	1d
N-1	底板防水卷材铺贴，含防水加强层、上翻50cm	1d
N-2	底板细石混凝土保护层施工及养护	1d
N-3	管廊底板钢筋绑扎、模板安装、混凝土浇筑、变形缝预埋防水材料、底板养护	4d
N-4	管廊施工缝凿毛，侧墙及顶板钢筋绑扎、模板安装、混凝土浇筑，变形缝预埋防水材料，快拆体系及模板拆除、转移，侧墙及顶板养护	8d
N-5	管廊外墙、顶板防水卷材铺贴	1d
N-6	管廊外墙及顶板防水涂料施工，外墙挤塑泡沫板施工	1d
N-7	管廊支架安装	2d
N-8	管廊机电、消防、通风系统等安装	3d
N-9	管廊地坪打磨平整	1d
N-10	清理及验收	1d

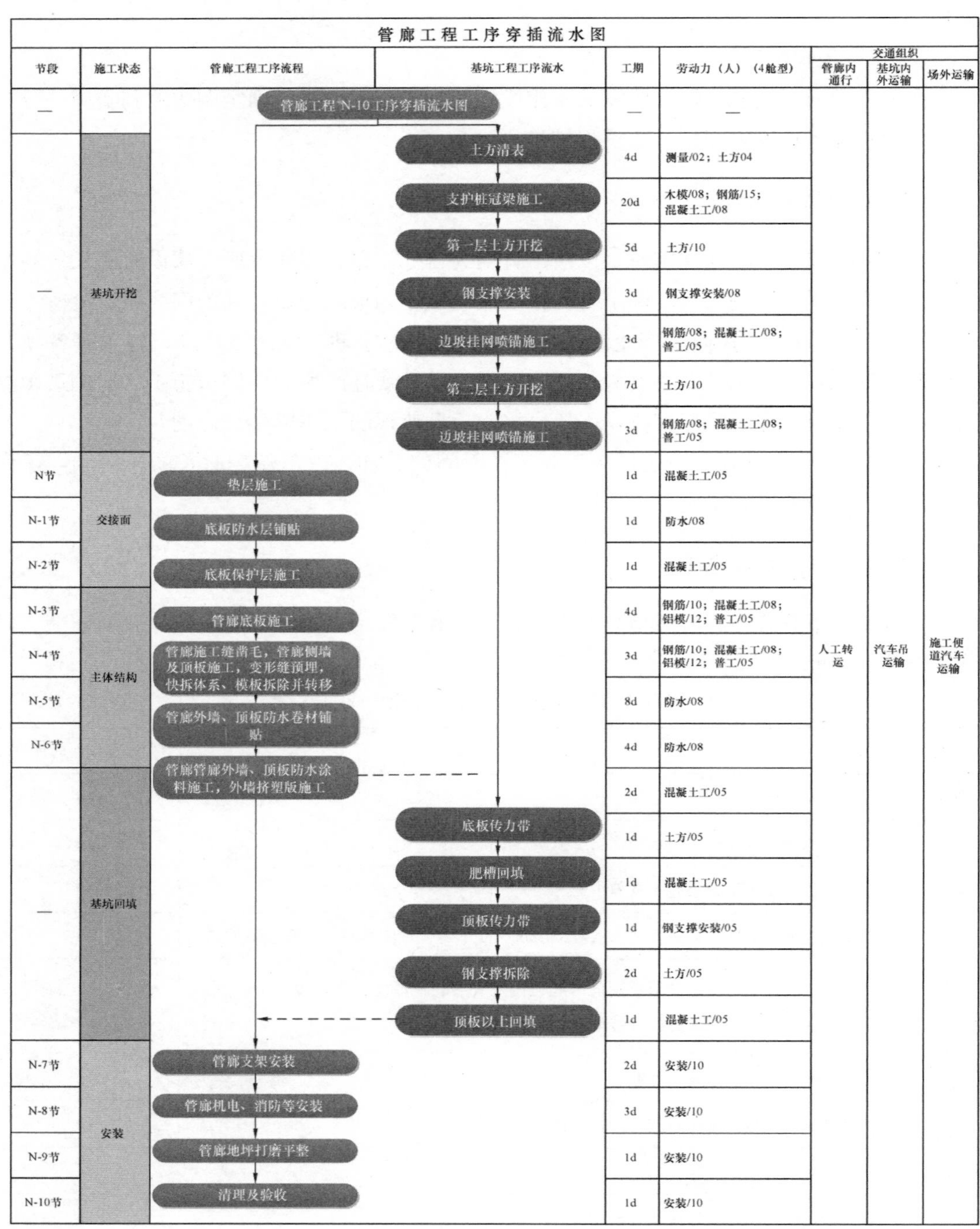

图 21-1 综合管廊工序穿插流水图

21.2.3 管廊跳仓施工

1. 木模

木模采用跳仓法进行施工，管廊主体结构工效约为 8d/节，其流水示意如表 21-2 所示。

流水示意 表 21-2

	工作内容/分段	1	2	3	4	5	6	7	8	9	10	11	12	13	14	15	16	17
8d	顶板																	
	侧墙																	
	底板																	
	清底、垫层、防水																	
	工作内容/分段	1	2	3	4	5	6	7	8	9	10	11	12	13	14	15	16	17
16d	顶板																	
	侧墙																	
	底板																	
	清底、垫层、防水																	
	工作内容/分段	1	2	3	4	5	6	7	8	9	10	11	12	13	14	15	16	17
24d	顶板																	
	侧墙																	
	底板																	
	清底、垫层、防水																	
	工作内容/分段	1	2	3	4	5	6	7	8	9	10	11	12	13	14	15	16	17
32d	顶板																	
	侧墙																	
	底板																	
	清底、垫层、防水																	
	工作内容/分段	1	2	3	4	5	6	7	8	9	10	11	12	13	14	15	16	17
40d	顶板																	
	侧墙																	
	底板																	
	清底、垫层、防水																	
	工作内容/分段	1	2	3	4	5	6	7	8	9	10	11	12	13	14	15	16	17
48d	顶板																	
	侧墙																	
	底板																	
	清底、垫层、防水																	

续表

	工作内容/分段	1	2	3	4	5	6	7	8	9	10	11	12	13	14	15	16	17
54d	顶板																	
	侧墙																	
	底板																	
	清底、垫层、防水																	
60d	工作内容/分段	1	2	3	4	5	6	7	8	9	10	11	12	13	14	15	16	17
	顶板																	
	侧墙																	
	底板																	
	清底、垫层、防水																	
节拍	养护（70%强度）	16	流水原则：以伸缩缝划分，约30m为一个流水区间。底板及以下、侧墙顺做；顶板跳仓；口部二层用于调整															
	顶板	4																
	侧墙	4																
	底板	4																
	清底、垫层、防水	4																

底板工效高于侧墙及顶板施工，暂不考虑底板的周转。以4套侧墙及顶板木模为例进行周转，木模周转需绕过正在施工管廊节段时，可通过管廊引出端口部区域进行周转（图21-2）。

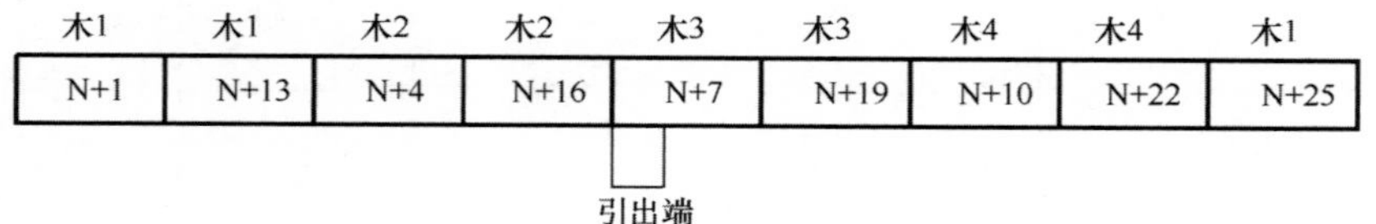

木1
木1
木2
木2
木3
木3
木4
木4
木1
N+1
N+13
N+4
N+16
N+7
N+19
N+10
N+22
N+25
引出端

注：N为该段管廊起始开工时间

图21-2　木模跳仓施工流水示意图

2. 铝模

铝模施工采用跳仓施工（底板工效高于侧墙及顶板施工，暂不考虑底板的周转），以1套铝模为例进行跳仓演示，包括1套底板、1套侧墙及顶板、3套K板、3套支撑杆（图21-3）。

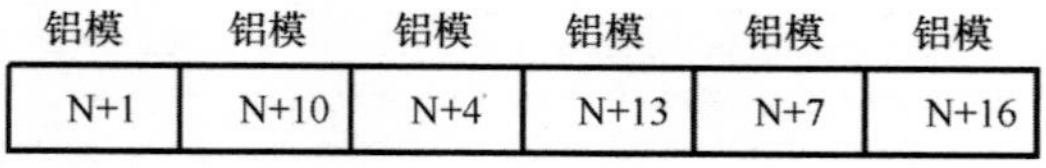

铝模
铝模
铝模
铝模
铝模
铝模
N+1
N+10
N+4
N+13
N+7
N+16

注：N为该段管廊起始开工时间

图21-3　铝模跳仓施工流水示意图

第22章 计划管理

22.1 计划管理体系

为满足项目总承包管理需要，结合管廊项目自身特点，项目计划管理采用“三级五线”管理体系，包括编制、审核、审批、检查、预警、纠偏、调整等环节。“三级”指一、二、三级计划的层级管理体系，“五线”指报批报建、设计（含深化设计）、招采、建造、征拆计划的主线管理体系。并建立与之匹配的资源计划与工作计划，确保计划体系的完整性、科学性、严密性（图22-1）。

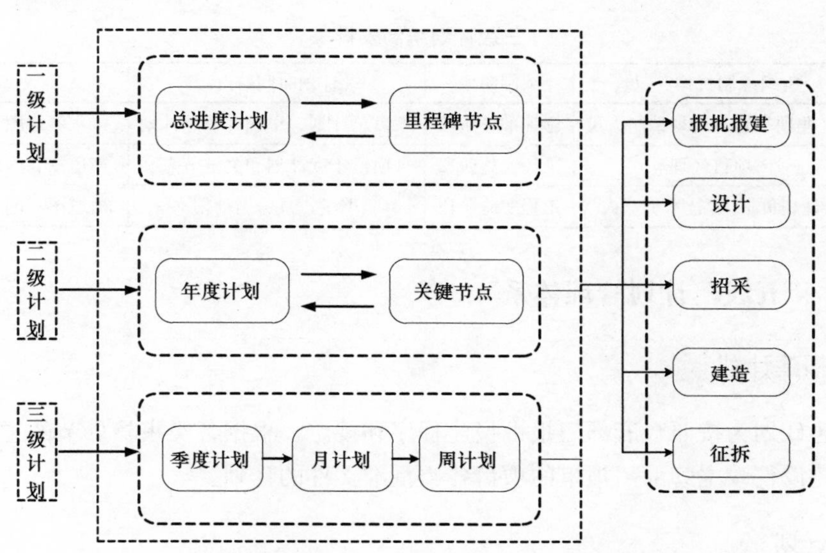

图22-1 “三级五线”计划管理体系

在实施条件分析的基础上，结合影响各类计划的外围工作进展情况和整体管控思路，从组织、管理、技术、经济等方面提出有效的对策。

22.1.1 “三级”计划管理体系

1. 一级计划

一级计划为项目总计划和里程碑节点，总承包商基于合同约定的工期条款和《项目策划书》编制一级总体控制计划。表述各专业工程的阶段目标、确定本工程总工期、阶段控制节点工期、所有指定分包专业分包工期、关注主要资源的规划及需求平衡等，是业主、设计、监理及总承包高层管理人员进行工程总体部署的依据，主要实现对各专业工程计划进行实时监控、动态关联。

2. 二级计划

二级计划为项目年度计划和关键节点，其基于一级项目总计划和里程碑节点分解编制，形成细化的该专业或阶段施工的具体实施步骤，以达到满足一级总控计划的要求，便于业主、监理和总承包管理人员对该专业工程进度的控制。

3. 三级计划

三级计划为项目季度/月/周计划，其基于二级计划逐级分解制定，明确各专业工程的具体施工计划，供各分包单位基层管理人员具体控制每个分项工程在各个流水段的工序工期。三级计划表述当季度、当月、当周的施工计划，总承包商随工程例会发布并检查总结完成情况（表 22-1）。

三级计划编制安排表　　表 22-1

计划等级	组织编制机构/人员	编制阶段	计划时间跨度	计划编制形式
一级计划	企业项目管理策划编制人员	施工准备阶段	项目总计划、里程碑节点计划	网络图、地铁图
二级计划	项目经理	工程实施阶段	项目年度计划和关键节点	横道图、网络图或斜线图
三级计划	计划负责人/技术负责人	工程实施阶段	季度、月、周计划	横道图、网络图或工作表

22.1.2 “五线”计划管理体系

1. 报批报建计划

报批报建计划为按照政府部门报批报建程序和规定，根据各类审核环节的主要条件和需求，向当地建设行政主管部门报审的项目各类批准文件的计划。

2. 设计计划

设计（含深化设计）计划为项目可行性研究、方案设计（含概念方案设计）、初步设计、施工图设计与施工详图深化设计计划。

3. 招采计划

招采计划为项目设计资源（含 BIM 服务、技术服务等）、劳务资源、物资设备资源、专业分包资源等各类招标采购计划。

4. 建造计划

建造计划为项目实体施工计划、辅助设施安装计划、各类工序穿插计划、作业面移交计划、资源需求与调配计划。

5. 征拆计划

征拆计划为项目启动前或施工过程中涉及征拆工作的计划，如：建构筑物拆除计划、土地征收或征用计划、苗木清表计划、管线迁改计划等。

如图 22-2 所示。

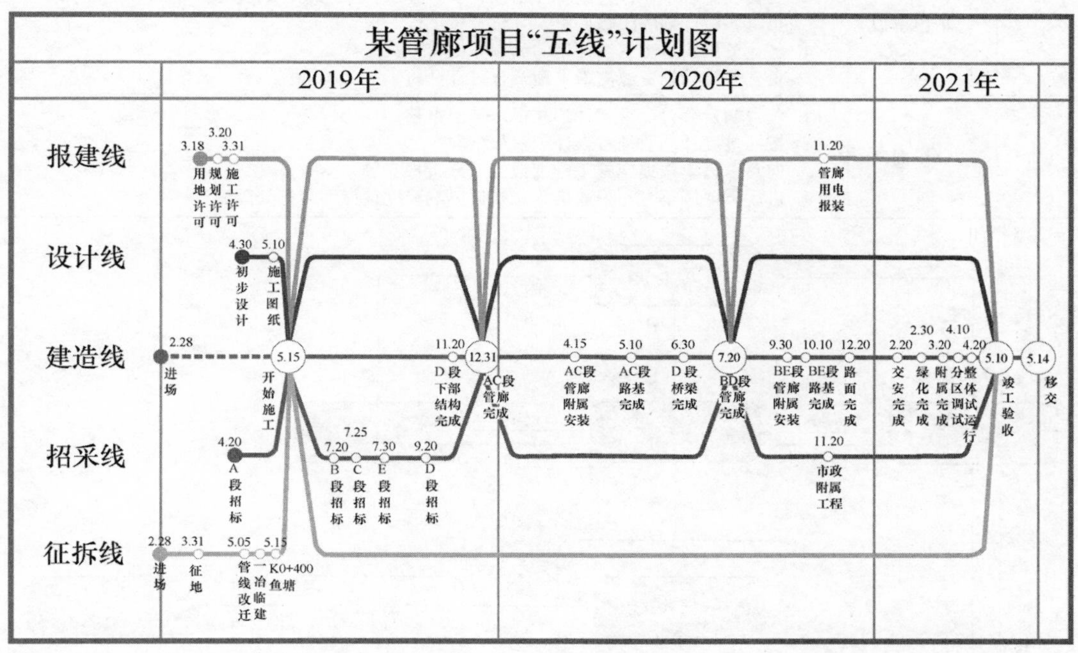

图 22-2　某管廊项目"五线"计划图

22.1.3　计划管理职责

项目依据本身计划管理特点，搭建清晰、明确的计划管理组织结构，并明确各级计划管理方的权责界面，通过 PDCA 的管理方法，确保项目计划管理科学严谨（图 22-3）。

各参建方职责权限如表 22-2 所示。

参建方职责权限表　　**表 22-2**

序号	相关方	职责
1	业主	1. 审核项目一级、二级计划 2. 按照流程时间节点要求对影响项目进度的重大方案等影响因素做出决策 3. 按照流程时间节点要求对影响项目进度的变更做出决策 4. 按照计划要求为总包提供协助和配合 5. 按照合同及进度拨付应付款项
2	监理	1. 协助业主完成一级、二级计划及其各版块总控计划的审核审批工作 2. 按照要求完成三级计划及其各版块计划的审批及监督其执行情况 3. 按照计划要求完成方案、资料的审核审批 4. 按照计划要求完成相应的决策和配合工作 5. 按照计划要求完成工程款的审批 6. 按照计划要求组织和参与各项验收工作

续表

序号	相关方	职责
3	设计院	1. 按照业主节点要求制定设计进度 2. 协助业主完成一级计划审核工作 3. 根据总包单位一级计划，落实设计进展
4	总承包单位	1. 负责各级计划编制工作 2. 负责收集各专业分包进度计划，并审核并入各级进度计划 3. 负责各级计划的跟踪调整、分析考核工作 4. 各业务板块负责三级计划的编制并提交审核 5. 负责各级计划资源需求平衡及合理性分析
5	分供商	1. 负责制定分包商进度计划并报总包部审核 2. 按照进度计划监控各自计划执行情况 3. 向总承包单位提交施工进度报告、分析报告等 4. 进度需要调整时，采取措施，根据影响程度选择不同的处理流程

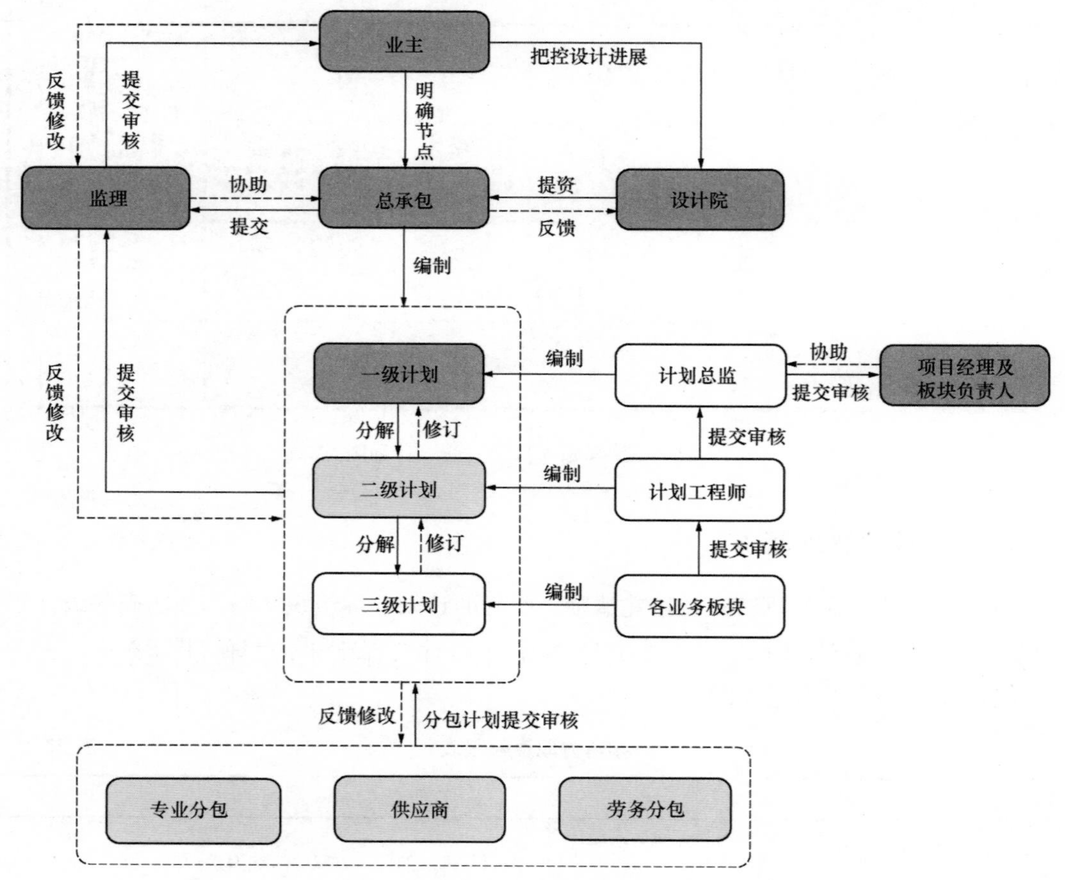

图 22-3 参建方计划管理逻辑关系图

22.2 进度计划编制

22.2.1 编制依据

施工进度计划编制依据主要有项目工程合同文件、施工部署与施工组织设计、设计图纸、外部环境资料、资源供应条件、同类工程施工进度、施工规范等。

22.2.2　编制内容

1）施工进度计划编制说明，含调控措施、主要计划指标一览表、执行计划的关键说明、需要解决的问题及主要措施；

2）以横道图或网络图的形式表现施工进度计划；

3）主要分部分项工程的起止日期一览表；

4）项目资源需求计划，含主要实物工程量计划、主要工种劳动力计划、主要材料用具需用计划、主要机械和工具需用计划、主要半成品和构配件加工计划。

22.2.3　编制方法

进度计划编制流程如下：

工作结构分解→责任分配矩阵→确定工作关系→确定工作时间→编制进度计划

1）工作结构分解（WBS）：将项目工作按阶段可交付成果分解成较小的，更易于管理的组成部分的过程（图 22-4）。对管廊项目而言，在时间维度上，根据工作过程可将项目划

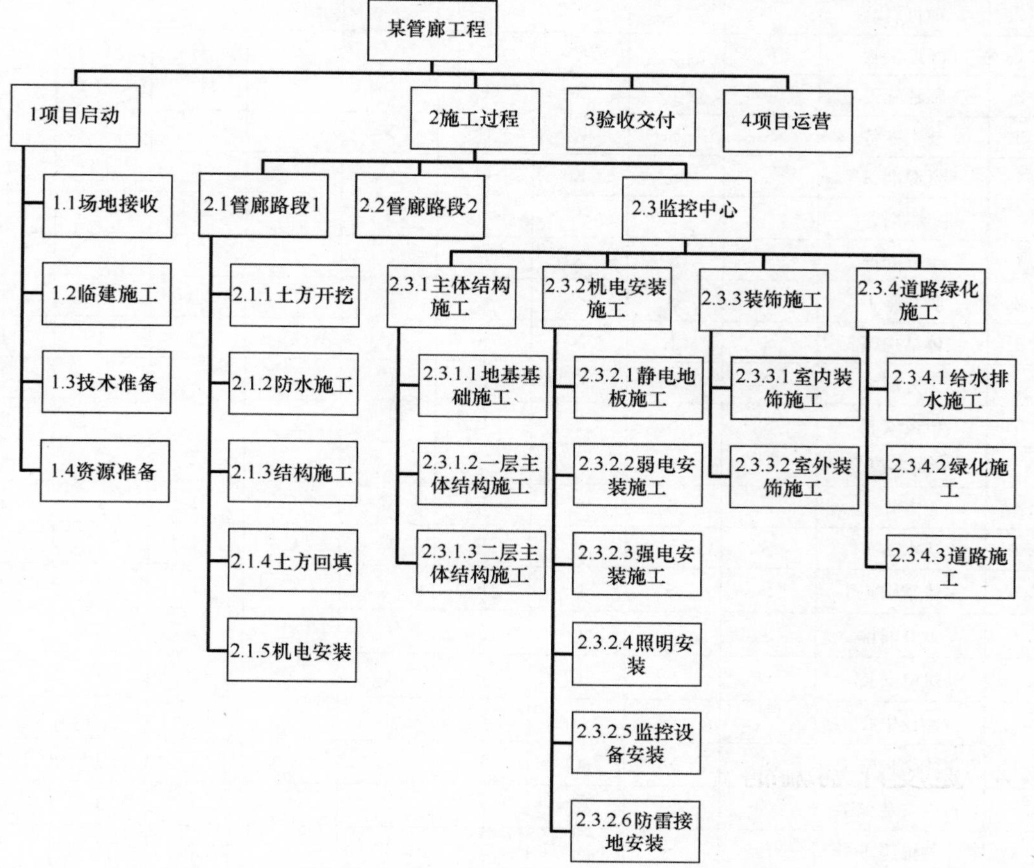

图 22-4　某管廊项目工作结构分解

分为：施工准备、施工过程、交付验收、项目运营四大阶段；空间维度上，根据交付成果，将施工过程按照各管廊路段以及综合管廊监控中心进行划分。

在上述时空划分的基础上，对管廊和监控中心进一步划分，划分依据可根据分部分项工程进行划分，参考如下。

管廊：根据专业划分为土方开挖、防水施工、结构施工、土方回填、机电安装 5 个工作包。

监控中心：根据专业划分为主体结构施工、机电安装施工、装饰施工、道路绿化施工。

2）责任分配矩阵（RAM）：将合同工作分解结构要素要求的工作和负责完成该工作的职能组织相结合而形成的矩阵结构（表 22-3）。确定项目管理团队成员的权责，使项目团队能够各负其责、各司其职，进行充分、有效的合作，避免职责不明、推诿扯皮现象的发生，为项目任务的完成提供了可靠的组织保证。

某管廊项目责任分配矩阵示例 **表 22-3**

编码	工作任务	责任人								
		项目经理	副经理	行政负责人	生产负责人	技术负责人	商务负责人	计划负责人	安全负责人	质量负责人
1	项目启动									
1.1	场地接收	F	S	C	C	C	C	C	C	C
1.2	临建施工	J	J	X	F	C	C	C	C	C
1.3	技术准备	S	S	X	C	F	C	C	C	C
1.4	资源准备	S	S	X	C	C	C	F	C	C
2	管廊路段 1									
2.1	土方开挖	S	S	X	F	C	C	J	J	J
2.2	防水施工	S	S	C	F	C	C	J	J	J
2.3	主体结构施工	S	J	X	F	C	C	J	J	J
2.4	土方回填	S	S	C	F	C	C	J	J	J
2.5	机电安装	S	S	C	F	C	C	J	J	J
3	管廊路段 2									
3.1	土方开挖	S	S	C	F	C	C	J	J	J
3.2	防水施工	S	S	C	F	C	C	J	J	J
3.3	主体结构施工	S	S	C	F	C	C	J	J	J
3.4	土方回填	S	S	C	F	C	C	J	J	J
3.5	机电安装	S	S	C	F	C	C	J	J	J
4	监控中心									
4.1	主体结构施工	S	S	C	F	C	C	J	J	J
4.2	机电安装施工	S	S	C	F	C	C	J	J	J
4.3	装饰施工	S	S	C	F	C	C	J	J	J
4.4	道路绿化施工	S	S	X	F	C	C	J	J	J

续表

编码	工作任务	责任人								
		项目经理	副经理	行政负责人	生产负责人	技术负责人	商务负责人	计划负责人	安全负责人	质量负责人
5	整体调试	S	F	C	C	C	C	J	C	C
6	工程整体竣工验收交付	F	C	C	C	C	C	C	C	C
F—负责		C—参加		S—审批		X—协调			J—监督	

3）确定工作关系：任何工作的执行必须在某些工作完成之后才能执行，这就是工作的先后依赖关系。即是确定项目实施过程中各项工作间的先后关系（表 22-4）。

某管廊项目工作关系列表　　**表 22-4**

编码	工作任务	工期（天）	紧前工作	搭接关系
0.0	地下综合管廊项目	1045		
1.0	项目启动	60		
1.1	场地接收	15		
1.2	临建施工	30	1.1	
1.3	技术准备	30	1.1	FS15
1.4	资源准备	30	1.1	FS15
2.0	管廊路段 1	455		
2.1	土方开挖	120	1.1	FS15
2.2	防水施工	160	2.1	SS30
2.3	主体结构施工	280	2.2	SS15
2.4	土方回填	180	2.3	FS-125
2.5	机电安装	240	2.3	FS-110
3.0	管廊路段 2	455	2.4	
4.0	监控中心	329		
4.1	主体结构施工	250		
4.1.1	地基基础施工	45	1.4	FS306
4.1.2	一层主体结构施工	115	4.11	
4.1.3	二层主体结构施工	90	4.1.2	
4.2	机电安装施工	50		
4.2.1	弱电安装施工	15	4.1.3	
4.2.2	强电安装施工	15	4.1.3	
4.2.3	照明安装	15	4.1.3	
4.2.4	监控设备安装	30	4.1.3	
4.2.5	防雷接地安装	20	4.1.3	
4.2.6	静电地板安装	20	4.2.4	
4.3	装饰施工	55		

续表

编码	工作任务	工期（天）	紧前工作	搭接关系
4.3.1	室内装饰施工	15	4.2.3	
4.3.2	室外装饰施工	25	4.1.3	FS30
4.4	道路、绿化施工	79		
4.4.1	给水排水施工	20	4.1.3	
4.4.2	道路施工	17	4.4.1	
4.4.3	绿化施工	42	4.4.2	
5.0	整体调试	90	3	
6.0	工程整体竣工验收交付	60	5	

4）确定工作时间：确定项目实施过程中各项工作所需的时间。可根据工程规模、机械设备选型、结构类型、建设方要求等，查找有关施工规范、工期定额或计算确定。

5）编制进度计划：对于计划的编制，要充分运用计划编制工具，根据每种技术工具的特点进行应用（表 22-5）。

主要计划编制工具 **表 22-5**

序号	名称	优点
1	横道图	适合短期计划，简单工序施工，编制较为简单，直观、方便
2	网络图	适合中长期计划，逻辑关系清晰，编制较为复杂，宏观性、系统性强

22.3 进度计划管理

项目部应加强对施工进度计划的跟踪与调整，对进度计划的实施过程应进行跟踪、检查，当发现实际进度与计划有偏差时，应及时采取纠偏措施，或进行局部调整，以确保施工进度能得到控制。各参建单位应加强对项目施工进度计划的跟踪与执行监控。企业层面应有专人负责各工程项目上报进度计划的收集与跟踪，并根据进度偏差情况及时进行预警或资源调整纠偏工作。

22.3.1 进度监控

通过现场实际进度，对照项目总体进度计划、季度进度计划、月度进度计划、重大节点进度计划等，分析项目进度是否达到了相关进度计划要求；通过对专业工程进行工序细分，对影响施工进度计划的工序单独剥离，从资源配置合理与否、物资材料供应及时与否、外部环境影响等方面进行进度分析。

1）企业计划管理部门通过年、季、月检查和分析项目部提供的月报，对照审定的一、二级计划，复核计划的完成情况，进行风险的识别、响应、控制，对影响二级计划（年度目标）的项目报生产分管领导协调解决，对影响一级计划（竣工目标）的项目应上报企业层面进行决策。

2）项目计划管理部门通过分析项目各业务部门提供的周报，对照审定的二、三级计划，复核计划的完成情况，进行风险的识别、响应、提出控制建议，对影响三级计划（月度目标）的关键点和关联点报项目经理协调解决，对影响三级计划（季度目标）的关键点和关联点报企业计划管理部门。

3）项目各业务部门负责人通过分析各专业工程师提供的日报，对照审定的与进度主线匹配的自身工作计划，复核计划的完成情况，进行风险的识别、响应、控制，对影响三级计划（周计划）的关键点和关联点报项目计划部门和项目经理。

如图 22-5 所示。

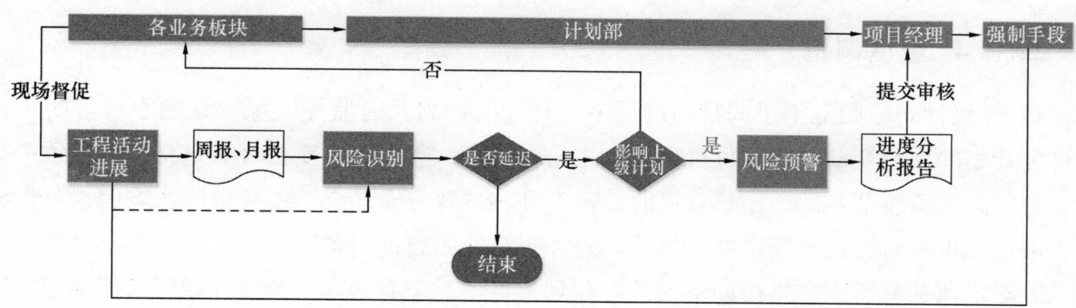

图 22-5　进度计划监控流程

22.3.2　进度预警

1）管廊项目施工进度延误程度可参照表 22-6 所列标准分类定性。

工期延误程度与预警分级表　　**表 22-6**

序号	计划类型	延误时间				
		正常	一般延误	较大延误	重大延误	特别重大延误
1	一级计划	0 日	1～10 日	11～29 日	30～59 日	60 日及以上
2	二级计划	0 日	1～7 日	8～14 日	15～29 日	30 日及以上
3	三级计划	0 日	1～3 日	4～6 日	7～14 日	15 日及以上
4	相应预警信号	无	绿色■	蓝色■	黄色■	红色■

2）当进度计划关键线路出现严重偏差时，项目部要及时分析原因制定纠偏措施，及时与上级单位联动，并做好各项资源的调配，确保纠偏措施的严格落实。

3）由于总承包方自身组织出现的偏差，项目部要积极采取增加施工资源等措施进行有效纠偏。

4）由于项目相关方原因出现的偏差，生产管理人员应按商务管理有关程序办理工期签证，做好施工日志的记录，项目部跟踪工期签证确认情况，并建立工期签证台账。

22.3.3 进度纠偏

1）进度分析后，项目部需对延误进度采取具体有效纠偏措施，明确纠偏责任人及纠偏时限。

2）对进度偏差的原因进行分析，并确定影响施工进度的因素后，通过召开生产例会来提出纠偏措施落实计划的调整对策，及时与上级单位联动，并做好各项资源的调配，确保纠偏措施的严格落实。

3）纠偏措施主要包括：施工调度、组织措施、技术措施、经济措施。

4）纠偏后的进度计划和资源配置要重新调整，及时落实，确保工期计划能够良性循环。

5）上级单位应对项目部纠偏措施提出完善意见，并持续跟进项目部纠偏进展。

22.3.4 进度调整

1）一级计划原则上不予调整，过程中应对进度计划及时监控、采取强制手段等防止一级进度计划的调整变动，因不可抗力或业主指令要求、重大设计变更等非自身原因导致一级计划与实际严重脱节并缺乏指导意义时，需召开各参建方专题会，提交进度影响因素分析报告，由业主审批后进行一级进度计划的调整并报企业主管部门备案。

一级申请调整后应严格按调整后进度计划执行，对于有延误需调整计划但未能确定具体调整计划的项目，如因各类原因中止施工项目，暂不做调整，待恢复正常施工进度后再申请相应进度计划调整。

2）二级计划调整采用按季度“动态调整机制”，以确定后的一级计划为基础线，调整时严禁突破一级计划，按照实际情况自动更新并滚动调整，调整后的计划如影响到原定关键节点，则执行一级计划调整原则。

3）三级计划调整采用按月度“动态调整机制”，以确定后的二级计划为基础线，按照实际情况自动更新并滚动调整。调整后的计划作为后续计划管理的计划基准线。

参见图22-6。

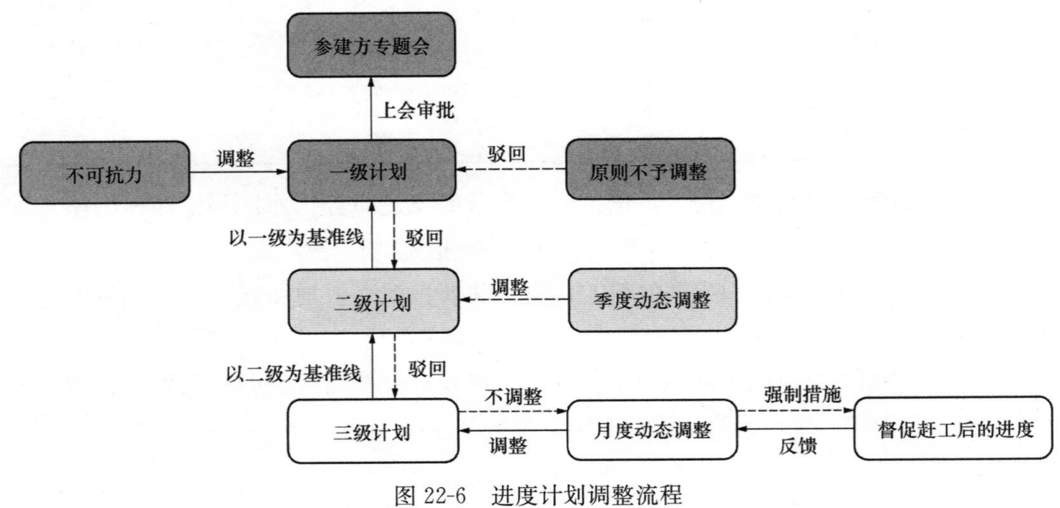

图22-6 进度计划调整流程

22.3.5 进度考核

协调各方建立从上而下的进度考核机制，明确考核指标及奖惩办法从而形成业主、总承包单位、分包单位良性循环的进度执行体系。考核指标可分为工期滞后率、计划节点完成率（图 22-7）。

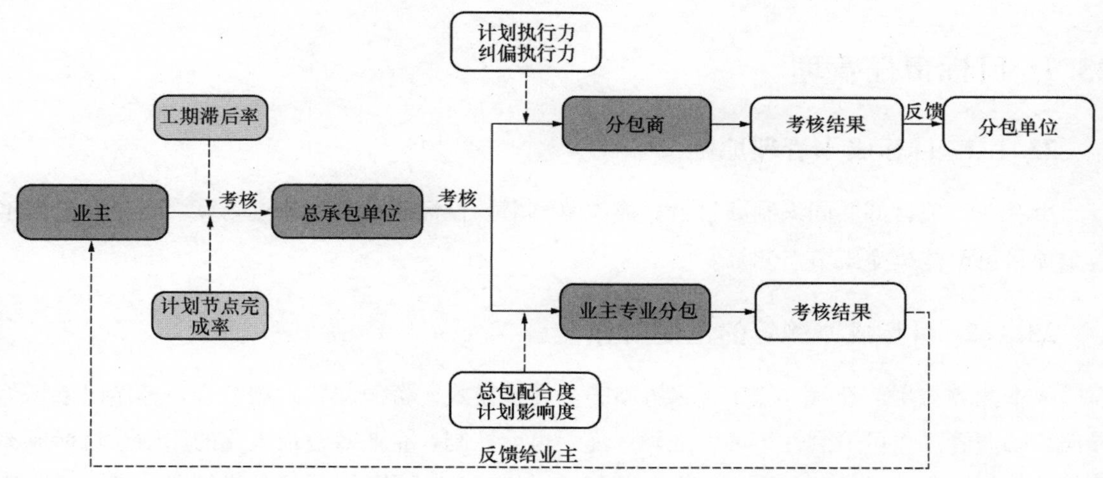

图 22-7　进度计划考核流程

工期滞后率＝（考核期末工期－考核期末实际形象进度对应计划工期）/计划工期×100％。

计划节点完成率＝考核期内计划节点完成数/考核期计划节点总数×100％。

1. 业主对总承包单位考核

考核计划分过程考核及竣工考核。

过程考核：采用“季度考核”机制，以项目工期滞后率作为考核指标。

竣工考核：项目竣工后进行竣工考核，以项目工期滞后率和关键节点计划完成率作为考核指标，作为项目整体履约及管理水平的综合评价。

2. 总承包单位对分包商（包括业主专业分包）考核

对分包商的进度考核以建造部为主体，各职能部门参与，考核指标主要有：各分包的计划编制质量、计划执行情况、对关联分包和部门工作的影响情况、过程纠偏措施执行情况、公共资源使用的合规性等，项目建造部对各考核指标设定不同权重，按照月度进行考核，输出月进度复核表，将该表纳入分包履约评价，在分包合同中将月进度复核表与付款条款关联，督促分包履约。

第23章 商务合约管理

23.1 目标责任管理

23.1.1 目标成本管理原则

由企业、项目部共同编制项目目标成本测算书，目标成本需分节点测算，当年开工当年竣工项目可整体按完工节点测算。

23.1.2 目标成本测算的主要内容

成本测算与生产经营（施工技术方案、分发包模式、资源配置）相结合，遵循以市场为导向、动态管理、可追溯性，确保准确严谨、事前控制，企业效益最大化的原则。目标成本测算的主要内容包括：劳务费（含专业分包）、材料费（含周转材料）、机械费、安全文明施工费、管理费、规费、税金、其他费用等。

23.1.3 目标成本测算依据

目标成本测算依据详见表23-1。

目标成本测算依据表 表23-1

序号	成本测算依据
1	投标书，包括商务标、技术标以及标前成本分析资料
2	工程施工承包合同，包括协议书、专用条款、通用条款、招标文件、中标函、往来函件、会议纪要、承诺函等
3	经批准的施工组织设计、施工图纸、标准、规范及有关技术文件，项目所在地建筑工程定额与有关文件规定
4	施工方案、劳动力、周转料具、机械等需用量资源配置计划
5	施工图预算和工料分析，生产要素询价资料、供方合同
6	企业内部有关文件规定、企业成本数据库及其他费用支出标准

23.1.4 目标责任书编制

目标责任书包括组织管理模式、目标责任范围、管理目标、企业与项目部权责、项目考核节点、项目部利益分配、考核原则及计算方式、风险抵押、目标成本测算及其他事项。

23.1.5 目标成本动态调整

目标成本动态调整是目标成本管理的关键，实施过程中如发生非项目原因导致成本增减变化时，需及时组织有关人员分析、查找原因，制定整改措施。

23.2 施工方案成本控制

在编制、确定项目施工方案时要结合商务管理理念，完成投标方案和施工实施方案对比，进行经济技术分析，重点强调人、材、机、管理费等综合成本最优，选择科学合理的施工方案。管廊工程各类施工措施方案优化关键点可参照表 23-2 比选。

管廊工程施工措施方案比选　表 23-2

序号	方案名称	优化关键点	优化措施
1	交通疏解	交通疏解方案比选	1）根据前期调研情况，在车流量较大的路口设置交通导行标牌及协警，在车流量较小的路口只设置导行标牌； 2）在同一路段上减少重复的交通设施及标牌； 3）在相邻的路口车流量较小的情况下，只设置一个协警岗按需求调岗
2		人员及设备配置方案比选	分析研究现场各阶段需求，不同施工阶段所需求交通指挥的人数和设备的投入不同，不同流量路口的人员、设备配置数量不同，早晚高峰时间人员及设备投入不同，选择最低成本的配置方案
3	设备选择	机械选型	工程选型、吊距及最大起重力（吊车）、挖斗容量、旋转半径、动力型号（挖机）、车长及承载力（平板车）、罐体容积（自卸汽车、洒水车、农用车）
4		机械数量	结合型号、定位、工程任务数量、工期要求，在满足生产需求下，优化机械数量
5		包月及计时工方案比选	根据现场实际需求时间，建议月累计时长超过 240h，按包月方案，小于 240h 按计时工方案
6		机械承包模式	1）项目管控能力较强、配合程度较好，可由项目部直接租赁或购买施工机械； 2）项目管理难度较大，可将施工机械包含到合同中，由施工队伍管理，将施工机械以单价的形式包含在专业分包单价中，如挖机可以包含在土方开挖外运单价中，吊车可以包含在钢支撑安装单价中
7		设备购买方案	可先分析设备使用时间及使用成本，对租赁成本及购买成本进行对比分析后确定方案
8	钢筋加工	集中加工与分散加工比选	1）集中加工：结合工程特征、工程线路长度、工程量等测算集中加工与分散加工综合成本，优选成本经济方案；集中加工的功效较高，人工费较低，适用于加工工程量较大、施工连续、便于进出场运输的项目； 2）分散加工：钢筋安装点分散、钢筋量较小，或者项目后期施工钢筋量较小，钢筋加工复杂，钢筋场地要求不高，可采用分散加工，由钢筋安装单位负责加工

续表

序号	方案名称	优化关键点	优化措施
9	钢筋加工	加工车间	1）加工车间根据是否纳入评优项目考核、是否有标准化建设要求制定相应施工方案；加工车间规模根据钢筋量综合评定，提前做好原材、半成品堆场平面规划，数控加工设备摆放位置； 2）车间选址综合考虑优先利用旧有厂房、车间建造成本低、运输线路短的位置，从工期、成本综合分析选定；分工区车间选址优选红线范围以内、覆盖半径较大、不干扰路线交叉的位置
10	工地试验室	试验室选址	1）进场前组织相关人员对现场进行勘察，编制选址方案； 2）工地试验室应设置在施工项目部驻地或集中拌和场内，其周边场所、交通通道均应硬化； 3）工地试验室场地的选择应充分考虑安全、环保及施工、质量管理要求等因素
11		试验室布置	试验室的生活区、办公区、实验区、排水沟、电路布设等，需科学合理规划临建布置，确保达到验收标准、通过验收，并最大程度节约成本
12	现浇管廊施工	廊底处理	廊底有淤泥的情况需采用河道水排出、井点降水、级配碎石换填等，提高承载力，选择最优处理方案
13		土方开挖支护	放坡开挖与支撑开挖，放坡开挖根据土质情况确定合理的放坡坡度，当场地无法满足放坡要求时，需采取刷坡；支撑开挖为钢板桩与内支撑组合
14		支架方案比选	管廊施工的支架方式可根据现场需求采用支架法施工或移动模架施工
15		邻近管线保护	强弱电、军缆、自来水管、燃气管、雨污水管等，管线保护方式有隔离法（钢板桩、搅拌桩）、悬吊法、支撑法（支撑桩、砂袋）、土体加固法（注浆）
16		模板策划	管廊结构模板可根据现场适用情况选用木模板或钢模板
17		混凝土入仓方案选择	根据现场实际情况可选择商品混凝土泵送或吊车＋料斗的方式进行混凝土浇筑
18	预制管廊施工	自建预制构件厂	1）预制构件需求总方量在10万方以上建议自建站； 2）厂址尽量在红线范围内； 3）生产线模式：构件规格统一、量大时宜采用自动流水线生产； 4）模板的选择、对比：如采用定型钢模还是塑料模板； 5）场地转运机械：宜采用小型龙门吊（根据单构件体量）和叉车、随车吊组合的模式； 6）养护模式：宜采用全自动喷淋养护设备，根据温度条件采取降、升温设备
19		成品购买	1）与自建构件厂经济指标综合比选； 2）运输路线、生产能力、质量、商誉均作为供应商选择的依据； 3）外购模式一定要明确交货模式及相关的责任划分； 4）优先以现场交货并负责上下卸车及运输过程的损耗

23.3 施工过程成本控制

23.3.1 施工材料消耗成本控制

1. 计划采购管理

项目进场后根据施工图纸及组织设计要求编制完成项目物资需用总计划；项目施工生产用的主要大宗物资必须提报物资需用总计划，以控制主要材料用量；项目物资采购应遵循按计划进场的原则，无计划不能组织进场。

2. 物资盘点管理

钢筋、水泥、混凝土、地材、型钢、周转材料（如模板、钢管料具、水电材料、施工围挡）等大宗物资实行月度盘点制，其他材料根据项目实际情况，自行组织盘点。根据盘点数据汇总，形成物资盘点结果，对盘点盈亏进行分析。

3. 物资核算管理

项目需成立成本核算小组，负责物资盘点核算工作，物资盘点核算坚持按月度成本盘点核算、重要节点成本盘点核算和项目竣工成本核算三种方式逐步深入推进；需确保物资成本核算数据的真实性和准确性，对核算过程中出现的物资数量节超及时组织核算小组分析原因，提出纠偏方案、拿出对策，确保物资采购数量和消耗数量受控。

4. 物资退场管理

项目阶段性工程完工或竣工后多余物资，安排物资退场事宜；不可再利用的工程废旧物资按废弃物处理，内部不可循环利用，但可回收的工程废旧物资按废旧物资处理，可循环利用、工程多余物资可调拨给其他项目二次利用。

23.3.2 施工机械设备成本控制

1）根据施工方案和主要设备选型配置方案，合理配置机械设备，提出项目设备需求计划，设备需求计划包含项目环境概况、设备平面布置图、设备需求计划、分包设备管理计划、设备安全风险辨识与安全管理措施等。

2）合理对比机械定额，结合市场行情，确定合理的机械租赁价格，合理配置最大限度地缩短机械设备的使用周期，发挥机械的使用率，安拆时间、停租及时，防止机械闲置及工作任务不饱满，降低机械租赁的成本支出。

3）设备购置要对设备的购置费用、品质、性能、可维修性、使用维修费用进行综合分析，并考虑其经济效益、产品质量、生产效率、周转折旧等，求得最佳的价值。

23.4 合同管理

23.4.1 合同备案

合同签订后，应按照政府相关文件要求在规定时间内报送行政主管部门备案。

23.4.2 合同交底

合同签订后，及时建立合同目录及台账，并做好合同交底及交底记录工作。

23.4.3 合同履约

1）总承包单位按合同约定履行对分包单位的管理、协调职能。

2）总承包单位应每月对各分包单位针对工期、质量、安全、文明施工等履约要素进行评价，对履约不正常的单位和要素采取纠偏措施，保证履约顺利进行。

3）项目部应按投标文件配备管理人员，并报业主单位及上级主管部门审批、备案。

23.4.4 合同管理流程

1. 主合同管理流程

主合同管理流程如图23-1所示。

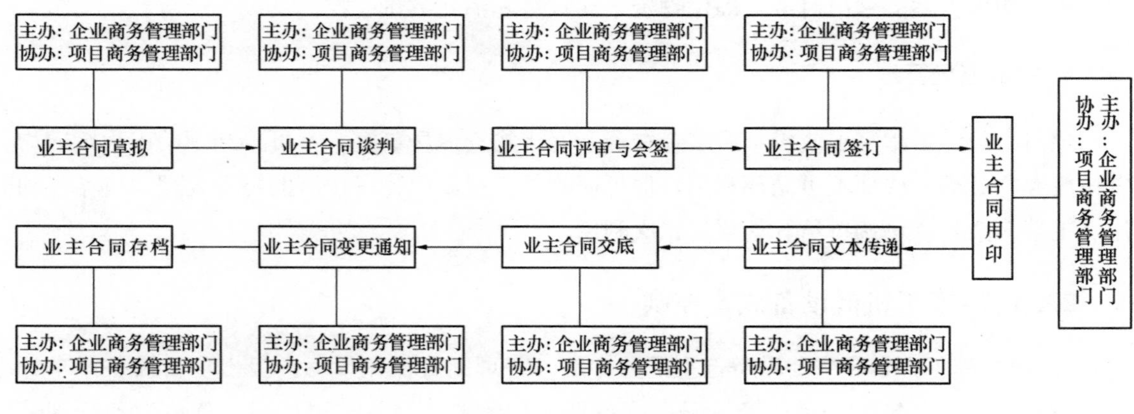

图23-1 主合同管理流程

2. 业主指定分包合同管理流程

业主指定分包合同管理流程如图23-2所示。

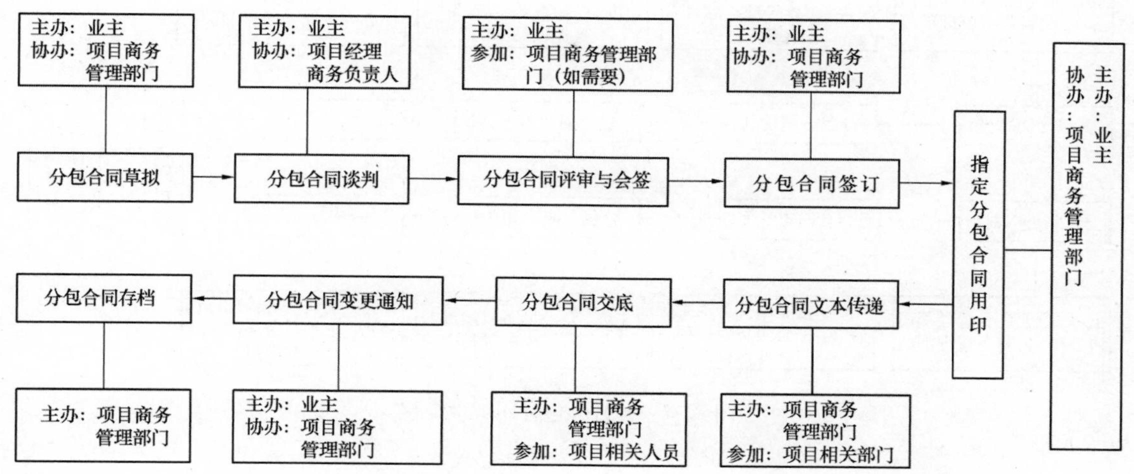

图 23-2　业主指定分包合同管理流程

3. 独立分包合同管理流程

独立分包合同管理流程如图 23-3 所示。

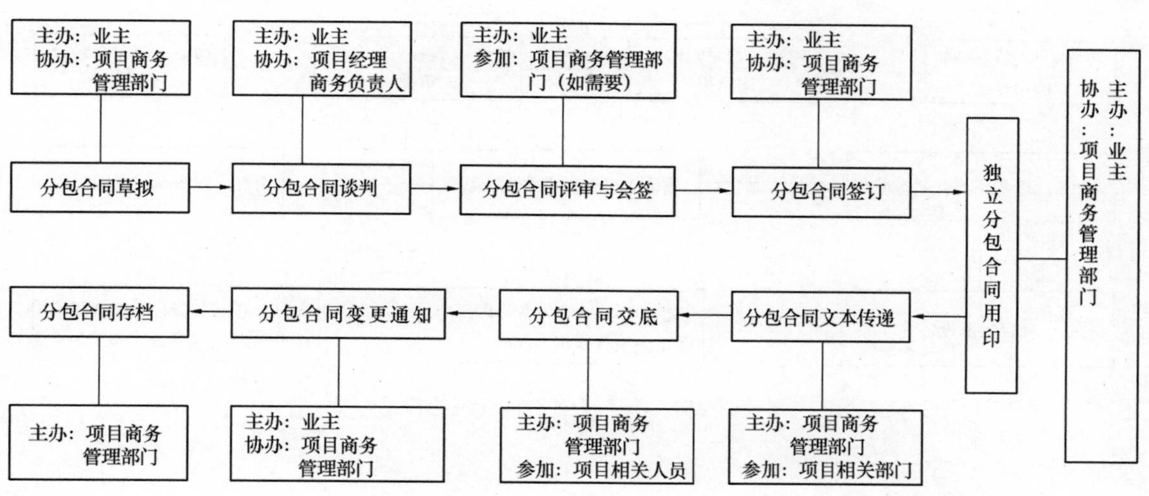

图 23-3　独立分包合同管理流程

4. 自行分包合同管理流程

自行分包合同管理流程如图 23-4 所示。

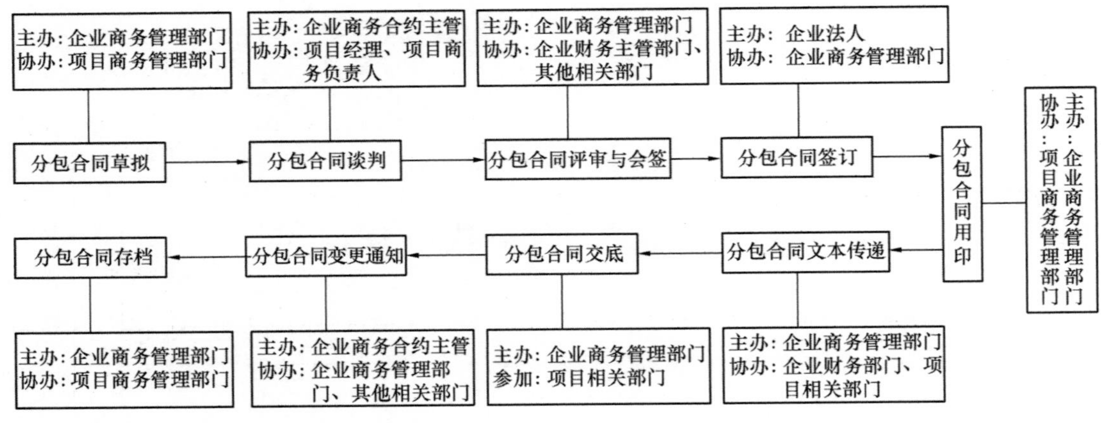

图 23-4　自行分包合同管理流程

5. 材料设备采购合同管理流程

材料设备采购合同管理流程参见图 23-5。

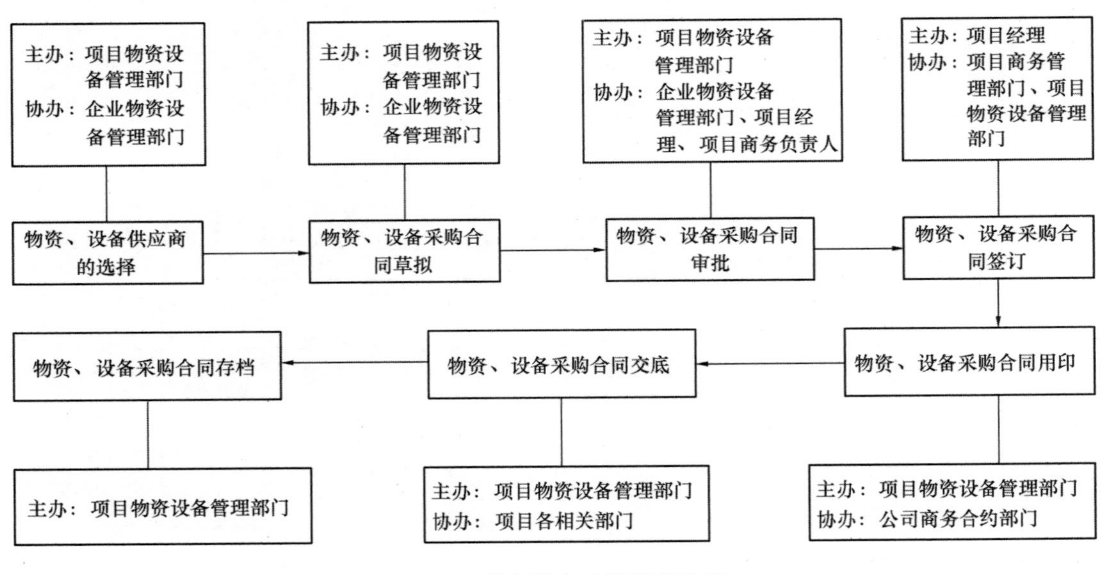

图 23-5　材料设备合同管理流程

23.5 结算管理

23.5.1 结算原则

1）合同工期超过 1 年的工程，施工过程中应争取进行中间结算；

2）项目在建过程中，项目部应与建设单位就已完工工程按照合同约定计价原则，办理阶段性工程结算；

3）停缓建工程没有明确重新开工时间的，要及时办理中间结算；

4）分段施工或分节点施工的项目，及时办理节点完工结算。

23.5.2 工程结算书

1）工程进入收尾阶段后，项目经理牵头组织在 45d 内完成结算书编制工作，商务负责人和商务人员具体负责结算书的编制和汇总工作，相关部门配合。

2）结算书编制依据项目招投标资料、合同及补充协议、设计变更、签证索赔资料、往来函件、技术核定单、合同约定计算的工程价款；合同约定应调整的工程价款；建设单位审核签字确认追加的工程价款（设计变更、签证索赔等）；与建设单位存在争议的工程价款（向项目所在地工程造价管理机构进行咨询或按合同约定的争议或纠纷解决程序办理）；按国家和地方政府颁发的政策性调价文件计算的工程价款；结算组认为应该增加的其他工程价款。

3）结算书评审时需附资料：对外结算书；结算责任状初稿；项目结算策划；项目完工成本核定表；项目商务结算总结；项目总结。

4）项目部在结算书编制完成 3d 内，由项目经理组织进行项目部内部评审和修订；企业商务部门在结算书编制完成后 7d 内组织项目部及企业工程管理部门、技术部门、物资部门、财务部门、综合管理部门对结算策划书、结算书进行评审和修订后，按照分级授权原则上报上级单位进行审批。

5）企业商务部门组织项目部根据评审意见对结算策划和结算书进行修改完善。

第24章 技术管理

24.1 技术管理策划

项目技术管理策划工作主要体现为编制《技术管理策划书》,《技术管理策划书》是《项目管理策划书》的重要组成部分，是项目开始阶段编制的技术性文件，是用于指导项目技术管理工作的计划性文件。

24.1.1 准备工作

1. 资料收集

项目技术管理部门负责收集设计图纸、合同文件、类似工程总结资料和工程所在地特定的规范标准，为项目《技术管理策划书》的编制做准备。

2. 任务分工

1）现场踏勘后，项目技术负责人召开技术策划编制分工会，进行任务分工安排，项目经理参与。

2）项目相关业务部门负责提供《技术管理策划书》编制的相关数据、资料，技术管理部门负责组织编制。

24.1.2 编制

1）项目技术负责人负责牵头组织，技术部门负责编制，并于工程承接进场后一个月内完成编制工作。

2）项目《技术管理策划书》编制完成后，由项目技术负责人组织项目内部评审；若项目体量大或技术管理难度大，则由企业技术部门组织进行评审。

3)《技术管理策划书》主要内容涵盖：工程概况及特点、合同要求、项目实施目标、主要施工部署、施工技术方案及技术管理策略、技术管理风险分析及对策、工期管理风险分析及对策、商务风险分析及技术对策、项目技术管理组织机构及分工、各项技术管理工作实施计划（施工方案编制计划、课题研发计划、新技术推广应用计划、成果编制计划等）。

24.1.3 审核、审批

完成内部评审的项目《技术管理策划书》，报企业审批修改，项目技术部门根据批复意见修改完善，完成后报企业备案。

24.1.4 调整与修改

(1)《技术管理策划书》审批通过后，当发生重大设计变更，施工进度、专项施工方案出现较大调整时，由项目技术部门修改后发起流程重新审批。

(2) 项目技术负责人负责组织《技术管理策划书》的执行。企业技术管理部门定期检查项目部《技术管理策划书》的执行情况。

24.2 图纸及变更管理

24.2.1 图纸收发

1）设计院施工图纸收发由技术部门负责，2d 内发放至项目部相关责任部门，同时做好对内、对外的收发文登记。

2）项目部图纸收发由建造部负责，2d 内发放至各分包单位，同时做好对内、对外的收发文登记。

24.2.2 图纸会审

1）合同交底：公司市场部门、技术部门结合“合同条款、投标过程中存在风险、施工阶段应注意的事项”等对项目部进行交底，形成书面记录。

2）内部会审：根据合同交底，由项目技术负责人组织项目相关部门和分包单位熟悉施工图纸，进行内部会审并形成记录。

3）设计交底：设计交底由建设单位组织，设计、监理、施工等单位参加。

4）会审时间：正式图纸收到后，项目部督促建设单位在 15d 内组织图纸会审；对于图纸供应不齐全、不及时的项目，督促建设单位在图纸收到后 15d 内分阶段完成。

5）图纸会审主要内容：是否违背法律、法规、行业规程、标准及合约等要求；是否违反工程建设标准强制性条文规定；是否与常用施工工艺和技术特长相符合，可在会审中提出合理化建议；设计内容和工程量是否符合项目商务成本策略，必要时应在图纸会审中做相应变更引导；施工图纸设计深度能否满足施工要求，施工工艺与设计要求是否矛盾；材料、工艺、构造做法是否先进可行，专业之间是否冲突；施工图之间、总分图之间、总分尺寸之间有无矛盾；结合工程特点，针对项目的风险点、策划点、赢利点，提出合理、有效的技术措施。

6）会审记录：项目技术部门根据设计交底、图纸会审意见及结论于图纸会审后 5 个工作日内形成正式图纸会审记录，由建设单位、设计院、监理单位、施工单位等签字、盖章后执行。正式图纸会审记录形成后，需报企业技术部门进行备案。

7）会审交底：施工图纸会审记录正式文件形成后 3 个工作日内由项目部技术管理人员

发至图纸持有部门及分包单位，项目技术负责人于5个工作日内组织专业人员（含分包单位）进行书面交底；图纸持有部门及时在所用图纸上标识，避免误用、误算、漏算或影响其他专业施工等；对于作废的图纸应盖作废章。

24.2.3 设计变更管理

设计变更管理是指项目自初步设计批准之日起至通过竣工验收正式交付使用之日止，对已批准的初步设计文件、技术设计文件或施工图设计文件所进行的修改、完善、优化等活动。

1）设计变更：设计变更包括设计变更通知书、设计变更图纸，一般由设计院出具，建设单位、施工单位审核后实施。

2）技术洽商：当过程中存在图纸矛盾、勘探资料与现场实情不符、不能（便）施工、按图施工质量安全风险大、有合理的技术优化措施等情况时，项目部技术负责人负责提出技术洽商，经监理单位、设计单位、建设单位审核批准后实施。总承包项目技术设计部负责组织协调分包单位的变更洽商，避免专业间的变更洽商不协调影响总体施工。

3）设计变更交底：工程洽商记录、设计变更通知书或设计变更图纸由项目技术部门统一签收认可，及时分发相应专业单位；项目技术负责人对工程部门、商务部门等相关部门和专业队伍进行设计变更、洽商记录交底，重点明确可能产生的影响，专业之间的衔接、配合等，形成文字记录；图纸持有人对变更洽商部位进行标注，明确日期、编号、主要内容等。

4）图纸、图纸会审、设计变更、技术洽商发放：图纸、图纸会审、设计变更、技术洽商等技术文件须经项目技术负责人根据内容识别发放范围，批准后向分包单位、供方单位以及技术、生产、质量、安全、商务等部门相关人员有效发放，做好收发文登记，技术管理人员自存原件作竣工资料用。

5）图纸、图纸会审、设计变更、洽商记录管理：图纸采用《项目施工图纸接收及发放（或回收）管理台账》进行管理。

图纸会审、设计变更、洽商记录采用《项目图纸会审、设计变更、洽商记录收发管理台账》进行管理。

24.3 深化设计管理

24.3.1 组织机构及职责

项目技术部门负责项目设计及深化设计管理工作，根据项目和业主的需求负责深化设计管理。根据工程整体进度计划组织编制项目深化设计总进度计划，确保各专业协调一致；负责编制项目接口矩阵表；对深化设计的接口、提资、进度、质量等进行监督与审核。

技术部门负责项目深化设计图纸的报审和登记发放工作，协调项目材料、设备报审工作。制订深化设计进度、质量等奖罚制度，并对专业分包商进行考核。

专业分包商负责其承包范围内施工内容的深化设计，并按项目部要求参与相关专业间的接口协调与配合；负责深化设计内审和外部法定审批，对自身承包范围的深化设计图纸质量和进度负主责。

深化设计管理的三个核心要素：进程管理、品质管理、合约管理（图 24-1）。

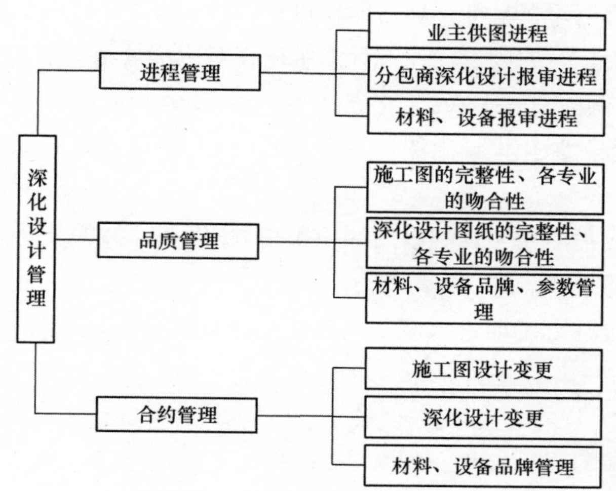

图 24-1　深化设计管理核心要素

24.3.2　目的与内容

深化设计就是对业主方提供的图纸进行细化、固化和优化。即业主方提供的图纸达不到直接施工深度（如节点不清晰、选用不符合工艺要求，不能反映专业、工序之间交叉协调部位、做法或空间关系，预留预埋定位不明确，专业设施参数不详），专业承包商需要进行深化设计。

24.3.3　编制与审批

深化设计分为项目部自营范围和专业分包商施工内容的深化设计。由施工责任主体单位组织深化设计，即“谁施工、谁深化设计”。

分包商的深化设计图纸，经过项目部审核后，由项目部按照工程合同约定的程序呈报相关方（监理、业主单位）审核和批准；深化设计图纸批准后，由施工责任分包商负责出图并组织交底，由项目部负责图纸的登记和发放。

24.3.4　协调管理

项目技术部门负责与原设计方协调。与业主和设计方沟通，了解设计意图、功能要求及设计标准，获取项目图纸供应计划并掌握供图动态；负责协调各专业分包商的深化设计工作，确保各专业分包商的深化设计进度、接口协调一致；对专业分包商提交的深化设计图纸进行审核并呈报相关方（业主或设计）审批；向业主、监理和原设计单位提出设计方面的合理化建议（洽商）；负责项目内部深化设计交底工作。

24.3.5 进度管理

各专业分包商根据工程总进度计划编制本专业深化设计出图计划、材料/设备报审计划并报项目部项目技术部门审核批准，项目深化设计出图计划和材料/设备报审计划应满足工程总进度计划的实施需求，原则上深化设计图纸应在对应部位施工前60～90d前完成、材料/设备报审应在该项采购前90～120d前完成。

经项目部审核批准的深化设计出图计划和材料/设备报审计划，随工程总进度计划下达给分包商及相关单位。

各专业分包商必须严格按照计划出图和报审材料/设备，并提交进度报告，便于总包商协调、控制深化设计进度。

项目部根据总进度计划定期组织检查，重点控制关键线路上深化设计进度。

24.3.6 质量管理

项目技术部门对项目设计文件、材料/设备报审文件的内容、格式、技术标准等进行统一规定，审核专业分包商制定的深化设计实施方案。

专业分包商对自行深化设计的图纸、材料/设备报审文件内容进行审核；项目部技术部门组织专业之间的交叉接口审核；经项目工程合同约定的图纸审批方批准后分包商出图。

深化设计出图后由项目部技术部门组织各相关方交底、学习，明确交叉环节的配合措施。

24.4 专业分包技术管理

1）专业分包工程的施工组织设计（方案）由专业分包单位编制，上报项目部前，分包单位技术负责人必须签字确认，并加盖单位公章。

2）项目经理组织相关人员进行评审后，由项目技术负责人审批，并按方案级别呈报上级单位审批后，报监理单位审批。

3）对由项目部直接发包的劳务分包单位，项目技术负责人组织项目管理人员对分包技术人员进行详细的施工组织设计、施工方案以及技术方面的交底，做好对分包的技术管理和指导工作。

4）对于专业分包和业主指定分包，由项目技术负责人组织项目管理人员对其施工组织设计、施工方案进行认真审核和把关，做好专业分包、指定分包的技术协调和沟通工作。同时对分包还要从技术交底到工序控制，施工试验、材料试验、隐检预检等进行系统的管理和控制，直到验收合格。

5）各项技术的核定、变更和索赔必须由项目技术负责人管理和审核，办理完相关的手续后由项目技术员归档保管。

6）项目技术部门在分包合同约定时间内，及时核对审查因施工组织设计、设计变更、进度加快、标准提高及施工条件变更等情况分包商提出的索赔，对审核的真实性、准确性负责。

24.5 施工组织设计管理

24.5.1 编制

1）编制人：特大型项目、特殊项目由企业组织，其他项目由项目经理主持，项目技术负责人组织，项目各部门参与编制；施工组织设计由项目部负责编制，分包商在项目部的总体安排下，编制其分包部分的施工组织设计。

2）编制依据：以投标阶段的技术标为基础，根据项目策划，结合工程合同及现场实际情况编制。

3）编制内容：工程概况、施工重难点、施工部署、施工方法、进度计划、总平面图、关键设备、质量、HSE等保障措施、总承包管理等内容。

4）编制时间：大型及以下规模项目的施工组织设计应在进场后30d内编制完毕；特大型项目的施工组织设计应在进场后45d内编制完毕；对于图纸供应不齐全、不及时的项目应结合投标施工组织设计和现场实际情况编写施工组织设计大纲，在收到图纸后20个工作日内分阶段编制施工组织设计。

24.5.2 审批

1）施工组织设计经过项目部内部评审后（3个工作日内完成）报企业审核。

2）分包方施工组织设计经过分包单位技术负责人审核签字加盖公章后报总承包商审核。

3）施工组织设计应逐级上报至总承包单位技术负责人审批并签认，再由项目部报送至项目总监理工程师审批，没有实行监理的项目由建设单位的项目负责人或建设单位企业技术负责人审批。

4）对于审批未通过，由原组织编制的部门于15个工作日内重新组织编写，并按程序重新发起审批手续，项目部应依据二次审批中的修改意见重新组织修改和反馈。

5）施工组织设计审批完成后，由项目技术管理人员将施工组织设计发放到项目各部门，并报企业及业主单位技术部门存档，做好发文登记记录。

24.5.3 交底

施工组织设计经审批后，项目部技术负责人牵头向各专业建造师进行交底。

24.5.4 实施

项目部按批准的施工组织设计组织实施，项目技术、质量、安全管理部门作为监督、检查施工组织设计执行的主控部门，复核施工组织设计的执行情况。

24.5.5 修改

当遇到下列情况时，对施工组织设计进行修改，由项目技术负责人重新组织编制，形成修改后的施工组织设计，重新经原审批单位批准后实施。

（1）发生重大设计变更，必须对施工工艺或流程进行变更时。

（2）当工期不能满足目标要求并出现重大偏差时（偏差度≥20%）。

（3）过程能力严重影响工程成本。

（4）施工过程中出现不可预见因素时。

（5）业主需求发生重大变化，且原施工组织设计相关措施不能适应时。

24.6 施工方案管理

24.6.1 方案编制

1. 编制人

工程施工前，项目应深化施工组织设计，根据工程的具体情况编制专项施工方案（作业指导书），对工艺要求比较复杂或施工难度较大的分部或分项工程及易出现质量通病的部位，必须编制作业指导书。施工方案由项目部技术负责人组织编制，并指定项目部相关人员参与编制。具体方案编制人员可参照表 24-1。

施工方案编制人员一览表 表 24-1

序号	方案类别	编制人员
1	测量方案	测量管理人员
2	试验方案	试验管理人员
3	临时水电方案	机电管理人员
4	大型机械设备的安拆方案	设备管理工程师组织，分包单位编制
5	安保计划	安全管理人员
6	应急预案	安全管理人员
7	防汛防台专项方案	安全管理人员
8	质量策划	质量管理人员
9	质量创优策划	质量管理人员
10	危险性较大的分部分项工程施工方案/ 超过一定规模的危险性较大的分部分项工程	技术部门编制 项目部安全管理人员参与编制
11	钢筋、模板、混凝土等专项施工方案	技术部门编制
12	其他分项工程施工方案（作业指导书）	技术部门编制

2. 编制依据

施工组织设计、施工图纸、地勘水文资料、现场勘查资料、相关的法律法规、标准规范、技术规程、施工手册等。

3. 编制内容

施工范围、施工条件、施工组织、施工工艺、计划安排、特殊技术要求、技术措施、资源投入、质量及安全要求等。

4. 编制时间

施工方案在分项工程施工前 30 个工作日内（特殊方案 45 个工作日）编制完成。

24.6.2 作业指导书

作业指导书是按照施工规范、验收标准和设计等要求，针对特殊过程、关键工序向操作人员交代作业程序、方法以及注意事项而制定的指导性文件。施工作业指导书应经项目技术负责人审批，必须在该工序施工开始之前对操作人员进行指导培训。主要包括管廊施工测量作业、钢筋工程作业、模板工程作业、预制管廊作业、钢筋混凝土工程冬期施工作业、管廊工程雨期施工作业等相关工序的作业指导书。

24.6.3 方案审批

1）施工方案经项目部内部评审（3 个工作日内完成）后报企业审核（审批）；一般分项工程施工方案由项目经理审批（5 个工作日内完成）；分包单位编制施工方案，经分包单位技术负责人审批后由项目部审核，并报企业及业主单位审批。超过一定规模的危险性较大的分部分项工程专项施工方案需组织专家论证。

2）施工方案在施工前 15 个工作日审批完毕。

3）施工方案审批完成（专家论证完成）后，由项目技术管理人员将施工方案发放到项目生产部门、技术部门、商务部门、质量部门、安全部门等部门，并做好发文登记。

4）自行施工部分需要专家论证的施工方案应在企业内部审核完成后，由企业设技术管理部门组织专家论证。

5）专业分包单位需要专家论证的施工方案应由分包单位审核，总承包单位审核完成后，由专业分包组织专家论证并将论证结果报总承包项目部备案。

6）项目部应按专家论证意见进行修改完善后，报企业及业主单位技术管理部门复核。如方案内容有原则性变更，应重新进行审批流程，并将修改完善后的方案报专家论证单位备案。

7）专家论证应在施工前 10 个工作日内完成。

8）专家论证方案范围：超过一定规模的危险性较大的分部分项工程，以及地方规定需进行专家论证的专项方案。其专项施工方案由项目部编制，企业各部门评审，企业技术负责人审批后（或授权审批），项目部组织专家论证，企业派代表参加。有关范围可参照安全管理“超过一定规模的危险性较大分部分项工程划分表”。

24.6.4 方案实施

1）项目生产负责人负责按批准的施工方案组织实施。

2）项目技术、质量和安全管理部门作为监督、检查施工方案执行的主控部门，复核施工方案的落实情况。

3）经过审批的施工方案严格执行，不得随意变更或修改。施工过程中，方案确需变更或修改时，重新经原审批单位批准后实施，经过重新审批的方案重新组织交底。

24.7 技术交底管理

24.7.1 范围

1）技术交底分为施工组织设计交底，施工方案（作业指导书）交底。

2）施工组织设计的交底范围：

施工组织设计经审批后，特大型项目、特殊项目施工组织设计由企业技术管理部门向项目部全部管理人员进行交底。其他项目由项目技术负责人牵头向项目部管理人员进行交底。

3）施工方案的交底范围：

(1) 施工方案批准后，由方案编制人员向项目各相关生产管理人员进行一级交底。

(2) 现场生产管理人员负责向分包单位或劳务队伍的施工人员进行分项技术或特殊环节、部位二级交底。

(3) 分包单位或劳务施工队伍管理人员向班组操作工人进行三级交底。

24.7.2 形式

1）施工组织设计采用一级交底，施工方案（作业指导书）采用三级交底形式。

2）施工组织设计的交底

(1) 施工组织设计经审批后，企业技术部门向项目部管理人员进行交底。

(2) 项目技术负责人向各专业管理人员进行交底。

(3) 交底内容主要为总体目标、施工条件、施工组织、计划安排、特殊技术要求、重要部位技术措施、新技术推广计划、项目适用的技术规范、政策等。

3）施工方案（作业指导书）的交底

(1) 一级交底：施工方案批准后7个工作日内，由方案编制人员向项目各业务部门管理人员进行交底。其中专业分包单位编制的施工方案，由分包单位技术人员向项目管理人员进行交底。交底主要内容为：施工范围、施工条件、施工组织、计划安排、特殊技术要求、技术措施、资源投入、质量及安全要求等。

（2）二级交底：现场管理人员负责向分包单位或劳务队伍的施工人员进行分项技术或特殊环节、部位交底。交底内容包括：具体工作内容、操作方法、施工工艺、质量标准、安全注意事项等。

（3）三级交底：分包单位或劳务施工队伍管理人员向班组操作工人进行三级交底。交底内容包括：具体工作任务划分、操作方法、质量标准、安全注意事项等内容。三级交底过程由项目现场管理工程师进行监督，签字各方必须本人实名签认，不得弄虚作假。

4）交底形式

（1）技术交底以书面形式或结合视频、幻灯片、样板观摩等方式进行，形成书面记录。

（2）交底人应组织被交底人认真讨论并及时解答被交底人提出的疑问。

（3）技术交底表格按国家或地方工程资料管理规程规定执行。

（4）交底双方须签字确认，按档案管理规定将记录移交给资料员归档。

24.7.3　检查

1）项目部建立技术交底的台账或目录，企业各管理部门在项目实施过程中加强检查指导，保证内容、过程和形式的有效性。

2）交底后须进行过程监控，及时指导、纠偏，确保每一个工序都严格按照交底内容组织实施。

24.8　技术复核

24.8.1　技术复核计划

为避免发生工作差错而造成重大损失或对后续工序质量造成重大影响，在工程开工前，项目技术负责人应根据工程特点组织项目部相关人员编制项目技术复核计划，明确复核内容以及责任人。

24.8.2　技术复核流程

经技术复核确认无误后方可转入下道工序施工，每项技术复核必须填写技术复核记录。在技术复核发现不符合项，应由现场管理人员纠正后，重新进行技术复核。

24.8.3　技术复核职责分配

项目技术负责人对施工组织设计复核；项目技术管理人员对施工方案、图纸会审、设计变更、技术洽商复核；现场各管理人员对技术交底复核。

24.9 施工测量管理

24.9.1 测量方案管理

工程项目开工前，项目技术负责人会同测量人员根据工程实际编制《测量方案》，项目经理审核后报监理单位审批。质量管理人员对方案实施进行监督。

24.9.2 测量人员及设备管理

1. 测量人员管理

1）项目部根据《项目部实施计划书》配置测量人员，测量人员录入技术系统人员台账管理。项目测量人员应明确职责分工，持证上岗，统一管理。

2）项目部必须保证有至少一名专职测量员，大型、特大型基础设施项目可配置多人并组成测量组。根据管廊项目长距离线性工程特点，可按每1～2km配置1名测量员。

2. 测量设备管理

1）项目根据《测量方案》申请测量设备。项目测量负责人负责设备的使用、维护、校检和保养，保存测量设备的合格证、产品使用说明书、检定证书等资料。项目技术部门建立设备台账。

2）测量设备按有关规定进行计量检定或校准，进行必要的维护保养，保持其状态完好。测量设备的维修、封存报废由项目测量人员提出申请，项目部技术负责人审批。

24.9.3 测量业务管理

1）项目测量人员负责收集资料，包括业主提供的控制点、复核施工图纸、各类规范等，形成台账。

2）建设单位组织参建各方进行测量交接桩工作，由设计单位向项目部进行测量交接桩。项目测量负责人、项目技术负责人、业主单位技术人员参加，形成记录。

3）测量人员根据设计单位提供资料，进行导线点复测和控制点加密，完成线路设计计算复核和现场测量放样，编制测量成果报告，测量负责人进行复核，项目技术负责人审核，并在成果书上签字后报监理单位审批。审批完成后，由项目测量负责人向建造部和其他测量组成员进行书面交底，并形成书面记录。

4）测量人员负责有效保护埋设的测量标桩，特别是永久性及半永久性坐标、水准点、沉降观测点等重要标桩设置围栏和明显标牌以引起注意。损坏的测量标桩应及时修复，对重要测量标桩应定期和不定期复查。

5）测量人员按要求放红线桩并对原地面复测，发现与设计不符时，及时向项目技术负责人汇报。

6）现场管理人员提出测量放样计划，测量人员进行放样并交底。

7）测量人员对已完工点进行复核，发现问题，分析原因并提出解决措施。

8）工程竣工后，核实工程各结构中线、标高、几何尺寸，编写工程竣工测量资料，报项目技术负责人审核。

9）测量资料编制完成后，交由项目管理人员验收，办理资料移交，形成移交记录。

24.9.4　项目监控量测管理

1）项目监控量测工作可由项目自行组织或委外监测两种形式完成。具体形式根据合同要求和地方行政部门管理规定确定。

2）对需委外监测的内容，项目初步选定两家及以上具有相应资质的外委监测机构，经项目技术负责人、项目经理审核后上报，由公司招标选定。

3）监控量测方案由第三方监测机构或测量组负责编制，测量人员组进行项目评审，项目技术负责人参与评审，经企业技术负责人审批后，报监理单位审批。

4）监测方案审批后，3d 内由项目测量人员组织对监测人员进行交底，项目技术负责人参与交底，形成书面交底记录［施工组织设计（方案）交底记录］。

24.10　工程资料管理

24.10.1　技术标准管理

1）技术标准范围：包括国家标准、行业标准、地方标准、企业标准、各级图集等。

2）技术标准的采集与入库：项目技术部门及时获取相关最新版本的国家、地方、行业、企业标准和其他要求（特别是数据库中未采集的技术标准、刚出台或更新的技术标准），由各级技术部门逐级审核上报后，由企业审批后进入技术标准数据库。

3）采标目录的发布：项目技术部门根据企业有效版本的《采标目录》以及项目所在地的地方标准、法规信息，负责识别、获取项目部确定采用的技术标准，编制项目部级别《采标目录》，经项目部技术负责人审批后，及时在项目部发布。

4）技术标准的应用：项目进场后 15 个工作日内，由项目技术部门根据实际需求提出项目部技术标准的购买清单，由项目经理审批后购买，并分发给项目有关部门，并指定专人对技术标准进行受控管理（也可使用电子版技术标准）。项目技术部门有针对性地组织相关管理人员学习施工技术标准、规范，并作记录（表 24-2）。

5）采标目录动态管理：当文件修改、作废、增加时，项目技术部门及时收集变动信息，并定期对《采标目录》进行更新换版。

6）技术标准的移交：当工程完工后或有关人员调离本项目时，应上交所发（借）的技术标准，项目部技术管理人员应将项目购买的技术标准移交给公司技术部门，循环利用。技术标准采用台账形式进行管理。

管廊工程常用规范列表 表 24-2

序号	标准编号	标准名称
1	GB 50838—2015	城市综合管廊工程技术规范
2	GB 51354—2019	城市地下综合管廊运行维护及安全技术标准
3	GB/T 38112—2019	管廊工程用预制混凝土制品试验方法
4	GB/T 51274—2017	城镇综合管廊监控与报警系统工程技术标准
5	T/CECS 532—2018	城市地下综合管廊管线工程技术规程
6	T/CECS 531—2018	城市综合管廊运营管理标准
7	T/CECS 10020—2019	综合管廊智能井盖
8	T/CECS 562—2018	城市综合管廊防水工程技术规程
9	YB/T 4760—2019	城市综合管廊用热轧耐候型钢
10	T/BSTAUM 002—2018	城市综合管廊运行维护技术规程
11	17GL101	综合管廊工程总体设计及图示
12	17GL201	现浇混凝土综合管廊
13	17GL202	综合管廊附属构筑物
14	17GL203—1	综合管廊基坑支护
15	17GL204	预制混凝土综合管廊
16	17GL205	预制混凝土综合管廊制作与施工
17	17GL301、17GL302	综合管廊给水管道及排水设施
18	17GL401	综合管廊热力管道敷设与安装
19	17GL601	综合管廊缆线敷设与安装
20	17GL602	综合管廊供配电及照明系统设计与施工
21	17GL603	综合管廊监控及报警系统设计与施工
22	17GL701	综合管廊通风设施设计与施工
23	18GL102	综合管廊工程 BIM 应用
24	18GL204	预制混凝土综合管廊
25	18GL205	预制混凝土综合管廊制作与施工
26	18GL303	综合管廊污水、雨水管道敷设与安装
27	18GL501	综合管廊燃气管道敷设与安装
28	18GL502	综合管廊燃气管道舱室配套设施设计与施工
29	19J302	城市综合管廊工程防水构造
30	19R505、19G540	室外管道钢结构架空综合管廊敷设
31	DB11/1505—2017	城市综合管廊工程设计规范
32	DB11/T 1576—2018	城市综合管廊运行维护规范
33	DB11/T 1630—2019	城市综合管廊工程施工及质量验收规范
34	DB13（J）/T 225—2017	波纹钢综合管廊工程技术规程
35	DB22/JT 158—2016	装配式混凝土综合管廊工程技术规程
36	DB33/T 1148—2018	城市地下综合管廊工程设计规范
37	DB33/T 1150—2018	城市地下综合管廊工程施工及质量验收规范

续表

序号	标准编号	标准名称
38	DB33/T 1157—2019	城市地下综合管廊运行维护技术规范
39	DB37/T 5109—2018	城市地下综合管廊工程设计规范
40	DB37/T 5110—2018	城市地下综合管廊工程施工及验收规范
41	DB37/T 5111—2018	城市地下综合管廊运维管理技术标准
42	DB37/T 5119—2018	节段式预制拼装综合管廊工程技术规程
43	DB42/T 1513—2019	城市综合管廊标识标志设置规范
44	DB42/T 1515—2019	综合管廊智能监控系统集成技术规范
45	DB46/T 477—2019	城市综合管廊消防安全技术规程
46	DBJ61/T 150—2018	预制装配式混凝土综合管廊工程技术规程

24.10.2 施工资料过程管理

1）项目技术负责人、质量负责人、生产负责人在开工前组织相关部门协商资料控制总体思路，统一工程名称、单位（子单位）工程、分部分项工程、检验批划分等。

2）项目部技术管理人员开工前编制项目《工程技术资料管理方案》，明确资料内容、编制人、完成时间、移交规定等，项目技术负责人、质量负责人、生产负责人审核。

3）技术、生产、质量等岗位对各自负责管理范围的资料生成、格式、有效性负责，负责报审工作，办理完毕及时移交项目部技术管理人员。

4）分包单位报监理签字的档案资料由总包项目部生产管理人员审核后，交项目部技术管理人员进行形式、格式审核，再由总承包单位报监理单位审核。

5）对分包单位的资料采取总包和分包单位生产管理人员以双方签字的形式进行控制。

6）项目部技术管理人员负责项目工程资料的审查、收集、编目、归类工作。

7）技术资料收集、整理与施工进度同步。

8）项目部技术负责人组织项目部技术管理人员及质量、技术、生产管理人员定期交叉检查分包单位的资料收集、整理、整改情况。

9）工程施工资料填写应符合档案管理要求，归档资料应为原件，内容完整、齐全，字迹工整、清晰、准确，签字要完备，不得随意更改，记录的内容和记录人应能够追溯。禁用铅笔、彩色笔、纯蓝墨水笔等易褪色的书写材料书写。一般情况下不允许用复印件，材料一律用 A4 纸（297mm×210mm）书写，物资出厂合格证等材质证明复印件上应加盖原件存放单位红章，并注明原件存放地点、复印时间，并有经办人签字。

10）项目部工程施工资料的收集应与工程施工同步，技术管理人员必须按规定及时做好收集、整理、归档工作，汇总发布项目《记录清单》，建立卷内封面、卷内目录，并及时核查各类施工资料是否交圈，在工程竣工验收 3 个月内移交建设单位、城建档案馆、公司档案室等。

11）海外项目工程资料的格式设计和使用、收集、整理和装订等，必须结合项目合同中相应技术条款的要求，在开工之初就与发包单位、甲方磋商好，做出各方都接受的版本模式，然后再全面推广。资料内容的确定应主要参照中国国内所用资料表格，并通过广泛地沟通协商，最后形成符合各方检查习惯要求和简约适用的资料形式。工程资料格式一般为中英文或纯英文格式，因为中文、英文在书写上有些差异，在能够清楚地反映资料的主要内容的前提下，可以在表格设计上与中文版本做出调整，如：尽量在资料表格设计时减少文字填写，多以勾叉表示同意与否；说到做到，便于检查评定记录的内容需要保留下来。

24.10.3 竣工资料管理

1）竣工前，验收资料由项目技术负责人、质量负责人组织项目相关人员编制，做好验收准备。

2）工程档案资料预验收前，技术管理人员加强与档案馆的协调沟通，必要时邀请档案馆专家指导，保证工程档案资料的编制质量。

3）工程技术档案根据《档案标准》和工程所在地档案馆的要求组卷；竣工验收后通过档案验收的资料，由项目部技术管理人员及时向档案馆、业主、监理、质监站、企业档案部门移交档案。

24.10.4 完工项目技术总结

1. 编制要求

1）项目技术负责人应在项目开始之初建立全面总结计划，负责组织相关人员按照分工收集数据及资料，编写施工技术总结，并进行过程监督和检查。

2）在工程各分部分项工程完成后，根据工程实施效果（进度、质量、安全、成本、社会效益）对所采用的技术方案进行技术经济评价，并对实施效果达到行业先进水平的技术方案进行分析，提炼总结科技成果。

3）工程竣工验收前，完成技术总结合稿。完工项目技术总结应由企业技术部门负责审核把关，修改完善后报企业留存备案。

2. 编制内容

完工项目技术总结包含内容：①工程概况；②设计条件；③施工条件；④各种技术经济指标：混凝土含量、钢筋含量、模板使用量、周转材料使用量（消耗量、损耗率及损耗量、所用劳务队伍）；⑤工日消耗量：木工、架子工、钢筋工、混凝土工、预应力工等工种的使用总量和单位建筑面积的消耗量（人工消耗量均转换成标准工日进行计算）；⑥工程质量、安全、进度履约情况（特别要进行进度分析）；⑦主要施工方法、技术措施及相关专项措施费用说明；⑧环境保护和节能措施及相关专项措施费用说明；⑨技术创效措施、实施效果及相关费用说明；⑩新工艺、新材料、新技术、新设备的采用情况（包括厂家、技术性能、关键技术问题、经济效益比较结果）；⑪取得的科技成果；⑫突出的经验教训和体会。

24.11　试验管理

24.11.1　试验检测类别

1）根据项目规模和特点设立工地试验室。

2）管廊工程可根据项目所在地行政主管部门要求，项目试验工作可委托有备案资质的单位实施，配备项目必要的设施和人员配合检测。

24.11.2　项目试验检测工作计划

工程项目开工前，项目部技术负责人组织相关部门编制《物资（设备）进场验收与复试计划》《工艺试验及现场检（试）验计划》《工程检测计划》，确定质量标准和检验、试验工作内容，质量工程师对计划实施进行监督。

24.11.3　试验设备管理

1）项目试验室在进场后5日内提出项目试验设备需求申请表，报企业审批。试验设备由企业统一采购后，技术部门5日内完成调拨。项目工地试验室根据接收的试验设备，在20日内对试验设备进行标定。项目工地试验室在使用过程中，形成试验设备使用台账和维修保养台账。

2）试验设备按有关规定进行检定或校准，进行必要的维护保养，保持其状态完好。试验设备的使用、保管和日常保养由使用人员负责，试验设备的维修、封存报废由试验室主任提出申请，项目部技术负责人审批。

3）项目结束撤场前，项目工地试验室将试验设备移交给公司技术部门，并办好交接手续。

24.11.4　项目试验室授权管理

工地试验室只能从事母体机构授权及能力核验核定参数范围内的工地检测活动。不得超出业务范围开展检测工作，不得对外承接检测任务。超过工地试验室检测范围的检测业务应委托符合条件的试验检测机构进行检测。

24.11.5　试验检测业务外委管理

按照《试验检测工作计划书》要求，对需外委检测的内容，项目初步选定两家及以上具有相应资质的外委检测机构，经项目技术负责人、项目经理审核后上报，由企业主管部门招标选定。

24.11.6　试验室主要工作

1）试验室主要工作包括试验检测计划的编制、材料的选择与试验、各类配合比选配、各种计量器具及拌和站的标定、原材料标志牌的更新、各类试验台账的编制、各类试验资料的整理归档等。

2）材料进场后，由物资管理工程师填写《物资取样送检通知单》，及时通知检验试验工程师。需要取样送检的过程产品由生产管理人员填写《过程产品取样送检通知单》，及时通知检验试验工程师。

3）取样和送检进行见证：取样时检验试验工程师应通知建设单位代表或监理人员参加，取样人员应在试样或其包装上作出标识或封样标志。标识和封样标志应标明工程名称、取样部位、取样日期、样品名称和样品数量，并由见证人员和取样人员共同签字确认，质量工程师应对取样和送检数量进行核实。

4）检验试验工程师领取试验报告，填写《项目检验和试验台账》，并将试验结果及时反馈给项目技术负责人和质量工程师，试验报告送交技术管理人员存档。

5）对不合格的检验结果和错误的检验报告，检验试验工程师要分析原因，并立即向项目技术负责人和质量负责人报告；重大问题要及时向项目经理和企业技术管理部门报告，及时采取纠正措施。

第25章 征拆与协调管理

管廊作为长距离线性工程，施工区域往往涉及大量征拆、排障问题。尤其是在建成区施工管廊时，会经常遇到作业面内有各类待迁改管线。对于管廊施工而言，拆改、协调是制约施工进度的一大难题。

对于管廊施工过程中遇到的拆改协调问题，大体可分为征地拆迁问题、管线迁改问题以及交通疏解问题。

25.1 管理职责

项目部成立迁改工作推进小组，组长由项目经理担任，副组长为项目指定迁改负责人担任，组员由项目技术负责人、其他项目班子成员和区段管理人员组成并承担职责范围内的迁改职责，要树立全员迁改的理念。

25.2 信息与沟通管理

建立日报（每日填写，综合检查核查）、周报（每周四固定节点收集，由拆改工作小组进行梳理）、月报制度（即为迁改工作二级节点计划，规定每月截止日前上报，计划管理部审批），形成信息动态管理台账。

25.3 征地拆迁管理

1. 征地拆迁内容识别

项目迁改负责人组织识别施工范围内的征地拆迁内容。包括正式征地和施工临时征地。对范围内的地上、地下附属物的内容、数量、权属等进行识别，并对征迁采取措施、完成时间进行分析，建立征地拆迁内容台账（包括征迁内容、权属单位、主体职责部门、数量规格、影响描述、难度等级、迁改建议）。

2. 征地拆迁工作计划

项目迁改负责人按照项目总进度计划要求，对各路段征地拆迁工作的完成时间及作业面交接时间提出明确节点要求，制订出征迁工作计划。项目迁改负责人根据上述节点，与业主单位沟通协调，必要时组织相关单位会审确认。过程中项目部应主动配合推动征迁工作，征迁完成后，工作面移交应采用书面确认。

3. 征地拆迁实施

1）项目部征地拆迁工作由项目迁改负责人组织迁改，征拆小组协调落实，每周对迁改进度进行小结，分析偏差情况。项目应协调业主单位每月召开征迁协调专项会议，对当期征迁进展，与进度计划的匹配情况进行分析通报，形成会议纪要并妥善保存。

2）对于拆迁工作开展与计划明显偏差，造成无法按期施工的情况。应识别影响范围和影响时间，及时报告项目经理、项目生产负责人。项目生产负责人分析影响范围，对进度计划进行调整。造成施工进度无法纠偏，或需加大成本投入、产生附带风险的，项目部应办理相关联系函及工期签证。

25.4 管线迁改管理

1. 管线迁改的定义及类别

管线迁改是配合管廊建设的重要施工内容，主要指对建设项目规划红线范围内阻碍主体工程施工的雨污水、燃气、通信、给水、电力等管道、线路及设备，按照有关规范和规划要求进行迁改或保护。在具体实施过程中，受既有管线和主体结构施工影响，根据管线迁改性质分为临时迁改、永久迁改、新建（含扩建）三种（表 25-1）。

管线迁改的类别 表 25-1

序号	类别	工程内容
1	雨污水	涉及雨污水管等的迁改
2	燃气	涉及表前天然气管及设备等的迁改
3	电信	涉及架空、埋地电信的电缆、光缆、管道及设备等的迁改
4	弱电	涉及架空、埋地弱电的电缆、光缆、管道及设备等的迁改
5	长途光缆	涉及架空、埋地长途光缆的电缆、光缆、管道及设备等的迁改
6	110 专网	涉及架空、埋地 110 专网的电缆、光缆、管道及设备等的迁改
7	政府专网	涉及架空、埋地政府专网的电缆、光缆、管道及设备等的迁改
8	国防光缆	涉及架空、埋地国防光缆的电缆、光缆、管道及设备等的迁改
9	供水	涉及表前输水干管、配水管、水表等的迁改
10	消防栓	涉及消防栓、配水管及设备等的迁改
11	公交始发站	涉及公交始发站亭及附属设施等的迁改
12	公交中间站	涉及公交中间站亭及附属设施等的迁改
13	电车	涉及电车线网及设备等的迁改
14	输电线路	涉及 10kV、35kV、110kV、220kV 输电线路及设备的迁改
15	电力信号	涉及电力通信的光缆、电缆的迁改
16	绿化	涉及原道路上树木砍伐、移栽和新建的绿化工程等
17	路灯	涉及原道路上路灯的拆卸、临时照明系统和新建的照明工程等
18	交通设施	涉及原道路上交通设施的拆卸、临时交通系统和新建的交通工程等

2. 管线迁改的特点

管线迁改受制约的因素较多，主要特点如下：

1）迁改范围大：沿线各个路段都有影响主体施工的管线。

2）专业类别多且复杂：如电力、通信、燃气、给水、排水等，凡是城市生活所必需的各类管线设施均会涉及。之前各管线没有专业机构统筹管理，老管线敷设不规范，且许多管线资料因年久缺失、物探困难，直接影响了管线改迁方案的准确性及安全性。

3）迁改断面受限：由于市政工程周边建筑密集，需迁改的管线多，狭窄的区域需要布置下所有迁改的管线，施工时受管线间距规范要求限制，加大了管线迁改工作的难度和统筹管理。

4）报停手续复杂：迁改施工的大部分管线是正在运行的，关系到沿线用户的用电、用水、通信、用气等正常工作和生活需要。特别是一些重大线路更涉及重要部门的运作，管线迁改施工往往需要管线报停。需多方审批，非常严格，周期长。管线报停手续的办理一直是迁改工作的重难点之一，甚至成为影响施工进度的瓶颈。例如：①电力线路迁改的停电时间受季节、用电高峰期、用电时段等因素限制（110kV 一年可申报停电两次，220kV 一年可申报停电一次，一般电力验收报停电计划申请获批需 40d（220kV 需 60d），其中 7 月、8 月、9 月为用电高峰，10 月为国庆月，还需规避元旦、春节等节假日）；②重要长途通信线路的割接，需要通过省信息产业厅及国家信息产业部审批等。

5）迁改时间跨度长：从前期办理迁改需求到合同签订，再进场施工。需经过方案设计、专业审计、专业招标等繁琐的工作流程。进场施工后，管线改迁工期会受迁改断面影响，将直接影响主体工程施工进度。必要时，需采用临时迁改，待后期施工断面足够后再进行正式迁改。总之，管线迁改工作贯穿项目建设的整个过程。

6）协调工作量大：管线改迁社会牵涉面广、制约因素多，管线改迁与众多单位或专业相关联，形成众多接口，互相影响，相互制约。管线改迁属改造工程，其复杂性远高于新建项目。特别是重大市政项目，其管线迁改配套工程的建设管理、施工进程、社会效益等均受到社会各界的广泛关注。

3. 管线迁改的基本原则

1）现有规模补偿与规划要求相结合

对红线范围内需要迁改的管线，原则上按现有规模进行补偿，兼顾规划、景观要求，再结合项目主体工程情况而定。例如架空高压线入地、台式变压器入房等。对于管线权属单位提出的增加容量的要求，经规划部门同意后可在原有线路迁改过程中一并实施，但增加部分的费用由管线权属单位承担。

2）一次性迁改原则

对影响施工的管线，尽量作一次性迁改，避免浪费资金和办理多次管线报停手续，也便于施工现场的管理；在场地条件不具备而又阻碍项目主体施工的情况下，可考虑对现有管线进行保护或局部临时迁改。

3）先深后浅原则

① 同一施工断面上不同管线的迁改施工，应遵循“先深后浅”的原则，避免交叉施工和发生管线受损事故。

② 按照规范要求，管线的埋深一般是：雨污水管（3.5～6m）、给水管（1.5～3m）、燃气管（1.5～2.5m）、电力管群（1.5～2m）、通信管群（1.5～2m）。

③ 按照规划要求，管线平面位置一般是：电力管群、通信管群、*DN*300 及以下配水管安放在人行道；雨污水管、燃气管和 *DN*300 以上的输水管安放在行车道。

4. 管线迁改工作流程

1）现场踏勘及探挖

项目前期，对现场全面排查，弄清现场管线布置，并初步了解各类管线对施工的影响。

2）管线迁改需求。根据排查情况，把需要迁改的管线，根据相关要求，划分为二次招标和非二次招标两类：

① 二次招标：电力、绿化、路灯、交通设施等，二次招标的管线迁改需进行公开招标；

② 非二次招标：燃气、电信、弱电、长途光缆、110 专网、政府专网、国防光缆、供水、消防栓、公交始发站、公交中间站、电车等。非二次招标的管线迁改，需对相关管线权属单位发送委托函（协商实施）。项目迁改部门应针对每项管线确定管理人员，专人专项进行管理和协调。

3）迁改工程立项及委托

在确定管线迁改施工单位的过程中，对委托行为、施工合同和施工方案进行会签，确定其合法性。

4）方案设计

在所有现状《管线布置图》《管线综合规划图》以及《项目施工总体计划》齐备的情况下，项目部应组织相关人员开始编制《管线迁改实施计划》，内容应包括初步的迁改方案、管线迁改的重点难点、制约工期的关键点以及可能的受制因素、施工工期计划和实施步骤等。

5）迁改现场施工。项目实施过程中，需召集管线权属单位及管线施工单位现场确定管线迁改具体事项：

① 组织管线施工单位进场并按工期要求施工，做好交底记录；

② 及时协调各管线迁改之间及管线与道路交叉施工的矛盾，做好现场施工管理；

③ 督促管线施工单位落实安全措施，文明施工，当管线发生危险和事故时组织抢险抢修；

④ 定期或不定期召开相关会议，及时解决工作中出现的问题等。

25.5 交通疏解管理

1）应设专人协调督促交通疏解手续办理情况，定期检查交通疏解方案的实施情况。

2）及时组织召开方案评审会，必要时可邀请相关专家召开专项论证协调会。

3）项目部应主动对接相关道路行政管理部门，委托其编制交通疏解方案，方案设计应尽量减少占用和开挖城市道路，降低对周边交通影响。

4）项目部按照审批通过的交通疏解方案及时组织交通疏解相关工作，并负责在实施交通疏解过程中，与周边企事业单位、居民及商家的协调，落实施工期间围挡周边道路的维护管理及临时交通安全设施的保洁、保全工作。

5）施工完毕后，按原道路标准及时进行交通恢复。

第 26 章 验收与移交管理

26.1 分部工程验收

管廊分部分项工程的划分暂无明确的规范规定。参照《城市综合管廊工程技术规范》GB 50838—2015“9 施工及验收”中相关内容，结合工程实际情况对管廊工程进行单位工程划分。其中综合管廊控制中心可单独划分为一个单位工程，若工程内容中包含桥梁、隧道、道路等施工内容也可单独划分为单位工程。

其中综合管廊单位工程的分部工程划分可参照如下，分别为：地基基础与土石方工程、结构工程、防水工程、附属构筑物、建筑装饰装修、建筑电气、建筑给水排水、智能建筑、通风与空调。

考虑到单条管廊长度较长，结构工程完成时间跨度大，地基基础工程、结构工程、防水工程子分部可按现场需求分段进行验收，验收合格后方可进行土方回填。单条管廊地基与基础、结构工程、防水工程全部完成后再组织对应分部工程的验收工作。附属构筑物工程、建筑电气、智能建筑、通风与空调分部工程整体一次性验收。

26.1.1 验收准备

管廊分部工程验收前施工现场做好准备工作，包含检验批资料、分项工程资料、分部工程汇总资料，其中还包括材料报验、材料复试报告、主体结构实体检测报告等；还需要施工单位的结构验收报告，监理单位的结构质量评估报告等。

1. 现场准备工作

1）结构工程验收前，墙面上的施工孔洞须按规定封堵密实，并作隐蔽工程验收记录：未经验收不得进行装饰装修工程的施工。

2）混凝土结构工程模板应拆除并对其表面清理干净，混凝土结构存在缺陷处应整改完成。

3）工程技术资料存在的问题均已悉数整改完成。

4）施工合同和设计文件规定的结构工程分部施工的内容已完成，检验、检测报告应符合现行验收规范和标准的要求。

5）安装工程中各类管道预埋结束，位置尺寸准确，相应测试工作已完成，其结果符合规定要求。

2. 资料准备

1）施工单位提交的工程竣工报告。

2）监理单位提交的工程质量评估报告。

3）设计单位提交的工程检查报告。

4）建设单位出具的建筑工程验收监督通知单、验收方案、验收组成员名单及提交的竣工报告。

5）完整的主体结构分部工程技术档案和施工管理资料及各项试验报告。

6）砂浆试块、混凝土标准养护、同条件养护试块强度的统计评定记录。

7）现场结构检测抽查报告（含混凝土强度、钢筋保护层厚度检查报告、现浇板厚度检测报告、砌体强度检测报告及质量验证检测报告）。

8）建筑工程测量记录、沉降观测记录（有资质单位观测）、单位工程垂直度观测记录、楼层放线记录。

26.1.2　验收内容

对涉及混凝土结构安全的有代表性的部位应进行结构实体检验。结构实体检验应包括混凝土强度、钢筋保护层厚度、结构位置与尺寸偏差以及合同约定的项目，必要时可检验其他项目。

1）检查部位：现浇钢筋混凝土结构（模板、钢筋、混凝土）。

2）观感检查：露筋、蜂窝、孔洞、夹渣、疏松、裂缝、连接部位缺陷、外形缺陷、外表缺陷。

3）实测实量：轴线位置、截面尺寸、标高、外形尺寸、垂直度、平整度。

4）核查质量控制资料、安全和功能检验资料。

26.1.3　验收流程

分部工程质量验收工作会议由总监理工程师主持。验收流程如图 26-1 所示。

26.1.4　验收要求

要求参与验收人员依照国家和省市相关工程质量管理的法律、法规、工程质量验收规范，进行认真细致的检查，对工程验收项目做出独立、公正的评判。

参与验收的建设、设计、监理、施工等各方不能形成一致意见时，应当现场协调提出解决的办法，待验收意见协商一致后，验收各方重新组织进行分部工程验收。

26.1.5　不合格处理

1）检验批验收时，发现存在严重缺陷的应重做，一般缺陷可通过返修或更换器具、设备消除后重新进行验收。

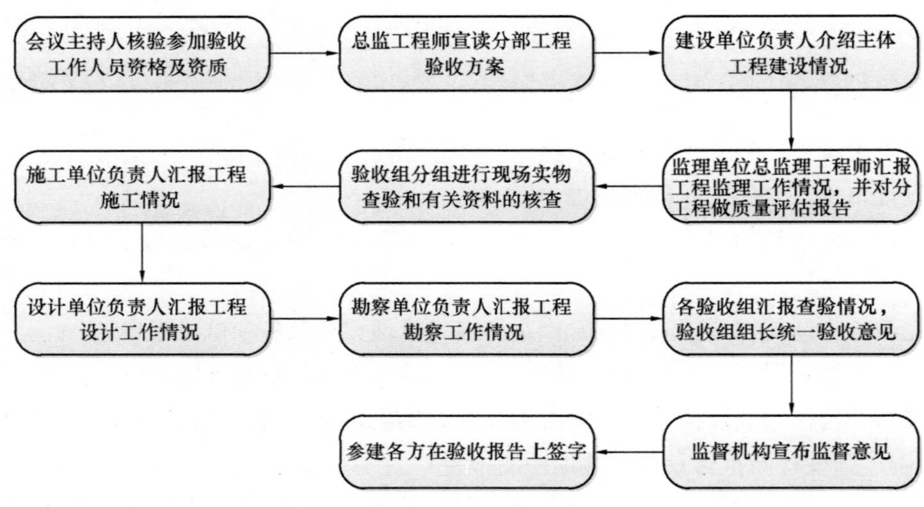

图 26-1　分部工程验收流程

2）个别检验批发现某些项目或指标不满足要求难以确定是否验收时，应请有资质的检测单位检测鉴定，当鉴定结果能够达到设计要求时，应予以验收。

3）当检测鉴定达到不到设计要求，但经原设计单位核算认可能够满足结构安全和使用功能的检验批，可予以验收。

4）严重质量缺陷或超过检验批范围内的缺陷，经法定检测单位检测鉴定以后，认为不能满足最低限度的安全储备和使用功能，则必须进行加固处理，经返修或加固处理的分项分部工程，满足安全及使用功能要求时，可按技术处理方案和协商文件的要求予以验收。

5）通过返修或加固处理后仍不能满足安全使用要求的分部工程严禁验收。

26.2　单位工程验收

26.2.1　验收准备

1）施工单位提交的工程竣工报告。

2）监理单位提交的工程质量评估报告。

3）设计单位提交的工程检查报告。

4）建设单位出具的建筑工程验收监督通知单、验收方案、验收组成员名单及提交的竣工报告。

5）完整的主体结构分部工程技术档案和施工管理资料及各项试验报告。

6）砂浆试块、混凝土标准养护、同条件养护试块强度的统计评定记录。

7）现场结构检测抽查报告（含混凝土强度、钢筋保护层厚度检查报告、现浇板厚度检测报告、砌体强度检测报告及质量验证检测报告）。

8）建筑工程测量记录、沉降观测记录（有资质单位观测）、单位工程垂直度观测记录、楼层放线记录。

9）完成工程设计和合同约定的各项内容。

10）工程有无超层、超面积现象；是否已完善相应的技术及行政许可手续。

11）建设工程中工程款及劳务工资支付情况核查通知单（市场监督机构出具）。

12）责令整改问题全部整改完毕（整改复查记录）。

13）建筑物周边环境治理情况。

14）建筑工程施工许可证（提前介入项目）。

15）工程质量档案完整、与施工进度同步。

26.2.2　验收标准

1. 工程质量验收要求

工程施工质量应按下列要求进行验收：

1）工程施工质量应符合本规范和相关专业验收规范的规定。

2）工程施工应符合工程勘察、设计文件的要求。

3）参加工程施工质量验收的各方人员应具备规定的资格。

4）工程质量的验收均应在施工单位自行检查评定的基础上进行。

5）隐蔽工程在隐蔽前，应由施工单位通知监理工程师和相关单位进行隐蔽验收，确认合格后，形成隐蔽验收文件。

6）监理应按规定对涉及结构安全的试块、试件、有关材料和现场检测项目，进行平行检测、见证取样检测并确认合格。

7）检验批的质量应按主控项目和一般项目进行验收。

8）对涉及结构安全和桥梁使用功能的分部工程应进行抽样检测。

9）承担见证取样检测及有关结构安全检测的单位应具有相应资质。

10）工程的外观质量应由验收人员通过现场检查共同确认。

2. 隐蔽工程验收

隐蔽工程应由专业监理工程师负责验收。检验批及分项工程应由专业监理工程师组织施工单位项目专业质量（技术）负责人等进行验收。关键分项工程及重要部位应由建设单位项目负责人组织总监理工程师、专业监理工程师、施工单位项目负责人和技术质量负责人、设计单位专业设计人员等进行验收。分部工程应由总监理工程师组织施工单位项目负责人和技术质量负责人、专业监理工程师等进行验收。

3. 检验批合格质量要求

检验批合格质量应符合下列规定：

(1）主控项目的质量应经抽样检验合格。

（2）一般项目的质量应经抽样检验合格；当采用计数检验时，除有专门要求外，一般项目的合格点率应达到 80%及以上，且不合格点的最大偏差值不得大于规定允许偏差值的 1.5 倍。

（3）具有完整的施工操作依据和质量检查记录。

4. 分项工程质量验收要求

分项工程质量验收合格应符合下列规定：

（1）分项工程所含检验批均应符合合格质量的规定。

（2）分项工程所含检验批的质量验收记录应完整。

5. 分部工程质量验收要求

分部工程质量验收合格应符合下列规定：

（1）分部工程所含分项工程的质量均应验收合格。

（2）质量控制资料应完整。

（3）涉及结构安全和使用功能的质量应按规定验收合格。

（4）外观质量验收应符合要求。

26.2.3 验收流程

单位工程验收由建设单位主持，验收流程如图 26-2 所示。

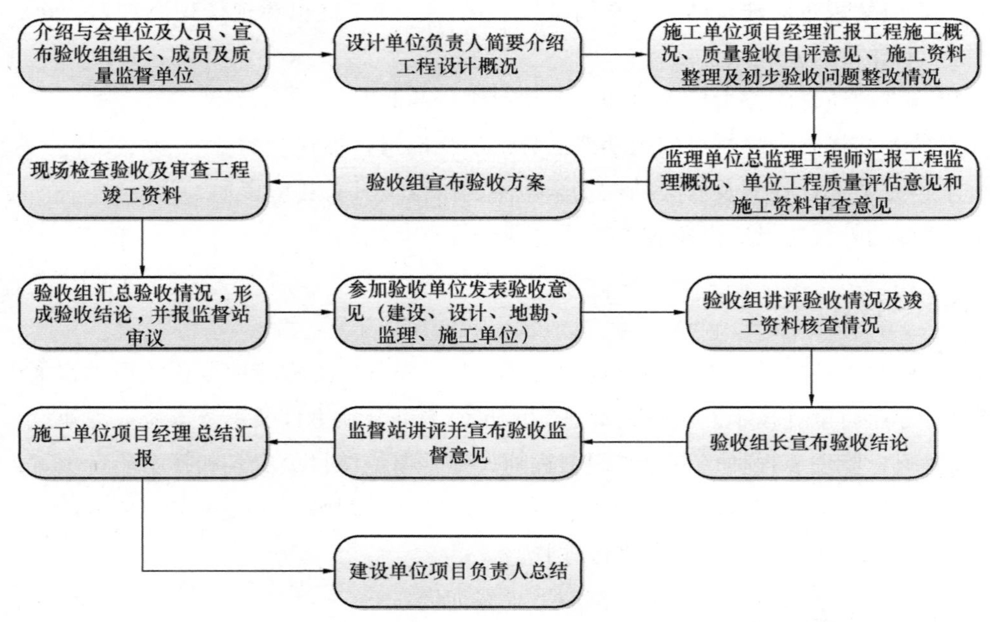

图 26-2 单位工程验收流程

26.2.4　验收注意事项

1. 工程资料

工程技术资料是工程施工过程中的质量记录，也是对工程施工质量的追踪，因此项目部对资料的管理坚持高标准、严要求。工序施工前、后形成的技术资料以及进场原材料的复试等质量保证资料等，应及时进行收集归档，并报监理单位备案，以便对整个施工过程进行全方位的控制。同时认真做好安全资料、文明工地资料的收集和整理。要求工程资料必须及时、准确、真实、完善、齐全、有效、与工程同步。

2. 验收过程

（1）检查工程实体质量。

（2）检查工程建设参与各方提供的竣工资料。

（3）对建设工程的使用功能进行抽查、试验。

（4）对验收情况进行汇总讨论，并听取质量监督机构对该工程质量监督情况。

（5）当在验收过程中发现严重问题，但不到竣工验收标准时，验收小组应责成责任单位立即整改，并宣布本次验收无效，重新确定时间组织竣工验收。

（6）当在验收过程中发现一般需要整改质量问题，验收小组可形成初步验收意见，填写相关表格，有关人员签字，但建设单位不加盖公章。验收小组责成有关责任单位整改，可委托建设单位项目负责人组织复查，整改完毕符合要求后，加盖建设单位公章。

26.3　工程移交

26.3.1　移交原则

移交工作以责任范围为单位，按照“自主负责、分开组织、分批接收”原则实施，即由相应责任单位自主负责，按照土建与安装分开，分路段、分批组织移交接管工作。

土建工程可以控制中心和管廊路段为单位，以现场查验方式，对竣工资料、结构、口部、标识等内容进行检验，验收合格后，办理移交手续。安装工程按照先路段后片区、先硬件后功能，采取现场查验与功能测试方式，分步对设备品质（数量及品牌）、单项功能、系统联动功能（含运维平台）、管理权限等核验后，办理移交手续。

26.3.2　移交流程

移交工作以各移交单元为基础，按如下步骤推进：

1）土建（或安装）工区对照移交标准完成各移交单元设计图纸内容和精细化整改后，填写《管廊建设移交申请单》及工程量附件清单，正式向管廊业主单位提出移交接管申请。《管廊建设移交申请单》及工程量附件清单可参照表 26-1～表 26-3 制定。

管廊建设移交申请单（土建、安装） **表 26-1**

<table>
<tr><td>移交单元</td><td colspan="3"></td></tr>
<tr><td>开工日期</td><td></td><td>完工日期</td><td></td></tr>
<tr><td colspan="4">业主单位：
根据合同要求，我部已于××年××月××日完成××××××全部土建(或安装)施工内容，并于××年××月××日完成竣工验收工作。经自检，该部分工程相关资料齐全，现场工程质量合格，精细化整改全部完成，达到使用移交条件。特申请移交，请贵司核查接收。
管廊施工项目部
××年××月××日
项目经理：</td></tr>
<tr><td colspan="4">土建(或安装)施工内容：
（简述过街横沟、出入口、设备层、各专业系统、各设施设备等工程量）
附件：管廊土建(或安装)专业工程量清单</td></tr>
<tr><td colspan="4">监理单位：
年　月　日</td></tr>
<tr><td colspan="4">业主单位签收栏(建设、运营部门联合签收)：
年　月　日</td></tr>
</table>

管廊土建专业工程量清单（土建）　表 26-2

<table>
<tr><td colspan="2">移交单元</td><td colspan="5"></td></tr>
<tr><td colspan="2">开工日期</td><td colspan="2"></td><td>完工日期</td><td colspan="2"></td></tr>
<tr><td colspan="7">管廊业主单位：
××××××施工内容清单如下，请你司组织核查。

管廊施工项目部
××年××月××日
项目经理：</td></tr>
<tr><td rowspan="7">廊内</td><td>序号</td><td>内容</td><td>数量</td><td>位置</td><td>核查情况</td><td>签字</td></tr>
<tr><td>1</td><td>过街横沟</td><td></td><td></td><td></td><td></td></tr>
<tr><td>2</td><td>变形缝</td><td></td><td></td><td></td><td></td></tr>
<tr><td>3</td><td>设备层</td><td></td><td></td><td></td><td></td></tr>
<tr><td>4</td><td></td><td></td><td></td><td></td><td></td></tr>
<tr><td>5</td><td></td><td></td><td></td><td></td><td></td></tr>
<tr><td>……</td><td>……</td><td></td><td></td><td></td><td></td></tr>
<tr><td rowspan="8">廊外</td><td>序号</td><td>内容</td><td>数量</td><td>位置</td><td>核查情况</td><td>签字</td></tr>
<tr><td>1</td><td>逃生口</td><td></td><td></td><td></td><td></td></tr>
<tr><td>2</td><td>通风口</td><td></td><td></td><td></td><td></td></tr>
<tr><td>3</td><td>投料口</td><td></td><td></td><td></td><td></td></tr>
<tr><td>4</td><td>过街横沟井盖</td><td></td><td></td><td></td><td></td></tr>
<tr><td>5</td><td>木格栅</td><td></td><td></td><td></td><td></td></tr>
<tr><td>6</td><td></td><td></td><td></td><td></td><td></td></tr>
<tr><td>……</td><td>……</td><td></td><td></td><td></td><td></td></tr>
<tr><td rowspan="5">控制中心</td><td></td><td></td><td></td><td></td><td></td><td></td></tr>
<tr><td></td><td></td><td></td><td></td><td></td><td></td></tr>
<tr><td></td><td></td><td></td><td></td><td></td><td></td></tr>
<tr><td></td><td></td><td></td><td></td><td></td><td></td></tr>
<tr><td></td><td></td><td></td><td></td><td></td><td></td></tr>
</table>

管廊安装专业工程量清单（安装） 表 26-3

移交单元			
开工日期		完工日期	

管廊业主单位：

××××××施工内容清单如下，请你司组织核查。

管廊施工项目部

××年××月××日

项目经理：

	序号	内容	数量	品牌	核查情况	签字
综合舱	1	摄像头		（含防护等级）		
	2	水泵				
	3	诱导风机				
	4	弱电线				
	5	线号				
	6					
	7					
	8					
	9					
	10					
	……	……				
综合舱设备层	序号	内容	数量	品牌	核查情况	签字
	1					
	2					
	3					
	……					
热力舱	序号	内容	数量	品牌	核查情况	签字
	1					
	2					
	3					
	……					
电力舱	序号	内容	数量	品牌	核查情况	签字
	1					
	2					
	3					
	……					

续表

<table>
<tr><td rowspan="5">燃气舱</td><td>序号</td><td>内容</td><td>数量</td><td>品牌</td><td>核查情况</td><td>签字</td></tr>
<tr><td>1</td><td></td><td></td><td></td><td></td><td></td></tr>
<tr><td>2</td><td></td><td></td><td></td><td></td><td></td></tr>
<tr><td>3</td><td></td><td></td><td></td><td></td><td></td></tr>
<tr><td>……</td><td></td><td></td><td></td><td></td><td></td></tr>
<tr><td rowspan="5">燃气舱设备层</td><td>序号</td><td>内容</td><td>数量</td><td>品牌</td><td>核查情况</td><td>签字</td></tr>
<tr><td>1</td><td></td><td></td><td></td><td></td><td></td></tr>
<tr><td>2</td><td></td><td></td><td></td><td></td><td></td></tr>
<tr><td>3</td><td></td><td></td><td></td><td></td><td></td></tr>
<tr><td>……</td><td></td><td></td><td></td><td></td><td></td></tr>
<tr><td rowspan="8">廊外</td><td>序号</td><td>内容</td><td>数量</td><td>品牌</td><td>核查情况</td><td>签字</td></tr>
<tr><td>1</td><td>百叶窗</td><td></td><td></td><td></td><td></td></tr>
<tr><td>2</td><td>标识标牌</td><td></td><td></td><td></td><td></td></tr>
<tr><td>3</td><td>压力外排水接出末端</td><td></td><td></td><td></td><td></td></tr>
<tr><td>4</td><td>井盖</td><td></td><td></td><td></td><td></td></tr>
<tr><td>5</td><td></td><td></td><td></td><td></td><td></td></tr>
<tr><td>6</td><td></td><td></td><td></td><td></td><td></td></tr>
<tr><td>……</td><td>……</td><td></td><td></td><td></td><td></td></tr>
<tr><td rowspan="5">控制中心</td><td>序号</td><td>内容</td><td>数量</td><td>品牌</td><td>核查情况</td><td>签字</td></tr>
<tr><td>1</td><td></td><td></td><td></td><td></td><td></td></tr>
<tr><td>2</td><td></td><td></td><td></td><td></td><td></td></tr>
<tr><td>3</td><td></td><td></td><td></td><td></td><td></td></tr>
<tr><td>……</td><td></td><td></td><td></td><td></td><td></td></tr>
<tr><td rowspan="8">子系统单项功能</td><td>序号</td><td>系统名称</td><td colspan="2">核查情况</td><td>签字栏</td><td>备注</td></tr>
<tr><td>1</td><td>通风系统</td><td colspan="2"></td><td></td><td></td></tr>
<tr><td>2</td><td>排水系统</td><td colspan="2"></td><td></td><td></td></tr>
<tr><td>3</td><td>供电系统</td><td colspan="2"></td><td></td><td></td></tr>
<tr><td>4</td><td>消防系统</td><td colspan="2"></td><td></td><td></td></tr>
<tr><td>5</td><td></td><td colspan="2"></td><td></td><td></td></tr>
<tr><td>6</td><td></td><td colspan="2"></td><td></td><td></td></tr>
<tr><td>……</td><td>……</td><td colspan="2"></td><td></td><td></td></tr>
<tr><td rowspan="3">系统联调联试情况</td><td colspan="6">检查办法：</td></tr>
<tr><td colspan="6">检查结果：</td></tr>
<tr><td colspan="6">签字栏：</td></tr>
<tr><td rowspan="3">运维平台核查情况</td><td colspan="6">检查办法：</td></tr>
<tr><td colspan="6">检查结果：</td></tr>
<tr><td colspan="6">签字栏：</td></tr>
</table>

2）管廊业主单位应于10个工作日内按照六个分项标准，对工区移交内容进行核查，核查通过后双方按板块填写各分项《移交确认单》，核查未通过的，下发《整改通知单》。

3）工区按照下发的《整改通知单》进行整改回复，业主单位重新进行现场核查。

4）各分项移交内容全部通过核查，《整改通知单》全部回复闭合后，业主单位与工区签订《管廊建设整体移交确认单》，该单元移交工作正式完成。

26.3.3 移交标准

1. 档案资料

按照工程竣工资料标准，提交包含竣工报告、竣工图等档案馆交档资料，具体内容及移交表单可参照表26-4、表26-5。

管廊工程文件归档内容及顺序表（土建、安装） 表26-4

序号	归档内容	文字材料（张）	图纸（张）	提供单位
一、立项文件				
1	项目建议书、前期工作通知书及项目建议审批意见			业主单位
2	可行性研究报告审批意见及可行性研究报告、可研评估报告			业主单位
3	关于立项有关的会议纪要、领导批示、专家建议文件			业主单位
4	初步设计及批复			业主单位
5	立项文件			业主单位
6	建设项目环境影响报告表、审查批复			业主单位
7	建设项目竣工环境保护验收调查报告			业主单位
二、建设用地、征地文件				
1	建设项目选址意见书及选址平面图			业主单位
2	建设用地批准书及平面界址图			业主单位
3	建设用地规划许可证及用地平面图（控制中心）			业主单位
4	国有建设用地划拨决定书（控制中心）			业主单位
5	国有土地使用证			业主单位
6	建设项目压覆重要矿产资源评估报告编制			业主单位
三、建设拆迁文件				
1	房屋安全鉴定书、拆迁许可证			业主单位
2	拆迁安置意见、协议、方案等			业主单位
3	拆迁批准文件及申请			业主单位
4	拆迁红线图、还建协议书			业主单位
四、建设工程规划管理文件				
1	规划设计条件通知书、市政工程方案审定通知书			业主单位
2	建设工程规划许可证及红线图			业主单位

续表

序号	归档内容	文字材料（张）	图纸（张）	提供单位
五、勘察、测绘文件				
1	工程地质勘查报告			业主单位
2	水文地质勘查报告、自然条件、地震调查			业主单位
3	地形测量和划拨地测量成果报告			业主单位
六、行政主管部门批准文件				
1	建设工程施工许可证			业主单位
2	建设工程施工图设计文件技术性审查意见表			业主单位
3	建设工程施工图设计文件审查合格书			业主单位
4	建设工程施工图设计文件审查备案单（备案登记表）			业主单位
5	地震动参数复核报告		业主单位	
6	地质灾害危险性评估说明书			
7	抗震设防要求审批（许可）意见书			业主单位
8	生产建设项目水土保持方案许可			业主单位
9	非防洪建设项目供水影响评价报告书审批			业主单位
10	建设工程消防设计审核意见书及验收意见书			业主单位
11	建设工程监督管理登记备案证			业主单位
12	建设工程质量监督注册登记表			业主单位
13	建设工程质量监督通知书			业主单位
14	建设工程质量监督工作方案			业主单位
15	建筑工程安全监督申报表、备案意见书、通知书			业主单位
16	控制中心防雷、室内环境检测报告			业主单位
七、招投标文件				
1	勘察招投标文件和勘察中标通知书			业主单位
2	设计招投标文件和设计中标通知书			业主单位
3	监理招标文件和监理中标通知书			业主单位
4	施工招标文件和施工中标通知书			业主单位
5	勘察合同			业主单位
6	设计合同			业主单位
7	施工合同			业主单位
8	工程监理委托合同			业主单位
9	其他合同			业主单位
八、建设、施工、监理机构及项目负责人授权书、承诺书				
1	工程质量终身责任信息表			各单位
2	（建设、勘察、设计、施工、监理）单位项目负责人授权书（附身份证、执业证书复印件）			各单位

续表

序号	归档内容	文字材料（张）	图纸（张）	提供单位
3	（建设、勘察、设计、施工、监理）单位项目负责人工程质量终身责任承诺书			各单位
九、监理文件				
1	监理规划、旁站监理方案			监理单位
2	监理实施细则			监理单位
3	监理日志			监理单位
4	监理月报			监理单位
5	监理旁站记录			监理单位
6	例会纪要			监理单位
7	监理工程师通知单、回复单			监理单位
8	工程质量事故报告、处理意见（方案、结果）			监理单位
9	监理工作总结			监理单位
10	其他监理文件			监理单位
十、工程管理文件				
1	工程概况表			施工单位
2	工程开工报告			施工单位
3	工程竣工报告			施工单位
4	工程停工报告			施工单位
5	工程复工报告			施工单位
6	施工进度计划分析			施工单位
7	项目大事记			施工单位
8	施工现场质量管理检查记录			施工单位
9	工程质量整改通知、整改复查记录			施工单位
10	工程质量事故报告、质量事故调查报告			施工单位
11	施工日志			施工单位
12	施工总结			施工单位
13	其他工程管理文件			施工单位
十一、工程技术文件				
1	工程技术文件报审表及施工组织设计、施工方案			施工单位
2	图纸会审记录			施工单位
3	设计变更单、洽商记录、技术核定单			施工单位
4	施工技术交底记录			施工单位
5	其他工程技术文件			施工单位
十二、工程测量记录				
1	测量交接桩记录			施工单位
2	工程定位测量记录汇总表			施工单位

续表

序号	归档内容	文字材料（张）	图纸（张）	提供单位
3	工程定位测量记录			施工单位
4	地基验槽记录			施工单位
5	水准点复测记录			施工单位
6	导线点复测记录			施工单位
7	测量复核记录			施工单位
8	沉降观测记录			施工单位
9	其他测量文件			施工单位
十三、施工记录文件				
1	隐蔽工程检查记录			施工单位
2	钢筋隐蔽工程检查记录			施工单位
3	现场签证单			施工单位
4	电气接地装置隐蔽工程检查记录			施工单位
5	电气等电位联结隐蔽工程检查记录			施工单位
6	混凝土施工记录			施工单位
7	混凝土开盘鉴定			施工单位
8	商品混凝土进场验收记录			施工单位
9	同条件养护混凝土事件测温记录			施工单位
10	钻孔灌注桩泥浆护壁钻进施工记录			施工单位
11	钻孔灌注桩泥浆性能指标测定记录			施工单位
12	钻孔灌注桩施工记录汇总表			施工单位
13	人工挖孔桩施工记录			施工单位
14	人工（机械）成孔桩隐蔽工程检查记录			施工单位
15	搅拌桩施工记录			施工单位
16	型钢插入和拔出施工记录			施工单位
17	旋喷桩施工记录			施工单位
18	注浆施工记录			施工单位
19	喷射混凝土施工记录			施工单位
20	降水井施工记录			施工单位
21	管井井点降水记录			施工单位
22	基坑（槽）基底检验记录			施工单位
23	基坑换填土压实施工记录			施工单位
24	锚杆孔施工记录			施工单位
25	锚杆注浆记录			施工单位
26	土层锚杆抗拔加荷试验记录			施工单位
27	其他施工记录文件			施工单位

续表

序号	归档内容	文字材料（张）	图纸（张）	提供单位
十四、施工试验及检验文件				
（一）土建工程				
1	压实度检验报告汇总评定表			施工单位
2	压实度检验报告			施工单位
3	混凝土抗压强度检验报告汇总表			施工单位
4	混凝土抗压强度检验报告			施工单位
5	混凝土抗压强度统计、评定表			施工单位
6	混凝土抗折强度检验报告			施工单位
7	混凝土抗折强度统计、评定表			施工单位
8	混凝土抗渗检验报告			施工单位
9	混凝土配合比设计检验报告			施工单位
10	砂浆试块强度检验报告汇总表			施工单位
11	砂浆抗压强度检验报告			施工单位
12	砂浆抗压强度统计、评定表			施工单位
13	砂浆配合比设计检验报告			施工单位
14	地基静载荷试验检测报告			施工单位
15	桩基承载力检测报告			施工单位
16	桩身完整性检测报告			施工单位
17	锚栓锚杆抗拔力检验报告			施工单位
18	锚固承载力现场检测报告			施工单位
19	钢筋混凝土结构实体检验报告			施工单位
20	混凝土钢筋保护层厚度检验报告			施工单位
21	其他试验及检验文件			施工单位
（二）给水排水工程				
1	设备单机试运转记录			施工单位
2	阀门强度严密性试验记录			施工单位
3	管道灌水试验记录			施工单位
4	管道通水试验记录			施工单位
（三）电气工程				
1	电气接地电阻测试记录			施工单位
2	接地装置检验报告			施工单位
3	电气绝缘电阻测试记录			施工单位
4	电气绝缘检验报告			施工单位
5	配电箱、插座、开关、灯具接线接地通电检查记录			施工单位
6	低压成套配电柜交接试验记录			施工单位

续表

序号	归档内容	文字材料（张）	图纸（张）	提供单位
7	电气照明、动力试运行记录			施工单位
8	漏电保护器测试记录			施工单位
9	其他试验及检验文件			施工单位
（四）通风工程				
1	设备单机试运转记录			施工单位
2	调试报告			施工单位
3	风管漏风检测记录			施工单位
4	风管漏光检测记录			施工单位
5	通风系统试运转调试记录			施工单位
6	通风器具及材料检验报告			施工单位
7	其他试验及检验文件			施工单位
（五）消防工程				
1	气体灭火剂存储容器检查记录			施工单位
2	气体灭火剂存储容器安装检查记录			施工单位
3	气体灭火系统其他装置安装检查记录			施工单位
4	气体灭火系统手动报警按钮模拟试验记录			施工单位
5	气体灭火系统紧急启停按钮模拟试验记录			施工单位
6	气体灭火系统自动控制模拟喷气试验记录			施工单位
7	气体灭火系统手动控制模拟喷气试验记录			施工单位
8	气体灭火系统联动试验记录			施工单位
9	气体灭火系统自检报告			施工单位
10	气体灭火系统调试报告			施工单位
11	火灾自动报警系统配管配线隐蔽验收记录			施工单位
12	火灾自动报警系统电缆敷设隐蔽验收记录			施工单位
13	火灾自动报警系统配管/配线安装检查记录			施工单位
14	火灾自动报警系统电缆敷设检查记录			施工单位
15	火灾自动报警系统报警控制器安装检查记录			施工单位
16	火灾自动报警系统联动控制器安装检查记录			施工单位
17	火灾自动报警系统探测器安装检查记录			施工单位
18	火灾自动报警系统手动报警按钮安装检查记录			施工单位
19	火灾自动报警系统警报装置安装检查记录			施工单位
20	火灾自动报警系统探测、报警点全点试验记录			施工单位
21	火灾自动报警系统联动控制点全点试验记录			施工单位
22	火灾自动报警系统试运行记录			施工单位
23	火灾自动报警系统系统自检报告			施工单位
24	火灾自动报警系统调试报告			施工单位

续表

序号	归档内容	文字材料（张）	图纸（张）	提供单位
（六）其他施工试验及检验文件				
十五、工程物资文件				
1	主要材料、半成品、构配件、设备出厂合格证及进场复检成果汇总表			施工单位
2	见证取样送检检验成果汇总表			施工单位
3	管材出厂合格证及检验报告			施工单位
4	钢材出厂合格证及试验报告汇总表			施工单位
5	钢材质量证明书、钢材力学性能检验报告			施工单位
6	钢筋机械连接、焊接接头检验报告核查要录			施工单位
7	钢筋机械连接、焊接接头力学性能检验报告			施工单位
8	水泥出厂合格证及试验报告汇总表			施工单位
9	水泥出厂质量检验报告单、检验报告			施工单位
10	石检验报告			施工单位
11	砂检验报告			施工单位
12	商品混凝土出厂合格证			施工单位
13	砖出厂合格证及检验报告			施工单位
14	螺栓力学性能检测报告			施工单位
15	防水卷材出厂合格证及检验报告			施工单位
16	防水涂料出厂合格证及检验报告			施工单位
17	密封材料出厂合格证及检验报告			施工单位
18	胶粘剂出厂合格证及检验报告			施工单位
19	石材检验报告			施工单位
20	水暖材料、配件出厂合格证及检验报告			施工单位
21	电气材料、配件出厂合格证及检验报告			施工单位
22	智能建筑材料出厂合格证及检验报告			施工单位
23	通风材料出厂合格证及检验报告			施工单位
24	其他材料合格证及检验报告			施工单位
十六、施工质量验收文件				
1	单位（子单位）工程质量竣工验收记录			施工单位
2	单位（子单位）工程质量控制资料核查记录			施工单位
3	单位（子单位）工程安全和功能检验资料核查及主要功能抽查记录			施工单位
4	单位（子单位）工程外观质量检查记录			施工单位
5	桩基工程质量验收记录			施工单位
6	地基基础与土石方分部、子分部、分项工程质量验收记录			施工单位

续表

序号	归档内容	文字材料（张）	图纸（张）	提供单位
7	地基基础与土石方检验批质量验收记录			施工单位
8	结构工程分部、子分部、分项工程质量验收记录			施工单位
9	结构工程检验批质量验收记录			施工单位
10	防水工程分部、分项工程质量验收记录			施工单位
11	防水检验批质量验收记录			施工单位
12	附属结构分部、分项工程质量验收记录			施工单位
13	附属结构检验批质量验收记录			施工单位
14	建筑电气分部、子分部、分项工程质量验收记录			施工单位
15	建筑电气检验批质量验收记录			施工单位
16	智能分部、子分部、分项工程质量验收记录			施工单位
17	智能检验批质量验收记录			施工单位
18	通风分部、子分部、分项工程质量验收记录			施工单位
19	通风检验批质量验收记录			施工单位
20	其他施工质量验收文件（廊体上部土方回填）			施工单位
十七、工程竣工验收文件				
1	市政基础设施工程竣工验收备案表			施工单位
2	工程竣工验收证书			施工单位
3	市政基础设施工程竣工安全综合评定备案表			施工单位
4	市政基础设施工程竣工验收报告（建设）			施工单位
5	市政基础设施工程竣工验收质量评价报告（监理）			施工单位
6	市政基础设施工程竣工验收质量检查报告（勘察）			施工单位
7	市政基础设施工程竣工验收质量检查报告（设计）			施工单位
8	市政基础设施工程竣工报告（施工）			施工单位
9	工程竣工验收会议纪要			施工单位
10	市政基础设施工程质量保修书			施工单位
11	建设工程造价审计报告、竣工结算备案表			施工单位
12	其他工程竣工验收文件			施工单位
十八、竣工图				
1	18 条管廊工程竣工图			施工单位
2	4 座控制中心竣工图			施工单位

管廊档案资料移交确认单（土建、安装） **表 26-5**

<table>
<tr><td>移交单元</td><td></td></tr>
<tr><td>检查时间</td><td></td></tr>
<tr><td>检查标准</td><td>《管廊工程文件归档内容及顺序表》</td></tr>
<tr><td colspan="2">资料移交情况(附件《管廊建设移交整改通知单》)：

管廊项目部
项目经理：
年 月 日</td></tr>
<tr><td colspan="2">监理单位：

年 月 日</td></tr>
<tr><td colspan="2">建设单位：
评定结果(是否同意移交)：
技术、运营部门(签字)：

建设分管领导：

运营分管领导：

年 月 日</td></tr>
</table>

2. 土建工程

以功能为导向，包括管廊主体结构、口部结构、设备夹层、过街横沟、特殊结构等的移交标准，具体内容及移交表单可参照表 26-6、表 26-7。

管廊土建工程移交标准（土建）　　表 26-6

序号	类别	标准	备注
1	主体结构及设备夹层	1. 预留预埋件位置、数量、防腐等符合设计要求； 2. 结构无麻面、露筋，观感良好； 3. 防水质量符合要求，无渗漏； 4. 钢筋无裸露，螺栓孔封闭完成； 5. 设备夹层地漏位置、数量、防腐等满足要求，排水管导水正常	
2	通风口	口部装饰、顶面真石漆满足质量要求，无破损，无污染，木格栅安装牢固，无损坏	
3	投料口	1. 混凝土盖板满足质量要求，密封胶涂抹平整，投料口密封完好，无渗漏； 2. 盖板提手密封，无渗漏	
4	人员出入口	口部装饰、顶面真石漆满足质量要求，无损坏污染	
5	伸缩缝	1. 无渗漏，接缝无锈渍； 2. 集水盒安装牢固，无脱落； 3. 密封膏填充密实，外观整洁	
6	排水沟	1. 伸缩缝处集水盒和导管安装完整，可导水； 2. 舱室间公用积水坑的，须保证舱室间排水沟可导水，无垃圾遗留； 3. 舱室两侧排水沟须确保可联通，保证水可导至集水坑	
7	地坪	平整完好，无开裂，无突起，无空鼓，表面观感良好，厚度符合设计要求	
8	过街横沟	结构、盖板完整，无积水	
9	管廊桥	1. 桥梁上部无堆载； 2. 桥梁防护栏杆安装完整，无损坏污染； 3. 伸缩缝完好	
10	管廊隧道	1. 隧道二层结构封闭良好； 2. 隧道结构无渗漏、开裂； 3. 预制构件拼装连接牢固，构造缝密封良好，无开裂	
11	盾构隧道	1. 管片拼接严密，连接牢固，线性顺直； 2. 隧道结构无渗漏	
12	顶管	拼缝严密，无渗漏	
13	标识系统	廊内各舱室桩号清晰连续不间断，间距不大于 30m	

管廊土建/安装工程移交确认单（土建、安装） **表 26-7**

<table>
<tr><td>移交单元</td><td></td></tr>
<tr><td>移交时间</td><td></td></tr>
<tr><td>检查标准</td><td>《管廊土建/安装工程移交标准》</td></tr>
<tr><td colspan="2">现场移交情况（附件《管廊建设移交整改通知单》）：

管廊项目部
项目经理：
年　月　日</td></tr>
<tr><td colspan="2">监理单位：

年　月　日</td></tr>
<tr><td colspan="2">建设单位：
评定结果（是否同意移交）：
建设、运营部门（签字）：

建设分管领导：

运营分管领导：

年　月　日</td></tr>
</table>

3. 安装工程

以功能为导向，包括附属设施系统中设备数量、设备品牌、系统单项功能、系统联动功能、运维平台的移交标准，具体内容及移交表单可参照表 26-8。

管廊安装工程移交标准　　**表 26-8**

序号	系统	设备名称	共性标准	个性标准
1	广播电话系统	电话主机（设备间）	品牌、数量符合设计和认质认价标准，安装牢固，接线规整，外观完好，音质清晰无杂音	可实现与主分机互通，分机之间可通过拨号互通，手持终端可与主分机互通
2		电话分机		
3		电话分机（防爆）		
4		广播		音量可调整、可在管理软件播放音乐、可按照分区为单位呼叫
5		防爆广播		应有防爆标志、音量可调整、可在管理软件播放音乐、可按照分区为单位呼叫
6	无线通信系统	AC 控制器	品牌、数量符合设计和认质认价标准，安装牢固，接线规整，外观完好	可实现对控制中心所属 AP 的配置管理、状态监控、实时在线状态与故障统计
7		无线 AP	品牌、数量符合设计和认质认价标准，安装牢固，接线规整，外观完好	信号覆盖无死角、信号强度稳定（用手台测试，舱室内通信质量良好）
8		无线 AP（防爆）		
9	出入口控制系统	开门按钮	品牌、数量符合设计和认质认价标准，安装牢固，接线规整，外观完好	安装位置合理、操作方便
10		磁力门锁		正常开、关门
11		门禁控制器		配备门禁管理软件、可注册账号、设置/修改密码
12		读卡器		正常读卡、带密码键功能
13		发卡机		配套门禁管理软件实现读卡、写卡功能
14	视频监控系统	视频管理服务器	品牌、数量符合设计和认质认价标准，安装牢固，接线规整，外观完好	配备视频管理软件、可对视频信号配置、管理等操作
15		NVR		视频回路数量满足，存储容量大于 30d，实现对视频的管理、录像、回放等功能
16		摄像机		安装位置合理、角度调整合理、图像覆盖无死角
17		摄像机防爆		有防爆标志、安装位置合理、角度调整合理、图像覆盖无死角

续表

序号	系统	设备名称	共性标准	个性标准
18	交换机	视频接入交换机	品牌、数量符合设计和认质认价标准。安装规范、外观完好、端口接线标识清晰、网络设备之间的物理链路连通，网络设备之间的物理链路的连通性、端口基本配置与需求一致，交换容量、转发能力符合使用需求	接口要求：2个千兆光口，8个百兆电口，工业级，管理型性能要求： 1. 交换容量5.6Gbps，包转发率为4.2Mpps； 2. 转发时延<5μS； 3. 支持环网协议； 4. 环网自愈恢复时间<18ms； 5. 支持生成树协议(STP、RSTP)； 6. 支持广播风暴抑制； 7. 支持SNMP v1/v2/v3网管协议； 8. 无风扇散热； 9. 结构：导轨式； 10. 安装方式：导轨； 11. 工作温度：−40～85℃
19		视频汇聚交换机		交换容量：交换容量48Gbps，包转发率为35.7Mpps 转发性能：转发时延<5μS 功能要求： 1. 支持环网协议； 2. 环网自愈恢复时间<18ms； 3. 支持生成树协议(STP、RSTP)； 4. 支持广播风暴抑制； 5. 支持SNMP v1/v2/v3网管协议； 6. 无风扇散热； 7. 结构：导轨式； 8. 安装方式：导轨； 9. 工作温度：−40～85℃
20		环控接入交换机		接口要求：4个百兆光口，6个百兆电口，工业级，管理型性能要求： 1. 交换容量4Gbps，包转发率为3Mpps； 2. 转发时延<5μS； 3. 支持环网协议； 4. 环网自愈恢复时间<18ms； 5. 支持生成树协议(STP、RSTP)； 6. 支持广播风暴抑制； 7. 支持SNMP v1/v2/v3网管协议； 8. 无风扇散热； 9. 结构：导轨式； 10. 安装方式：导轨； 11. 工作温度：−40～85℃

续表

序号	系统	设备名称	共性标准	个性标准
21	交换机	环控汇聚交换机	品牌、数量符合设计和认质认价标准。安装规范、外观完好、端口接线标识清晰、网络设备之间的物理链路连通，网络设备之间的物理链路的连通性、端口基本配置与需求一致，交换容量、转发能力符合使用需求	交换容量：交换容量5.6Gbps，包转发率为4.2Mpps 转发性能：转发时延<5μS 性能要求： 1. 支持环网协议； 2. 环网自愈恢复时间<18ms； 3. 支持生成树协议(STP、RSTP)； 4. 支持广播风暴抑制； 5. 支持SNMP v1/v2/v3网管协议； 6. 无风扇散热； 7. 结构：导轨式； 8. 安装方式：导轨； 9. 工作温度：－40～85℃
22		核心交换		背板带宽：背板带宽为240Tbps，三层转发能力60000Mpps 网管功能：支持SNMP v1/v2/v3、Telnet方式、CLI界面、WEB界面管理； 可扩展性：采用正交CLOS多级交换架构：主控板、交换网板、业务板物理分离，业务板卡与交换网板采用互相垂直的正交设计，跨板卡流量通过正交连接器传输到交换网板上做交换，实现背板"零"走线，降低信号衰减，提高业务流量在交换机内部传输效率，极大地提升了系统带宽和演进能力，整机容量可平滑扩展至百Tbps
23	防火门监控系统	门磁开关	品牌、数量符合设计和认质认价标准，安装牢固、无松动	具有判断防火门开、闭状态功能；相应时间≤15sec；输出容量≤30V，2A
24		防爆门磁开关		具有判断防火门开、闭状态功能；相应时间≤15sec；输出容量≤30V，2A；防爆等级：ExmaiicT6
25		监控模块		巡检绿灯常亮、异常红灯、具有监视防火门启闭状态功能
26		防火门监控主机		消音和屏蔽功能；复位功能；主备电源自动转换功能；具有报警历史事件记录功能；具有监控防火门状态和联动功能

续表

序号	系统	设备名称	共性标准	个性标准
27	火灾自动报警系统	感烟探测器	品牌、数量符合设计和认质认价标准，安装牢固、无松动	正常巡检红灯闪烁、报警红灯常亮、故障黄灯常亮
28		手报按钮		正常巡检红灯闪烁、报警红灯常亮、故障黄灯常亮。按下后复位需使用专用工具
29		声光报警器		1.0～1.6Hz 声压级 75～100dB；光信号在 100～500lx 环境光线下 25m 处清晰可见
30		防爆声光报警		有防爆标识、1.0～1.6Hz 声压级 75～100dB；光信号在 100～500lx 环境光线下 25m 处清晰可见
31		控制模块		信号输出红灯常亮、信号反馈红灯常亮、故障黄灯常亮
32		区域报警主机		报警输入和联动输出、总线和多线控制各个消防联动设备，可存储报警记录 3000 条，主备电自动切换，屏蔽、显示、切换、复位功能
33		报警主机		CRT 可实现各系统消防设备平面布置，报警时能够弹窗并交替显示、辅助文字显示、可记录 3000 条报警信息。报警输入和联动输出、总线和多线控制各个消防联动设备，可存储报警记录 3000 条，主备电自动切换，屏蔽、显示、切换、复位功能，可监视所有区域报警主机工作状态
34	气体灭火系统	干粉灭火装置	品牌、数量符合设计和认质认价标准，安装牢固、无松动、管线布置整体美观	8kg 非贮压 ABC 超细干粉灭火器、外观完好无受潮现象
35		紧急启停按钮		火灾时进入延时状态，启动灭火程序；在任何情况下可取消灭火延时状态；具有良好抗干扰能力
36		声光报警器		闪光频率 1.0～1.6Hz 声压级 75～100dB；光信号在 100～500lx 环境光线下 25m 处清晰可见
37		喷洒指示灯		具有指示防护区内延时状态已结束，气体灭火控制装置已向气体灭火装置发出喷洒信号
38		气体灭火控制器		火灾工况下可自动开启灭火器喷洒，也可人员手动开启喷洒，为了防止误喷可任何情况下紧急终止喷洒。具备主备电自动切换，屏蔽、显示、切换、复位功能

续表

序号	系统	设备名称	共性标准	个性标准
39	可燃气体探测系统	可燃气体探测器	品牌、数量符合设计和认质认价标准，安装牢固、无松动	有防爆标志、检测量程为 0～100％LEL；响应时间≤30sec，输出容量≤30V，2A
40		可燃气体探测控制主机		可显示各可燃气体探测器实时浓度及报警故障信息，可与火灾自动报警主机进行联动，启停风机和风阀
41	感温光纤系统	感温光纤测温主机	品牌、数量符合设计和认质认价标准，感温光纤安装在综合管廊顶段 5～15cm 高度位置，采用钢丝绳吊装；并在伸缩缝、防火墙等处预留 0.5～3m	实时监控各防火分区最小检测单元(0.5m)温度数据，具有差定温报警功能，定位阈值为 70°，差温阈值为 10°/min。可与火灾自动报警系统联动控制消防设备及气体灭火装置
42		联动模块		实现与火灾自动报警系统联动
43		监控电脑	品牌、数量符合设计和认质认价标准，安装牢固	能显示所有防火分区实时温度及报警信息、故障。记录故障信息大于 3000 条
44	环境与设备监控系统	氧气传感器	品牌、数量符合设计和认质认价标准，安装牢固、外观完好	工作电压：10VDC-30VDC 测量范围：0.0～25.0％O_2 防护等级：IP65 信号接口：4～20mA
45		防爆氧气传感器		工作电压：10VDC-30VDC 测量范围：0.0～25.0％O_2 防护等级：IP65 信号接口：4～20mA 防爆等级：EX dⅡCT4
46		温湿度传感器		工作电压：10VDC～30VDC 温度：－20～60℃ 湿度：0～100％RH 防护等级：IP65 信号接口：4～20mA
47		防爆温湿度传感器		工作电压：10VDC～30VDC 温度：－20～60℃ 湿度：0～100％RH 防护等级：IP65 信号接口：4～20mA 防爆等级：EX dⅡCT_4
48		硫化氢传感器		工作电压：10VDC～30VDC 测量范围：1000ppm 防护等级：IP65 信号接口：4～20mA

续表

序号	系统	设备名称	共性标准	个性标准
49	环境与设备监控系统	甲烷传感器	品牌、数量符合设计和认质认价标准，安装牢固、外观完好	工作电压：10VDC～30VDC 测量范围：0.00～100%CH_4 防护等级：IP65 信号接口：4～20mA 防爆等级：EX dⅡCT4
50		投入式液位计		工作电压：10VDC～30VDC 测量范围：0～5m 防护等级：IP65 信号接口：4～20mA
51		防爆投入式液位计		工作电压：10VDC～30VDC 测量范围：0～5m 防护等级：IP65 信号接口：4～20mA 防爆等级：EX dⅡCT4
52		微波红外复合式入侵探测器		工作电压：18VDC～30VDC 光源：红外数字脉冲式 感应速度：50～700ms 报警输出：固态继电器常开输出 接点容量：AC/DC 30V 0.12A 警戒距离：10m 防护等级：IP65
53		防爆微波红外复合式入侵探测器		工作电压：18VDC～30VDC 光源：红外数字脉冲式 感应速度：50～700ms 报警输出：固态继电器常开输出 接点容量：AC/D C 30V 0.12A 警戒距离：10m 防护等级：IP65 防爆等级：EX dⅡCT4
54		声光报警灯		
		风机		能在PLC液晶屏控制风机开闭，可根据控制逻辑启动风机
		水泵		能在PLC液晶屏控制水泵开闭
		灯具		能在PLC液晶屏控制照明开闭
55		PLC柜体		柜体内布局合理、柜门及柜体已可靠接地、柜内接线整齐规范有标识

续表

序号	系统	设备名称	共性标准	个性标准
56	室内消火栓系统	消防水泵	品牌、数量符合设计和认质认价标准，安装牢固、无倾斜；外观整洁无破损，具有减震降噪措施	查看铭牌是否满足消防设计流量及扬程等功能
57		消防水泵控制箱	品牌、数量符合设计和认质认价标准，安装牢固、无倾斜；接地牢靠，无松动	水泵正常启动运转，声音正常；运行状态信息反馈到消防主机
58		消防巡检柜		具有周期巡检功能；对于控制系统内的电压电流异常、缺相、短路、断路等电气故障能起保护作用并反馈信息
59		消防给水阀门	品牌、数量符合设计和认质认价标准，安装牢固、无倾斜；操作手柄、手轮齐全，无锈蚀	阀门为明杆闸阀；阀门标识清楚
60		消防管道系统	品牌、数量符合设计和认质认价标准，目测管道安装牢固，无跑、冒、滴、漏现象	
61		消防水锤消除器	品牌、数量符合设计和认质认价标准，目测管道安装牢固、无倾斜	消除管道系统具有破坏性的冲击波，保护管网安全运行
62		低压压力开关	品牌、数量符合设计和认质认价标准，目测安装牢固、无倾斜	具有检测消防出水环网压力，并与消防控制柜连锁
63		消防止回阀		具有单向行功能，阻止管道系统水回流，安全隔离作用
64		消防压力表		具有准确显示消防水系统的压力值
65		消防安全阀		具有安全泄压功能，保护管网的安全运行
66		消防流量计		具有流量检测功能，能实时显示流量、累计容积等参数
67		室内消火栓	品牌、数量符合设计和认质认价标准，目测无锈蚀及明显机械损伤，标识明确；内部水枪水带接头摆放整齐，手报按钮安装牢固，无倾斜	手报按钮按下后消防泵启动，并将信号反馈至消防控制室
68		稳压泵	品牌、数量符合设计和认质认价标准，安装牢固、无倾斜；外观整洁无破损	查看铭牌是否满足消防设计流量及扬程等功能
69		稳压罐	品牌、数量符合设计和认质认价标准，罐体基础安装牢固，无松动	通过罐体稳压维持消防管网的压力

续表

序号	系统	设备名称	共性标准	个性标准
70	室内消火栓系统	水泵接合器	品牌、数量符合设计和认质认价标准，目测安装牢固、无倾斜；明显标识	安装高度为距地0.7m便于与消防车连接
71		稳压泵控制箱	品牌、数量符合设计和认质认价标准，安装牢固、无倾斜；接地牢靠，无松动	水泵通过电接压力表正常启动运转，声音正常； 运行状态信息反馈到消防主机
72	自动喷水灭火系统	喷淋水泵	品牌、数量符合设计和认质认价标准，安装牢固、无倾斜；外观整洁无破损，具有减震降噪措施	查看铭牌是否满足消防设计流量及扬程等功能
73		喷淋水泵控制箱	品牌、数量符合设计和认质认价标准，安装牢固、无倾斜；接地牢靠，无松动	水泵正常启动运转，声音正常； 运行状态信息反馈到消防主机
74		消防巡检柜	品牌、数量符合设计和认质认价标准，安装牢固、无倾斜；接地牢靠，无松动	具有周期巡检功能； 对于控制系统内的电压电流异常、缺相、短路、断路等电气故障能起保护作用并反馈信息
75		给水阀门	品牌、数量符合设计和认质认价标准，安装牢固、无倾斜；操作手柄、手轮齐全，无锈蚀	阀门为明杆闸阀；阀门标识清楚
76		喷淋管道系统	品牌、数量符合设计和认质认价标准，目测管道安装牢固，无跑、冒、滴、漏现象	
77		消防水锤消除器	品牌、数量符合设计和认质认价标准，目测管道安装牢固、无倾斜	消除管道系统具有破坏性的冲击波，保护管网安全运行
78		低压压力开关	品牌、数量符合设计和认质认价标准，目测安装牢固、无倾斜	具有检测消防出水环网压力，并与消防控制柜连锁
79		止回阀		具有单向行功能，阻止管道系统水回流，安全隔离作用
80		压力表		具有准确显示消防水系统的压力值
81		消防安全阀		具有安全泄压功能，保护管网的安全运行
82		消防流量计		具有流量检测功能，能实时显示流量、累计容积等参数
83		湿式报警阀	品牌、数量符合设计和认质认价标准，安装牢固、无倾斜；操作手柄、手轮齐全，无锈蚀；明显标识	具有火灾报警功能，火灾工况下能自动启动喷淋泵并反馈运行信号；发出声警报不小于70dB(3m处)；具有消除误报警、自检功能

续表

序号	系统	设备名称	共性标准	个性标准
84	自动喷水灭火系统	喷头	品牌、数量符合设计和认质认价标准，安装牢固、无倾斜	喷头具有达到常规地方 68°；厨房场所 93°感应温度时自动喷洒功能；喷头与障碍物不小于 0.5m；顶板吊顶下无障碍物
85		末端试水装置	品牌、数量符合设计和认质认价标准，目测安装牢固、无倾斜；明显标识	检测系统报警、启动、联动等功能
86		水泵接合器		安装位置便于消防车使用
87	室外消火栓系统	室外消火栓	品牌、数量符合设计和认质认价标准，目测安装牢固、无倾斜；明显标识	安装高度为距地 0.7m，安装位置便于消防车使用
88		水泵接合器	品牌、数量符合设计和认质认价标准，目测安装牢固、无倾斜；明显标识；安装高度为距地 0.7m	便于与消防车连接
89	火灾自动报警系统	火灾显示盘	品牌、数量符合设计和认质认价标准，目测安装牢固、无倾斜；明显标识	具有显示已报警的火灾探测器的编码、位置等文字信息，同时发出声光报警信号
90	防排烟系统	诱导风机	品牌、数量符合设计和认质认价标准，安装牢固稳定，设备外观正常	功率、风量满足图纸要求(需查图，各路段不一样)，设备可通过启停按钮进行启停
91		轴流风机		功率、风量满足图纸要求(需查图，各路段不一样)，设备可通过启停按钮进行启停，设备可通过 PLC 进行低速启停，当消防强切时可停止
92		防火阀		防火阀动作及反馈信号正确，远程切断及复位装置动作测试正常 消防控制中心发出火灾信号时，风机及防火阀关闭
93	压力排水系统	水泵	品牌、数量符合设计和认质认价标准，安装牢固稳定，设备外观正常	水泵扬程功率满足设计图纸要求(各路段有差异)；水泵启停正常，启动后无异响，排水口安装位置及高度合理，出水稳定
94		控制箱		配电箱外观完好，防护等级符合设计要求。电缆进线口、出线口须有绝缘保护；进线电缆需要有吊牌显示；零排及地排上须有回路编号；二次回线连接是否规范、标识是否牢固；断路器能正常手动合闸、分闸；配电箱接地完好 水泵可手动、自动、远程启停，水泵运转无杂音 可通过浮球启动水泵、高水位启泵、低液位停泵

续表

序号	系统	设备名称	共性标准	个性标准
95	压力排水系统	防爆控制箱	品牌、数量符合设计和认质认价标准，安装牢固稳定，设备外观正常	配电箱外观完好，防护等级符合设计要求。电缆进线口出线口须有绝缘保护；进线电缆需要有吊牌显示；零排及地排上须有回路编号；二次回线连接是否规范、标识是否牢固；断路器能正常手动合闸、分闸；配电箱接地完好 水泵可手动、自动、远程启停，水泵运转无杂音 可通过浮球启动水泵、高水位启泵、低液位停泵 具备防爆标识
96	配电箱	配电箱	品牌、数量符合设计和认质认价标准，安装稳固、外观正常、已通电	配电箱外观完好 电缆进线口及出线口加绝缘防护 进线电缆有吊牌显示 仪表及指示灯稳固 二次线缆接线稳固，标识齐全 断路器能正常手动分闸、合闸 配电柜标识规范合理 配电箱接地完好 防护等级符合规范要求
97	照明及疏散指示	灯具	品牌、数量符合设计和认质认价标准，安装牢固、开关正常	能与 PLC 联动启停 照度能达到 100lx
98		疏散指示灯		应急时间能达到 120min 照度能达到 0.5lx
99	其他	各线缆		信号回路标识齐全

管廊土建/安装工程移交确认单（土建、安装）　　**表 26-9**

移交单元	
移交时间	
检查标准	《管廊土建/安装工程移交标准》
现场移交情况(附件《管廊建设移交整改通知单》)： 管廊项目部 项目经理： 年　月　日	
监理单位： 年　月　日	
建设单位： 评定结果(是否同意移交)： 建设、运营部门(签字)： 建设分管领导： 运营分管领导： 年　月　日	

4. 廊内外环境

管廊内部、外部，控制中心卫生环境，水电气等的移交标准，具体内容及移交表单可参照表 26-10。

管廊内外部环境移交标准（土建、安装）　表 26-10

序号	专业	类别	标准
1	土建工程	廊内卫生	各舱室及设备夹层无建筑、生活垃圾，无粉尘、无积水
2		排水系统	廊内排水沟和集水井内无淤泥垃圾，排水通畅
3		通道	廊内通道无建筑、生活垃圾，无异味，照明正常
4		廊内标识	廊内桩号清晰连续不间断(间距不大于 30m)，清晰连续不间断
5		廊外环境	各口部无外物压覆、装饰完好、卫生整洁
6		通风口	卫生整洁，无广告张贴、淤泥，外部装饰无破损、积灰
7		投料口	各投料口均覆盖盖板且盖板完好，密封胶完好，无渗漏，顶部无淤泥、积水、杂物
8	安装工程	过街横沟	各管线引出端套管处做好密封，无渗漏
9		设备夹层	控制箱保持常闭，线头无裸露无灰尘、设备无锈蚀，线槽覆盖盖板，线槽无锈蚀、积水；底板与线槽连接处密封，无渗漏
10		防火门	门与墙壁之间密封，防火门可正常开合，门锁正常
11		逃生口、出入口、管线出入口	1. 卫生环境整洁，井盖完好； 2. 大门及门禁系统安装良好，调试后正常运行
12		通风口	电动百叶窗无损坏污染，调试后正常运行
13		逃生口	1. 逃生梯安装方向正确，满足人员上下安全，牢固且完好无损，井盖可正常开合、反锁； 2. 密封胶涂抹平整，密封完好，无渗漏； 3. 各井盖、门完好无破损缺失，液压井盖开关时无异响，可正常开关
14		廊内外标识	口部、防火门标识标号连续无缺失，粘贴正确、牢固
15		控制中心	门、窗、锁完好无损，钥匙齐全；各电气设备安装齐全且正常使用
16		水电气网	控制中心正常通水、通气(火箭路控制中心通燃气)、通电(稳定电)、通网(外网)；廊内用电稳定
17		排水系统引出端	1. 与口部保持距离； 2. 末端安置到位，周边地形地貌不冲突，无外排水回灌； 3. 防腐、防护到位

管廊管理权限移交确认单(土建、安装) **表 26-11**

<table>
<tr><td>移交单元</td><td></td></tr>
<tr><td>移交时间</td><td></td></tr>
<tr><td>检查标准</td><td>《管廊各口部管理权限的移交标准》</td></tr>
<tr><td colspan="2">管理权限移交情况(附件《管廊建设移交整改通知单》):

管廊项目部
项目经理:
年 月 日</td></tr>
<tr><td colspan="2">监理单位:

年 月 日</td></tr>
<tr><td colspan="2">建设单位:
评定结果(是否可以移交):
建设、运营部门(签字):

建设分管领导:

运营分管领导:

年 月 日</td></tr>
</table>

5. 管理权限

管廊各口部、出入口、控制中心进出、平台操作管理权限的移交标准，具体内容及移交表单可参照表 26-12、表 26-13。

管廊各口部管理权限的移交标准（土建、安装）　表 26-12

序号	类别	标准	申请移交单位
1	人员出入口	各人员出入口已关闭，密码及钥匙全数移交	土建/安装
2	人员逃生口	各人员逃生口已从内部反锁，钥匙移交	安装
3	控制中心	四个控制中心所有门锁钥匙全数移交	安装
4	系统管理权	运营管理平台、消防系统等附属设施系统管理权限(账号、密码)移交	安装
5	控制箱	设备夹层内模块、消防控制箱、廊内水泵控制箱、配电箱、防火门等钥匙移交	安装

管廊管理权限移交确认单（土建、安装）　表 26-13

移交单元	
移交时间	
检查标准	《管廊各口部管理权限的移交标准》

管理权限移交情况(附件《管廊建设移交整改通知单》)：

管廊项目部
项目经理：
年　月　日

监理单位：

年　月　日

建设单位：
评定结果(是否可以移交)：
建设、运营部门(签字)：

建设分管领导：

运营分管领导：

年　月　日

6. 质保资料

提交管廊主体结构、附属设施等部分质保管理的设备厂家联系方式、质保卡、说明书等，具体表单可参照表 26-14、表 26-15。

管廊质保资料移交确认单（土建、安装） 表 26-14

<table>
<tr><td>移交区域</td><td></td></tr>
<tr><td>移交时间</td><td></td></tr>
<tr><td>移交标准</td><td>《管廊质保管理移交标准》</td></tr>
<tr><td colspan="2">质保管理移交情况(附件《管廊建设移交整改通知单》)：

项目部
项目经理：
年 月 日</td></tr>
<tr><td colspan="2">监理单位：

年 月 日</td></tr>
<tr><td colspan="2">建设单位：
评定结果(是否可以移交)：
建设、运营部门(签字)：

建设分管领导：

运营分管领导：

年 月 日</td></tr>
</table>

管廊质保资料移交标准（结构、安装）　表 26-15

序号	类别	标准	备注
1	主体结构	各管廊路段建设单位及质保责任人联系方式清单	—
2		质量保修书、质保卡及说明书等质保文件	—
3	安装工程	各附属设施系统设备厂商及质保责任人联系方式清单	—
4		质量保修书、质保卡、各安装设备、平台操作说明书等质保文件	—

第 27 章　信息与沟通管理

27.1　信息与沟通管理概述

27.1.1　沟通的目的

明确项目相关方（包含业主、监理、总承包单位、政府单位）间的需求，规范各方的沟通形式及沟通流程。项目应与相关方充分沟通，并编制《项目信息与沟通管理计划》。

27.1.2　沟通的形式

沟通的形式包括：函件、会议、报告及其他口头、书面或电子邮件形式（图 27-1）。

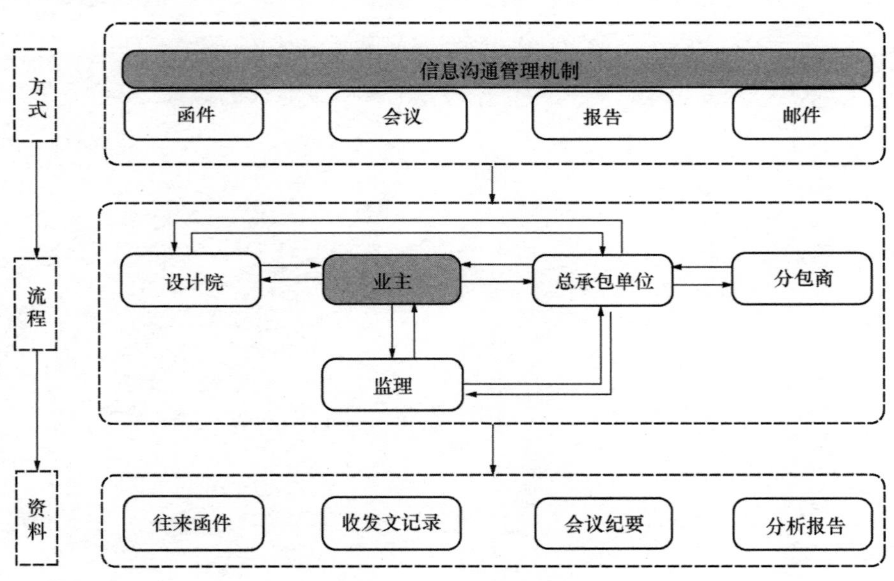

图 27-1　信息沟通管理机制

27.2　函件管理

总承包来往函件主要包括业主来往函件、监理来往函件、分包来往函件以及商务函件（图 27-2）。

1. 文件信息管理原则

文件信息管理是管理制度中的重要一环，信息处理工作的规范化、制度化、科学化，将

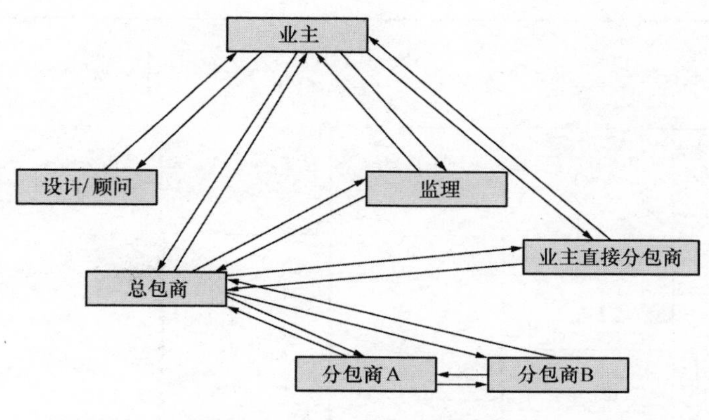

图 27-2　函件来往关联图

大大提高信息处理的效率和质量。同时，科学有效的信息处理系统也将能够很好地保障信息在管理运作过程中的顺畅与安全。

各分包单位需要总包方解决问题时，应以工作来往函件的形式发函至总包方，经总包方针对函件内容进行判断后，总包方能协调解决的由总包方为分包解决相关问题，总包商不能解决的需发函告知业主协助解决。函件由事件牵头部门组织起草，经相关部门审核同意后，上报总包方项目经理审批签字，并盖总包项目部公章，最后由总包方报送业主。

业主、监理、分包商来函后，由项目综合管理部门根据函件内容确立牵头部门，通过协同办公平台（OA）将函件发至牵头部门负责人，由牵头部门负责人负责函件传阅，函件传阅完毕后由综合管理部门归档，牵头部门负责落实工作并回函。

2. 文件信息管理要求

文件信息管理要求为：安全、准确、顺畅、高效。

所谓安全，指信息传播的安全。通过一系列软、硬件措施及严格的规程、制度等，保证信息发送、流通、接收各个环节安全。所谓准确，即信息发送、传递、接收，各个环节交接准确，通过一定的核查程序避免信息误发误传，造成不良影响。所谓顺畅，指信息传播顺畅，信息更新及时到位。所谓高效，指信息的发送、传递、接收简洁有效，运转稳定。

3. 函件签发权限

1）涉及工程造价、签证索赔、工期调整等内容均须总承包项目部项目经理签发。

2）涉及二、三级计划（季度、月度、周施工进度计划、周报）的函件由项目生产负责人签发；一级计划（总进度计划、年度计划、节点计划）在经过项目经理参加的评审通过后，可由生产负责人签发。

3）涉及技术要求、工艺参数、图纸需求、图纸问题、方案（施组）报审的可由技术负责人或生产负责人签发；涉及质量的可由质量负责人签发，涉及安全的可由安全负责人签发。

如图 27-3、图 27-4 所示。

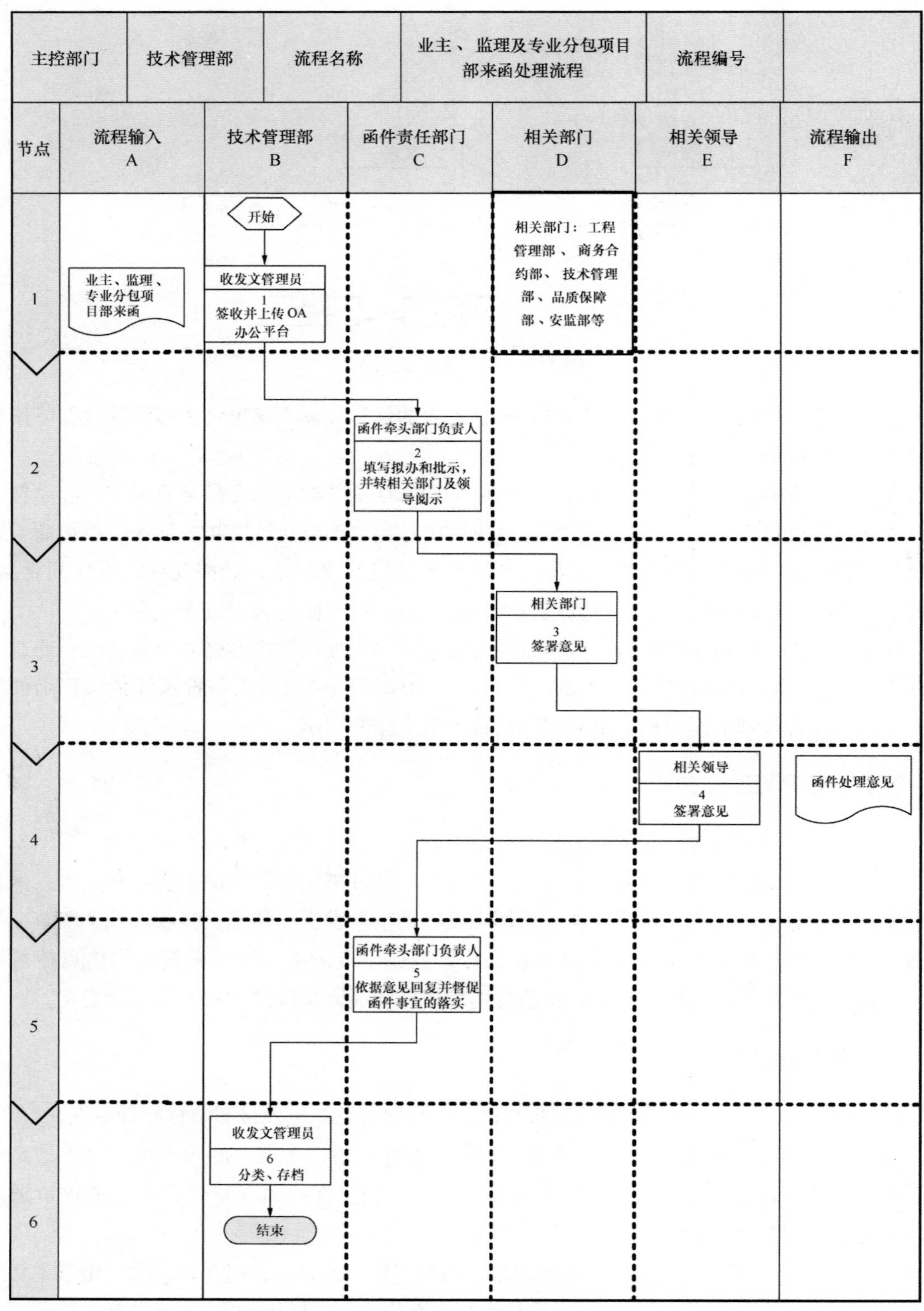

主控部门
技术管理部
流程名称
业主、监理及专业分包项目部来函处理流程
流程编号
节点
流程输入 A
技术管理部 B
函件责任部门 C
相关部门 D
相关领导 E
流程输出 F
开始
业主、监理、专业分包项目部来函
收发文管理员
1 签收并上传OA办公平台
相关部门：工程管理部、商务合约部、技术管理部、品质保障部、安监部等
函件牵头部门负责人
2 填写拟办和批示，并转相关部门及领导阅示
相关部门
3 签署意见
相关领导
4 签署意见
函件处理意见
函件牵头部门负责人
5 依据意见回复并督促函件事宜的落实
收发文管理员
6 分类、存档
结束
1
2
3
4
5
6

图 27-3 来函处理流程

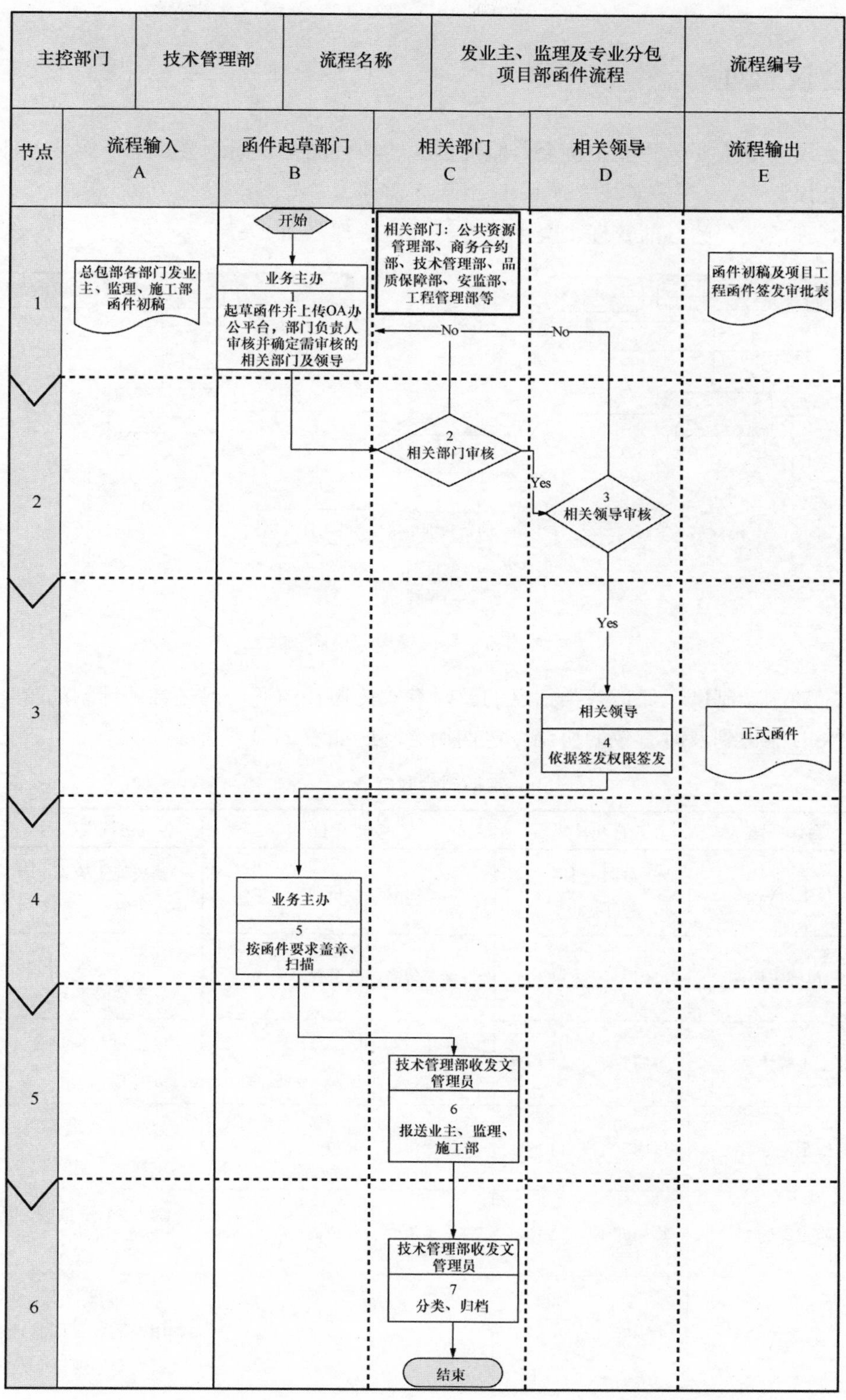

主控部门
技术管理部
流程名称
发业主、监理及专业分包项目部函件流程
流程编号
节点
流程输入 A
函件起草部门 B
相关部门 C
相关领导 D
流程输出 E
1
2
3
4
5
6
开始
总包部各部门发业主、监理、施工部函件初稿
业务主办
起草函件并上传OA办公平台，部门负责人审核并确定需审核的相关部门及领导
相关部门：公共资源管理部、商务合约部、技术管理部、品质保障部、安监部、工程管理部等
函件初稿及项目工程函件签发审批表
No
No
2 相关部门审核
Yes
3 相关领导审核
Yes
相关领导
4 依据签发权限签发
正式函件
业务主办
5 按函件要求盖章、扫描
技术管理部收发文管理员
6 报送业主、监理、施工部
技术管理部收发文管理员
7 分类、归档
结束

图 27-4　发函流程

27.3 会议管理

项目会议类型主要分为业主例会、监理例会、项目例会、周例会、生产例会、计划协调会及其他会议。

主要管理活动分为会前管理、会中管理、会后管理（图 27-5）。

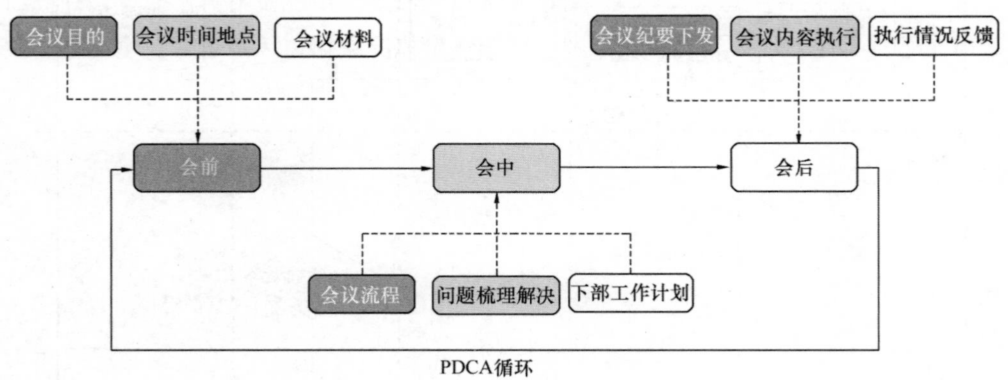

图 27-5 会议管理流程图

建立定期例会制度，保证各类信息的及时有效传递和沟通，促进各项计划的落实及各工序交叉冲突时能得到及时有效的协调。定期例会制度如表 27-1 所示。

定期例会制度表 **表 27-1**

序号	会议主题	召开日期	参加单位	协调解决问题范围
1	技术协调会	每周一上午 8：30	总承包商、分包商	解决施工方案、工序衔接顺序等事宜
2	总承包施工协调会	每周一下午 14：00	总承包商、各分包商	解决工序交接、进度、质量、安全等事宜
3	业主工程协调会	每周二下午 14：00	业主、监理、设计单位、顾问单位、总承包商、分包商	施工过程的进度、质量、安全等事宜
4	安全专题会	每周三下午 14：00	总承包商、分包商	解决安全教育、安全防护、安全检查等事宜
5	质量专题会	每周四下午 14：00	总承包商、分包商	解决过程验收、质量控制事宜
6	监理例会	每周五上午 8：30	监理单位、总承包商、分包商	解决进度控制、质量控制、费用控制、合同管理、信息管理及安全管理等事宜
7	设计协调会	每周五下午 14：00	业主设计管理部门、设计、监理、总承包商、分包商	解决图纸疑问、深化设计、材料报审等事宜

27.4 报告管理

27.4.1 总承包—业主报告

总承包各部门应按照业主要求提交月报，经项目经理审核后，由计划管理部在每月 25 日前发送给业主。月报中应详尽说明总承包各部门上月工作情况及下月工作计划，同时包含工程总体进度、工地现场及施工整改照片、实测实量概况数据，以及需要业主协调解决的事项（图 27-6）。

总承包各部门应按照业主要求提交周报，经总包项目经理审核后，由计划管理部在一周某一天（譬如每周四）发送给业主。周报中应详细说明总承包各部门上周工作情况及下周工作计划，同时应包含工程总体进度、工地现场及施工整改照片等。

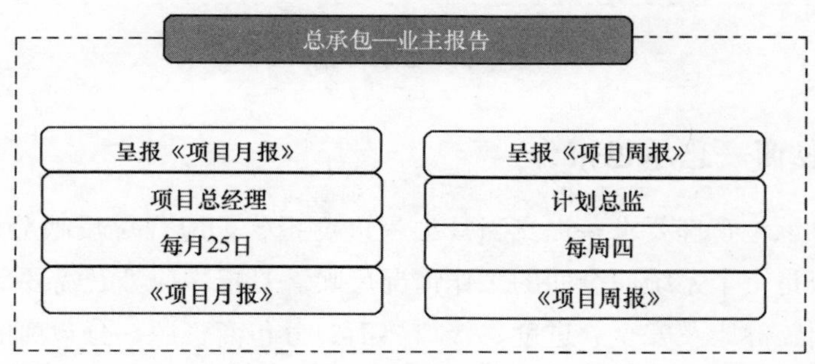

图 27-6　总承包—业主报告制度

27.4.2 总承包—企业报告

总承包各部门应按照企业要求提交月报，经总包项目经理审核后，由生产管理部门在规定时间发送公司，月报中应包含工程总体进度、工地现场及施工整改照片，实测实量数据等，以及需要公司协调解决的问题（图 27-7）。

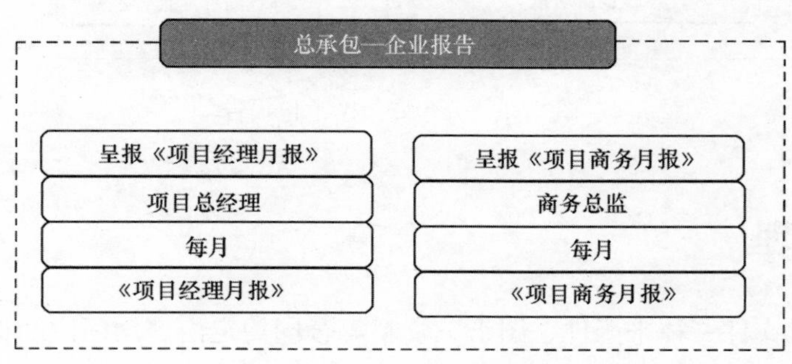

图 27-7　总承包—企业报告制度

27.4.3 总承包内部报告

总承包各部门应在周例会及月例会召开前，将每周周报发送给项目资料管理人员汇总，经计划总监审核后于月、周例会上通报（图 27-8）。周报中详细说明总承包各部门上周工作情况及下周工作计划，以及需要其他部门协调解决的问题。

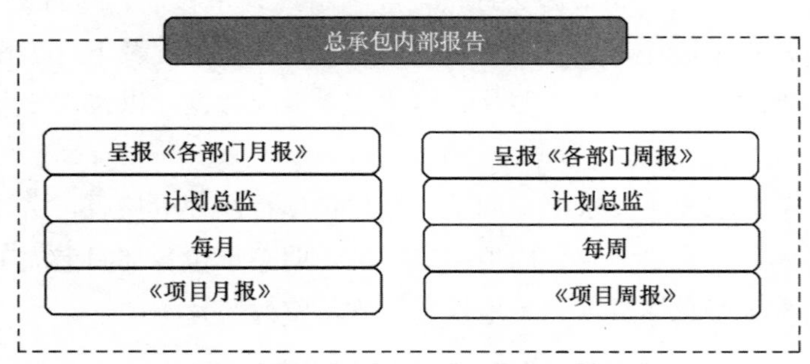

图 27-8 总承包内部报告制度

27.4.4 分包商—总承包报告

分包商应按总承包管理要求，提交当月工程进度报告，应详尽反映分包商本月的工作，分包工程综合月报是一个系统而全面的工作情况反映。月报中应涉及需要关注的问题和解决方案、前瞻性计划、健康及安全、进度、接口界面、分包商资源、分包商的分包及供货、设计资料提交、质量管理、现场管理、环境管理等内容（图 27-9）。

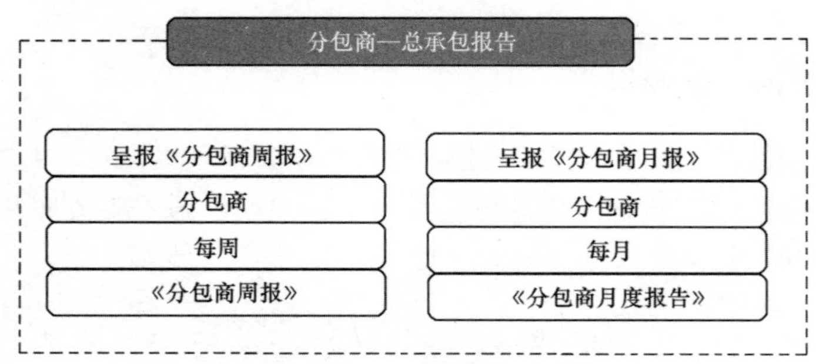

图 27-9 分包商—总承包报告

27.5 文件管理

项目所有报批文件、往来函件、图纸、资料等合同约定内容均须注明报审、报备属性。

27.5.1 设计文件

设计方案需报业主审批的专业包括强电、给水排水、智能化、消防及节能。

设计图纸需向业主报备的专业包括建筑、结构、给水排水、暖通、强电、智能化、消防、装饰施工图，其他非报审图纸也需进行报备。

27.5.2 报批报建文件

报审文件包括：报规划局与指标校核单位总平方案、全套建筑专业图纸，报消防审核单位建筑及各专业图纸，报人防站人防专业图纸，报房管局建筑专业图纸需业主审核。

报备文件包括：其他未报审图纸需要进行报备。

27.5.3 材料设备采购、样板文件

1. 工程实体样板实施细则

项目生产管理部门在工程开工后编制本工程的《实体样板单元实施方案》，经项目生产负责人及质量负责人审批确定后实施。

样板实施前，项目生产管理部门负责就《工程实体样板单元管理办法》和《实体样板单元实施方案》向本项目监理单位、总包单位和相关专业分包单位进行书面交底。

2. 材料样板制作范围

设计阶段：幕墙（含玻璃、影响外立面效果的材料）、装修（石材、涂料、门窗玻璃、墙地砖；灯具、洁具和门等提供图片样板）、亮化（亮化灯具）、景观（铺装材料；苗木、灯具等提供图片样板）。

施工阶段：防水材料、保温材料、装修材料［石材、涂料、木饰面、墙纸、门窗玻璃及型材、门（包括门锁等）、墙地砖、踢脚板、栏杆、扶手等］、水电安装（管、槽、线、缆、开关、插座、灯具、箱、表、阀门、板材等主材；消防、监控等末端设备）、其他（LED屏、亮化灯具、室外铺装材料等）。

3. 材料样板管理实施细则

材料设计样板一式两份，由设计单位在工程设计阶段提供，并于方案设计确定前完成样板确认与封样。

项目进场后，生产管理部门负责就《工程材料样板管理制度》和《材料施工样板实施计划》向监理单位、总包单位和各专业分包单位进行书面交底，并要求各分包单位严格按《材料施工样板实施计划》中规定的做样时间和范围提供材料施工样板。

定标前有设计样板的材料，应严格遵守投标承诺，按设计样板要求提供材料施工样板。

设置独立的材料样板间，材料样板按专业分类，整齐摆放，业主应安排专人负责材料样板的审查、确认、保管及建立台账等工作，材料样板将保存至工程竣工验收交付业主之日止。

27.5.4 进度、验收计划文件

进度、验收计划包括总进度计划、专项计划、纠偏计划（包含纠偏措施）等，由总包单位负责组织编制并向监理、业主报备。

27.5.5 施工组织设计、方案文件

施工组织设计、施工专项方案由总包单位组织编制，存在专业分包的，由专业分包单位编制并报总包审核，纳入总体施工组织设计及施工方案管理体系。其中，施工组织设计、危险性较大的分部分项工程施工方案报监理及业主审批，其余施工方案报监理审批即可，超过一定规模的危险性较大的分部分项工程施工方案报监理审批后还需按规定组织专项方案专家论证。

27.5.6 总包方自行采购的工程材料文件

总承包方自行采购的材料、设备除符合国家有关规范标准外，必须符合双方协议约定的品牌、品质、产地、规格、型号、质量和技术规范等要求，必须向业主提供厂家批号、出厂合格证、质量检验书等证明资料。

第 5 篇

运维管理

第 28 章 入廊管理

28.1 综述

讨论运维管理前，首先要明确运维公司，负责管廊的日常运营维护管理；国家建设行政主管部门对管线入廊的总体指导原则是“能入尽入、应入尽入”，对管线入廊持鼓励、支持政策，综合管廊可纳入的管线包括给水管道、雨水管道、污水管道、中水管道、电力电缆、通信光缆、广播电视光缆、燃气管道、热力管道、直饮水管道、真空垃圾管道等管线；综合管廊土建和附属结构竣工后，应由管廊建设单位组织有综合管廊运维单位参加的竣工验收，验收合格后办理管理权限移交，或由施工单位—建设单位—运维单位分步办理移交；综合管廊内各种管线新建、改建完成后，管线产权单位应会同管廊运维单位组织相关建设单位进行竣工验收，验收合格后，方可交付使用；管线单位入廊应向管廊运维单位提出申请并签订入廊协议，明确双方的管理权限、责任与义务。

28.2 运维管理组织

综合管廊容纳的市政管线为城市的生命线，建设完成后应确定具备电气、给水排水、燃气、热力等相关专业资质和技术的单位进行日常管理，以发挥其安全、稳定的服务功能。综合管廊系统管理范围十分宽泛，包括廊体结构安全、渗漏处理、管廊各附属设施（排水、通风、照明、通信、消防、智能监控等）及管线进入和使用安全，均需要规范管理，做到有章可循。根据管廊的建设和运行特点，一些国家和地区采取制定专门的相关法律法规来加强综合管廊的管理，以规范各方行为。综合管廊运营管理模式主要有以下四种：

1. 业主自管

由业主即地方政府派出的综合管廊管理机构或投资建设公司自行组建全方位管理单位，出资组建或直接由政府直属的投资平台公司负责融资建设，项目建设资金主要来源于地方财政投资、政策性开发贷款、商业银行贷款、组织运营商联合共建等多种方式。项目建成后由政府平台公司为主导，通过组建专门机构实施项目的运维管理。业主既是产权方也是运营维护方，享受管廊收益并承担管理成本。

2. BOT 模式

这种模式下政府不承担综合管廊的具体投资、建设以及后期的运维管理工作，所有这些工作都由被授权委托的社会投资商负责。政府通过授权特许经营的方式给予投资商综合管廊的相应运营权及收费权，具体收费标准由政府在通盘考虑社会效益以及企业合理合法的收益率等前提下确定，同时可以通过土地补偿以及其他政策倾斜等方式给予投资运营商补偿，使投资商实现合理的收益。社会投资商可以通过政府竞标等形式进行选择。

3. PPP 模式

由政府和社会资本共同出资组建股份制 PPP 管廊运营单位，全权负责项目的投资、建设以及后期运维管理，项目风险与收益由各方按出资比例或协议共同承担。

4. 委托运营模式

业主通过招投标的方式将现场管理业务委托给一家或多家专业公司，自己只选派一名业主代表或一个代表小组行使业主的监管权，专业公司负责组建常驻式管理机构，选派专业的管理和技术人员，配备相应管养机具设备，按照制定的管理流程和管养方案进行管廊维保。业主享受管廊收益，并为委托的服务付费。随着国内大规模综合管廊的建设，国内涌现出一些具有专业能力的综合管廊运营管理公司，可接受管廊权属单位的委托进行专业的综合管廊运营管理。

28.3　入廊管线分析

综合管廊作为城市地下市政管线的综合载体，将电力、通信、给水、排水、燃气、热力等多种市政管线融于一体，具有节约城市土地资源、提高城市防灾能力、管线使用寿命长、维修养护便捷等多重优点。但其一次性建设投入高、建设周期长，管理责任界定无清晰的边界，管廊建设与管线新建、改扩建规划不相协调的矛盾，提出了新的研究课题。在建设综合管廊工程的同时，尤其要注意提升综合管廊项目的规划设计水平，哪些管线应当被收容，管线入廊的具体形式和相对位置该如何设置需考虑成熟。

综合管廊为市政管线提供安全的“家园”，根据市政管线对综合管廊布局及横断面的作用特点，将其对管廊的影响可划分为主导影响因素、一般影响因素和经济性影响因素，几种主要管线对综合管廊的影响分析如表 28-1 所示。

主要管线对综合管廊的影响分析　　表 28-1

序号	影响分类	管线分类	影响描述
1	主导影响因素	电力、热力	具有较大影响，且管线施工及安全要求较高
2	一般影响因素	给水、中水、通信	影响较弱，管线施工及安全要求较高
3	经济性影响因素	雨、污水、燃气	对投资影响较大，建设及管理成本较高，经济效益较差

根据各专业管线的技术特性，分析其入廊的可行性，通过比较分析、政策推动确定入廊管线。

给水、中水管道——可克服漏水问题，避免爆管引起的交通问题。

电力、通信管线——具有可以变形、灵活布置、不易受管廊纵横断面变化限制的优点，在综合管廊内设置的自由度和弹性较大。

热力管道——散热大，会引起管廊内部温度升高，对电缆安全不利，入廊需保温隔热处理，但可延长管道使用寿命，利于扩容。

天然气管道——易受外界干扰和破坏造成泄漏，引发安全事故，纳入管廊时需单独成舱，且需配备监控与燃气感应设备，增加建设及管理成本。

雨污水管道——为重力流，需要有一定的坡度，每隔一定的距离需要设置检查井，污水管道易产生硫化氢、甲烷等有毒、易燃、易爆的气体，入廊时需要设置相应的监控设备。

第29章　日常运营管理

29.1　综述

综合管廊集各种市政管线和设施设备于一体，运行过程较为复杂，涉及的利益相关方较多，且涉及特点各异的多种专业。综合管廊的运行包括管廊附属设施的运行和入廊管线的运行，附属设施的运行由综合管廊管理单位负责，入廊管线的运行一般由入廊管线单位负责。

为保证综合管廊运行的安全、可靠，综合管廊日常运营管理主要包括对管廊结构、附属设施及入廊管线开展的日常巡检与监测、专业检测及维修保养等工作。

29.2　运行计划

针对综合管廊稳定运行制定相应的运行计划是必需的。有了运行计划，那么综合管廊的运行工作就有了明确的目标和具体的步骤，便于协调各单位、部门联动，使工作有条不紊地进行。同时，运行计划本身又是对工作进度和质量的考核标准，具有指导和推动作用。

综合管廊管理单位应根据设施设备的整体运行情况、使用年限等编制运行计划，运行计划分为年度运行计划和月度运行计划。年度运行计划应包括但不限于下列内容：

1）运行人员、资金和物资计划。

2）运行制度和作业指导书的编制与完善。

3）运行调度计划。

4）信息化系统维护计划。

月度运行计划应在年度运行计划的基础上，结合上月度运行情况综合制定。入廊管线的运行计划应根据入廊管线单位内部管理制度，以及综合管廊管理单位的相关标准和要求进行编制。

29.3　运营管理制度

无规矩无以成方圆，作为在国内处于探索阶段的管廊运营管理，科学、系统的运营管理制度决定着管廊运维公司制度化管理的成效，运营管理单位应从实际出发，在管理制度制定方面坚持以下原则：

1）系统原则，按照系统论的观点来认识公司管理制度体系，深入分析各项管理活动和管理制度间的内在联系及其系统功能，从根本上分析影响和决定公司管理效率的要素和原因。

2）遵循管理自然流程原则，在公司中，业务流程决定各部门的运行效率。将公司的管理活动按业务需要的自然顺序来设计流程，并以流程为主导进行管理制度建设。

3）以人为本原则，公司的构成要素中人是最关键、最积极、最活跃的因素。公司管理的计划功能、组织功能、领导功能、控制功能都是通过人这个载体实现的，只有在各环节中充分发挥了人的积极性、主动性、创造性，公司才能达到既定目标。

4）稳定性与适应性相结合原则，公司管理总是要不断否定管理中的消极因素，保留发扬管理中的积极因素，并不断吸收新内容和国内外先进的管理经验，进行自我调整、自我完善，以适应公司内外部环境变化的需要，公司在管理制度制定上将遵循稳定性与适应性相结合的原则。

综合管廊主要运维管理制度见表 29-1。

管廊主要运维管理制度 **表 29-1**

序号	一级管理制度	二级管理制度
1	行政管理	文件收发管理 宣传报道管理 档案管理 办公用品管理 安全生产管理 车辆安全管理规定 重大情况报告制度 考核规定
2	人力资源管理	人员录用管理 劳动合同管理 机构设置与编制 一般管理岗职务设置 劳动工资管理 福利待遇管理 劳动纪律管理 加班管理 培训管理 技能鉴定 奖惩规定
3	工程、设备招投标管理	低值易耗品管理办法 固定资产管理办法 招标管理
4	财务审批办法	总则 实施细则
5	财务检查办法	
6	资金管理办法	

续表

序号	一级管理制度	二级管理制度
7	合同管理办法细则	总则 合同管理的职责分工 合同的签订和履行 合同违约及纠纷的处理 合同的专用章和合同档
8	票据管理办法	
9	会计档案管理办法	
10	费用开支管理办法	费用开支计划 费用开支标准
11	费用核算制度	费用开支管理要求 费用开支办理程序 费用开支范围和内容 费用和其他开支的界限 成本费用核算原则
12	管廊维护管理制度	监控中心管理制度 日常巡检管理制度 备品备件管理制度 管廊安全操作与防护管理制度 安全保卫管理制度 管廊内施工作业管理制度 进出综合管廊管理制度 水电节能降耗管理制度 抢修维修管理制度 禁止行为
13	管廊运维规程	重大事故应急响应流程 土建结构的维护保养规程 机电设施维护保养规程 高低压供配电系统维护保养规程 火灾报警系统的维护保养规程 通风系统维护保养规程 照明系统维护保养规程 给水排水、消防与救援系统维护保养规程 弱电设施维护保养规程 中央计算机信息系统的维护保养规程 地面设施维护规程
14	管廊运维应急预案	火灾应急预案 地震应急预案 防恐应急预案 洪涝应急预案 入廊管线事故应急预案

管廊运维管理制度体系中有关管廊维护管理制度需要包括的主要内容见表 29-2。

管廊维护管理制度主要内容 **表 29-2**

序号	制度名称	主要内容
1	监控中心管理制度	主要包括监控中心日常值班制度、交接班制度、信息设备技术资料管理、异常事件及管理系统故障上报制度、监控中心设备管理制度以及网络管理制度等方面的内容
2	日常巡检管理制度	对管廊日常巡检进行规定，主要包括巡检任务的分配、人员安排，巡检人员入廊巡检的作业要求等方面的内容
3	备品备件管理制度	主要包括管廊备品备件从申报、入库、保管到领用的制度及管理职责
4	管廊安全操作与防护管理制度	主要包括运维单位内部巡检人员进出综合管廊的安全管理规定(管廊内环境质量的确认、安全用电等操作规程)，外来人员进入综合管廊的安全管理规定
5	安全保卫管理制度	综合管廊的内、外部安全防范管理制度
6	管廊内施工作业管理制度	对运维单位维修人员在综合管廊内维修作业进行要求，对管线单位作业人员在综合管廊内施工作业进行要求
7	进出综合管廊管理制度	对进出综合管廊流程进行规定

第30章　廊体及设施维护

综合管廊作为城市市政管线的集中廊道，管廊本体及辅助设施、附属设施的稳定可靠是管廊内管线安全运行的基础，是运维工作的重要内容。综合管廊本体是指综合管廊的主体结构，包括廊体结构以及与之相连成为整体的变电室、监控中心等建筑；综合管廊辅助设施是指为满足综合管廊使用功能，在管廊内部设置的桥（支）架、排水设施、通风口、投料口和爬梯、栏杆等设施，以及管廊内外的预留孔、预埋管、工作井、路面的井口设施等；综合管廊附属设施是综合管廊重要的组成部分，支撑其常态化的运转以及紧急状态下的处理，附属设施包括消防系统、通风系统、供电与照明系统、排水系统、监控与报警系统、标识系统等基础设施。

管廊本体及辅助设施、附属设施的维护包括综合管廊结构及设施和各附属系统设施的管理，内容分为日常巡检与检测、维修保养、专业检测和大中修管理。日常巡检与监测、维修养护由运营部门负责，专项检测、大中修委托具有相应资质的服务机构实施。

30.1　日常巡检与监测

30.1.1　日常巡检

管廊本体结构日常巡检对象一般包括管廊内部、地面设施、保护区周边环境、供配电室、监控中心等，检查的内容包括结构裂缝、损伤、变形、渗漏等，通过观察或常规设备检查判识发现土建结构的现状缺陷与潜在安全风险（图30-1、图30-2）。

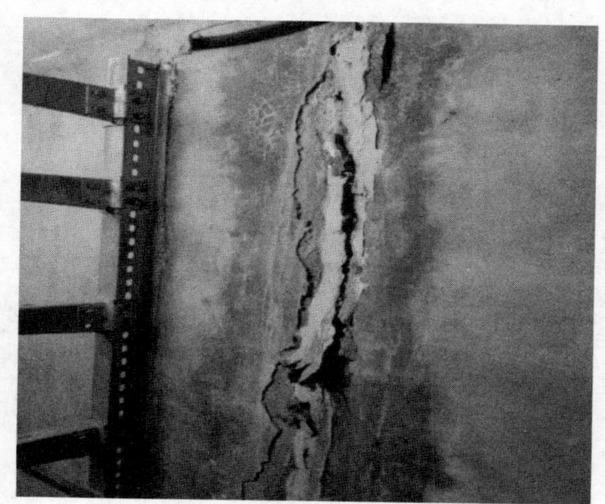

图30-1　土建结构裂缝

管廊结构的日常巡检应结合管廊年限、运营情况等合理确定巡检方案、巡检频次，频次应至少一周一次，在极端异常气候、保护区周边环境复杂等情况时，宜增加巡检力量、提高巡检频率。日常巡检应分别在综合管廊内部及地面沿线进行（宜同步开展），对需改善的和对运行有影响的设施缺陷及事故情况应做好检查记录，实地勘明原因和影响范围，提出处理意见，并及时上报处理。

综合管廊本体结构日常巡检的主要内容及方法如表30-1所示。

图 30-2　土建结构、投料口渗漏水

日常巡检内容及方法　　表 30-1

项目		内容	方法
管廊主体结构	结构	是否有变形、沉降位移、缺损、裂缝、腐蚀、渗漏、露筋等	目测、尺量
	变形缝	是否有变形、渗漏水，止水带是否损坏等	
	排水沟	沟槽内是否有淤积	
	装饰层	表面是否完好，是否有缺损、变形、压条翘起、污垢等	
	爬梯、护栏	是否有锈蚀、掉漆、弯曲、断裂、脱焊、破损、松动等	
	管线引入(出)口	是否有变形、缺损、腐蚀、渗漏等	
	管线支撑结构	支(桥)架是否有锈蚀、掉漆、弯曲、断裂、脱焊、破损等	
		支墩是否有变形、缺损、裂缝、腐蚀等	
	施工作业区	施工情况及安全防护措施等是否符合相关要求	
地面设施	人员出入口	表观是否有变形、缺损、堵塞、污浊、覆盖异物，防盗设施是否完好、有无异常进入特征，井口设施是否影响交通，已打开井口是否有防护及警示措施	
	雨污水检查井口		
	逃生口、吊装口		
	进(排)风口	表观是否有变形、缺损、堵塞、覆盖异物，通道是否通畅，有无异常进入特征，格栅等金属构配件是否安装牢固，有无受损、锈蚀	
保护区周边环境	施工作业情况	周边是否有邻近的深基坑、地铁等地下工程施工	目测、问询
	交通情况	管廊顶部是否有非常规重载车辆持续经过	
	建筑及道路情况	周边建筑是否有大规模沉降变形，路面是否发现持续裂缝	目测
监控中心		主体结构是否有沉降变形、缺损、裂缝、渗漏、露筋等；门窗及装饰层是否有变形、污浊、损伤及松动等	
供配电室			

30.1.2　日常监测

管廊本体结构的日常监测是采用专业仪器设备，对土建结构的变形、缺陷、内部应力等进行实时监测，及时发现异常情况并预警的运维管理方法。

目前的结构日常监测以结构沉降位移实时监测为主，结合位移值及位移速率判断综合管廊结构稳定特征，对出现日常监测超警戒值情况，需做好检查记录，实地判断原因和范围，提出处理意见，并及时上报处理（图 30-3）。

图 30-3　管廊沉降监测

30.2　维修保养

运维单位在管廊日常运维过程中，应结合日常巡检与监测情况对管廊本体结构进行维修保养，建立维保记录，并定期统计易损耗材备件消耗及其他维修情况，分析原因，形成总结报告。

本体结构维修保养工作由运维单位实施，主要包括经常性或预防性的保养和小规模维修等内容，以恢复和保持管廊结构的良好使用状态。

30.2.1　结构保养

结构保养以管廊内部及地面设施为主，主要包括管廊卫生清扫、设施防锈处理等，具体内容如表 30-2 所示。

结构的保养内容　　　　表 30-2

<table>
<tr><th colspan="2">项目</th><th>内容</th></tr>
<tr><td rowspan="4">管廊内部</td><td>地面</td><td>清扫杂物，保持干净</td></tr>
<tr><td>排水沟、集水坑</td><td>淤泥清理</td></tr>
<tr><td>墙面及装饰层</td><td>清除污点，局部粉刷</td></tr>
<tr><td>爬梯、护栏、支(桥)架</td><td>除尘去污，防锈处理</td></tr>
<tr><td rowspan="4">地面设施</td><td>人员出入口</td><td rowspan="3">清扫杂物，保持干净通畅</td></tr>
<tr><td>雨污水检查井口</td></tr>
<tr><td>逃生口、吊装口</td></tr>
<tr><td>进(排)风口</td><td>除尘去污，防锈处理，保持通畅</td></tr>
<tr><td colspan="2">监控中心</td><td rowspan="2">清扫杂物，保持干净</td></tr>
<tr><td colspan="2">供配电室</td></tr>
</table>

30.2.2　结构维修

综合管廊结构的维修主要针对混凝土（砌体）结构的结构缺陷与破损、变形缝的破损、渗漏水、构筑物及其他设施［门窗、格栅、支（桥）架、护栏、爬梯，螺丝］松动或脱落、掉漆、损坏等，以小规模维修为主，具体见表 30-3。

结构主要维修内容　　表 30-3

维修项目	内容	方法
混凝土(砌体)结构	龟裂、起毛、蜂窝麻面	砂浆抹平
	缺棱掉角、混凝土剥落	环氧树脂砂浆或高强度等级水泥砂浆及时修补，出现露筋时应进行除锈处理后再修复
	宽度大于 0.2mm 的细微裂缝	注浆处理，砂浆抹平
	贯通性裂缝并渗漏水	注浆处理，涂混凝土渗透结晶剂或内部喷射防水材料
变形缝	止水带损坏、渗漏	注浆止水后安装外加止水带
钢结构管廊	钢管壁锈蚀	将锈蚀面清理干净后，采取补强措施
	焊缝断裂	焊接段打磨平整，并清理干净后，采取措施
构筑物及其他设施	门窗、格栅、支(桥)架、护栏、爬梯等螺丝松动或脱落、掉漆、损坏等	维修、补漆或更换
管线引入(出)口	损坏、渗漏水	柔性材料堵塞、注浆等措施

30.3 专业检测

专业检测是采用专业设备对综合管廊本体结构进行的专项技术状况检查、系统性功能试验和性能测试，以结构检测为主，包括渗漏水检测等内容。

本体结构的专业检测一般应在以下几种情况下进行：

1）经多次小规模维修，结构劣损或渗漏水等情况反复出现，且影响范围与程度逐步增大，应结合具体情况进行专业检测；

2）经历地震、火灾、洪涝、爆炸等灾害事故后，应进行专业检测；

3）受周边环境影响，结构产生较大位移，或监测显示位移速率异常增加时，应进行专业检测；

4）达到设计使用年限时，应进行专业检测；

5）需要进行专业检测的其他情况。

30.3.1 专业检测要求

专业检测应符合以下要求：

1）检测应由具备相应资质的单位承担，并应由具有综合管廊或隧道养护、管理、设计、施工经验的人员参加；

2）检测应根据综合管廊建成年限、运营情况、周边环境等制订详细方案，方案应包括检测技术与方法、过程组织方案、检测安全保障、管廊正常运营保障等内容，并提交主管部门批准；

3）专业检测后应形成检测报告，内容应包括结构健康状态评价、原因分析、大中修方法建议，检测报告应通过评审后提交主管部门。

30.3.2　专业检测内容与方法

结构的专业检测项目内容应结合现场情况确定，一般主要集中在结构裂缝、结构内部缺陷、混凝土强度、横断面变形、沉降错动、结构应力及渗漏水情况，具体内容及方法如表30-4 所示。

结构专业检测内容及方法　　表 30-4

项目名称		检验方法	备注
裂缝	宽度	裂缝显微镜或游标卡尺	裂缝部位全检，并利用表格或图形的形式记录裂缝位置、方向、密度、形态和数量等因素
	长度	米尺测量	
	深度	超声法、钻取芯样	
结构缺陷检测	外观质量缺陷	目视、尺量和照相	缺陷部位全检，并利用图形记录
	内部缺陷	地质雷达法、声波法和冲击反射法等非破损方法，辅以局部破损方法进行验证	结构顶和肩处，3 条线连续检测
	结构厚度		每 20m(曲线)或 50m(直线)一个断面，每个断面不少于 5 个测点
	混凝土碳化深度	用浓度为 1%的酚酞酒精溶液(含 20%的蒸馏水)测定	每 20m(曲线)或 50m(直线)一个断面，每个断面不少于 5 个测点
	钢筋锈蚀程度	地质雷达法或电磁感应法等非破损方法，辅以局部破损方法进行验证	每 20m(曲线)或 50m(直线)一个断面，每个断面不少于 3 个测区
混凝土强度		回弹法、超声回弹综合法、后装拔出法等	每 20m(曲线)或 50m(直线)一个断面，每个断面不少于 5 个测点
横断面测量	结构变形	全站仪、水准仪或激光断面仪等测量	异常的变形部位布置断面
	结构轮廓	激光断面仪或全站仪等	每 20m(曲线)或 50m(直线)一个断面，测点间距≤0.5m
	结构轴线平面位置	全站仪测中线	每 20m(曲线)或 50m(直线)一个断面
	管廊轴线高程	水准仪测	每 20m(曲线)或 50m(直线)一个测点
沉降错动		水准仪测、动态监测	异常的变形部位
结构应力		应变测量	根据监测仪器施工预埋情况选做
渗漏水检测		感应式水位计或水尺测量集水井容积差，计算流量	检测时需关掉其他水源，每隔 2h 读一次数据

结构在经历地震、火灾、洪涝等灾害或者爆炸等异常事故后进行的专业检测内容除按照要求外，可参照表 30-5 执行不同的侧重点检测。

结构在经历灾害和异常事故后的检查　　表 30-5

灾害和异常事故	检查部位		检查项目
地震	主体结构	混凝土构件	开裂、剥离
		钢结构(端部钢板)	变形
	接头	钢板	钢板变形、焊接处损伤
	其他	地面及周边建筑	地面沉陷、周边建筑变形
火灾	主体结构	混凝土构件	开裂、剥离
		钢结构(端部钢板)	变形
	接头	钢板	钢板变形、焊接处损伤
爆炸	主体结构	混凝土构件	开裂、漏水、剥离
		钢结构(端部钢板)	漏水、变形
	接头	钢板	钢板变形、焊接处损伤

30.4 结构状况评价

30.4.1 评价方法

针对具体的管廊项目，从管廊本体结构(包括监控室、供配电室及管廊主体)入手，结合“结构裂缝、渗漏水、结构材料劣损、结构变形错动、吊顶及预埋件、内装饰、外部设施”7个方面的劣损状况，采用最大权重评分法，开展综合管廊的结构健康状况评价。评价人员结合现场实际检测情况，完成结构健康状况评定表(表 30-6)。

土建结构健康状况评定表 **表 30-6**

<table>
<tr><td colspan="2">管廊情况</td><td>管廊名称</td><td></td><td>管廊长度</td><td></td><td>建成时间</td><td></td><td>运维单位</td><td></td></tr>
<tr><td colspan="2">评定情况</td><td>上次评定等级</td><td></td><td>上次评定日期</td><td></td><td>本次评定单位</td><td></td><td>本次评定日期</td><td></td></tr>
<tr><td rowspan="2">监控中心</td><td rowspan="2">编号</td><td colspan="8">状况值</td></tr>
<tr><td>结构裂缝</td><td>渗漏水</td><td colspan="2">结构材料劣损</td><td>结构变形错动</td><td>吊顶及预埋件</td><td>内装饰</td><td>外部设施</td></tr>
<tr><td colspan="2" rowspan="4"></td><td>1</td><td></td><td></td><td></td><td></td><td></td><td></td><td></td></tr>
<tr><td>2</td><td></td><td></td><td></td><td></td><td></td><td></td><td></td></tr>
<tr><td>3</td><td></td><td></td><td></td><td></td><td></td><td></td><td></td></tr>
<tr><td>……</td><td></td><td></td><td></td><td></td><td></td><td></td><td></td></tr>
<tr><td colspan="2" rowspan="4">供配电室</td><td>编号</td><td colspan="7"></td></tr>
<tr><td>1</td><td></td><td></td><td></td><td></td><td></td><td></td><td></td></tr>
<tr><td>2</td><td></td><td></td><td></td><td></td><td></td><td></td><td></td></tr>
<tr><td>……</td><td></td><td></td><td></td><td></td><td></td><td></td><td></td></tr>
<tr><td colspan="2" rowspan="7">管廊主体结构</td><td>里程</td><td colspan="7"></td></tr>
<tr><td></td><td></td><td></td><td></td><td></td><td></td><td></td><td></td></tr>
<tr><td></td><td></td><td></td><td></td><td></td><td></td><td></td><td></td></tr>
<tr><td></td><td></td><td></td><td></td><td></td><td></td><td></td><td></td></tr>
<tr><td></td><td></td><td></td><td></td><td></td><td></td><td></td><td></td></tr>
<tr><td></td><td></td><td></td><td></td><td></td><td></td><td></td><td></td></tr>
<tr><td></td><td></td><td></td><td></td><td></td><td></td><td></td><td></td></tr>
<tr><td colspan="3">CI_i</td><td></td><td colspan="2"></td><td></td><td></td><td></td><td></td></tr>
<tr><td>权重 ω_i</td><td></td><td></td><td></td><td colspan="2"></td><td></td><td></td><td></td><td></td></tr>
<tr><td colspan="4">$CI = 100 \cdot \left[1 - \frac{1}{4}\sum_{i=1}^{n}\left(CI_i \times \frac{\omega_i}{\sum_{i=1}^{n}\omega_i}\right)\right]$</td><td colspan="2"></td><td></td><td></td><td>土建结构评定等级</td><td></td></tr>
<tr><td colspan="3">运维措施建议</td><td colspan="7"></td></tr>
<tr><td colspan="3">评定人</td><td colspan="3"></td><td>负责人</td><td colspan="3"></td></tr>
</table>

参考隧道养护规范，评价采用权重评分方式的计算公式如下：

$$CI = 100 \cdot \left[1 - \frac{1}{4}\sum_{i=1}^{n}\left(CI_i \times \frac{\omega_i}{\sum_{i=1}^{n}\omega_i}\right)\right]$$

式中：ω_i——分项权重；

CI_i——分项状况值，值域 0～4。

$$CI_i = \max(CI_{ij})$$

式中：CI_{ij}——各分项检查段落状况值；

j——检查段落号，按实际分段数量取值。

根据综合管廊土建结构劣损状况的重要性不同，界定土建结构各分项权重系数，具体值参照表 30-7。

结构各分项权重表　　表 30-7

分项	分项权重 w_i	分项	分项权重 w_i
结构裂缝	15	吊顶及预埋件	10
渗漏水	25	内装饰	5
结构材料劣损	20	外部设施	5
结构变形错动	20		

30.4.2 结构劣损状况值划分

管廊结构中“结构裂缝、渗漏水、结构材料劣损、结构变形错动、吊顶及预埋件、内装饰、外部设施”7 个方面的劣损状况值划分等级界定见表 30-8～表 30-14。

结构裂缝状况　　表 30-8

状况值	劣化状况描述
4	承重结构可见长大贯穿裂缝，裂缝宽度大于 5mm，长度大于 10m
3	承重结构可见贯穿裂缝，裂缝宽度大于 3mm，长度大于 5m
2	承重结构可见非贯穿性裂缝，裂缝影响面积、发育密度较大
1	其他非承重结构混凝土表面有细微裂缝
0	表面无裂缝

结构渗漏水状况　　表 30-9

状况值	劣化状况描述
4	水突然涌入土建结构，淹没土建结构底部，危及使用安全；对于布设电力线路区段，拱顶部漏水直接传至电力线路
3	地下结构底部涌水，顶部滴水成线，边墙淌水，造成地下结构底部下沉，不能保持正常几何尺寸，危害正常使用
2	土建结构滴水、淌水、渗水等引起管廊内局部土建结构状态恶化，钢结构腐蚀，养护周期缩短
1	有零星结构渗漏水、雨淋水或结构表面附着凝结水，但不影响土建结构的使用功能，不超过地下工程防水等级Ⅳ级标准
0	无渗漏水

结构变形错动状况 **表 30-10**

状况值	劣化状况描述	
	变形或移动	开裂、错动
4	主体结构移动加速、变形、移动、下沉发展迅速，威胁使用安全	开裂或错台长度 L 大于 10m，开裂或错台宽度 B 大于 5mm，且变形继续发展，拱顶部开裂呈块状，有可能掉落
3	变形或移动速度 $\upsilon>10$mm/年	开裂或错台长度 L 大于等于 5m 且小于等于 10m，但开裂或错台宽度 5mm；开裂或错台主体结构呈块状，在外力作用下有可能崩坍和剥落
2	变形或移动速度 10mm/年$\geqslant\upsilon>$3mm/年	开裂或错台长度 L 小于 5m 且开裂或错台宽度 B 大于等于 3mm 且小于等于 5mm；裂缝有发展，但速度不快
1	变形或移动速度 3mm/年$\geqslant\upsilon>$1mm/年	开裂或错台长度 L 小于 5m 且开裂或错台宽度 B 小于 3mm
0	变形或移动速度 $\upsilon<1$mm/年	一般龟裂或无发展状态

结构材料劣化状况 **表 30-11**

状况值	劣化状况描述		
	钢筋混凝土结构腐蚀	砌块结构腐蚀	钢结构腐蚀
4	主体结构劣化严重，经常发生剥落，危及使用安全 主体结构劣化，壁厚为原设计厚度的 3/5，混凝土强度大大下降	廊顶部接缝劣化严重，拱顶部主体结构有可能掉落大块体（与砌块大小一样）	主体结构锈蚀严重，承重部位局部屈曲、变形严重
3	主体结构劣化，稍有外力或振动，即会崩塌或剥落，对安全使用产生重大影响；腐蚀深度 10mm，面积达 0.3m^2；主体结构有效厚度为设计厚度的 2/3 左右	接缝开裂，其深度大于 100mm，主体结构错台大于 10mm	主体结构锈蚀，承重部位出现局部屈曲、变形等现象
2	主体结构混凝土剥落，材质劣化，主体结构壁厚减少，混凝土强度有一定的降低	接缝开裂，但深度小于 10mm 或砌块有剥落，但剥落体在 40mm 以下	出现锈蚀，但结构承载能力还未削弱。承重结构有变形等现象，但尚能满足规范要求
1	主体结构有剥落，材质劣化，但不可能有急剧发展	接缝开裂，但深度不大，或砌块有风化剥落，但块体很小	有锈蚀现象，有轻微变形
0	材料完好，基本无劣化		

吊顶及预埋件劣化状况　表 30-12

状况值	劣化状况描述
4	吊顶严重破损、开裂甚至掉落，各种预埋件、悬吊件、爬梯、护栏严重锈蚀或断裂，管线支架桥架和挂件出现严重变形或脱落，管线支座支墩出现严重破损，无法承载管线荷载
3	吊顶存在较严重破损、开裂、变形，各种预埋件、悬吊件、爬梯、护栏较严重锈蚀，管线支架桥架和挂件出现变形，管线支座支墩出现破损，可能影响管线架设安全
2	吊顶存在破损、变形，各种预埋件、悬吊件、爬梯、护栏部分锈蚀，管线支架桥架和挂件出现部分变形、管线支座支墩出现部分破损，尚未影响管线架设安全
1	存在轻微破损、变形、锈蚀，尚未影响管线架设安全
0	完好，基本无劣化

内装饰劣化状况　表 30-13

状况值	劣化状况描述
2	内装饰存在严重缺损、变形、压条翘起、污垢等，影响功能使用
1	存在轻微缺损、变形、压条翘起、污垢等，不影响功能使用
0	无破坏

外部设施劣化状况　表 30-14

状况值	劣化状况描述
2	人员出入口、雨污水检查井口、逃生口、吊装口、进(排)风口、门窗等存在严重变形、结构缺损，格栅等金属构配件锈蚀损坏，影响功能使用
1	存在轻微变形、缺损、锈蚀，不影响功能使用
0	无破坏

30.4.3 健康状况分类及处理措施

将综合管廊的健康状况分为1类、2类、3类、4类、5类，各类健康状况的分类及对应的处理措施见表30-15，各类健康状况的分类及对应的健康状况评分（CI）见表30-16。

土建结构健康状况分类及处理措施　表 30-15

结构健康状况分类	对结构功能及使用安全的影响	处理措施
5	结构功能严重劣化，危及使用安全	尽快采取措施(大中修或拆除重建)
4	结构功能严重劣化，进一步发展，危及使用安全	尽快采取措施(大中修)
3	劣化继续发展会升至4级	加强监视，必要时采取措施(针对性重点维修)
2	影响较少	正常维修(维修保养)
1	无影响	正常保养及巡检(不做处理)

综合管廊结构健康状况评定分类界限值　表 30-16

健康状况评分	土建结构健康状况评定分类				
	1类	2类	3类	4类	5类
CI	≥85	≥70，<85	≥50，<70	≥35，<50	<35

结构健康状况评定时，当管廊结构中“结构裂缝、渗漏水、结构材料劣损、结构变形错动”的评价状况值达到 3 或 4 时，对应的土建结构健康状况直接评为 4 类或 5 类。

30.5 结构修复管理

综合管廊的结构修复应分为保养小修、中修工程、大修工程。大中修一般包括破损结构的修复、消除结构病害、恢复结构物设计标准、维持良好的技术功能状态。

在下列情况下，综合管廊结构需要进行大中修：

1）综合管廊结构经专业检测，建议进行大中修的；

2）超过设计年限，需要延长使用年限；

3）其他需要大中修的情况。

30.5.1 保养、小修

1）管廊结构的保养小修应包括经常性或预防性的保养和轻微缺损部分的维护等内容，旨在恢复和保持结构的正常使用情况。

2）管廊结构的保养应按照各种结构设施的不同技术特征，通过对日常养护检查检测数据的分析，判断其运行质量状况和发展趋势，作为安排保养、小修的依据。

3）修复存在轻微损坏的出入口、梁、柱、板、墙、斜（竖）井，疏通管廊内排水设施，冬季应清除各出入口上的积雪和挂冰。

4）对管廊衬砌出现的起层、剥离，应及时清除；及时修补衬砌裂缝，并设立观测标识进行跟踪观测；对衬砌的渗漏水应接引水管，将水导入排水设施。

5）应保持管廊内道路平整、完好和畅通，当道板有破损、翘曲时，应及时修复；清除管廊内道路上的堆积物，当路面出现渗漏水时，应及时处理，将水引入边沟排出，防止积水或结冰。

6）通道内严禁存放非救援及检修用物品，应及时清除散落杂物，修复轻微破损结构，定期保养通道门，保证通道清洁、畅通。

7）应清除可能损伤通风设施或影响通风效果的异物，及时清理送（排）风口的网罩，及时修复风口或风道的破损。

8）保持廊内排水设施完好，发现破损或缺失应及时修复；确保水管（沟）通畅，及时清理排水沟、集水坑等排水设施中的堆积物。

9）定期保养扶梯及护栏，应保持清洁、坚固、无锈蚀、立柱直立无摇动现象，横杆连接牢固，当有缺损时应及时修复。

10）变形缝处应平整，处于良好的工作状态，出现渗漏、变形、开裂时应立即维修。

30.5.2 中修工程

1）管廊结构的中修工程是对一般性损坏进行修理，恢复原有的技术水平和标准的工程。

2）中修工程应根据综合管廊的运行状态，有计划地对其进行全面维修和整治，以消除病害，恢复功能。

3）管廊结构应定期进行检查与监测，并根据检查与监测专项报告的意见编制中修工程计划。

4）管廊的中修工程宜按区段进行。

30.5.3 大修工程

1）管廊结构的大修工程是因结构严重损坏或不适应现有需求，需恢复和提高技术等级标准，全面恢复其原有技术水平和显著提高其运行能力的工程。

2）应根据检查与监测专项报告的意见并结合设计使用年限、已使用寿命组织实施大修工程。

3）大修工程应根据管廊运行维护状态有计划地、有周期地进行，主要是为了恢复和提高综合管廊的使用功能，延长其使用寿命。

30.5.4 大中修的要求

管廊结构的大中修管理需要符合下列规定：

1）大中修应由具备相应资质的单位承担，并应由具有综合管廊或隧道养护、施工经验的人员担任负责人。

2）根据综合管廊建成年限、健康状态、维修原因、周边环境等制订详细维修方案，方案应包括维修技术与方法、过程组织方案、维修安全保障、管廊正常运营保障、周边环境影响等内容。

3）应根据综合管廊劣损程度、地质条件、处治方案，进行工程风险评估，制定相应的安全应急预案。

4）管廊结构在大中修后，结构健康状态评价等级要达到 1 级或达到现行规范标准要求。

30.5.5 大中修的内容

结构大中修主要内容如表 30-17 所示。

结构大中修管理的内容及预期效果　　表 30-17

项目名称		内容	预期效果
裂缝		注浆修补，喷射混凝土等	防止混凝土结构局部劣化
结构缺陷检查	内部缺陷	注浆修补，喷射混凝土等	防止混凝土结构局部劣化
	混凝土碳化	施作钢带，喷射混凝土等	提高结构承载能力
	钢筋锈蚀	施作钢带等	提高结构承载能力
混凝土强度		碳纤维补强，加大截面等	提高结构承载能力
横断面测量	结构变形	压浆处理等	提高周围土体的抗剪强度
	管廊轴线高程	基础加固，地基土压浆等	提高周围岩土体及地基土的抗剪强度
沉降		基础加固，地基土压浆等	提高地基土的承载力
结构应力		碳纤维补强等	提高结构承载能力
大规模渗漏水		注浆修补，防水补强等	堵水、隔水

第31章 智能化运维展望

目前，综合管廊运营管理主要以传统监控系统为手段，硬件架构上依靠综合管廊内的电气、仪表、网络设备及监控中心设置的若干服务器实现对综合管廊内环境质量、安全防范及消防等系统的集成，存在可靠性低、扩展性差等问题。软件架构上局限于对综合管廊内环境监控、视频监控、安防监控等功能的简单整合，获得的数据仅是单纯对综合管廊运行状态的表达，对综合管廊生命周期内所涉及的管廊建筑结构、设计图纸、设施设备、入廊管线等信息缺乏统一的描述和有效的组织，运营过程中一方面容易造成上述信息的丢失，另一方面获取上述信息的检索途径繁琐，降低了运营管理的效率。

此外，为保证管廊的安全运行，运营单位还要开展日常巡检、维修保养等一系列管理工作，而这些管理工作又依赖于监控系统的数据。因此，为了实现管廊内数据信息的共享，加强综合管廊的运营管理工作，提高综合管廊的服务水平，需建立一套适合于综合管廊的统一管理平台即综合管廊智慧管理平台。

智慧管理平台应能适应管廊的管理模式，可采用物联网、GIS、BIM、巡检机器人和云计算等技术，将多个独立的管廊运营管理子系统集成为统一的智能管理平台，以满足综合管廊监控管理、日常运维业务管理、安全报警、应急联动等需求。

综合管廊智慧运维管理系统，应包括系统维护模块、运维单位业务模块C/S端、运维单位业务模块M/S端、管线单位业务模块、数据接口模块、智慧决策支持模块和统一数据库。

未来，基础信息的自动获取、数据的集成共享、智能分析与决策将是管廊运维人努力的方向。